서보 모터 응용 위치 결정 제어

조규만 · 이효섭 공저

도서출판 태영문화사

머 리 말

현 산업사회 현장에서 생산성 향상, 제어기기의 신뢰성 확보 등의 요인으로 생산 설비, 물류 설비 등에 자동화 시스템이 도입되었고, PLC는 산업 현장의 생산라인 자동화 시스템 제어 분야에 핵심적인 역할을 수행하고 있다.

그 중 미쓰비시 PLC의 자동화 요소 기기들의 적용도가 증가되었고 전동기를 제어하는 인버터 및 서보 모터의 중요성이 증대되었다.

본 교재는 미쓰비시 MELSEC-Q PLC를 기본으로 한 위치 결정 유닛 Q75D와 서보 모터를 활용한 위치 결정 제어에 대한 내용으로 제1장에서는 서보 제어의 일반적인 개념을 나타내고, 제2장에서는 서보 앰프와 인터페이스 관계를, 제3장에서는 위치 결정 제어를 예제별로 나타내었다.

이후 부족한 부분은 향후 수정, 보완할 예정이며 출판에 많은 도움을 주신 태영문화사 이진권 사장님과 한국 미쓰비시 전기 오토메이션 관계자분께 감사 드립니다.

저자 씀

차 례

제 1 장 AC 서보 일반

제 2 장 서보 앰프와 인터페이스

제 3 장 위치 결정 제어

부 록

제 1 장

AC 서보 일반

서보 기구는 "물체의 위치, 방위, 자세 등의 변위를 제어량으로 하고 목표의 임의 변화에 추종하도록 구성된 제어계"로 정의되어 있다.

이와 같이 서보 기구는 지령부에서 목표값(위치, 속도 등)이 입력되면 현재값(위치, 속도 등)을 검출, 목표값과 비교하여 항상 그 차가 감소되도록 제어하는 역할을 한다.

서보 기구를 구성하는 요소를 서보 요소라 하며, 구동 앰프(AC 서보 앰프), 구동 모터(AC 서보 모터), 검출기로 구성되어 있으며 구성예는 그림 1-1과 같다.

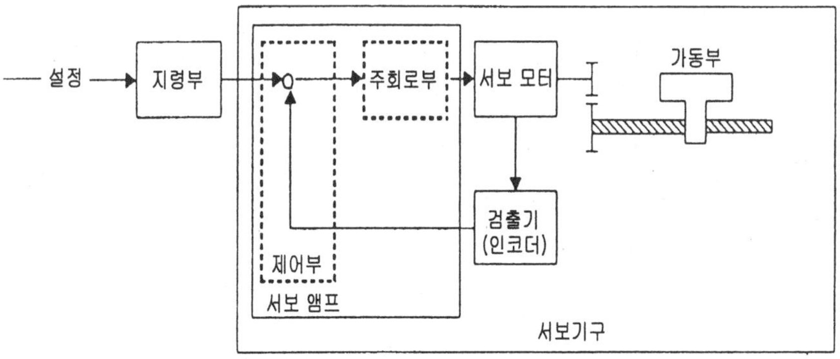

그림 1-1 서보 기구 구성도

1.1 AC 서보 위치 결정 성능

서보 모터는 일반 모터에 비해 서보 앰프에서 출력되는 전압, 전류의 급격한 변화에 응답할 수 있도록 회전자의 관성 모멘트(J, GD2)와 전기적인 응답성을 고려하여 설계되어 있다.

또한 서보 모터를 구동시키는 서보 앰프도 속도, 위치의 제어 명령을 정확하고 신속하게 서보 모터에 전달할 수 있도록 구성되어 있으며 서보 모터(서보 앰프와 조합)의 대표적인 특성과 일반적인 가변속 장치인 범용 인버터로 구동 모터와의 차이는 다음과 같다.

(1) 범용 서보의 특징

모터의 특성을 나타내는 일반적인 방법으로 속도, 토크(torque) 특성이 있으며 그림 1-2에서 서보 모터와 범용 인버터를 사용한 범용 모터의 특성을 비교하였으며 이 그림에서 서보 모터의 특징으로 다음 세 가지로 나타낼 수 있다.

① 속도 제어범위가 넓다.

② 토크 특성이 고속 운전시와 저속 운전시에 일정하다.

③ 최대 토크가 크다.

최대 토크가 크고 모터 관성 모멘트가 적어 급속한 가속이 나타난다.

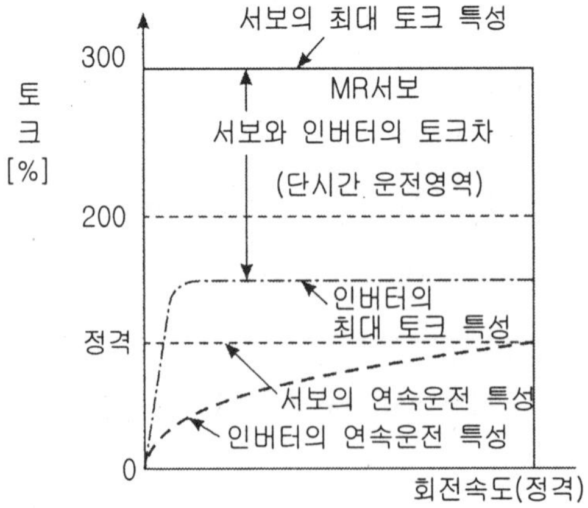

그림 1-2 서보/인버터의 토크 특성 비교

표 1-1 서보 모터의 주요 성능

항 목	사 양	내 용
속도 제어범위	1 : 1000~5000 (1 : 10)	정격속도 1/1000의 속도까지 회전 안정성, 토크의 저하에 상관없이 사용 가능
토크 특성	저속 운전시 토크 저하가 없다.	연속운전 토크, 최대 토크 모두 속도제어 범위영역에서 일정한 출력 토크를 얻을 수 있다. 따라서 정격 토크 부하에서도 모든 속도영역에서 사용가능
최대 토크	약 300[%] (150[%])	순간 최대 토크는 정격 토크의 약 300[%]를 얻을 수 있다. 급격한 가속/감속에 대응할 수 있어 고빈도 위치 결정용으로 사용 가능

( )은 범용 인버터의 일반 사양

(2) AC 서보 용도

서보 모터의 다른 특징은 서보 앰프와 조합했을 경우 다른 가변속장치에 위치 결정 기능이 있다.

서보 특유의 위치 결정 기능과 서보 모터의 대표적인 용도는 다음과 같다.

(가) 위치 결정 필요 기계

AC 서보는 전용 위치 결정 지령장치와 조합하여 사용하면 고정밀도로 위치를 결정할 수 있다.

일반적인 미쓰비시 AC 서보의 경우 모터축에서 4,000~131,072 분할 위치 결정이 가능하고 이는 24[m/분]~8[m/분]의 기계로 1[μm]의 위치 결정에 충분히 적용할 수 있다.

* 적용예 : 공작기계, 목공기계, 운송기계, 포장기계, 인서터마운터, 각종피더, 커터전용

(나) 광변속 범위 필요 기계

AC 서보는 속도제어 범위 1 : 1000~5,000, 속도 변동율 0.03[%] 이하의 고정밀 속도제어 성능, 출력 토크 일정 특성으로 각종 라인 제어를 비롯한 고정밀도의 가변속 구동용으로 사용된다.

* 적용예 : 인쇄기, 지공기(紙工機), 필름 제조라인, 신선기(伸線機), 권선기, 각종 전용기의 운송, 각종 반송장치, 감기・풀기, 목공기 등의 주축

(다) 고빈도의 위치 결정

위치 결정에 대해서는 (가)와 같이 AC 서보는 정격 토크의 300[%] 최대 토크로 모터의 경우 정지에서 정격 속도까지 수 10[ms]의 급격한 가속・감속에 추종 가능하며 1분간 100회 이상의 고빈도 위치 결정에도 대응할 수 있다.

또한 AC 서보를 사용할 경우 다른 위치 결정의 방식(클러치 브레이크, DC 모터 등)과 비교하여 기계적인 접촉부가 없어 유지・보수가 용이하고 주위 온도에 영향을 적게 받는 장점이 있다.

* 적용예 : 프레스 피더, 제대기(製袋機), 시트 커트, 로더 언로더, 충전기, 포장기, 각종 반송장치, 마운터, 본더

(라) 토크 제어

속도제어, 위치제어 기능에 토크 제어가 가능한 기종이 있어 각종 감기・풀기 장치와 같은 장력 제어 분야에도 적용할 수 있다.

범용 AC 서보한 이후 신제품에 기계의 성능을 최대한 발휘하기 위해 더욱 고속, 고정밀도에 대응, 상승 시간 단축, 진단・보수에 용이성 요구에 대해 과거의 MR-J2 시리즈와 호환 및 기능・성능이 보완된 모델이 MR-J2-Super 시리즈이다. MELSERVO-J2S 시리즈의 모터는 모든 ABS, 7bit(13만 펄스) 인코더 표준 장비로 종전의 모터와 동일하다.

1.2 AC 서보의 구조

(1) 서보 앰프 블록도와 동작 원리

그림 1-3은 서보 앰프의 기본 기능과 동작원리를 블록도로 나타낸 것이다.

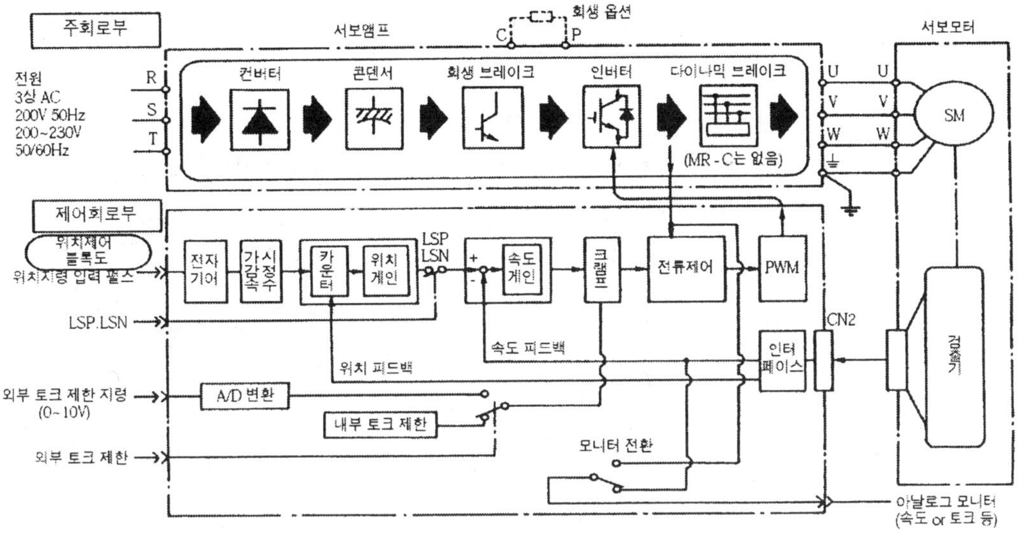

그림 1-3 AC 서보 블록도

(가) 주회로부

주회로부의 기본 기능은 상용 전원(3상 AC 200~230[V], 50/60[Hz])을 컨버터 다이오드 브리지(diode bridge), 콘덴서로 정류, 평활하고 인버터(IGBT)에서 정현파 PWM 제어되는 전압, 주파수의 3상 전류를 모터에 공급하여 모터의 속도, 토크를 제어하는 것이다.

① 컨버터, 평활 콘덴서 : 상용전원을 다이오드 브리지로 정류하고 평활 콘덴서로 리플(ripple)이 적은 직류 전원이 나타난다.

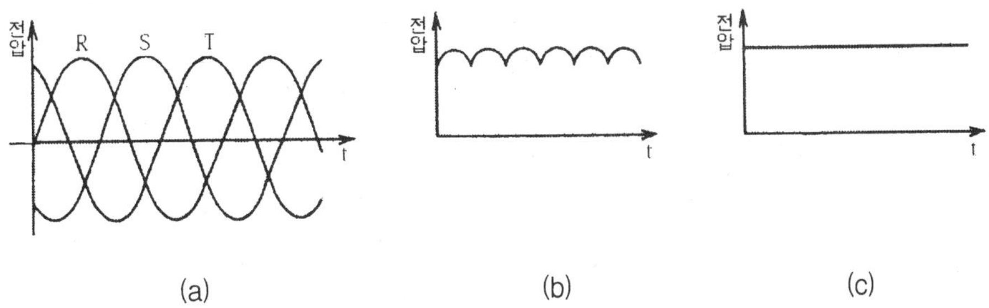

그림 1-4 서보 앰프 각부 전압

② 인버터 : 인버터는 컨버터, 평활 콘덴서의 직류 전원을 모터 회전속도에 대응

하는 주파수, 부하 토크에 적합한 전류를 모터에 공급한다.

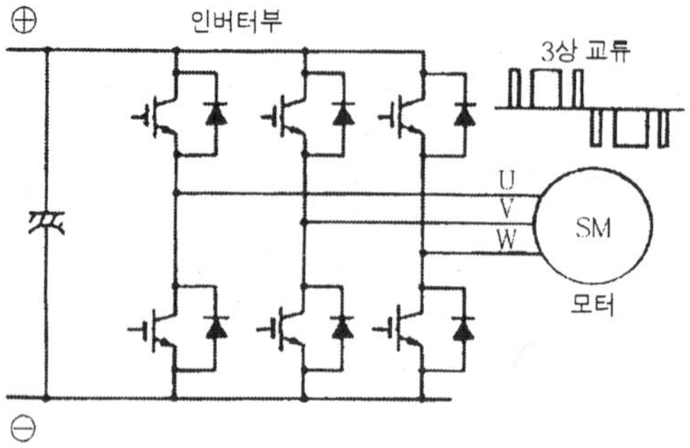

그림 1-5 인버터부의 구성

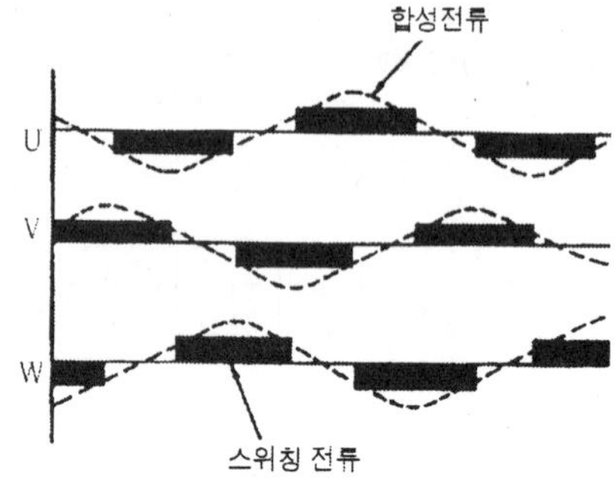

그림 1-6 인버터 출력 전류

그림 1-7에서 모터의 회전방향, 회전속도(주파수)는 인버터부와 트랜지스터의 온-오프 스위칭, 전류의 방향, 통전(通電)폭에 따라 제어하며 전류의 크기는 듀티비(통전폭) ON 시간을 제어하며 이방식이 PWM제어(펄스폭 제어)이다.

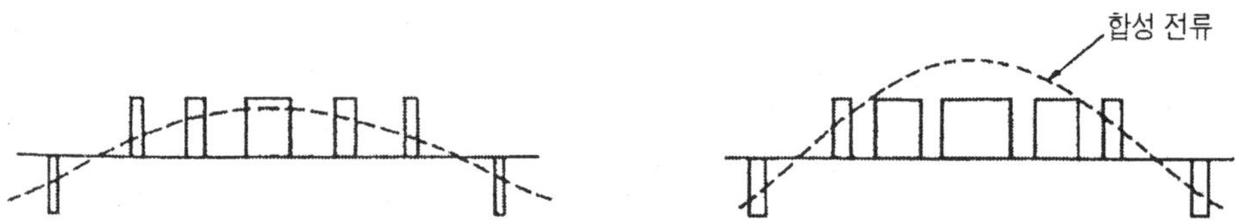

그림 1-7 PWM 전류 제어

③ 회생 브레이크 : 회생 브레이크는 지령속도보다 모터의 회전속도가 높을 경우와 감속시, 상하축 하강시, 혹은 권출축(卷出軸)에 제동이 있을 경우에 동작하고 모터 및 부하의 회전 에너지를 서보 앰프측 내장 회생저항으로 전기 에너지를 흡수(소비)하여 제동력을 발생한다.

이와 같은 운전 상태를 **회생 운전/발전 제동**이라 하고 서보 앰프 내의 회생회로는 모터 부하로 작용하므로 회로의 에너지 소비율에 따라 회생 브레이크력이 다르며 운전조건에 따라 회생 에너지양이 좌우되고 큰 회생 에너지를 소비시켜야 할 경우는 서보 앰프 외부에 제동회로를 설치한다.

회생 브레이크 회로의 종류는 소용량으로 회생 에너지가 적은 경우는 평활용 콘덴서에 일시적으로 에너지를 충전하는 방법으로 **콘덴서 회생 방식**이라 하며

0.4[kW] 이하에 사용된다.

중용량은 저항기에 전류를 흘러 열로 소비시키는 방식이며 이를 저항 회생 방식이라 하며 회생 에너지가 커지면 저항기가 커지고 또한 주위에 미치는 발열의 영향이 문제가 될 수 있다.

대용량 저항 회생 방식의 결점을 보완하기 위하여 회생 에너지를 전원측으로 환원하는 방식도 채택되고 있으며 이를 전원 회생 방식이라 부르며 11[kW] 이상에 사용된다.

전원 OFF, 알람 발생, 인버터부 출력 정지(베이스 차단)한 경우 모터는 프리런닝(free running) 상태가 되어 정지시까지 시간이 필요하다.

다이내믹 브레이크는 베이스가 차단되었을 경우 서보 모터 단자간에 저항을 연결하고 회전 에너지를 열로 소비시켜 신속하게 정지시키는 기능이다.

다이나믹 브레이크는 앰프에 내장되지만 서보 앰프와 별도로 설치되는 기종도 있다.

또한 다이나믹 브레이크는 정지시 유지력이 없어 상하 동작 경우는 제동과 동시에 브레이크로 유지할 필요가 있다.

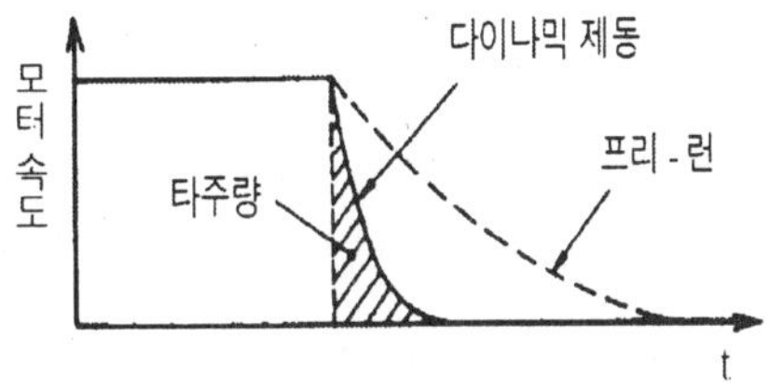

그림 1-8

(나) 제어 회로부

마이크로컴퓨터를 사용하여 지령값(목표값)과 현재값에서 제어량(위치, 속도, 전류)을 고속, 고정밀도로 연산처리하고 응답성과 정밀도가 높은 서보제어를 실현하고 제어 내용의 모니터링과 유닛 보호기능이 있다.

① 위치 제어 : 펄스열로 모터 회전속도, 방향 제어와 고정밀도의 위치 결정을 실행하며 위치 제어부에는 지령 펄스가 입력되어도 지령보다 늦게 동작하며

편차 카운터에는 지연 분량의 펄스가 누적되어 유지되는 집합 펄스는 속도 지령으로 출력된다.

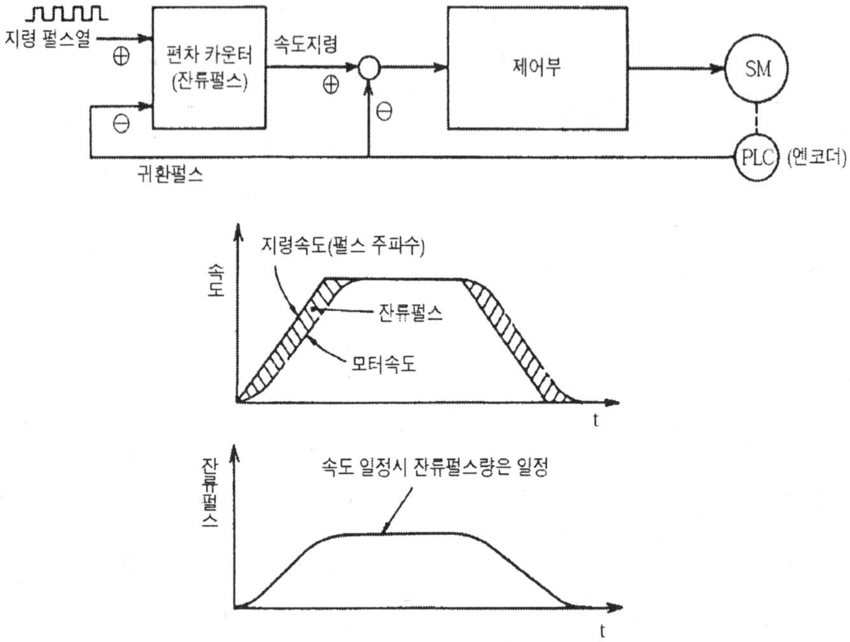

그림 1-9 위치 제어의 개념도

② 속도 제어 : 위치 제어부 편차 카운터 출력은 속도 지령이 되며 속도 지령부는 속도 지령과 모터 속도의 편차를 전류 지령으로 출력한다.

속도 제어 모드 운전시 속도지령으로 외부 아날로그 전압(0±10[V])을 입력한다.

③ 전류 제어, 삼상 발생회로 : 전류 제어부는 인버터 주회로를 제어하고 위치지령 또는 속도지령으로 모터가 작동하는 전류를 출력한다.

모터 계자(界磁, field system)에 대응한 3상 교류의 위상 결정과 속도편차에 대응한 전류를 출력한다.

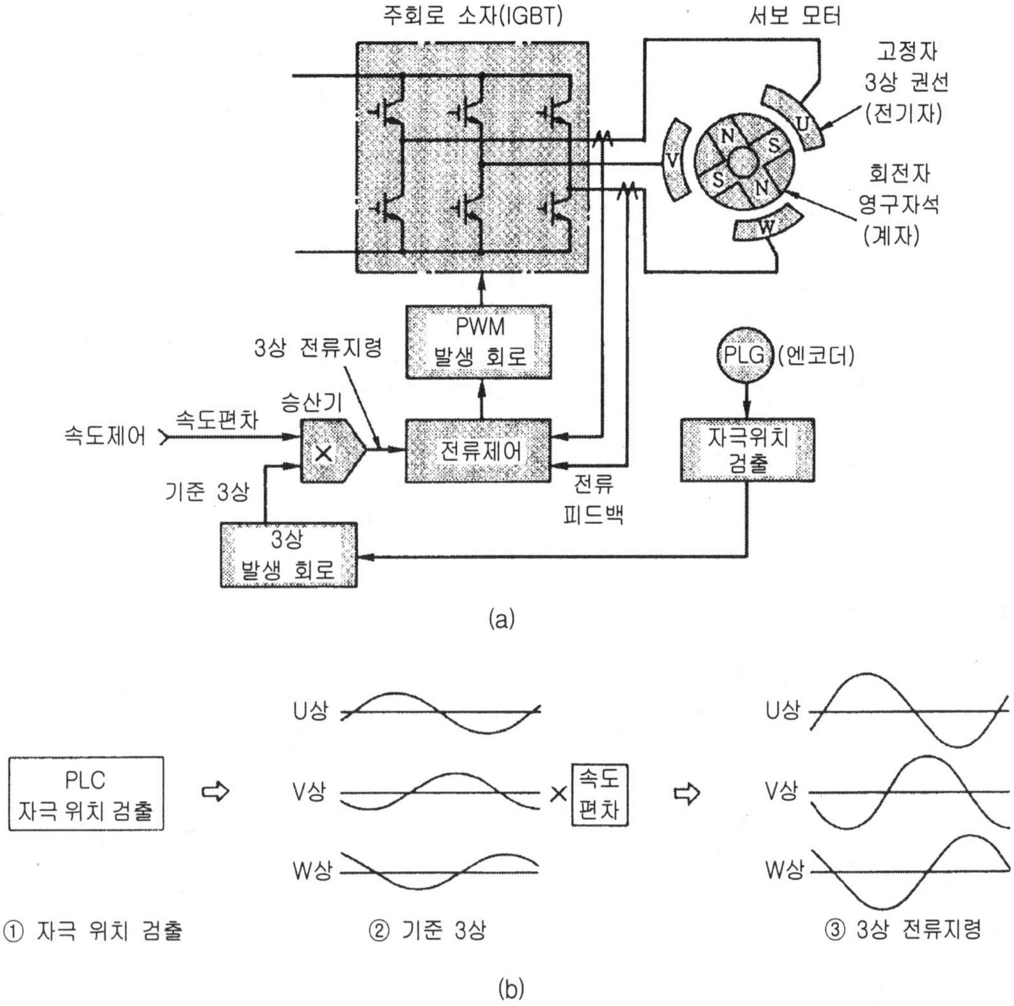

그림 1-10 전류 제어의 원리

동기 전동기의 경우 모터 전류는 계자 위치(자극 위치)와 위상이 동기되어야 하며 위치 검출기는 자극 위치 검출 신호를 서보 앰프로 피드백하고 있다. 서보 앰프는 기준 3상 전류를 발생하며 전류 제어부는 속도편차로 3상 전류 지령하여 PWM 회로를 제어한다. 유도형 서보 모터에는 독립된 계자가 없어 자극 위치 검출이 불필요하다.

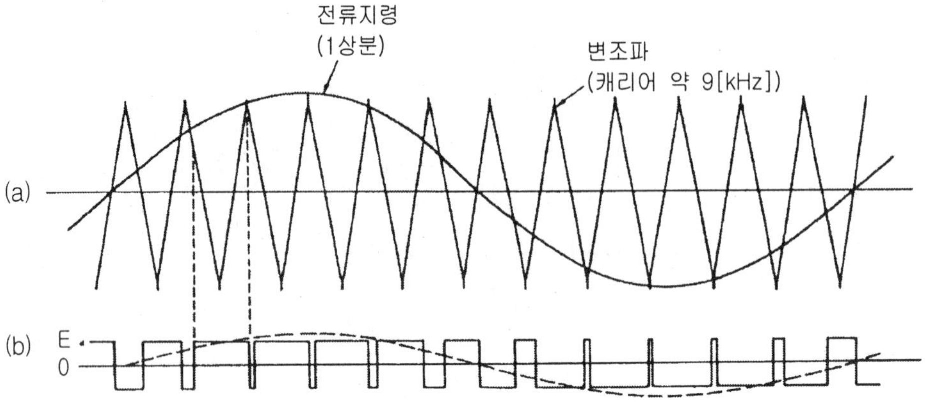

그림 1-11 PWM 제어 원리

PWM 방식은 1사이클에 다수의 스위칭 펄스를 발생하고 펄스폭을 변화시켜 출력 전압을 변경하는 방식으로 1초간 스위칭 펄스수를 캐리어 주파수라 하며 PWM 방식의 경우 캐리어 주파수에 비례한 주파수 성분의 진동 및 모터 소음이 발생된다.

1.3 AC 서보 모터 특성과 동작 원리

(1) 특 성

서보 모터의 출력 토크는 모터에 흐르는 전류에 비례하며 서보 앰프는 모터 속도를 검출하여 속도 편차에 따른 전류를 발생하고 서보 모터는 저속에서 고속까지 일정한 토크로 운전이 가능하다.

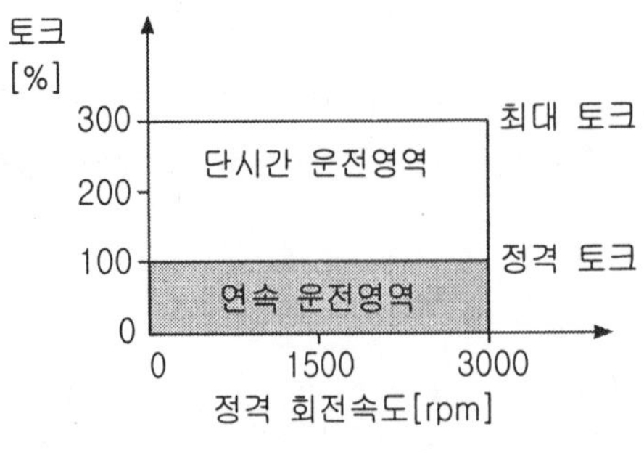

그림 1-12 서보 모터의 토크 특성

(2) 동작 원리

소형, 대형 모터 동작 원리는 동일하며 자계속 도체(導體)에 전류가 흐르면 도체에 힘이 작용하는 "플레밍의 왼손법칙"에 따라 토크를 발생한다. SM형(동기형) AC 서보 모터는 회전자에 영구자석, 고정자에 권선을 배치하고 회전자의 움직임(회전 속도·방향, 출력 토크)에 따라 전류를 고정자 권선에 흐르게 한다.

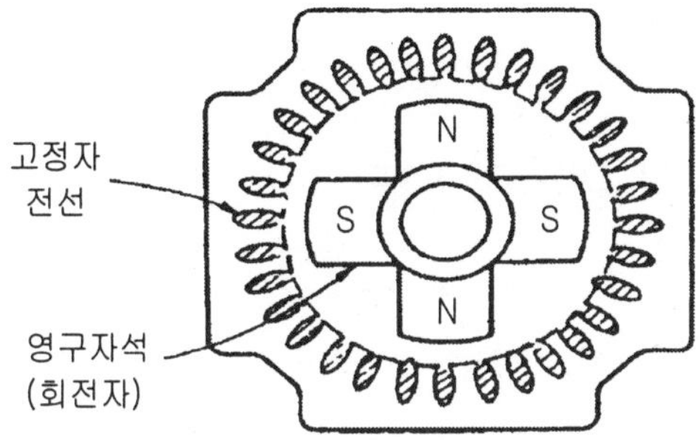

그림 1-13 SM형 AC 서보 모터 단면

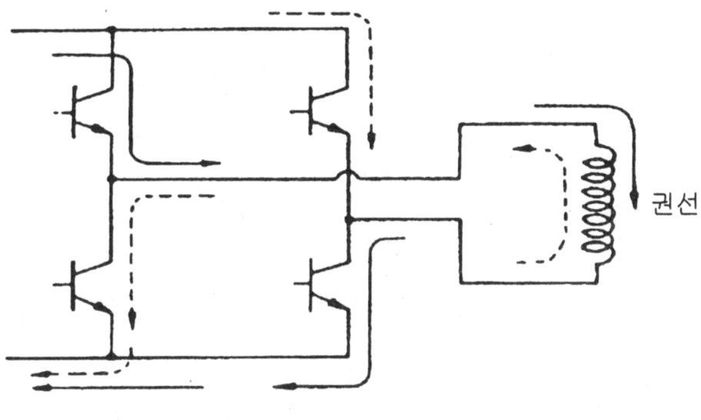

그림 1-14 SM형 AC 서보 모터 동작원리

앰프의 트랜지스터를 ON-OFF하여 모터 권선에 회전자 자속과 직교하는 권선에 전류를 흐르게 한다.

인가전압은 수 [kHz]로 스위칭되며 권선 전류는 리액턴스 성분으로 인해서 평활된 유사 정현파가 되며 자속과 전류가 직교하도록 제어되므로 일반 모터와 같은 탈조 현상이 발생되지 않는다.

발생 토크 T는 권선 전류 I_a에 비례하며 식 (1-1)로 나타낼 수 있다.

$$T = K_1 \cdot \Phi \cdot I_a \tag{1-1}$$

회전 속도는 식 (1-2)와 같이 인가전압 V에 비례한다.

$$N = \frac{V - I_a R}{K_2 \Phi} \tag{1-2}$$

여기서 T : 토크, I_a : 전류, N : 회전 속도, K_1, K_2 : 정수, V : 인가 전압,

Φ : 자속, R : 권선 저항이다.

(3) IM형 벡터 제어 인버터 원리

토크 발생의 원리는 동기 전동기와 동일하지만 그림 1-15의 단면도와 같이 회전자를 영구 자석으로 구성하지 않고 고정자 권선에 전류를 흘려 전자 유도 작용에 따라 회전자에 흐르는 전류와 고정자 권선 전류로 인한 자속으로 토크를 발생한다.

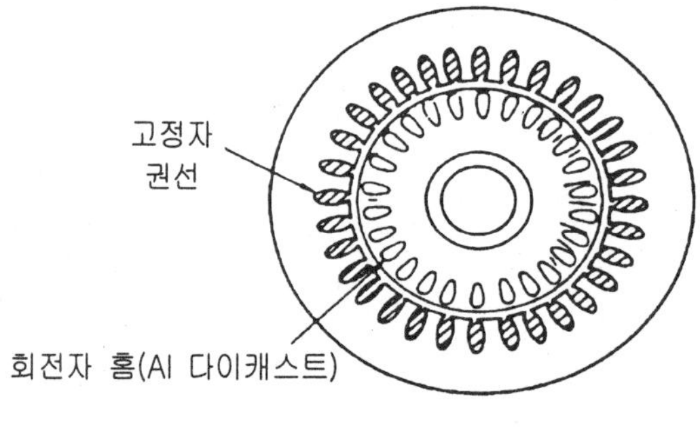

그림 1-15 IM형 모터의 단면

고정자 권선에는 토크 전류와 자속 전류가 흐르고 있으며 전체 전류는 식 (1-3)과 같은 벡터적인 합이다.

$$I_1 = I_a + I_b \tag{1-3}$$

여기서 I_1 : 고정자 권선 전류, I_a : 토크 전류, I_b : 자속 전류이다.

즉 IM형 모터는 2개 전류를 개별 제어하는 벡터 제어 기법이 필요하다.

(4) 서보 모터의 종류와 특징

서보 모터에는 AC 서보, DC 서보로 나누어지며 AC 서보는 SM형(동기 전동기), IM형(유도 전동기)으로 분류된다. 표 1-2는 서보 모터의 구조와 특징을 나타내었다.

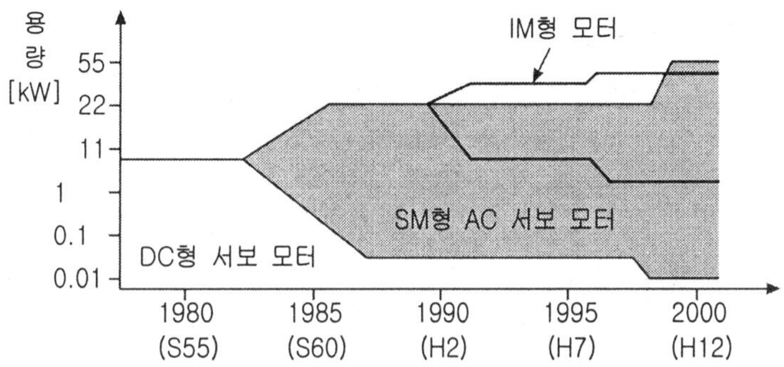

그림 1-16 서보 모터의 변천

표 1-2 서보 모터 구조와 특징

유 형	구 조	특 징	
		장 점	단 점
SM형 AC 서보 모터	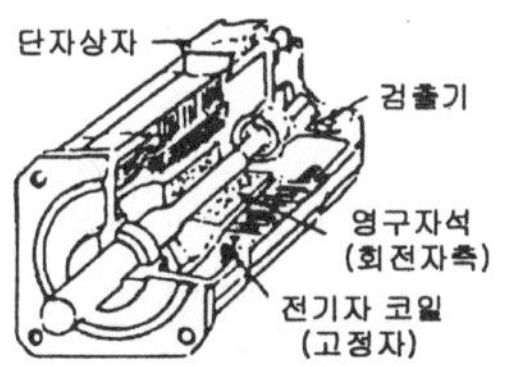	· 유지 · 보수 용이 · 내환경성이 뛰어나다. · 대(大) 토크가 가능 · 정전시의 발전제동 가능 · 소형 · 경량 · 고 파워 레이트	· 서보 앰프가 DC 모터용보다 약간 복잡 · 모터와 서보 앰프 1대 1의 대응이 필요 · 마그네트는 감자(減磁)의 우려가 있음
IM형 모터	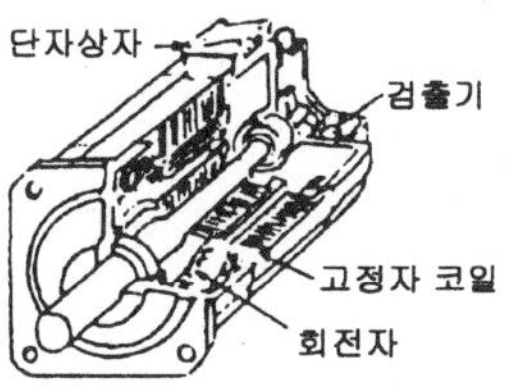	· 유지 · 보수 용이 · 내환경성이 뛰어나다. · 고속 · 대 토크가 가능 · 대용량에서는 효율이 좋다. · 구조가 견고하다.	· 서보 앰프가 DC 모터용 보다 약간 복잡 · 정전시의 제동이 불가 · 온도에 따라 특성이 바뀜 · 모터와 서보 앰프 1대 1의 대응이 필요

유 형	구 조	특 징	
		장 점	단 점
DC 서보 모터	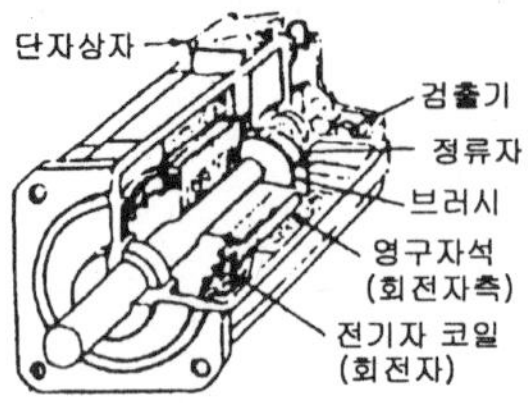	· 서보 앰프의 구성이 간단 · 정전시의 발전제동이 가능 · 소용량에서는 저렴 · 고 파워 레이트	· 정류자 회전의 보수, 정기점검이 필요 · 브러시 마모가루가 발생, 청정장소 사용 곤란 · 정류 브러시의 관계로 고속 대 토크로 사용 불가 · 마그네트는 감자 우려

서보 모터는 제어가 용이한 DC 서보 모터에서 발전하였으며 마이크로프로세서 등 전자 디바이스의 발달에 따라 복잡한 제어기법이 고속으로 처리되었고, 저가격화 되고, 유지보수가 용이하며, 생산성이 우수한 AC 서보 모터로 전환되어 50[W] 이상은 SM형 AC 서보를 사용한다.

IM형 모터는 구조가 견고하고 대형, 고속화 대응이 용이하고 대용량이 되면 효율도 향상되어 7.5[kW] 이상에서 주로 사용되고 있다. DC 모터가 주류였던 대용량형에서 고정밀도로 적용 범위가 확대되고 있으며 벡터 제어 인버터가 IM형 모터에 적용되고 있다.

1.4 인코더의 기능과 동작원리

서보 제어에는 지령값에 대한 실제의 값(모터의 속도, 위치)을 피드백하여 그 편차가 0이 되도록 제어하고 있어 검출기는 서보 시스템의 필수적인 요소이다.

(1) 인코더의 구조

그림 1-17은 검출기로 주로 사용되고 있는 인코더의 구조를 나타내고 있다.

(2) 인코더 기능과 신호 종류

서보 모터에 설치되어 있는 인코더의 기능은 크게 분류하면 다음과 같다 .

① 모터 위치의 검출(회전방향 포함)

② 모터 속도의 검출(회전방향 포함)

③ 모터 자극 위치 검출(IM형 모터, DC 서보 모터 불필요)

이중 ①, ②는 모터가 회전하면 인크리멘탈(incremental, 증분)로 출력되는 2상 펄스를 사용한다.

최근의 AC 서보 모터에 사용되는 인코더는 그림 1-18과 같이 sin 신호와 cos 신호에 따라 131,072 분할한 펄스와 모터 1회전 원점 펄스 데이터를 시리얼 통신으로 서보 앰프에 전송하는 시리얼 통신 방식을 적용한다.

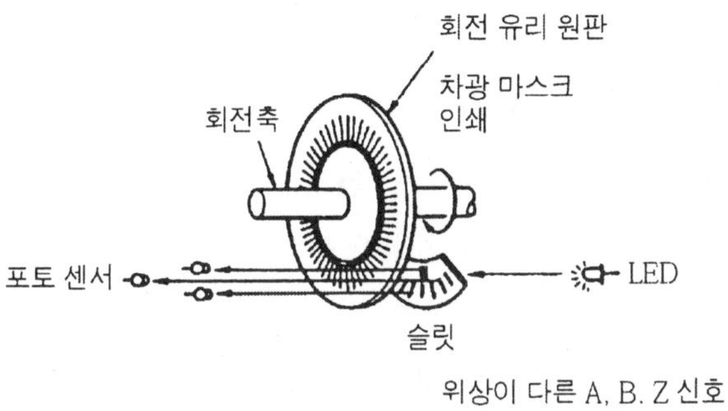

그림 1-17 인코더의 구조

인코더 신호는 A상, B상, Z상이 있으며 A상, B상은 속도 검출용 Pulse/rev이며 Z상은 원점 복귀에 사용되며 1 Pulse/rev이며 U, V, W상은 자극 위치 검출용이다.

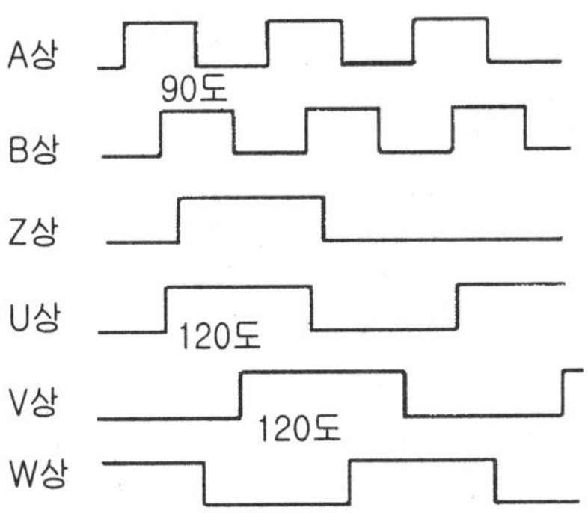

그림 1-18 인코더의 신호

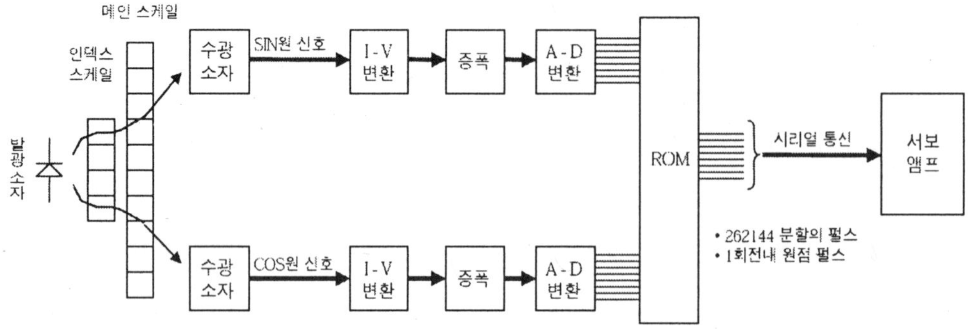

그림 1-19 인코더의 신호

(3) 인코더 신호의 인터페이스

서보 모터에서 서보 앰프로 전송되는 인코더 신호는 시리얼화 되어 있으며 인코더 출력 신호 인터페이스로는 아래의 2종류가 있으며 최근에는 신호전달이 확실한 차동 드라이버 출력 방식이 주류를 이루고 있다.

오픈 컬렉터 출력은 장거리 전송시 적합하고, 파형이 쉽게 둔화되고 노이즈에 약한 반면 차동 드라이버 방식은 높은 주파수의 전송이 가능하며 노이즈에도 강하다.

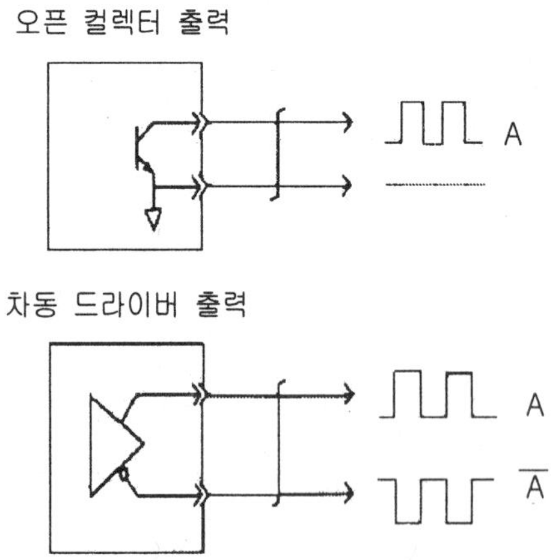

그림 1-20 인터페이스의 종류

(4) 절대 위치 인코더

정전 후의 원점 복귀가 불필요한 절대 위치 검출 시스템은 절대값 인코더를 모터에 부착하고 절대 위치 검출 시스템에서 전원 투입시 회전 위치를 판단할 필요가 있어 다음 구조도에 나타낸 것 같은 절대위치 신호를 출력하고 있으며 절대위치 검출 시스템 블록도를 아래에 나타내었다.

절대위치 검출기에는 인크리멘탈 신호(A, B상) 외에 모터 1회전 내에서의 절대위치 검출, 원점에서 모터 회전량 카운터가 있고 메모리에 백업되어 있으므로 한번 원점 위치를 결정해두면 전원을 OFF해도 서보 앰프 컨트롤러는 항상 모터의 위치파악이 가능하다.

따라서 2회째 이후의 전원 투입시 원점 복귀하지 않더라도 위치, 속도제어를 할 수 있다.

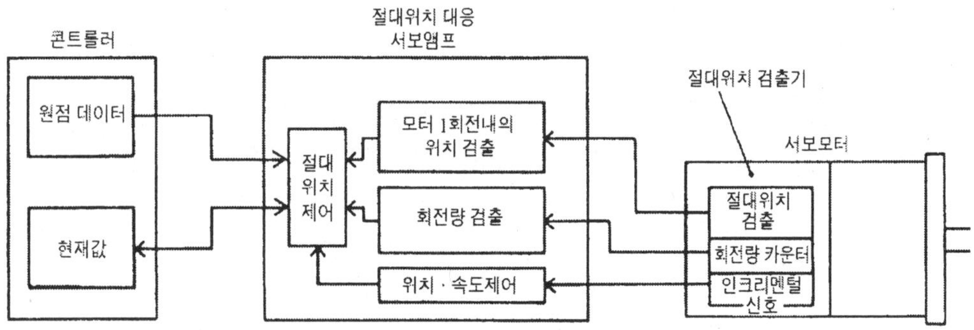

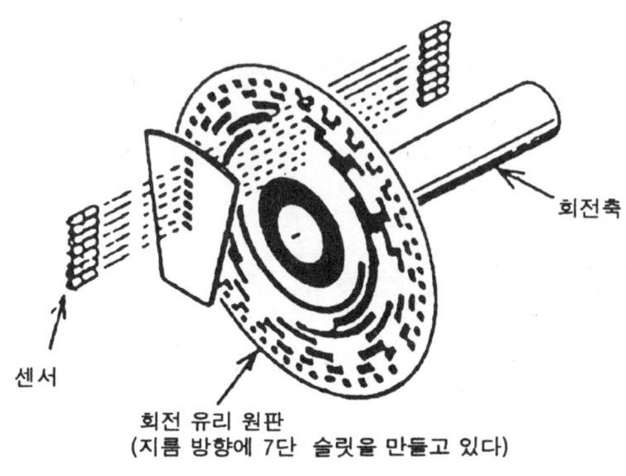

그림 1-21 절대 위치 엔코터 구조

(5) 인코더의 고분해능화

MELSERVO-J2S 시리즈의 서보 모터는 소용량부터 중용량까지 모든 기종에 ABS, 17비트(13,1072) 인코더를 표준으로 고분해능 인코더를 포함한 모터길이는 기존품과 동일하다.

고분해능 인코더의 채용에 따라 주파수 응답성의 향상, 저속 피드백의 정밀도 향상, 위치 정밀도 향상 등의 장점이 있다.

고분해능 인코더는 13bit(8,192), 14bit(16,384)에서 17bit(131,072)로 표준화 되었다.

1.5 위치 결정의 방법과 정지 정밀도

이동체를 정위치로 소정의 정밀도로 정지시키는 방법으로 기계식과 전기식이 있으며 기계식에는 일반적으로 스토퍼(stopper) 방식과 실린더 등으로 강제적인 위치 결정 방식이 있으며 정지 위치에 제약이 있다.

전기식은 위치센서로 임의의 위치로 용이하게 위치를 결정할 수 있으며 전기식 위치 결정법에도 검출과 제어에 다양한 방식이 있고 속도제어 방식과 위치제어 방식으로 크게 구별된다.

① 속도제어 방식 : 모터에 위치 결정에 필요한 신호출력 장치가 없고 기계측에 리미트 SW 등의 장치가 있다.

② 위치제어 방식 : 기계측에 위치 검출 장치가 없고 서보 모터측에 고정밀도 위치 제어용 검출기가 있다.

(1) 위치 결정 제어와 정지 정밀도(속도 제어방식)

(가) 리미트 스위치 방식

모터로 운전되고 있는 이동체를 자동적으로 정지할 때는 보통 리미트 스위치 등으로 위치를 검출하고 그 신호로 모터를 정지시킨다.(브레이크 동작)

그림 1-22는 이동체의 시간에 대한 속도 관계를 나타낸 것으로 가로축을 시간[sec], 세로축을 속도[mm/sec]로 하면 유형 면적이 이동거리[mm]가 된다.

리미트 스위치가 동작한 다음부터의 이동거리는 면적에 상당하며 정지 정밀도는 면적의 변화도이다. 여기서 정지 정밀도에 영향을 주는 요소로는 정지시간의 변화(부하 토크 변동, 브레이크 토크 변동), C점에서 이동체의 속도 변동, C점 센서 동작 위치 변화 및 센서 동작에서 실제로 모터가 감속하기까지의 시간 지연 변화가 있다.

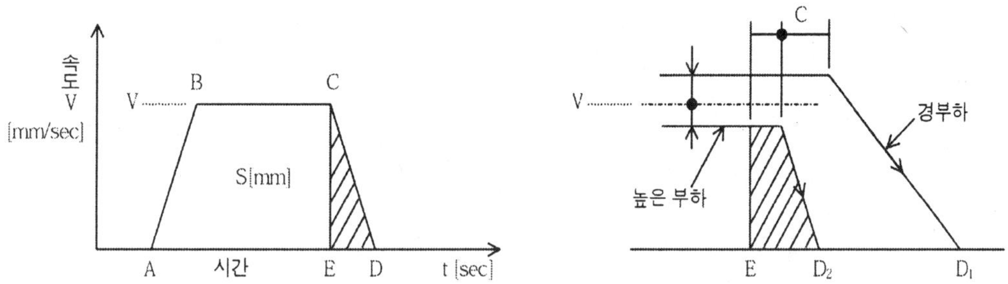

그림 1-22 운전(속도) 유형과 이동거리 변화

이러한 여러 특성 변화를 최대한 작게 하여야 하고 가장 효과적인 방법은 속도를 감속하는 방법이며 보통 속도에서 정지 정밀도를 만족하지 못할 경우는 저속 절체용 리미트 스위치를 설치하고 저속으로 한 다음 정지시키는 방식이 일반적이다.

이 방식은 간단하면서 동시에 정밀도를 높이기 위해 널리 채용되고 있으며 결점으로는 저속(크리프 속도)에서 일정시간 운전하고 부하변동 등으로 정지용 리미트 스위치를 통과할 때의 속도가 일정하지 않으므로 위치 결정에 시간이 필요하며 정지 위치가 많아지면 센서도 다수 필요하다.

(나) 펄스 카운트 방식

리미트 스위치 방식을 개량한 방식으로는 펄스 카운트 방식이 있으며 이 방식은 정지 위치가 선택 가능하며 감속점이 몇 단계로 근거리 이동 경우에는 시간 단축이 가능하다.

정지 정밀도는 리미트 스위치 방식으로 변경되지 않지만 이동체의 현재 위치를 검출하고 있으므로 정지 위치를 초과할 경우 용이하게 보정할 수 있다.

정지 정밀도 요소는 리미트 스위치 방식과 같이 정지 정밀도는 향상되지는 않는다.

(다) 펄스 지령 방식

서보를 적용한 위치 결정방식의 결점을 개선한 것으로 펄스 카운트 방식과 동일하고 이동체의 위치를 상시 검출하며 정지시는 저속의 크리프(creeping) 속도가 필요하지 않고 고속에서 직접 정지 목표 위치로 연속적으로 속도제어를 하며 요구 정밀도내에서 정지시키는 방식이다.

(라) 속도 제어 방식

① 리미트 제어 방식 : 이동체가 통과하는 곳에 리미트 스위치를 세트하고 이동체가 이 스위치를 작동시키면 그 신호로 정지시키는 방식이며 일반적으로는 2개의 스위치에 의해 최초의 스위치로 저속으로 감속하고 두 번째의 스위치로 모터를 OFF하고 브레이크를 걸어 이동체를 정지시킨다.
위치 결정 장치를 필요로 하지 않고 간단한 제어로 저렴한 가격으로 장치의 구성이 가능하다.

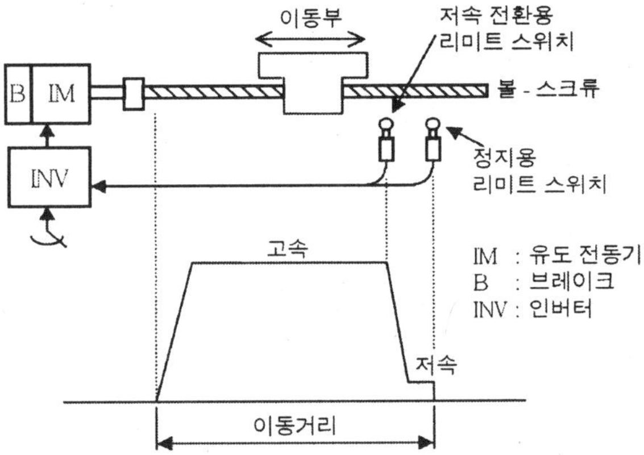

그림 1-23 리미트 제어 방식

② 펄스 카운터 방식 : 물체를 구동하는 모터나 회전축에 위치 검출기(펄스 엔코더 등)를 세트하고 출력 펄스수를 고속 카운터로 계수하고 펄스는 이동거리에 비례하므로 카운터가 예정값이 되면 정지 신호를 출력하여 이동체를 정지시킨다.
이 방식에서는 리미트 스위치 등을 생략할 수가 있어 위치 변경이 용이하다.

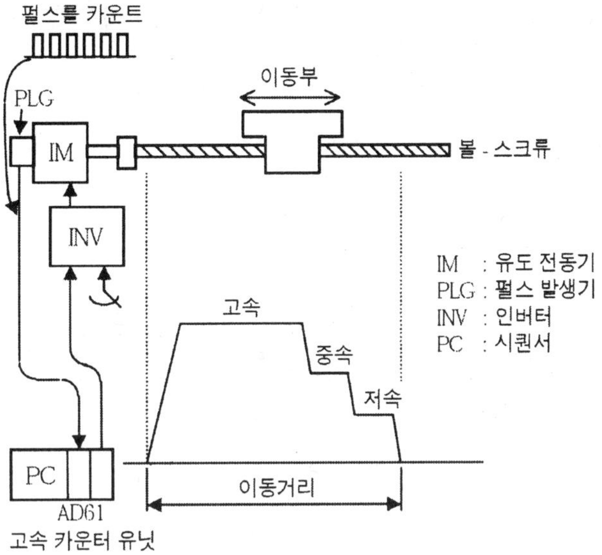

그림 1-24 펄스 카운터 방식

(마) 위치 제어 방식

펄스 지령 방식은 구동 모터에 입력된 펄스수에 비례하여 회전하는 AC 서보 모터를 사용하며 AC 서보 모터의 서보 앰프에 이동거리에 대응하는 수의 펄스를 입력하는 것으로써 펄스수에 비례하여 고속 위치결정을 할 수 있다.

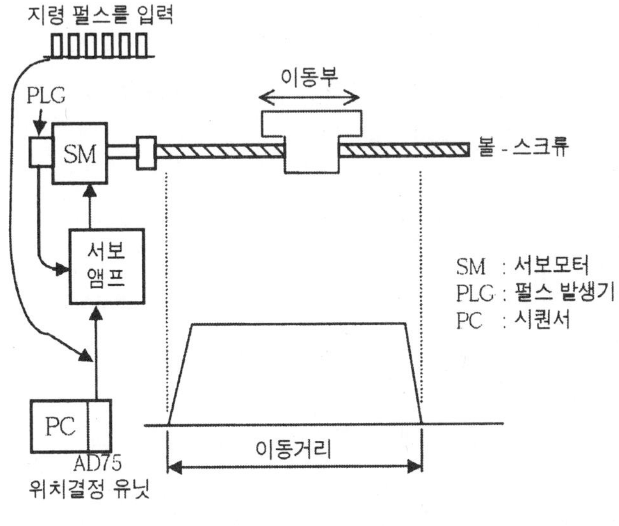

그림 1-25 위치 제어 방식

서보에 의한 위치 결정 제어는 위치의 검출을 항상 피드백하는 방식이며 이 검출 식에도 다음과 같은 종류가 있다.

① 오픈 루프는 피드백이 없어 서보라고 하지 않고 과부하로 탈조(운전 정지)하는 경우가 발생하며 소용량에 적용한다.

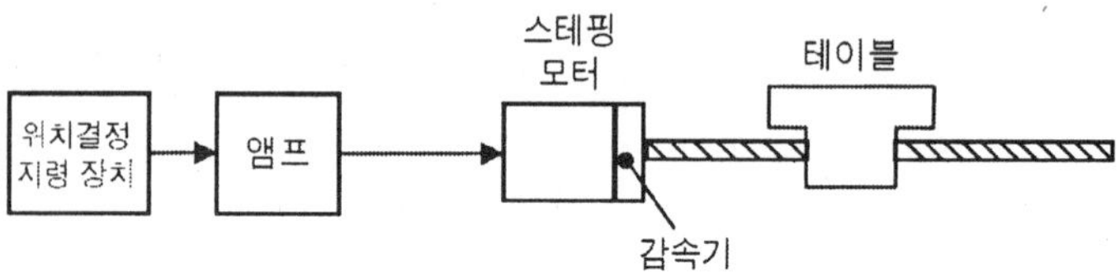

그림 1-26 오픈 루프 방식

② 세미 클로우주드 루프중 모터축 검출은 다음과 같으며 구성이 간단하고 응답이 빠르며 제어계가 안정하지만 감속기의 백래시의 보정이 필요하다.

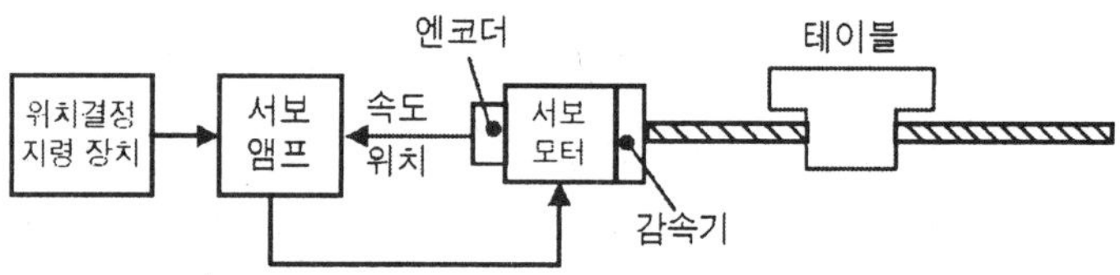

그림 1-27 세미 클로우즈드 루프 방식 1

③ 세미 클로우주드 루프중 송신 나사단 검출은 다음과 같으며 구성이 약간 복잡(별도의 검출기 필요)하고 감속기나 전송 나사의 영향으로 불안정하기 쉽고 감속기의 백래시 보정이 불필요하다.

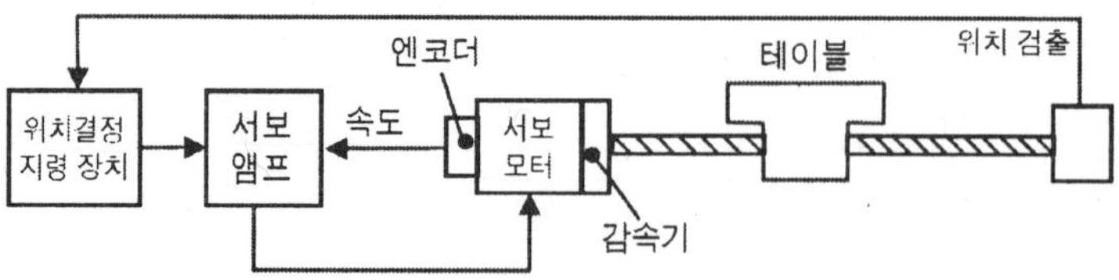

그림 1-28 세미 클로우즈드 루프 방식 2

④ 풀 클로우즈드 루프는 다음과 같으며 고가(高價)의 위치 검출기가 필요하고 기어나 전송 나사의 영향으로 불안정하기 쉽고 응답성에 제한과 감속기의 백

래시 보정이 불필요하다.

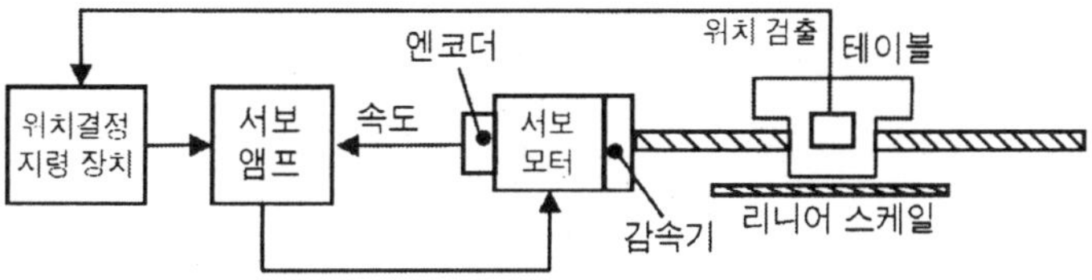

그림 1-29 풀 클로우즈드 방식

(2) AC 서보 위치 결정 제어 기본

위치 제어 방식의 종류는 서보 위치 결정 제어로 위치 검출을 피드백하는 방식이며 다양한 종류가 있다.

오픈 루프 방식은 서보에는 채택되지 않고 클로즈드 루프(closed loop, 폐루프)와 세미 클로우즈드 루프 방식이 사용된다.

AC 서보 MELSERVO 시리즈는 모터축 검출 방식인 세미 클로즈드 루프가 채용되었다.

(가) 위치 검출과 모터 1회전당의 펄스수

AC 서보 MELSERVO 시리즈에서 모터축에 직결한 인코더(검출기)에 의해 모터의 회전위치, 즉 기계의 위치를 검출하는 세미 클로즈드 루프 방식을 채용하고 있다.

인코더에서 모터의 회전각에 따라 펄스 신호가 발생하고 이 펄스 신호가 서보 앰프에 입력되어 위치 결정 제어를 하게 된다.

피드백 펄스수는 모터에 연결된 기계 이동(분해능)을 결정하는 기준이 되며 모터 1회전당 펄스수가 많을수록 고정밀도의 위치 결정 제어가 가능하다.

HC-KFS형의 서보 모터의 경우는 131,072펄스(131,072/rev)로 되어 있다.

(나) 위치 서보 방식

서보 모터 위치 결정이란 위치 결정 지령장치에서 지령 펄스가 입력되면 서보 앰프는 지령 펄스와 모터 회전수에 따라 피드백 펄스를 편차 카운터에 입력하고 그 차이가 0이 되도록 모터를 제어한다.

서보 위치 결정 제어의 기본이 되는 것은 서보 앰프에 대한 지령 1펄스당 모터 축의 동작으로

① 기계의 전송량은 총지령 펄스수에 비례한다.

② 기계의 속도는 지령 펄스열의 속도(펄스 주파수)에 비례한다.

③ 최종 ±1펄스의 범위에서 위치 결정을 완료하고 이후 위치 지령이 없는 한 서보록 상태에서 그 위치를 유지한다.

편차 카운터와 모터의 회전량은 편차 카운터에 위치 결정 지령장치에 지령 펄스를 가산하는 동시에 피드백 펄스가 카운터의 값을 감산한다.

편차 카운터의 값(집합 펄스)이 크면 속도 지령이 커지고 고속으로 모터가 회전하며 목표 정지 위치에 가까워지면 지령 펄스가 감소하고 편차 카운터의 출력으로 모터 속도도 저하한다.

편차 카운터의 값(집합 펄스)이 0이 되면 속도 지령도 0이 되어 모터는 정지한다. 편차 카운터의 출력은 피드백 펄스의 수. 즉, 모터의 회전량이 지령 펄스의 수와 같아지도록 제어하는 기능이 있다.

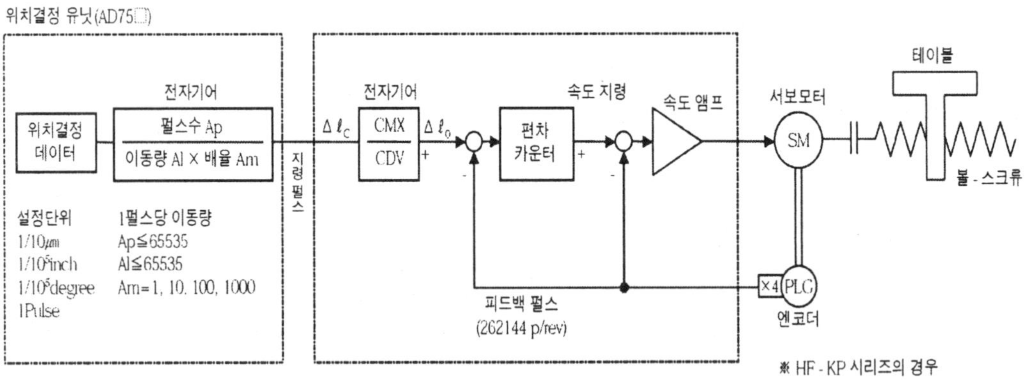

그림 1-30 위치 서보 방식 개요

피드백 펄스 131,072[pulse/rev]의 MELSERVO-J2S 시리즈의 모터 HC-KFS를 1/2 회전시키려면 위치 결정 지령장치에서 65,536펄스 입력이 필요하다.

모터 회전속도는 편차 카운터 제어로 모터의 회전각도와 지령 펄스의 양이 비례하며 모터 회전 속도는 지령 펄스열의 속도에 비례한다.

예로 HC-KFS 시리즈의 모터를 3000[rev/min]으로 운전하려면 1분간에 지령 펄스를 3,000회전×131,072펄스=393.216×10^6[pulse], 1초간으로 하면 393.216×10^6/60=$6,553.6\times10^3$[pulse]($6,553.6\times10^3$[pps]=6553.6[kpps])를 위치 결정 지령장치에 입력하여야 하며 지령장치와 서보 앰프측의 전자기어를 입력한다.

위치 결정 완료와 서보록은 편차 카운터의 출력(집합 펄스)이 0이 되면 즉, 각 지령 펄스수와 피드백 펄스수가 일치하면 위치 결정이 완료된 후 외부 토크에 의해 서보 모터가 회전하면 인코더에서 피드백 펄스가 편차 카운터에 입력, 편차 카운터에서는 속도지령이 출력되어 집합 펄스가 0이 되는 방향으로 모터를 회전 수정하고 항상 정위치에 정지하는 작용을 서보록이라 한다.

(3) 위치 결정 정밀도

(가) 1펄스당 기계 전송량

1펄스당 기계의 전송량이 기계가 이동하는 최소 단위이며 기계계가 볼 스크류, 감속기가 없는 경우 1펄스당 기계 전송량 Δl_0는 식 (1-4)와 같다.

기계계가 볼스크류 이외의 경우나 감속기가 있는 경우 1펄스당 기계의 전송량을 계산하려면 모터 1회전당 기계 전송량 ΔS를 기준으로 한다.

식 (1-4)의 ΔS를 모터 1회전당 전송량으로 하면 1펄스당 전송량 Δl_0를 구할 수 있다.

$$\Delta l_0 = \frac{\Delta S}{P_{fo}} = \frac{\Delta S}{131,072}\text{[mm/pulse]} \qquad (1-4)$$

여기서 P_{fo} : 모터 1회전당 피드백 펄스수, P_{fo}의 값은 인코더 분해능과 동일하며 모터의 유형에 따라 다르다.

HC-PQ형은 4,000[pulse/rev], HC-MF형은 8,192[pulse/rev], HC-SF형은 16,384[pulse/rev]이다.

(나) 기계, 전기 정밀도

기계의 종합 정밀도 $\Delta\varepsilon$=기계측 정밀도+전기측 정밀도가 되며 전기 정밀도는 기계축의 1축당 전송량 Δl_0[mm/pulse]에 영향을 받게 된다.

미쓰비시 MELSERVO 시리즈는 최종적으로 전자 기어 출력 펄스의 ±1펄스 이내(기계축 환산 $\pm\Delta l_0$)에서 정지하고 서보록 상태가 되며 서보록 상태에서는 다음 지령 펄스가 들어오지 않는 한 그 상태를 유지한다.

따라서 전기측 정밀도 Δl_0가 기계 종합 정밀도 $\Delta\varepsilon$에 영향을 미치지 않도록 일반적으로

$$\Delta l_0 \leq \left(\frac{1}{5} \sim \frac{1}{10}\right) \times \Delta\varepsilon \tag{1-5}$$

가 만족되도록 설정한다.

기계 종합 정밀도 $\Delta\varepsilon$와 1펄스당 전송량 Δl_0, 기계의 종합 정밀도 $\Delta\varepsilon$를 고려하여 1펄스당 전송량 Δl_0를 구할 수 있다.

(4) 기계 최고 속도의 모터 회전속도

그림 1-31과 같이 기계계가 기어로 변속되어 볼스크류로 구동될 경우 기계의 속도 V[mm/min]에 대한 모터 회전속도 N[r/min]은 식 (1-6)과 같다.

$$\text{모터 회전속도} = \frac{\text{기계의 속도}}{\text{볼 나사의 리드}} \times \frac{1}{\text{감속비}} \tag{1-6}$$

$$N = \frac{V}{\Delta S} = \frac{V}{P_B} \cdot n \ [\text{r/min}] \tag{1-7}$$

기계 최고속도 V_0가 정해지면 V_0에 대응하는 모터 회전속도는 정격 회전속도 N_r[r/min]을 초과하지 않는 값으로 설정하여 위치 결정 정밀도를 향상하고 모터의 출력을 유용하게 사용할 수 있다.

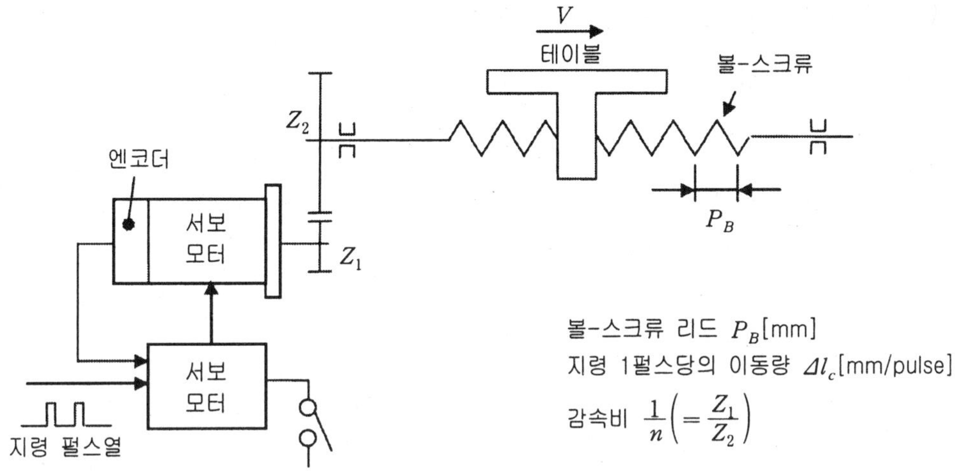

그림 1-31 기계속도와 모터의 속도

(5) 지령 펄스

위치 서보는 위치 결정 지령장치에 입력된 펄스와 피드백 펄스수를 전송받고 정상 운전시 모터는 지령 펄스와 피드백 펄스가 균형 상태로 운전한다.

위치 결정 최소 지령 단위와 1펄스당 기계 전송량의 관계 적합성과 기계 최고 회전속도의 펄스 주파수가 위치 결정 지령장치와 서보 앰프에 만족되는지를 확인한다.

(가) 전자 기어 기능

전자 기어 기능은 위치 결정장치와 서보 앰프측에 존재하며 서보 앰프측의 전자 기어는 AC 서보 MELSERVO-J2S 시리즈의 전자 기어 기능으로 기계계에 적합한 위치 결정이 가능하다.

그림 1-32는 전자 기어 기능을 블록도로 나타낸 것이다.

- P_c : 지령 펄스 수[pulse]
- P_{c1} : 편차 카운터 입력 펄스수[pulse]
- P_{f0} : 모터 1회전당 피드백 펄스수[pulse/rev]
- P_{c0} : 모터 1회전당 지령 펄스수[pulse/rev]
- f_c : 지령펄스 주파수[pps],

· f_{c1} : 편차 카운터 입력 지령 펄스 주파수

· Δl_0 : 피드백 1펄스당 기계 이동량[mm/pulse]

· Δl_c : 지령 1펄스당 기계 이동량[mm/pulse]

· CMX : 지령 펄스 배율 분자

· CDV : 지령 펄스 배율 분모

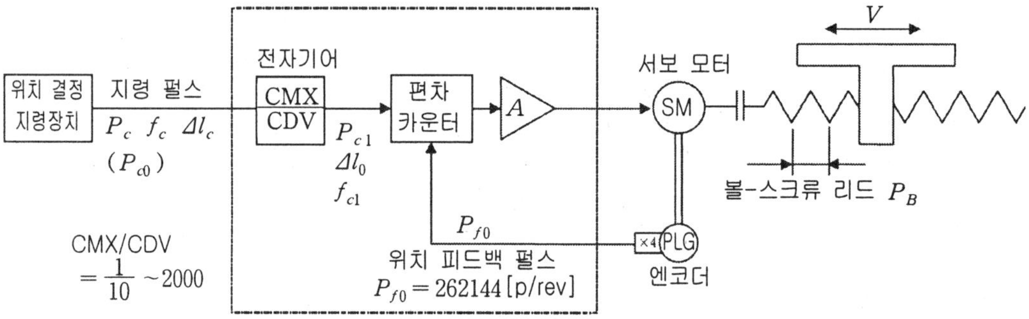

그림 1-32 전자 기어의 기능

전자 기어 기능은 위치 결정 지령장치와 서보 앰프측에 있으며 서보 앰프의 전자 기어는 인코더의 나머지 정리용으로 최대지령 펄스 주파수를 초과하지 않도록 설정하고 위치 결정 지령장치의 전자 기어로 기계계를 포함한 위치 결정 데이터 단위에 적합하게 설정하여야 한다.

위치 결정 정밀도 Δl_0와 설정 분해능 Δl_c는 분리하여 설정할 수 있다.

모터를 정격 회전속도로 운전할 때의 편차 카운터 입력 펄스 주파수는 낮은 지령 펄스 주파수에서 운전할 수 있다.

〈전자 기어 설정과 지령 펄스의 관계〉

① 지령 펄스에 전자 기어 비율을 곱한 펄스가 편차 카운터의 입력 펄스가 된다.

$$P_{c1}=P_c \cdot \frac{\text{CMX}}{\text{CDV}} \tag{1-8}$$

여기서 P_c : 지령 펄스수[pulse]

P_{c1} : 편차 카운터 입력 펄스수[pulse]

CMX : 지령 펄스 배율 분자

CDV : 지령 펄스 배율 분모이다.

그림 1-33에 전자 기어 비율 CMX/CDV=8일 때 P_c와 P_{c1}의 관계를 나타내었다.

② 펄스 주파수도 같은 방법으로

$$f_{c1} = f_c \cdot \frac{\text{CMX}}{\text{CDV}} \tag{1-9}$$

여기서 f_c : 지령펄스 주파수[pps], f_{c1} : 편차카운터 입력펄스 주파수[pps]이다.

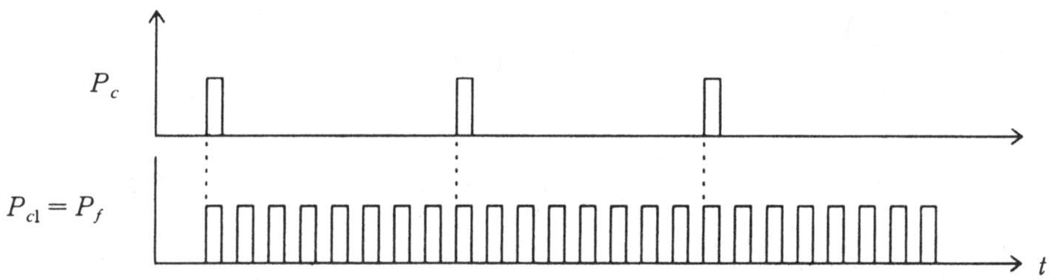

그림 1-33 전자 기어 비율 8인 경우 입출력 관계

③ 전자 기어는 위치제어 루프 외부에 구성되어 있으므로 지령 펄스 배율을 어떠한 값으로 설정해도 모터축 상에서 분해능은 $\left(\frac{1}{\text{인코더 분해능}} \times 360°\right)$이 된다. 단, 위치 결정 정밀도는 지령 1펄스당 기계 이동량(mm/pulse)으로 결정된다.

④ 전자 기어 비율을 1 이하로 설정하면 지령펄스 입력이 1에서 편차 카운터로 출력되지 않고 배율후의 값이 1이 되었을 때 출력된다.

⑤ MR-J2S 서보 앰프의 경우 전자 기어 비율 및 분모 분자의 설정범위는 식 (1-10)과 같다.

$$\frac{1}{5} < \frac{\text{CMX}}{\text{CDV}} < 500 \tag{1-10}$$

CMX : 1～65,535의 정수, CDV : 1～65,535의 정수

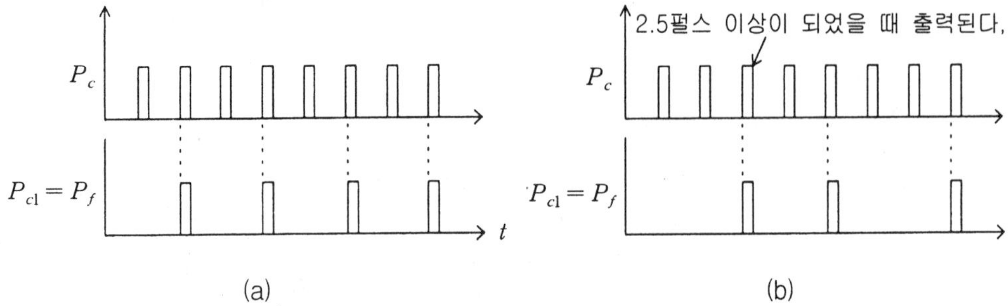

그림 1-34 전자 기어 비율 1이하인 경우

전자 기어 비율 설정과 기계계와의 관계는 다음과 같다.

① 모터축의 회전각도는 위치 피드백 펄스 1펄스분 $\left(\frac{1}{\text{인코더 분해능}}\times 360°\right)$이 이동 단위가 된다. HC-KFS 모터의 경우 인코더의 분해능은 131,072이다.

$$\Delta l_0 = \frac{P_B}{P_{f0}} \cdot \frac{P_B}{\text{인코더의 분해능}} \qquad (1\text{-}11)$$

여기서 P_{f0} : 모터 1회전당 피드백 펄스수[pulse/rev]이며 감속비가 있는 경우

$\Delta l_0 = \frac{P_B}{\text{인코더의 분해능}} \cdot \frac{1}{n}$이 된다. $\frac{1}{n}$ = 감속비이다.

편차 카운터의 입력 펄스가 위치 피드백 1펄스의 모터 회전과 같아 지령 펄스에 전자 기어를 곱하여 지령 1펄스당 모터 회전각도=기계 이동량을 임의의 값으로 설정할 수 있고 나머지가 없는 값(1[μm], 10[μm] 등)으로 설정할 수 있다.

지령측에서 모터 1회전당 펄스수 P_{c0}와 피드백측의 모터 1회전당 펄스수 P_{f0}는 식 (1-12)의 관계가 있다.

$$P_{c0} \cdot \frac{\text{CMX}}{\text{CDV}} = P_{f0} \qquad (1\text{-}12)$$

식 (1-11)의 지령측에서 본 1펄스당 이동량으로 나타내면

$$\Delta l_c = \frac{P_B}{P_{c0}} \qquad (1\text{-}13)$$

가 되며 관계식에서

$$\Delta l_c = \frac{P_B}{P_{c0}} = \frac{P_B}{P_{f0}} \cdot \frac{\mathrm{CMX}}{\mathrm{CDV}} = \Delta l_0 \cdot \frac{\mathrm{CMX}}{\mathrm{CDV}} \tag{1-14}$$

에 의해 전자 기어 비율을

$$\frac{\mathrm{CMX}}{\mathrm{CDV}} = \frac{\Delta l_c}{\Delta l_0} = \Delta l_c \cdot \frac{P_{f0}}{P_B} \tag{1-15}$$

으로 설정하면 지령 1펄스당 이동량 Δl_c를 기계계에 의하지 않고 임의의 값으로 설정 할 수 있다(P_{f0}, P_B).

모터 속도는 지령 펄스를 전자 기어 비율로 곱한 후 편차 카운터에 입력된 펄스열 주파수 f_{c1}에 의해 결정되므로 위치 결정 지령장치의 출력 펄스수(지령 펄스 주파수) f_c가 적은 경우라도 f_{c1}를 크게 하여 고속으로 회전시킬 수 있다.

모터가 일정 속도시 편차 카운터의 입력 펄스 주파수(f_{c1})와 피드백 펄스 주파수 f_F가 균형 상태로 모터 속도와 전자 기어의 관계는 식 (1-16)으로 표현된다.

$$f_{c1} = f_c \cdot \frac{\mathrm{CMX}}{\mathrm{CDV}} = P_{fo} \cdot \frac{N}{60} \tag{1-16}$$

여기서 f_c : 지령 펄스 주파수[pps], f_{c1} : 편차 카운터 입력 펄스 주파수[pps]

N : 모터 회전속도[r/min]이다.

따라서 지령펄스 주파수 f_c에서 모터를 회전속도 N으로 운전할 때의 전자기어 비율은

$$\frac{\mathrm{CMX}}{\mathrm{CDV}} = \frac{f_{c1}}{f_c} = \frac{1}{f_c} \cdot P_{fo} \cdot \frac{N}{60} \tag{1-17}$$

지령펄스 주파수 200[kpps]일 때 서보 모터(HC-KFS 시리즈)를 3,000[r/min]으로 회전시키기 위한 $\frac{\mathrm{CMX}}{\mathrm{CDV}} = \frac{1}{200,000} \times 131,072 \times \frac{3,000}{60} = \frac{4,096}{125}$가 된다.

예제

① 한 펄스당 기계 이동량 Δl_0은?

② 위치 결정 장치의 전자 기어비를 1, 기기 이동량을 0.1[μm/pulse]인 경우 서보 앰프의 전자 기어비 K는 ?

③ ②에서 K의 경우 모터가 3,000[rev/min]인 경우 지령 펄스 주파수 f_c는?

④ 지령 펄스가 200[kpps]인 경우 서보 앰프의 전자 기어비 K는?

풀이 ① 식 (1-11)에 의해

$$\Delta l_0 = \frac{P_B}{P_{fo}} \fallingdotseq 0.061 \times 10^{-3} [\text{mm/pulse}]$$

위치 결정 300[mm]로 했을 경우 $300 \div 0.061 \times 10^{-3} = 4{,}918{,}032.787$ 펄스가 되며 나머지가 나타난다.

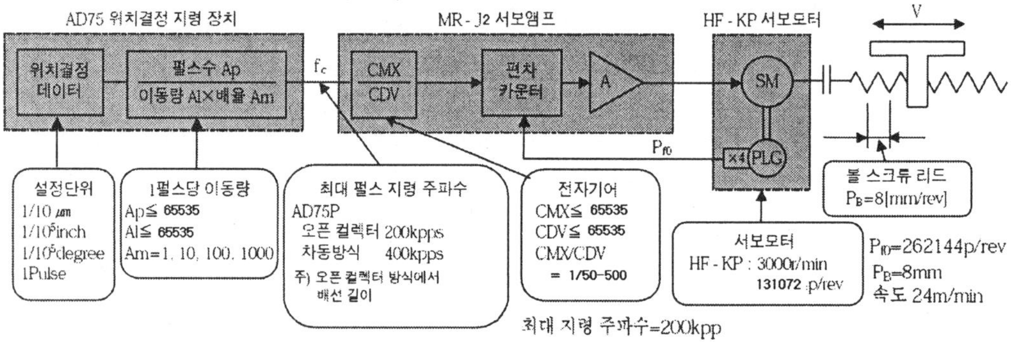

그림 1-35 전자기어비 설정 예제

② 식 (1-15)에 의해

$$K = \frac{\text{CMX}}{\text{CDV}} = \Delta l_c \cdot \frac{P_{fo}}{P_B} = 0.1 \times 10^{-3} \times \frac{131,072}{8} = \frac{1,024}{625}$$

위의 전자 기어를 입력했을 경우 Δl_c는

$$\Delta l_c = \frac{P_B}{P_{fo}} \times \frac{\text{CMX}}{\text{CDV}} = \frac{8}{131,072} \times \frac{1,024}{625} = 0.0001 [\text{mm/pulse}]$$

위치 결정 300[mm]로 했을 경우 $300 \div 0.0001 = 3{,}000{,}000$펄스가 되며 나머지가 없다.

위에서 구한 전자기어 비율로 AD75 위치 결정 지령장치의 최대 지령 주파수 200 [kpps]를 초과하지 않는지 확인할 필요가 있다.

③ 식 (1-16)에 의해

$$f_{c1}=P_{fo}\times\frac{N}{60}=131,072\times\frac{3,000}{60}=6,553,600[\text{pps}]$$

식 (1-9)에 의해

$$f_c=\frac{\text{CDV}}{\text{CMX}}\cdot f_{c1}=\frac{625}{1,024}\times 6,553,600=4,000,000=4,000[\text{kpps}]$$

지령 펄스 주파수가 AD75의 최대 지령 펄스 주파수 200[kpps]를 초과하면 제어할 수 없다.(AD75의 최대 지령 펄스 주파수 200[kpps]일 때의 서보 앰프측 전자 기어를 구한다.)

④ 식 (1-9)에 의해

$$f_c=\frac{\text{CDV}}{\text{CMX}}\cdot f_{c1}\Rightarrow\frac{\text{CMX}}{\text{CDV}}=\frac{f_{c1}}{f_c}=\frac{6,553,600}{200\times 10^3}=\frac{4,096}{125}$$

위의 전자 기어를 사용하는 경우 위치 결정 정밀도 Δl_0는 다음과 같다.

$$\Delta l_0=\frac{P_B}{P_{fo}}\times\frac{\text{CMX}}{\text{CDV}}=\frac{8}{131,072}\times\frac{4,096}{125}=0.002[\text{mm/pulse}]$$

위치 결정 정밀도 0.1[μm]를 확보하기 위하여 AD75측 전자 기어를 0.1×10^{-3}/0.002=1/20배가 되도록 설정한다.(예 Ap=1000, A1=20000, Am=1)

서보 앰프 최대 입력 주파수는 MR-J2S 시리즈에서 최대 입력 펄스 주파수(오픈 컬렉터 : 200[kpps], 차동 드라이버 : 500[kpps])에서 서보 모터를 정격 회전속도까지 사용할 수 있도록 전자 기어의 값을 선정한다.

지령장치를 포함한 전체 시스템의 최대 입력 펄스 주파수는 서보 앰프와 지령장치를 모두 만족하는 최대 주파수가 된다.

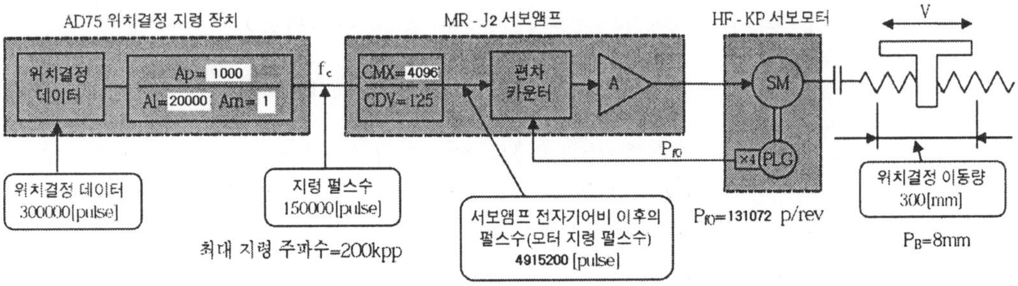

그림 1-36 전자 기어비 설정

예제 ① MR-J2S(3,000[r/min]) 시리즈의 오픈 컬렉터 입력의 최대 입력 펄스 주파수는?

② MR-J2S의 정격 회전속도를 최대 입력 펄스 주파수 이하에서 사용할 경우 MR-J2S의 전자 기어 K의 범위는?

③ 오픈 컬렉터 입력의 경우 MR-J2S, AD75 전체로서 최대 입력 펄스 주파수는?

풀이 ① 200[kpps]

② 식 (1-16), 식 (1-17)에 의해 전자 기어의 값 K의 범위는

$$f_{c1} = P_{fo} \times \frac{3,000}{60} = 131,072 \times \frac{3,000}{60} = 6553.6 \times 10^3 [\text{pps}]$$

$$500 > K \geq \frac{f_{c1}}{f_c} = \frac{6,553.6 \times 10^3}{200 \times 10^3} = \frac{32,768}{1,000}$$

③ MR-J2S와 AD75 모두 만족하는 주파수는 200[kpps]

예제 ① MR-J2S(3,000[r/min]) 시리즈의 차동 입력의 최대 입력 펄스 주파수는?

② MR-J2S의 정격 회전속도를 최대 입력 펄스 주파수 이하에서 사용할 경우, MR-J2S의 전자 기어 K의 범위는?

③ 차동 입력의 경우 MR-J2S, AD75 최대 입력 펄스 주파수는?

풀이 ① 500[kpps]

② 식 (1-16), 식 (1-17)에 의해 전자 기어의 값 K의 범위는

$$f_{c1} = P_{fo} \times \frac{3,000}{60} = 131,072 \times \frac{3,000}{60} = 6,553.6 \times 10^3 [\text{pps}]$$

$$500 > K \geq \frac{f_{c1}}{f_c} = \frac{6,553.6 \times 10^3}{500 \times 10^3} = \frac{32,768}{2,500}$$

③ MR-J2S와 AD75를 만족하는 주파수는 400[kpps]이다.

(6) 속도 유형과 정지 정정시간(整定時間)

집합 펄스란 서보 앰프 편차 카운터에서 지령 펄스와 피드백 펄스의 차이를 나타내며 그림 1-37과 같다.

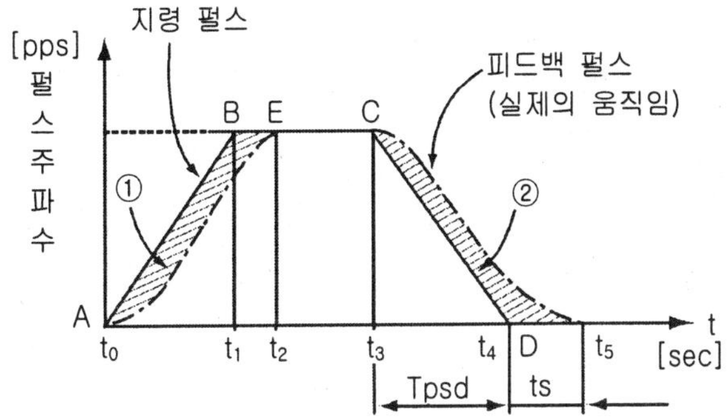

그림 1-37 속도 유형과 집합 펄스

(가) $t_0 \rightarrow t_2$ 간의 동작

지령 펄스에 대하여 실제 서보 모터의 지연 가속으로 인코더에서 피드백 펄스가 지연되어 집합 펄스 ε이 발생한다.

$$\varepsilon = \frac{f_{c1}}{PG1} = \frac{K \cdot f_c}{PG1} \text{ [pulse]} \qquad (1\text{-}18)$$

여기서 $PG1$: 위치 제어 게인 1, K: $\dfrac{\mathrm{CMX}}{\mathrm{CDV}}$ 이다.

(나) $t_2 \rightarrow t_3$ 간의 동작

식 (1-18)의 집합 펄스분의 지연을 유지하면서 지령 펄스와 서보 모터의 회전 속도가 동기(同期)되어 운전한다.

(다) $t_3 \rightarrow t_4$ 간의 동작

t_4(지령 펄스가 종료된 시점)에서도 모터는 지령 위치에 도달하지 않고 지령 펄스가 없어져도 모터는 동작하고 있다.

(라) $t_4 \rightarrow t_5$ 간의 동작

나머지 집합 펄스를 모두 출력하며 이 t_4에서 t_5간의 시간을 정지 정정시간 t_s라 한다.

(마) 모터의 동작

실제 움직임은 모터 회전속도, 집합 펄스가 지수 함수적으로 동작하며 집합 펄스를 모두 출력하고 정정하여 서보록 상태가 된다.

그 결과 지령 펄스의 지령량(면적 ABCD)=실제 전송량(면적 AECF) 또한, 가속시 남아있는 분량 ① (면적 ABEA)=감속시 감소분 ② (면적 CFDC)가 된다.

그림 1-38에서 PG1=36[sec^{-1}]로 하여 아래 조건에서 집합 펄스 ε를 구하면 $f_{c1}=K \cdot f_c=$180k, 18k, 0.9k, 72[pps] 또한 $\Delta l_0=0.01$[mm/pulse]로 했을 때 그 집합 펄스를 전송 길이로 환산한다. 단, HC-KFS 모터를 사용한 경우(전자 기어 비율 $K=1/16$)

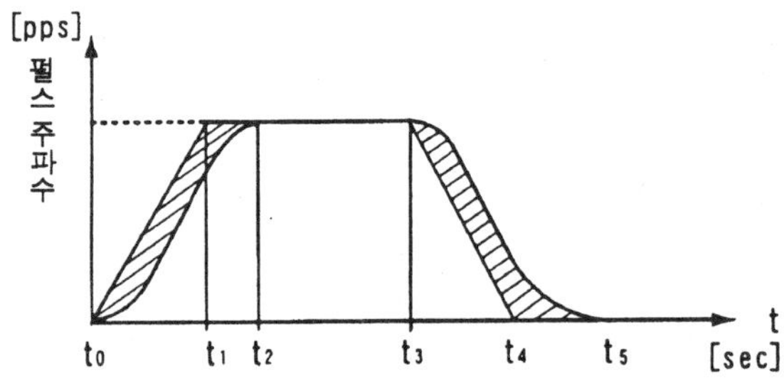

그림 1-38 속도 유형과 집합 펄스 예

$\varepsilon=K \cdot f_c/PG1$[pulse]에서 각각 다음과 같다.

$K \cdot f_c=180$[kpps]일 때(1,318[r/min])

$\varepsilon=\dfrac{180,000}{36}=5,000$[pulse], 전송길이 환산치 5,000×0.01=50[mm]

$K \cdot f_c=18$[kpps]일 때(132[r/min])

$\varepsilon=\dfrac{18,000}{36}=5,000$[pulse], 전송길이 환산치 500×0.01=5[mm]

$K \cdot f_c=0.9$[kpps]일 때(6.6[r/min])

$\varepsilon=\dfrac{900}{36}=25$[pulse], 전송길이 환산치 25×0.01=0.25[mm]

$K \cdot f_c=72$[pps]일 때(0.53[r/min])

$\varepsilon=\dfrac{72}{36}=2$[pulse], 전송길이 환산값 2×0.01=0.02[mm]

(7) 정지 정정시간 t_s

정지 정정시간은 정지 지령이 출력되고 위치 결정이 완료되기까지의 시간을 나타내며, 인서터, 마운터 등의 부품 실장기에서는 이 정정 시간으로 전체 동작타임이 결정되므로 시간 단축이 중요한 요소이다.

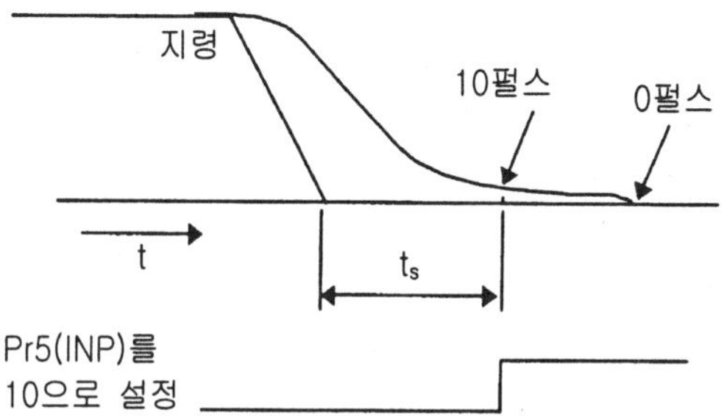

그림 1-39 정지 정정시간

정지 정정시간은 모델 적응제어의 위치제어 게인1(PG1)으로 개략치를 구할 수 있다.

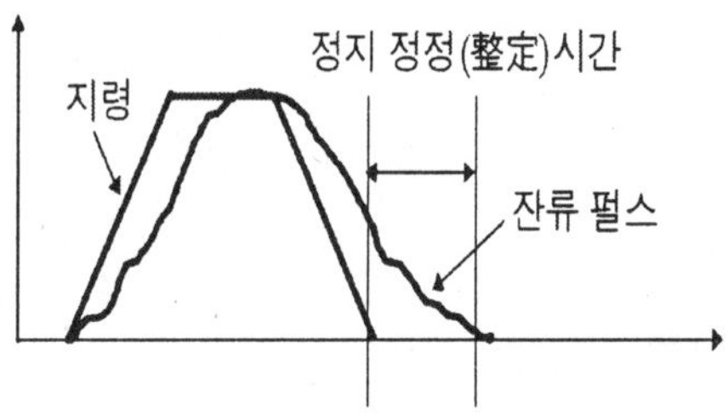

그림 1-40 정지 정정시간

위치제어 게인 1의 값은 기계의 상황과 부하성 모멘트 값 등에 영향을 받고 고빈도 운전 전송과 고응답성의 정지 정정이 요구되는 경우 기계계까지 포함한 대책이 필요하다.

약 10펄스 이하가 되기까지의 정지 정정시간은 실험적으로 식 (1-19)와 같다.

$$t_s \fallingdotseq \frac{3}{PG1}\,[\mathrm{sec}] \tag{1-19}$$

기계계 요구 정밀도 이내의 집합 펄스가 나타나면 서보 모터가 동작하고 있어도 정지로 위치 결정 완료 신호를 출력한다.

고빈도 위치 결정시의 정지 정정시간은 사이클 타임에 영향을 주게 된다.

(8) 기계계와 응답설정

(가) 응답 설정

이전 제어 방식에서 서보의 위치 루프 게인과 속도 루프 게인을 기계계 조건에 조정하여야 하며 특히 부하 관성 모멘트 비율과 기계계 특성에 대한 서보계의 루프와의 관계를 충분히 고려하여야 하며 조정 시간이 필요한 경우가 많다.

MELSERVO-H, J2S, C시리즈에서는 모델 적응제어, 리얼타임 오토 튜닝으로 응답설정을 기계계의 특성에 적합한 값으로 설정하고 이상 모델부와 실제 루프부에 자동적으로 최적의 게인 조정된다.

오토 튜닝 응답 설정은 파라미터에서 설정할 수 있으며 기계계 헌팅(hunting)이 발생되거나 기어 소음이 큰 경우에는 설정값을 작게 하며 정지 정정시간을 짧게 하고 성능을 향상시킬 경우에는 설정값을 크게 한다.

표 1-3 MR-J2S 기본 파라미터 Pr.2

설정값	오토 튜닝 응답성	기계의 기준
1~3	응답	기계 강성이 낮은 것. 벡터, 체인 구동, 백래시가 커다란 기계 등
4~6	저중응답	평균적인 범용 기계의 강성 레벨. 벡터, 체인, 랙 &피니온 구동 등 출하시의 설정값
7~9	중응답	기계 강성이 약간 높은 레벨. 볼 나사, 강성이 높은 타이밍 벨트 등으로 응답성 향상 경우
A~C	중고응답	기계 강성이 높고 고빈도로 위치 결정 하는 용도
D~F	고응답	기계 강성이 대단히 높고 초 고빈도로 위치 결정 용도

(나) 리얼 타임 오토 튜닝

오토 튜닝값을 파라미터에 설정하고 서보 모터를 동작하면 부하 관성 모멘트를 자동적으로 튜닝하고 설정값에 대하여 각 제어 루프의 게인(위치, 속도)을 적절한 값으로 자동 셋팅한다.

이 경우 기계계의 오토 튜닝 설정값이 적절하지 않으면 진동이 발생하거나 불안정하며 오토 튜닝 설정값을 재조정하여야 한다.

튜닝한 부하의 관성 모멘트 결과는 상태 표시 모니터의 부하 관성 모멘트 비율로 확인할 수 있으며 권장되는 부하 관성 모멘트 비율은 응답성, 회생 에너지, 다이내믹 브레이크 등의 제약 사항이 있다.

부하 관성 모멘트 비율은 서보 모터 대비 30배 이하를 기준으로 권장하며 상세한 사항은 각 카탈로그를 참고한다.

대부분의 모터는 리얼 타임 오토 튜닝으로 설정되며 세부 조정할 경우는 매뉴얼로 게인 조정한다.

부하 관성 모멘트가 과대한 경우 승강기축에 언밸런스 하중이 대단히 크고 정상적인 튜닝을 할 수 없을 경우에는 매뉴얼로 각 게인 조정한다.

1.6 위치 결정 지령 구성

AC 서보 위치 결정 제어는 지령 펄스 열(列)을 발생하는 위치 결정 지령장치와 서보 앰프가 다음과 같은 기능을 분담하여 실행된다.

(1) 위치 결정 지령장치측의 기능

① 기계의 전송량에 상당하는 지령 펄스의 출력
② 기계속도의 결정(지령 펄스 주파수)
③ 운전 유형의 결정(가속감속 정수)
④ 이론상의 기계 위치를 기억

(2) 서보 앰프측의 기능

① 위치 결정 지령장치에서 펄스열 지령위치로 위치 결정 제어
② 서보록 기능
③ 위치 결정 완료 신호 출력 기능

(3) 위치 결정 지령장치 분류와 구성

① 위치 결정 유닛에서 출력된 펄스열을 편차 카운터로 적산하고 이 펄스의 집

합량이 D/A 변환되어 직류 아날로그 전압이 되어 속도 지령이 된다.

② 속도지령으로 모터는 회전하고 PLG 펄스가 편차 카운터로 피드백 되어 집합 펄스를 감산한다.

③ 위치 결정 유닛의 출력 펄스열이 감속지령이 되면 편차 카운터의 집합 펄스가 0이 되고 모터는 정지한다.

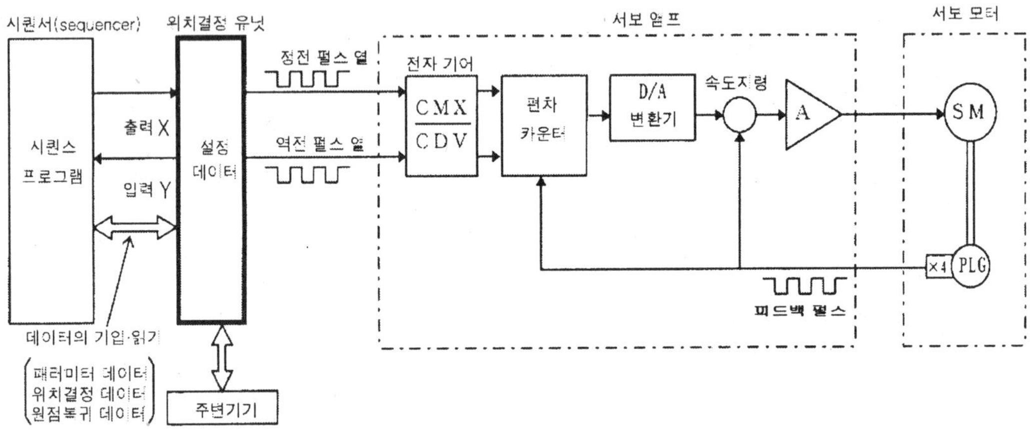

그림 1-41 위치 결정 시스템의 구성

서보 모터의 용도와 상위 컨트롤러 시스템에는 다양한 종류의 서보 모터용 위치 결정장치가 제품화되고 있으며 용도에 적합한 위치 결정 지령장치 선택으로 서보 시스템의 효율화, 코스트퍼포먼스를 향상시키는 포인트가 된다.

(가) 시스템 방식

위치 결정 지령장치, 서보 앰프를 포함한 서보 시스템 방식이다.

(나) 제어축 수

보통 1대의 위치 결정 지령장치로 서보 모터/서보 앰프를 제어하는 갯수를 나타내며 복수의 제어축 수는 동시 제어방식, 독립 제어방식으로 구분된다.

(다) 동시 제어, 독립 제어

① 동시 제어 : 2축 이상의 제어축 위치 결정 지령장치에서 복수축을 동시에 제어하는 기능이며 복수축 제어 1개의 프로그램으로 운전 모드(자동, 수동, 원점 복귀 등), 기동 · 정지 보간제어가 가능하다.

② 독립 제어 : 2축 이상의 제어축 위치 결정 지령장치에서 각 축을 독립해서 제어하는 기능이며 각 축의 제어는 개별적인 프로그램으로 운전 모드(자동, 수동, 원점복귀 등), 기동·정지도 개별적으로 운전된다.

(라) 보간 제어

복수축의 제어를 상호 연관시켜서 실행하는 기능으로 직선 보간과 원호 보간이 있다.

① 직선 보간 : 시점에서 종점(목표위치)까지를 최단으로 연결하도록 복수축을 제하며 궤적은 직선이 되므로 직선 보간이라 하며 2축 직선 보간, 3축 직선 보간이 있다.

그림 1-42 직선 보간 동작

② 원호 보간 : 시점부터 종점(목표위치)까지를 원호로 연결하도록 복수축을 제어하며 2점간을 연결하는 원호 궤적은 무수히 많으므로 프로그램에서는 2점의 위치와 동시에 원호의 반지름, 중심위치, 방향 등을 지정한다.

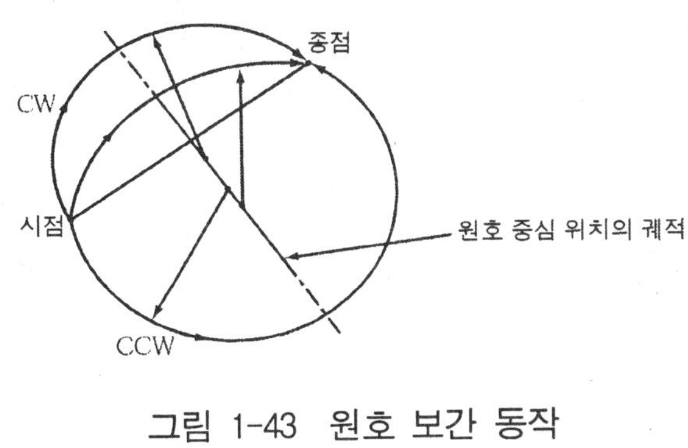

그림 1-43 원호 보간 동작

(마) 절대위치 검출

서보 모터에 절대 위치 검출기를 부착하면 정전후 원점복귀를 실행하지 않아도 기계 위치를 지령장치가 백업하여 그 위치에서 자동 운전할 수 있는 시스템이며 절대 위치 검출 시스템을 구성하기 위해서는 절대 위치 검출기 부착 모터, 대응 서보 앰프, 위치 결정 지령장치가 필요하다.

(4) 위치 지령 인터페이스

과거 위치 결정 지령장치에서 서보 앰프로 출력되는 위치 지령은 펄스열이 일반적이었으며 최근에는 각 유닛이 마이크로프로세서로 소프트웨어 디지털화됨에 따라 위치 결정 지령장치와 서보 앰프의 버스라인을 결합하는 방식으로 고정밀도의 시스템을 구축할 수 있게 되었다.

펄스열 방식 인터페이스에는 몇 가지 종류가 있으며 기종과 특징은 다음과 같다.

(가) 펄스열 인터페이스의 종류

① 정·역전 펄스열 방식과 펄스 열·방향 판별 신호방식 : 펄스열에는 모터의 회전방향을 지정하는 방법으로 회전방향을 단자에 입력하는 방식과 회전 방향 판별 신호에 따라 변경하는 방식이 있다.
또한 동기 인코더에서 직접 펄스열을 입력할 경우 2상(相) 펄스열 방식이 된다.

② 오픈 컬렉터 방식과 차동 드라이버 방식 : 인터페이스의 하드웨어로 2종류가 있으며 오픈 컬렉터 방식은 간단하지만 펄스열의 고속화·내(耐)노이즈성의 향상으로 최근에는 차동 드라이버 방식을 채용하고 있다.

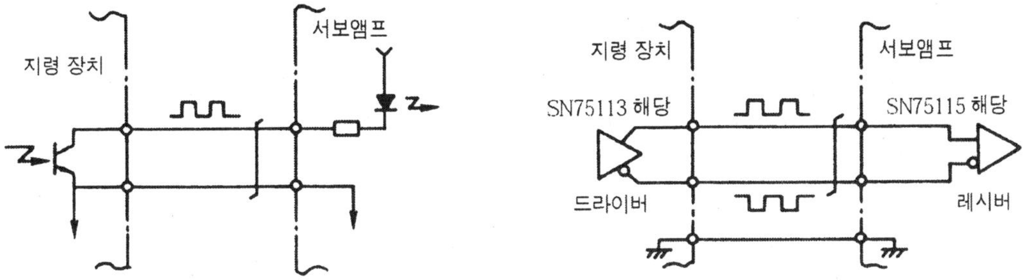

(a) 오픈 컬렉터 방식(max 2M)　　(b) 차동 드라이버 방식(max 10M)

그림 1-44 펄스열의 하드웨어 예

(a)　　(b)

그림 1-45 펄스열의 형태

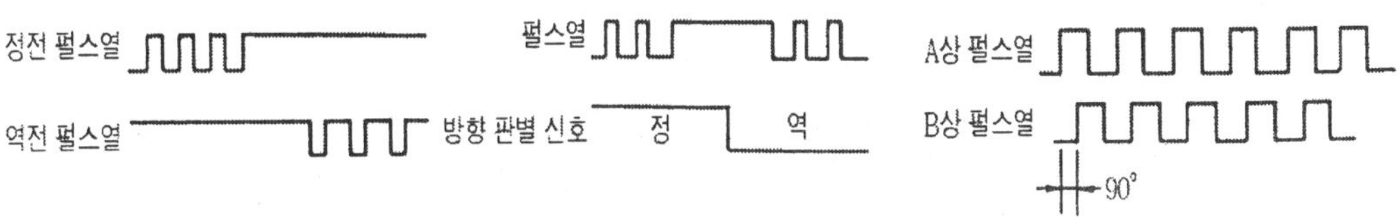

(a) 정역 펄스열 방식　(b) 방향 판별 신호 방식　(c) 2상 펄스열 방식

그림 1-46 회전 방향의 지령 방식

서보 모터의 회전방향은 부하측에서 반시계 방향을 정전(正轉)으로 정하며 기계 이동 정방향은 일반적으로 좌표가 증가하는 방향이다.

기계의 이동방향과 서보 모터의 회전방향을 변경할 필요가 있을 경우 위치 결정 지령장치의 파라미터로 회전 방향을 설정하며 회전방향은 JOG 운전 모드를 사용하여 확인한다.

서보 모터가 정전하고 기계는 좌표가 감소하는 방향(마이너스 방향)으로 진행하는 경우 서보 모터의 회전방향은 역전과 위치 결정 지령장치로 설정한다.

제 2 장 서보 앰프와 인터페이스

2.1 주변 기기의 구성

MR-J2S 시리즈의 서보 앰프는 다음 그림과 같이 외부기기와의 접속, 모니터·진단 및 파라미터의 설정 등을 앰프 전면(前面)에 나타내며 정격, 대표 규격을 표시하고 있다.

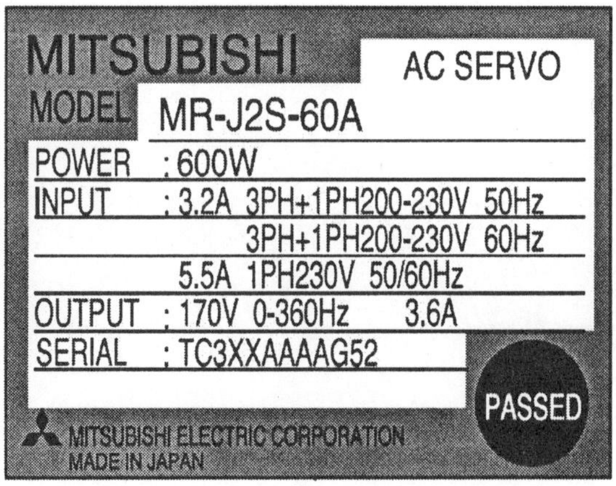

MR - J2S - □ A □

시리즈명

전원

기호	전원
없음	삼상 AC 200~230V 단상AC 230V
1	단상AC 100~120V

범용 인터페이스

정격 출력

기호	정격출력 [W]	기호	정격출력 [W]
10	100	100	1000
20	200	200	2000
40	400	350	3500
60	600	500	5000
70	700	700	7000

전원 부분의 1은 단상 110[V]용이며 60[A] 이상은 적용되지 않는다.
MR-J2S의 외형은 그림 2-1과 같다.

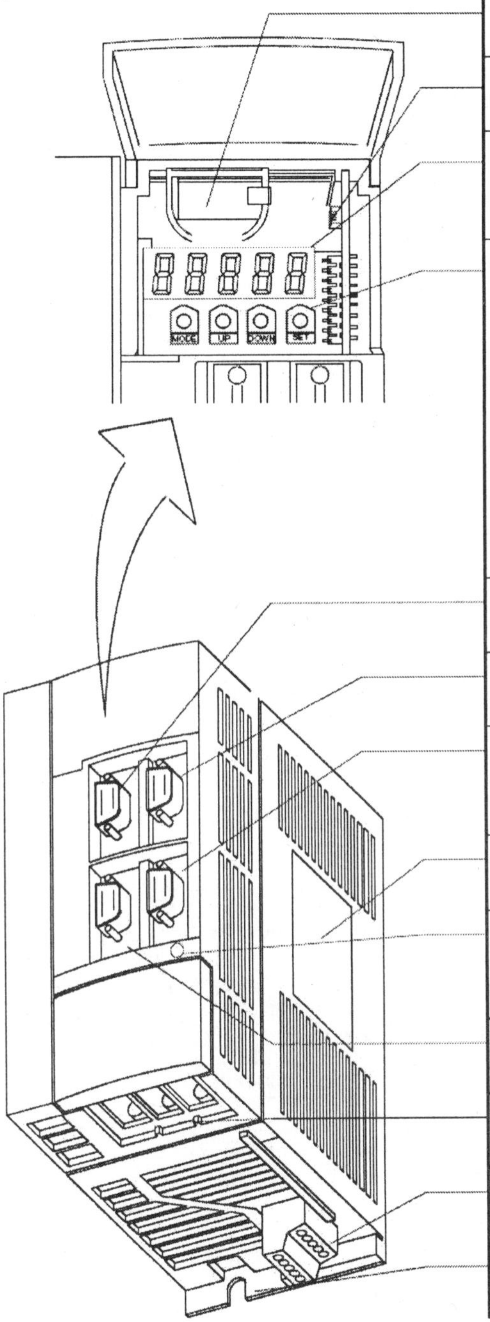

명칭 · 용도
배터리 홀더 절대위치 데이터 보존용 배터리를 수납
배터리용 컨넥터(CON1) 절대위치 데이터 보존용 배터리를 접속
표시부 5자리수 7세그멘트 LED에 의해 서보의 상태 · 알람 No.
조작부 상태표시 · 진단 · 알람 · 파라미터 포인트 테이블을 조작 MODE UP DOWN SET SET: 데이터를 설정 UP · DOWN: 각 모드에서의 표시 데이터를 변경 MODE: 모드를 변경
입출력 신호용 컨넥터(CN1A) 디지털 입출력 신호를 접속
입출력 신호용 컨넥터(CN1B) 디지털 입출력 신호를 접속
통신용 컨넥터(CN3) 지령 장치(RS-422/RS232C)와 접속 아날로그 모니터를 출력
정격명판
차지 램프 주회로에 전하가 존재할 때 점등 점등중에 전선의 이음,교체 등
검출기용 컨넥터(CN2) 서보모터 검출기 접속 컨넥터
주회로 단자대(TE1) 입력 전원 · 서보모터 · 회생 옵션을 접속
제어회로 단자대(TE2) 제어회로 전원 · 회생 옵션을 접속
보호 어스(PE) 단자(⏚) 접지 단자

그림 2-1 MR-J2S 서보 앰프의 외형

그림 2-2는 서보 앰프 블록도를 나타내고 있다.

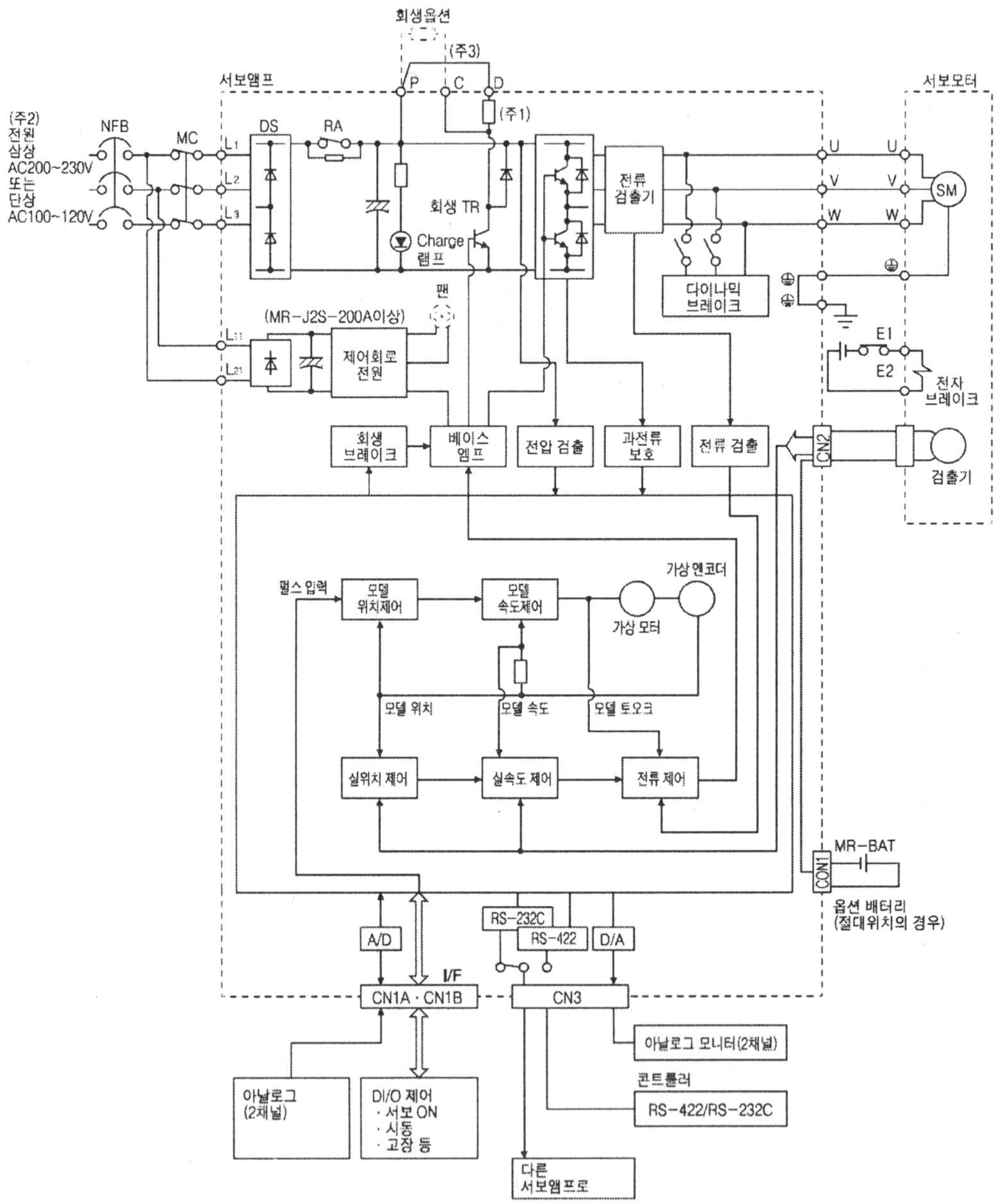

그림 2-2 서보 앰프 블록도

내장 회생 저항은 MR-J2S-10A(1)에는 없으며 단상 회생 저항은 AC 220[V] 전원인 경우 전원은 L_1, L_2에 접속하고 L_3에는 접속하지 않으며(2) AC 110[V] 전원에는 L_3는 없으며 MR-J2S-350A이하의 경우이다.

(1) 기능 일람

MR-J2S 시리즈의 서보 앰프는 MR-J2 시리즈를 토대로 고성능·고기능으로 한 AC 서보이며 MR-J2S의 기능 일람은 표 2-1과 같다.

표 2-1 MR-J2S의 기능 일람

기 능	내 용	제어 모드	상세 설명
위치 제어 모드	서보를 위치 제어 모드로 사용.	P	
속도 제어 모드	서보를 속도 제어 모드로 사용.	S	
토크 제어 모드	서보를 토크 제어 모드로 사용.	T	
위치/속도 제어 절체 모드	외부 입력신호로 위치 제어와 속도 제어를 절체할 수 있다.	P·S	
속도/토크 제어 절체 모드	외부 입력신호로 속도 제어와 토크 제어를 절체할 수 있다.	S·T	
토크/위치 제어 절체 모드	외부 입력신호로 토크 제어와 위치 제어를 절체할 수 있다.	T·P	
고분해능 인코더	서보 모터의 검출기는 131,072[pulse/rev]의 고분해능 인코더를 사용.	-	
절대위치 검출 시스템	한 번 원점 세트를 행할 뿐, 전원 투입 때마다 원점 복귀할 필요 없다.	P	
게인 절체 기능	회전중과 정지중의 게인을 절체하거나, 운전중에 외부 신호를 사용하여 게인을 절체할 수 있다.	P·S	
어댑티브 제진제어	어댑티브 제진제어는 서보 앰프가 기계공진을 검출하여 필터 특성을 자동적으로 설정하고, 기계계의 진동을 제어하는 기능.	P·S·T	
로퍼스 필터	서보계의 응답을 높여가면 발생하는 높은 주파수의 공진을 억제하는 효과	P·S·T	
머신 애널라이저 기능	셋업 소프트웨어를 인스톨한 퍼스널 컴퓨터와 서보 앰프를 연결하는 것만으로 기계계의 주파수 특성을 해석.	P	
머신 시뮬레이션	머신 애널라이저의 결과를 토대로 기계의 움직임을 퍼스널 컴퓨터의 화면상에서 시뮬레이션할 수 있다.	P	
게인 서치 기능	퍼스널 컴퓨터가 자동으로 게인을 변화시키면서, 단시간에 오버슈트(overshoot) 없이 게인을 검색.	P	
미진동 억제 제어	서보 모터 정지시에 ±1펄스의 진동을 억제.	P	

기 능	내 용	제어 모드	상세 설명
전자 기어	입력 펄스를 1/50~500배로 할 수 있다.	P	
리얼 타임 오토 튜닝	서보 모터축에 가하는 부하가 변화해도, 최적인 서보 게인을 자동적으로 조정한다. MR-J2-A 서보 앰프에 비해 고성능.	P·S	
위치스무딩 (smoothing)	입력 펄스에 대해 원활하게 가속할 수 있다.	P	
S자형 가감속시 정수	가속·감속을 원활히 할 수 있다.	S·T	
알람 이력 클리어	알람 이력을 소거함.	P·S·T	
전원 순간정지 재시동	입력 전원의 저하로 알람이 발생해도, 전원 전압이 정상으로 되돌아가면 시동 신호를 ON하는 것만으로 재시동 할 수 있다.	S	
지령 펄스 선택	입력할 수 있는 지령 펄스 열의 형태를 4종류 중에서 선택할 수 있다.	P	
입력 신호선택	정전시동·역전시동·서보 온 신호 등의 입력신호를 임의의 핀으로 변경.	P·S·T	
토크 제한	서보 모터의 발생 토크를 제한할 수 있다.	P·S	
속도 제한	서보 모터의 회전속도를 제한할 수 있다.	T	
상태 표시	서보의 상태를 5행 7세그먼트 LED의 표시부로 나타낸다.	P·S·T	
외부 입출력 표시	외부 입출력 신호의 ON/OFF 상태를 표시부에 나타낸다.	P·S·T	
출력신호 강제출력	서보의 상태와 관계없는 출력신호를 강제적으로 ON/OFF할 수 있다. 출력신호의 배선 체크 등에 사용.	P·S·T	
VC 자동 옵셋	아날로그 속도지령(VC) 또는 아날로그 속도제한(VLA)을 0[V]로 해도, 정지하지 않을 경우에 정지하도록 전압을 자동적으로 옵셋.	S·T	
테스트 운전 모드	시동신호를 입력하지 않고, 서보 앰프의 조작부로 서보 모터를 운전	P·S·T	
셋업 소프트웨어	퍼스널 컴퓨터를 사용해서 파라미터의 설정·테스트 운전·상태표시 등을 행할 수 있다.	P·S·T	
알람 코드 출력	알람이 발생한 경우에 알람 No.를 3bit의 코드로 출력.	P·S·T	

㈜ P : 위치 제어 모드, S : 속도 제어 모드, T : 토크 제어 모드
P·S : 위치/속도 제어 절체 모드, S·T : 속도/토크 제어 절체 모드,
T·P : 토크/위치 제어 절체 모드

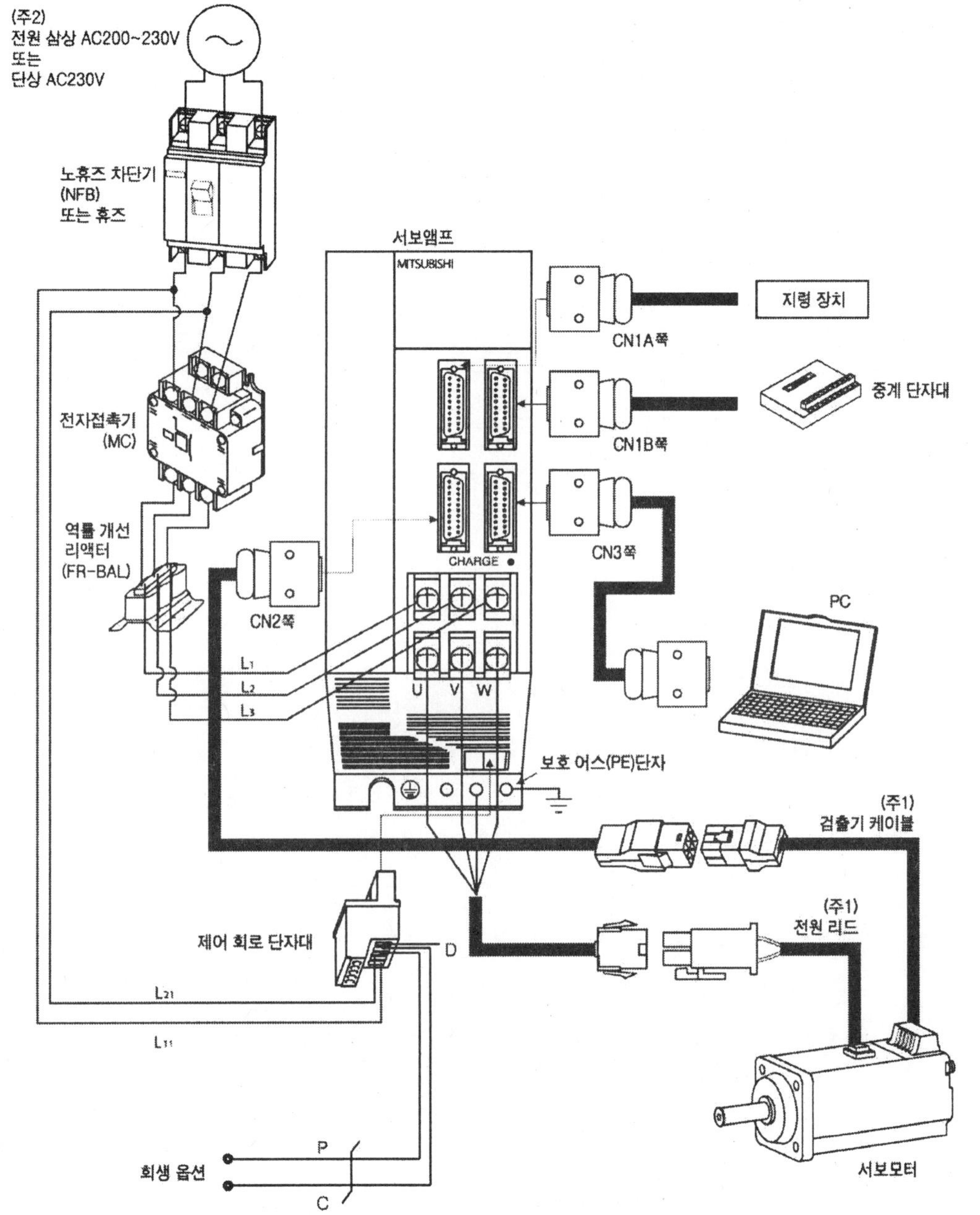

단상 전원은 L_1, L_2에 연결한다.

그림 2-3 MR-J2S의 주변 기기와 구성

(2) 신호와 배선

위치 제어, 속도 제어, 토크 제어 모드의 신호와 배선도는 다음과 같다.

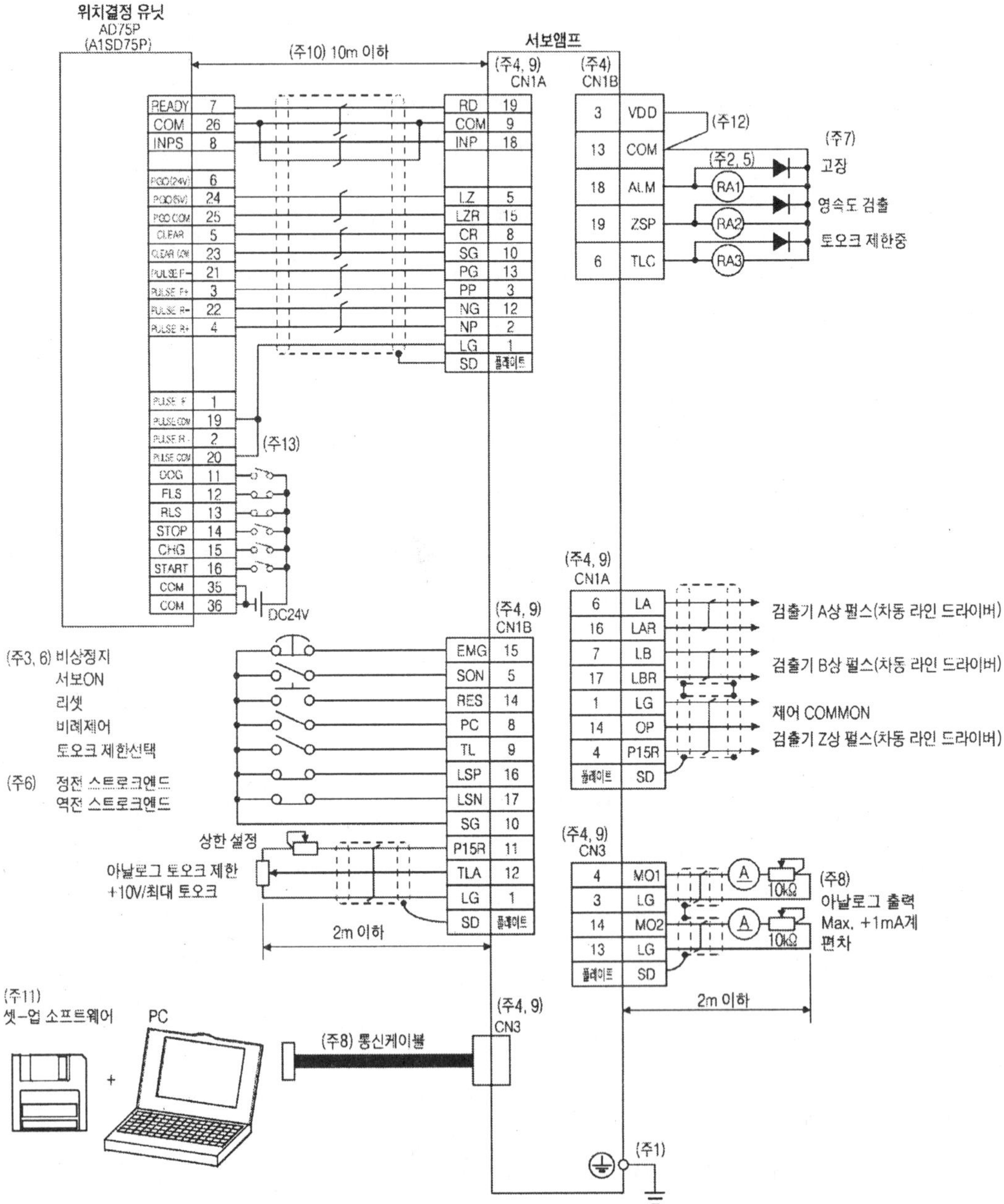

그림 2-4 위치 제어 모드

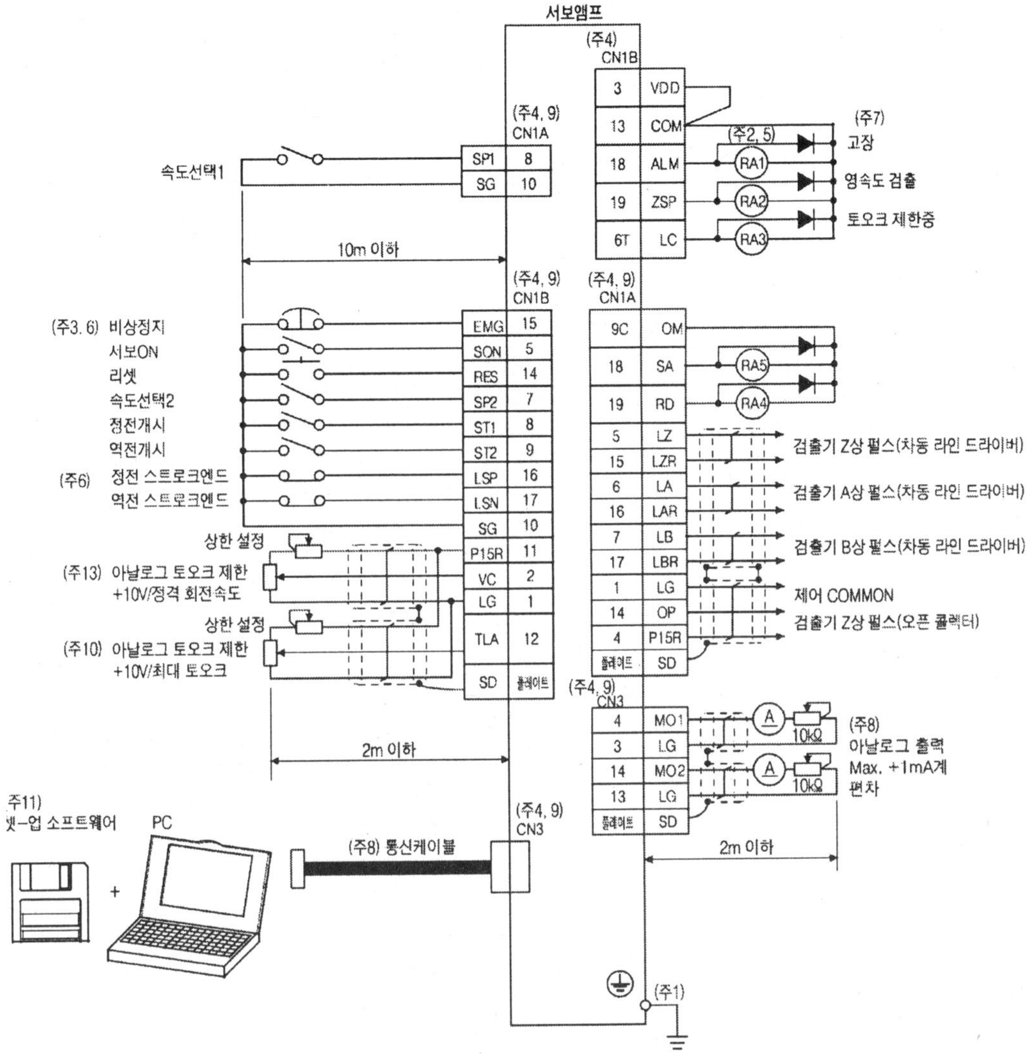
서보앰프
(주4)
CN1B
VDD
COM
ALM
ZSP
LC
(주7)
고장
영속도 검출
토오크 제한중
(주2, 5)
RA1
RA2
RA3
(주4, 9)
CN1A
속도선택1
SP1
SG
10m 이하
(주3. 6) 비상정지
서보ON
리셋
속도선택2
정전개시
역전개시
(주6) 정전 스트로크엔드
역전 스트로크엔드
상한 설정
(주13) 아날로그 토오크 제한
+10V/정격 회전속도
상한 설정
(주10) 아날로그 토오크 제한
+10V/최대 토오크
EMG
SON
RES
SP2
ST1
ST2
LSP
LSN
P15R
VC
LG
TLA
SD
OM
SA
RD
RA5
RA4
LZ
LZR
LA
LAR
LB
LBR
OP
검출기 Z상 펄스(차동 라인 드라이버)
검출기 A상 펄스(차동 라인 드라이버)
검출기 B상 펄스(차동 라인 드라이버)
제어 COMMON
검출기 Z상 펄스(오픈 콜렉터)
CN3
MO1
MO2
10kΩ
(주8)
아날로그 출력
Max. +1mA계
편차
2m 이하
주11)
셋-업 소프트웨어
PC
(주8) 통신케이블
(주1)

그림 2-5 속도 제어 모드

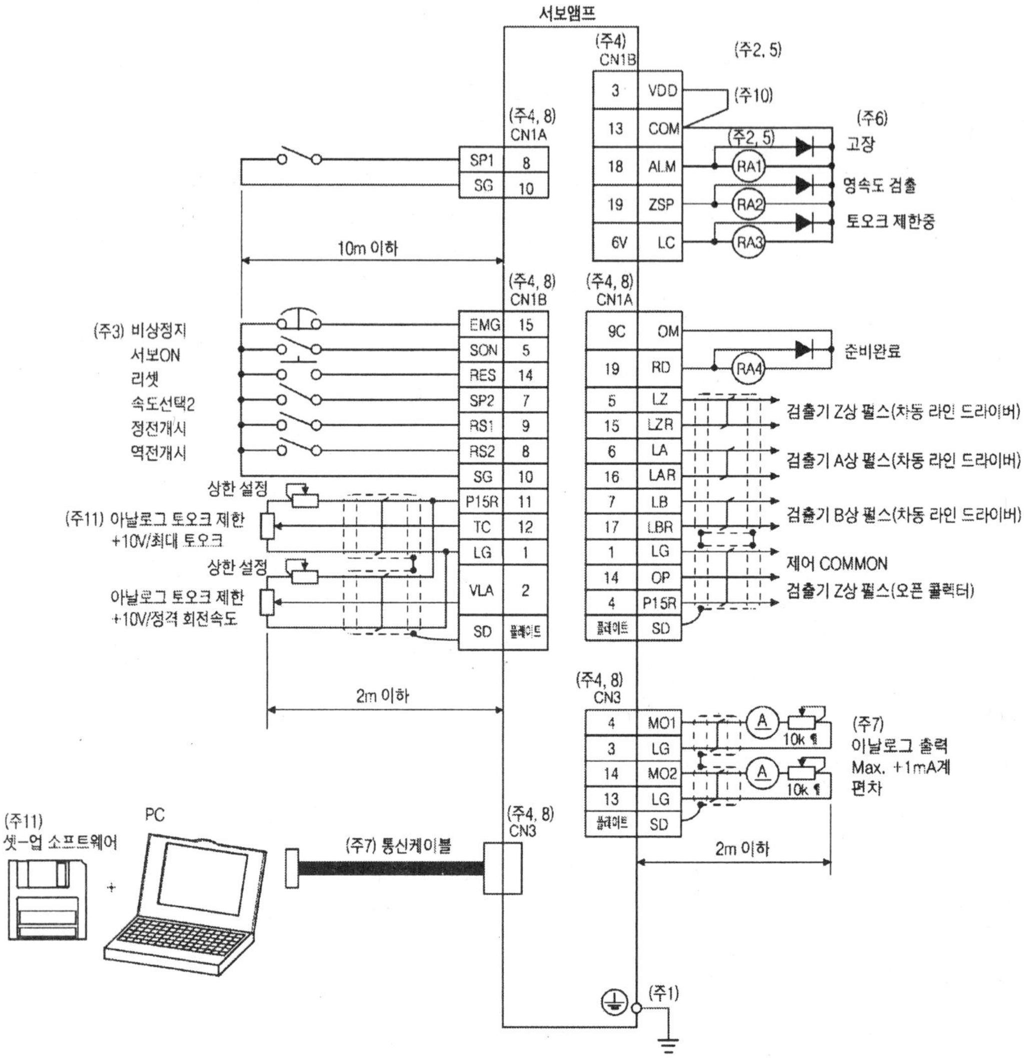
서보앰프
(주4)
CN1B
(주2, 5)
(주10)
(주6)
고장
영속도 검출
토오크 제한중
(주4, 8)
CN1A
10m 이하
(주3) 비상정지
서보ON
리셋
속도선택2
정전개시
역전개시
상한 설정
(주11) 아날로그 토오크 제한
+10V/최대 토오크
아날로그 토오크 제한
+10V/정격 회전속도
준비완료
검출기 Z상 펄스(차동 라인 드라이버)
검출기 A상 펄스(차동 라인 드라이버)
검출기 B상 펄스(차동 라인 드라이버)
제어 COMMON
검출기 Z상 펄스(오픈 콜렉터)
2m 이하
CN3
(주7)
아날로그 출력
Max. +1mA계
편차
(주11)
셋-업 소프트웨어
PC
(주7) 통신케이블
(주1)

그림 2-6 토크 제어 모드

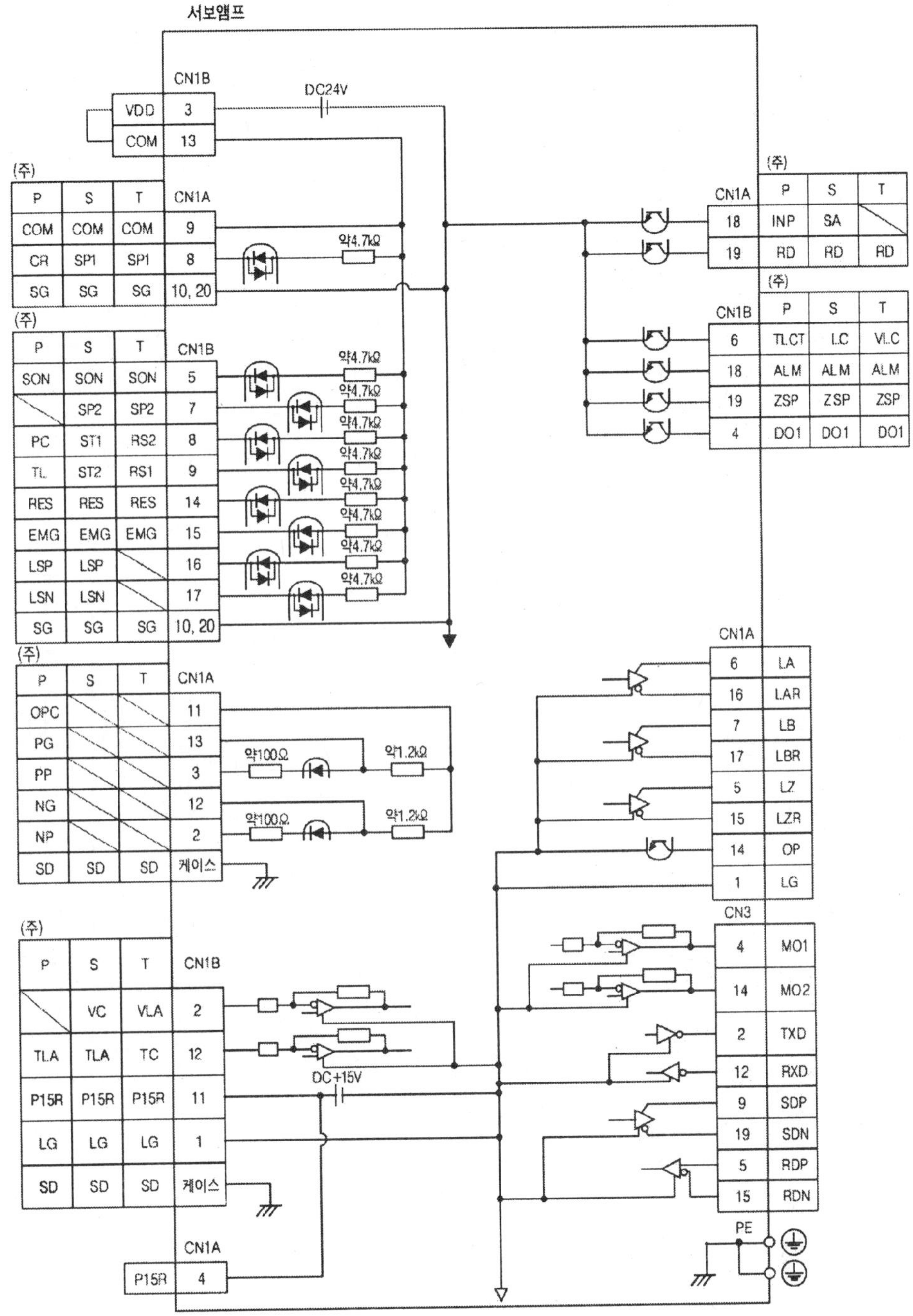

P : 위치 제어 모드, S : 속도 제어 모드, T : 토크 제어 모드

그림 2-7 서보 앰프의 내부 접속도

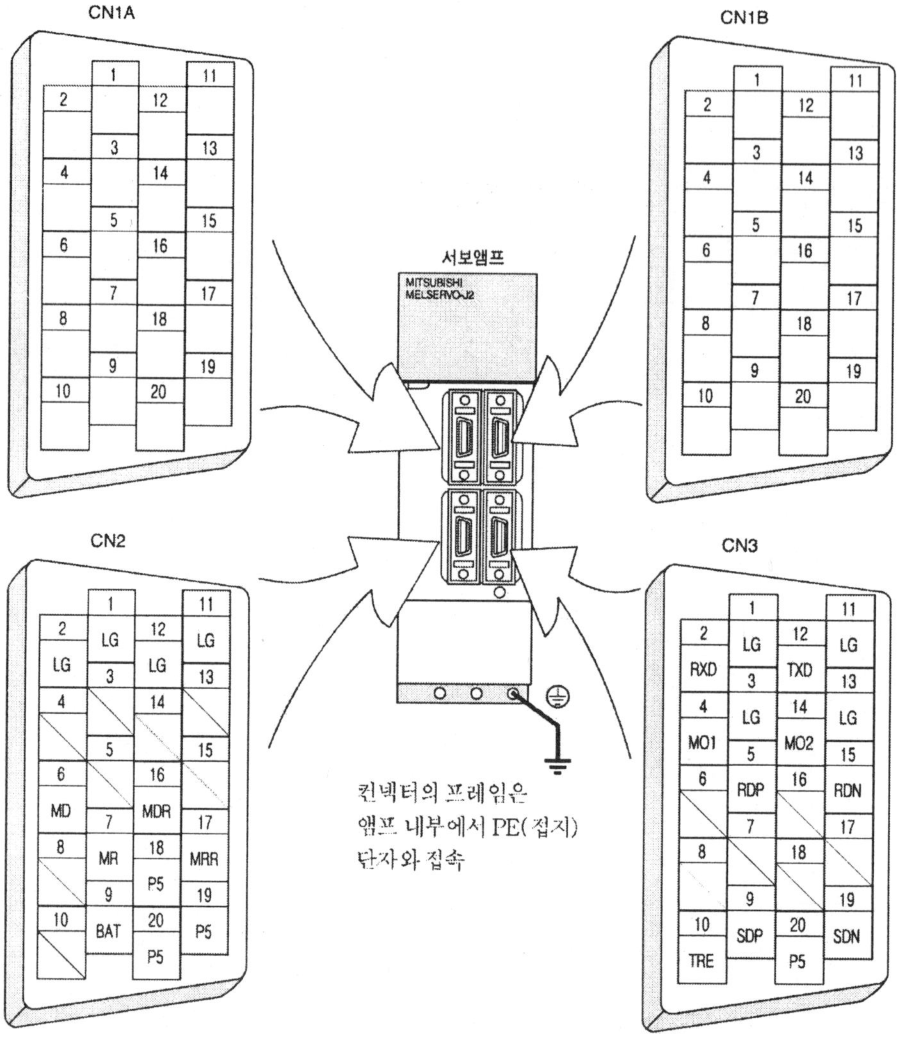
CN1A
CN1B
서보앰프
MITSUBISHI
MELSERVO-J2
CN2
CN3
LG
MD
MDR
MR
MRR
P5
BAT
RXD
TXD
MO1
MO2
RDP
RDN
SDP
SDN
TRE
컨넥터의 프레임은
앰프 내부에서 PE(접지)
단자와 접속

그림 2-8 핀 결선도

표 2-2 서보 드라이버의 신호 명칭

약 칭	신호 명	약 칭	신호 명
SON	서보 ON	VLC	속도 제한중
LSP	정전 스트로크	RD	준비 완료
LSN	역전 스트로크	ZSP	영속도 검출
CR	클리어	INP	위치 결정 완료
SP1	속도선택 1	SA	속도 도달
SP2	속도선택 2	ALM	고장
PC	비례 제어	WNG	경고
ST1	정전 기동	OP	검출기 Z상(OC)
ST2	역전 기동	BWNG	배터리 경고
TL	토크 제한	MBR	전자브레이크 인터록
RES	리셋	LZ	검출기 Z상 펄스 (차동 드라이버)
EMG	비상 정지	LZR	
LOP	제어 변환	LA	검출기 A상 펄스 (차동 드라이버)
VC	아날로그 속도 지령	LAR	
VLA	아날로그 속도 제한	LB	검출기 B상 펄스 (차동 드라이버)
TLA	아날로그 토크 제한	LBR	
TC	아날로그 토크 지령	VDD	I/F 내부 전원 출력
RS_1	정전 선택	COM	디지털 I/F용 전원 입력
RS_2	영전 선택	OPC	오픈컬렉터 전원 입력
PP	정전, 역전 펄스열	SG	디지털 I/F 컴먼
NP		P15R	DC 15[V] 전원 출력
PG		LG	제어 컴먼
NG		SD	Shield
TLC	토크 제한중		

그림 2-9는 전원과 컴먼 라인 결선을 나타내었다.

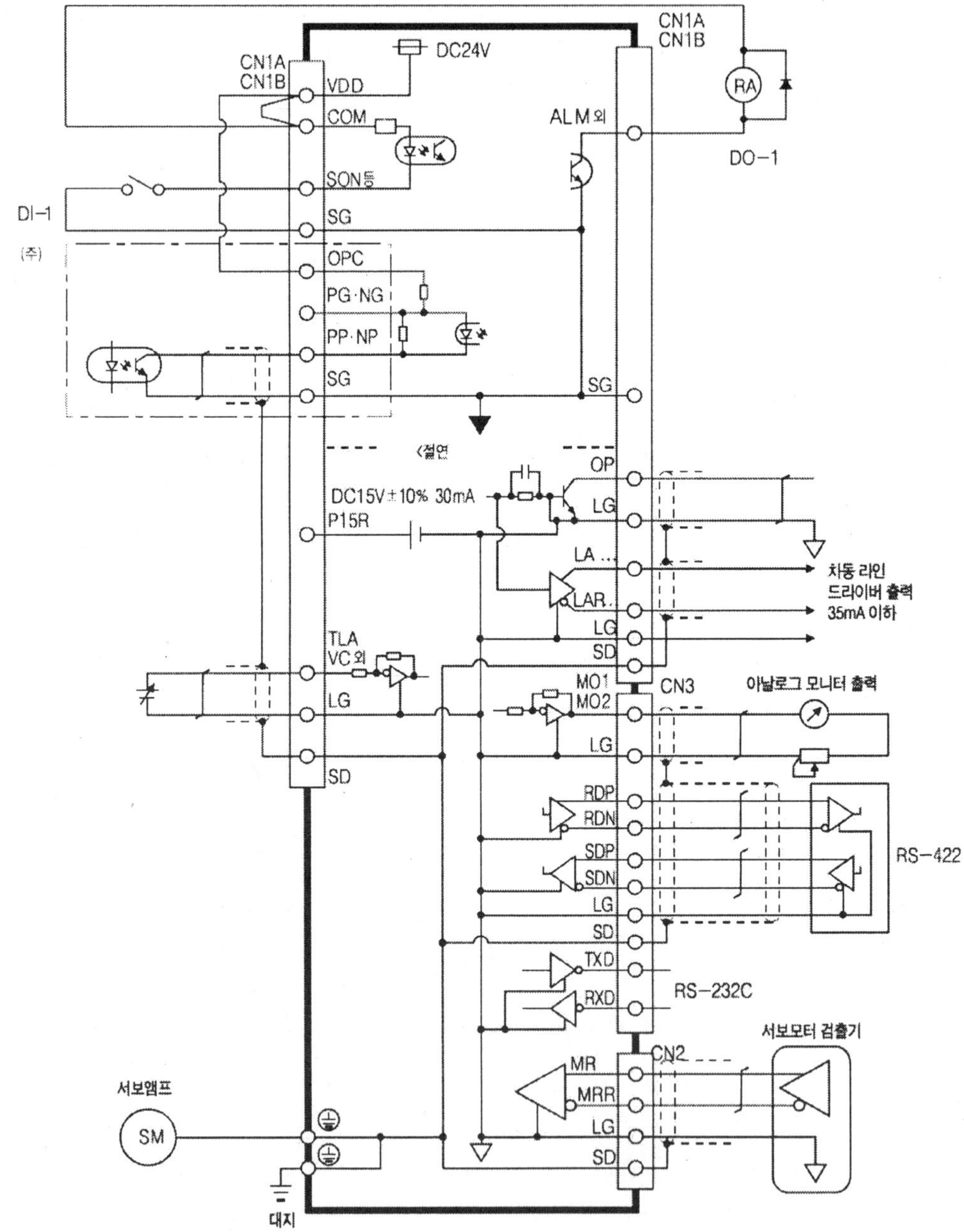

그림 2-9 전원 컴먼 라인 결선

오픈 컬렉터 펄스 입력 경우와 차동 라인 드라이버 펄스 입력은 그림 2-10과 같다.

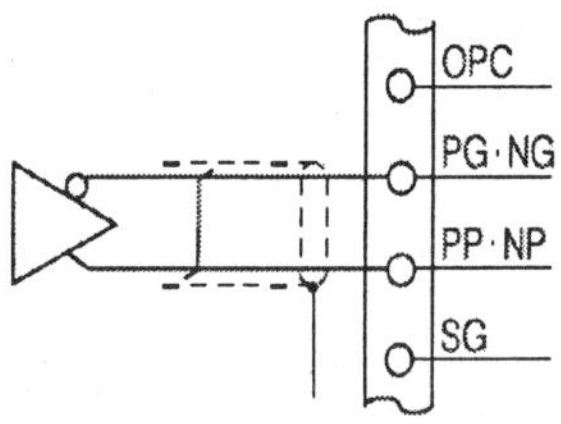

그림 2-10 전원과 컴먼 라인 결선

(3) 신호 인터페이스

(가) 디지털 입력 인터페이스 방법

릴레이 오픈 컬렉터 트랜지스터를 사용하여 서보 드라이버에 신호를 인가하는 인터페이스 방법은 다음과 같으며 외부 전원을 사용하는 경우는 VDD-COM은 접속하지 않는다.

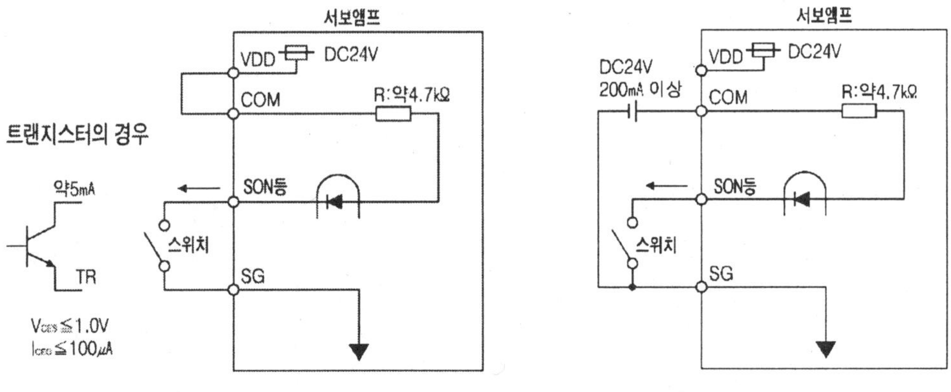

(a) 내부 전원을 사용하는 경우 (b) 외부 전원을 사용하는 경우

그림 2-11 디지털 입력 인터페이스

(나) 디지털 출력 인터페이스 방법

램프, 릴레이, 포트 커플러 등의 서보 드라이버 출력 신호 인터페이스 방법은

다음과 같으며 외부 전원을 사용하는 경우는 VDD-COM은 접속하지 않는다.

유도 부하인 경우는 다이오드, 램프 부하인 경우는 돌입 전류 억제용 저항을 삽입하고(허용 전류 40[mA], 돌입 전류 100[mA] 이하) 외부 전원을 사용하는 경우는 VDD-COM은 접속하지 않으며 다이오드의 극성이 반대가 되면 서보 앰프의 고장 요인이 된다.

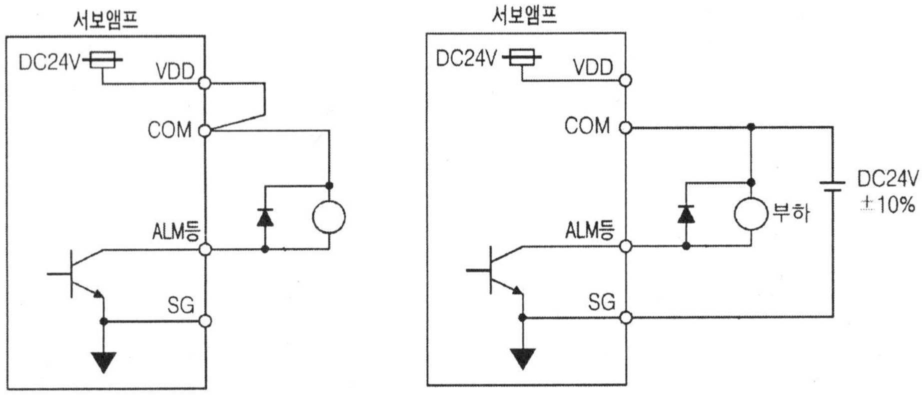

(a) 내부 전원을 사용하는 경우　　(b) 외부 전원을 사용하는 경우

그림 2-12 디지털 출력 인터페이스 1

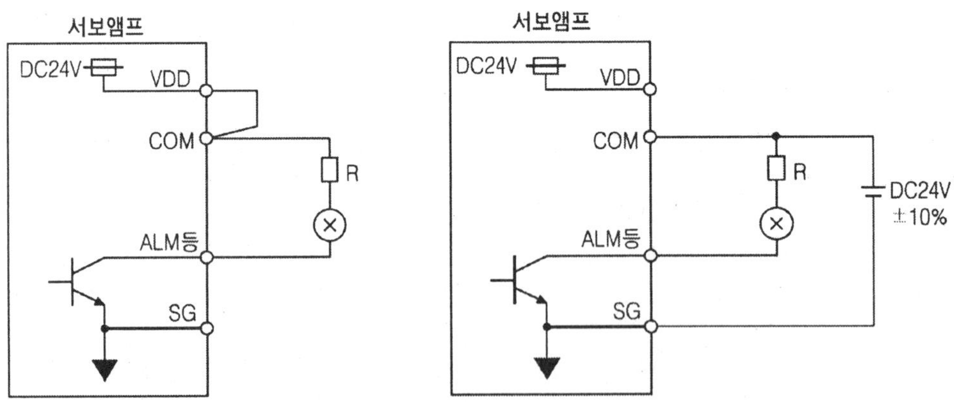

(a) 내부 전원을 사용하는 경우　　(b) 외부 전원을 사용하는 경우

그림 2-13 디지털 출력 인터페이스 2

(다) 펄스열 입력 인터페이스

오픈 컬렉터 방식, 차동 라인 드라이버 방식으로 펄스열을 입력한다.

① 오픈 컬렉터 방식

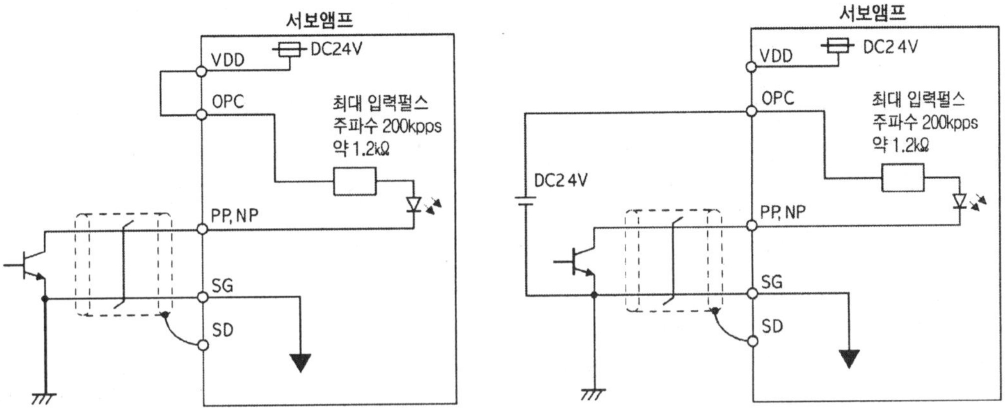

(a) 내부 전원을 사용하는 경우　　(b) 외부 전원을 사용하는 경우

그림 2-14 오픈 컬렉터 방식 결선

② 차동 라인 드라이버 방식

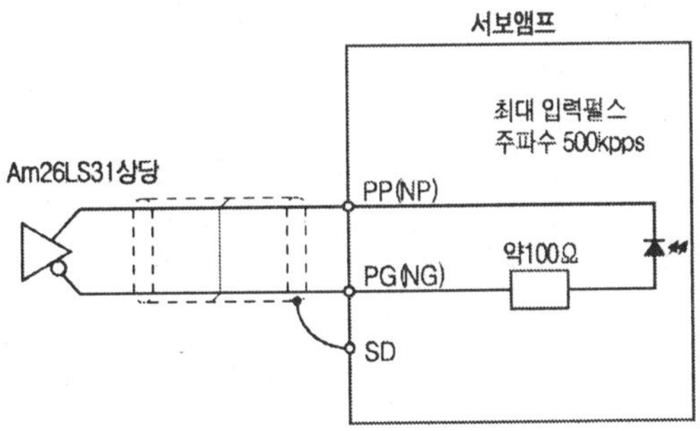

그림 2-15 차동 라인 드라이버 방식 결선

(라) 검출기 펄스 출력

① 오픈 컬렉터 방식 인터페이스(최대 싱크 전류 : 35[mA])

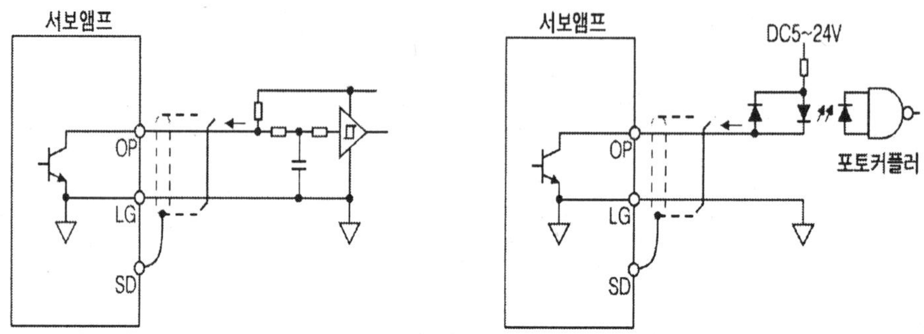

(a) (b)

그림 2-16 오픈 컬렉터 방식 인터페이스

② 차동 드라이버 방식 인터페이스(최대 출력 전류 : 35[mA])

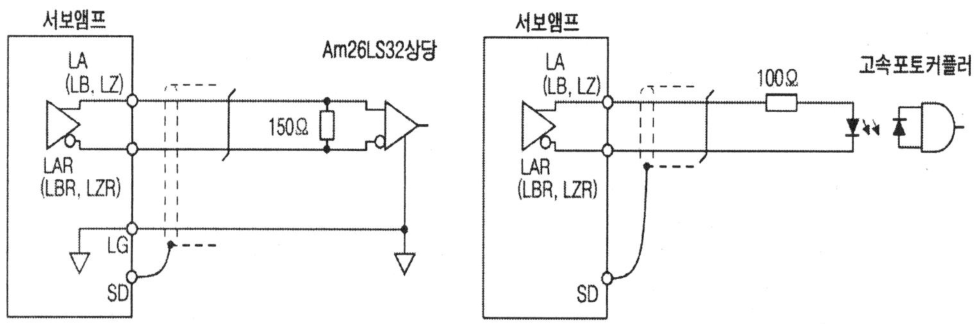

(a) (b)

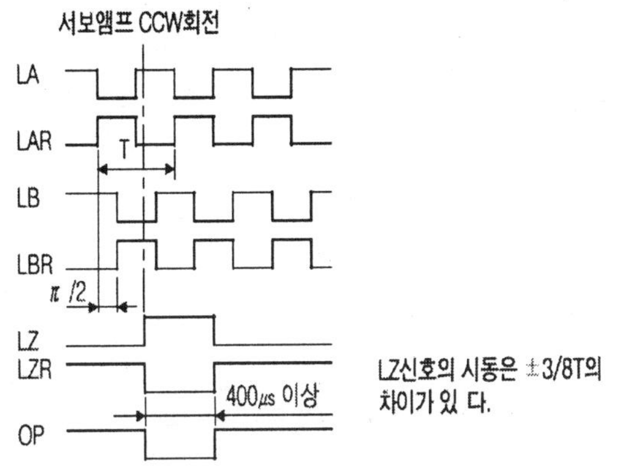

(c)

그림 2-17 차동 드라이버 방식 인터페이스

(마) 아날로그 입·출력(입력 임피던스 10~12[kΩ])

① 아날로그 입력

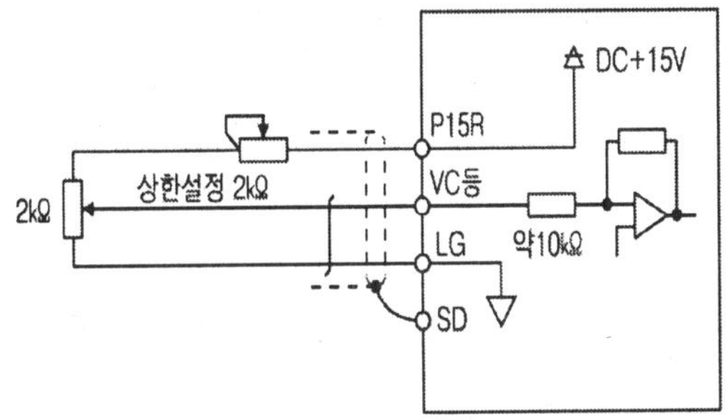

그림 2-18 아날로그 입력

② 아날로그 출력(출력 전압 ±10[V], 최대 출력 전류 : 1[mA], 분해능 : 10[bit])

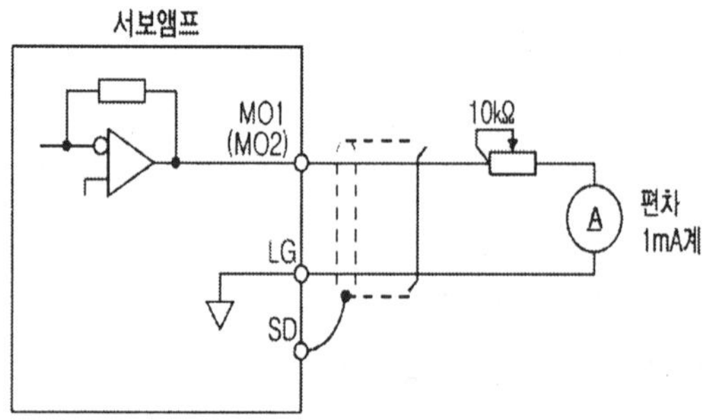

그림 2-19 아날로그 출력

(바) 소스 입력 인터페이스(PNP)

소스 입력 인터페이스를 사용할 경우 모든 디지털 입력이 소스 타입이 된다.

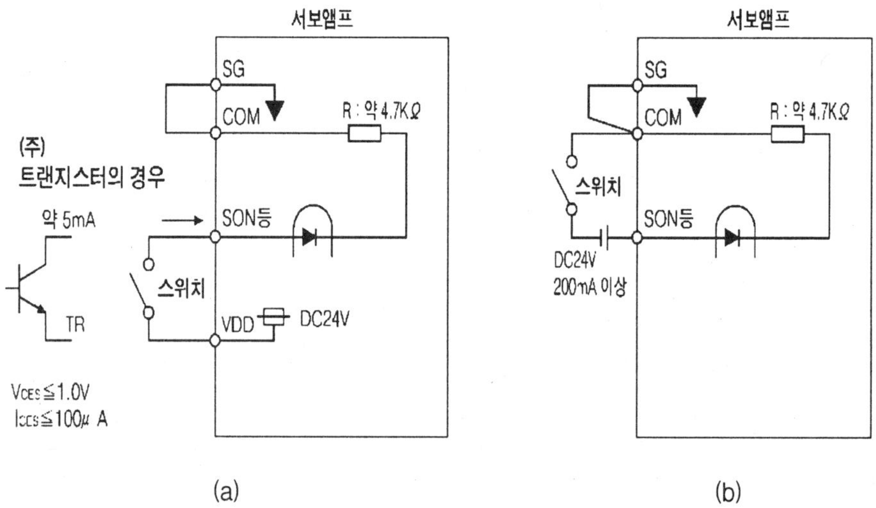

그림 2-20 소스 입력 인터페이스

(사) 워크 검출

상한, 하한 리미트, 근접 도그 신호를 검출하기 위하여 OMRON SX671A(NPN 타입)을 사용한다.

그림 2-21은 SX671A의 외형과 내부 회로를 나타낸 것으로 TR 출력은 차광시 ON, 투광시 ON 변환 가능 타입으로 센서 1번과 2번의 단자를 연결하면 차광시 ON 타입이 된다. 동작 표시등은 차광시 적색으로 점등하는 타입이다.

상한, 하한 리미트는 b접점, 근점 도그는 a접점 신호 형태를 검출하여 사용한다.

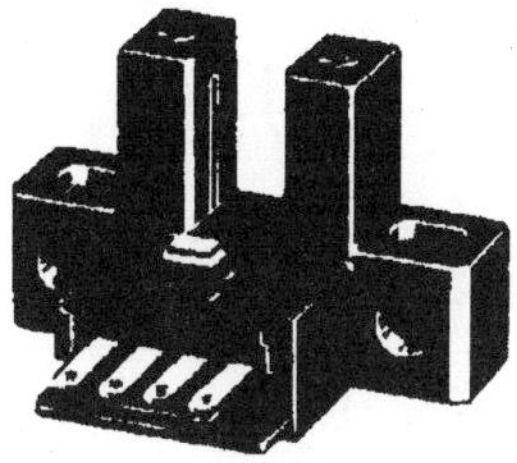

(1)	⊕	Vcc
(2)	L	L (see note)
(3)	OUT	OUT PUT
(4)	⊖	GND (0 V)

(a) 외형

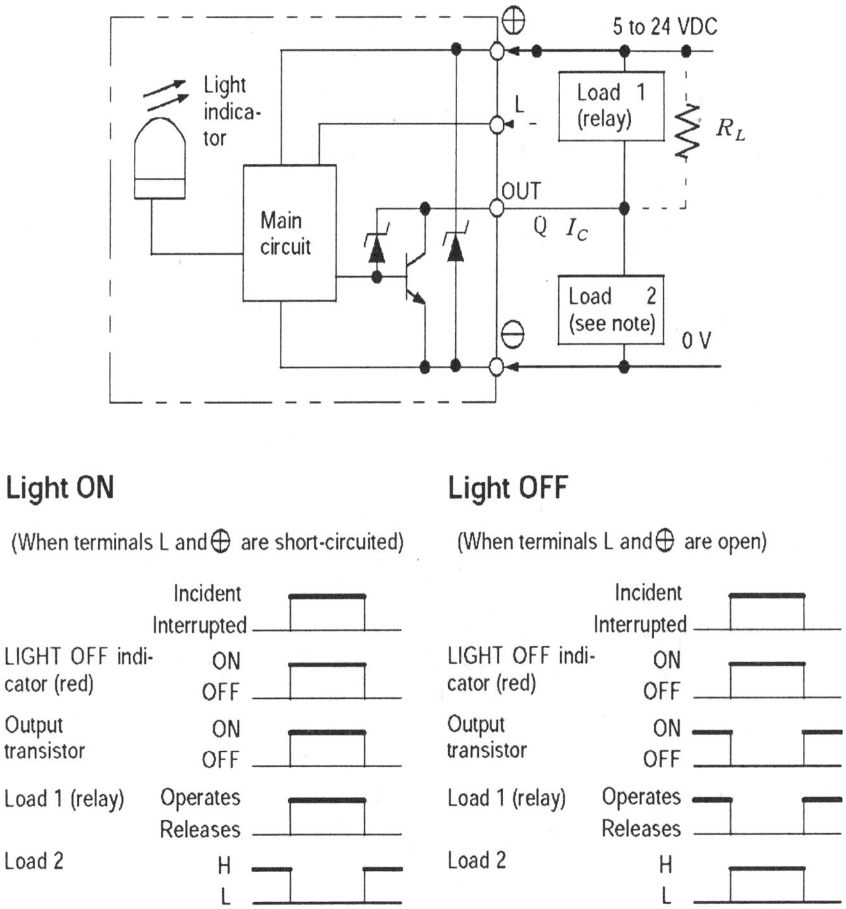

(b) 내부 회로도

그림 2-21 워크 검출 센서 특성

기타 전원(24[V], 0[V])과 OUT 단자와 서보 앰프와 연결된다.

(아) 수동 펄스 발생기

수동 펄스 발생기는 등간격 엔코더의 일종으로 펄스 신호가 24[V]의 전압 펄스 신호를 출력하여 이 신호가 서보 앰프의 입력 신호가 된다.

그림 2-22 수동 펄스기

QD75의 수동 펄스 발생기의 입력 연결은 외부에서 5[V]의 전압 펄스를 입력하는 타입이 기준으로 되어 있어 24[V] 입력인 수동 펄스를 직접 입력하면 QD75의 수동 펄스 발생기 입력 부분에서 전기적 쇼크로 파손될 우려가 있다.

따라서 QD75의 수동 펄스 발생기 입력 부분에 저항을 삽입하여 전류를 제한하여 QD75의 수동 펄스 발생기 입력 부분에는 포토 커플러를 사용하여 보호하여야 한다.

수동 펄스 발생기의 A상, B상 출력에 연결 저항 1.5[kΩ]~2[kΩ] 1/4[W], 1/2[W] 사용하여 QD75의 수동 펄스 발생기(1B19, 1B20), (1A19, 1A20)은 24[V] 전원에 입력 연결한다.

5[V] 전원를 사용하는 경우에는 다이렉트 접속이 가능하다.

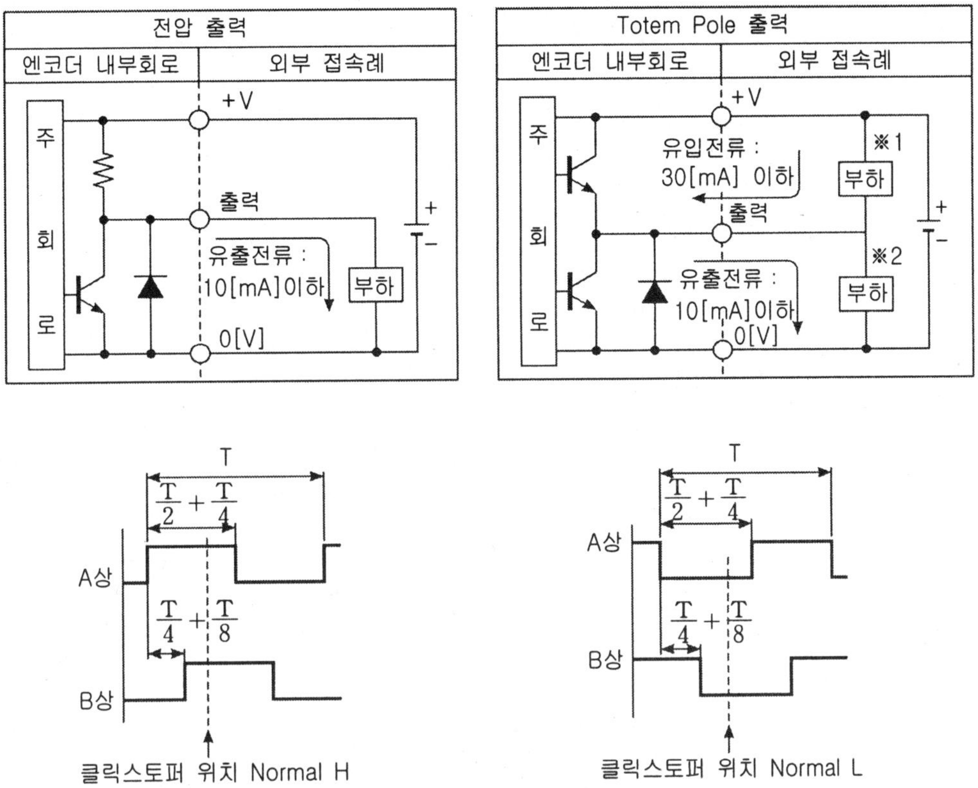

그림 2-23 수동 펄스 발생기 구성 회로

(4) 전원계통 회로

전원 주회로는 그림 2-24와 같이 알람발생을 검지하여 전원을 차단하는 동시에 서보 ON(SON)도 OFF가 되게 배선하며 전원의 입력선은 반드시 노휴즈 차단기(NFB)를 사용한다. 고장 신호(ALM)를 이용하여 전원을 차단하며 회생 트랜지스터의 고장 등으로 회생 저항기가 이상 과열되어 화재의 원인이 되며 L_{11}, L_{21}는 제어회로 전원이다.

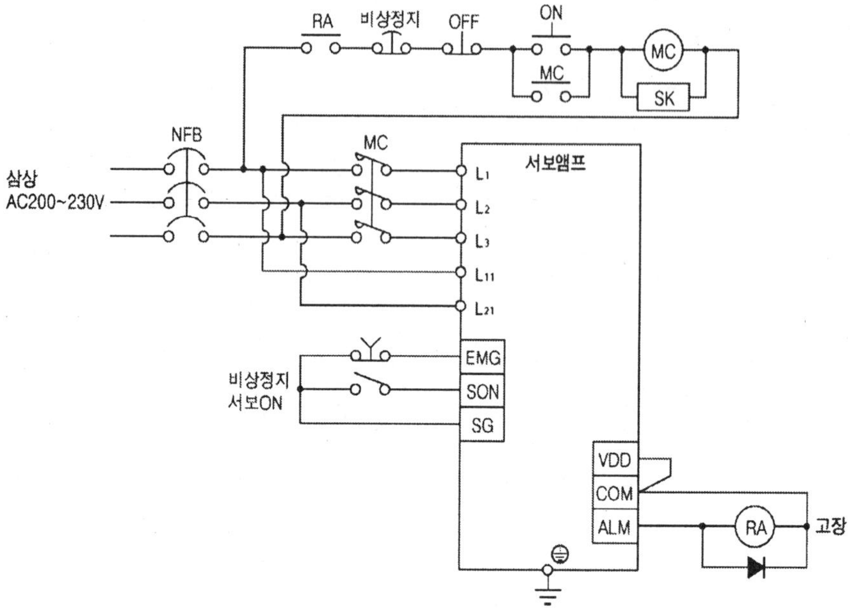

(a)

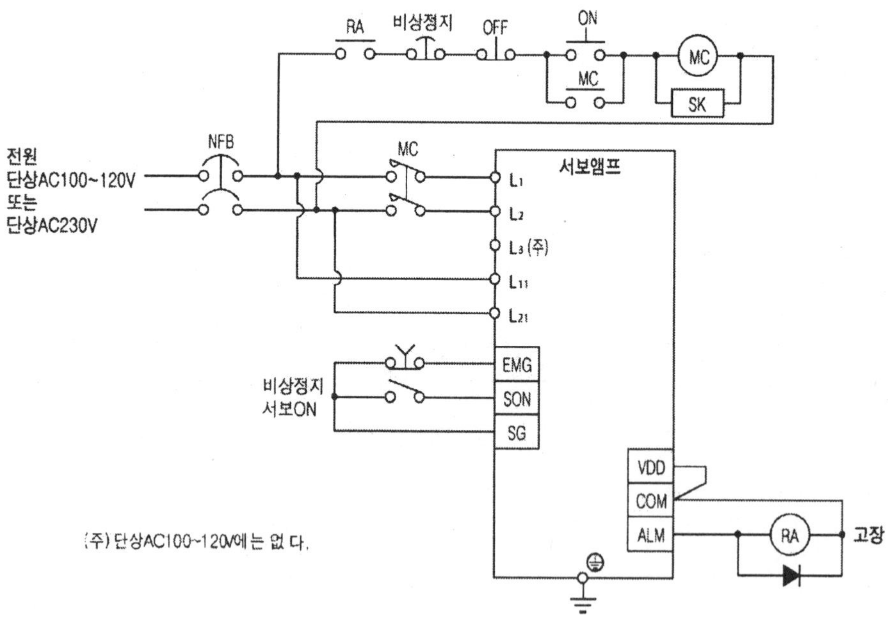

(b)

그림 2-24 전원 주회로도

서보 드라이버 서보 모터의 접속도는 그림 2-25와 같다.

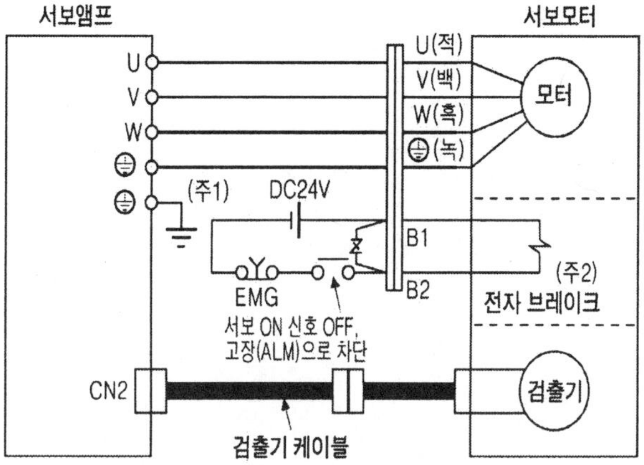

그림 2-25 서보 드라이버 서보 모터의 접속도

감전 방지를 위한 서보 앰프의 보호 앰프의 보호어스(PE) 단자를 제어반의 보호어스(PE)에 접속한다. 그림 2-26은 전자 브레이크 부착 서보 모터의 경우이다.

(1) HC-KFS · HC-MFS · HC-UFS3000r/min 시리즈

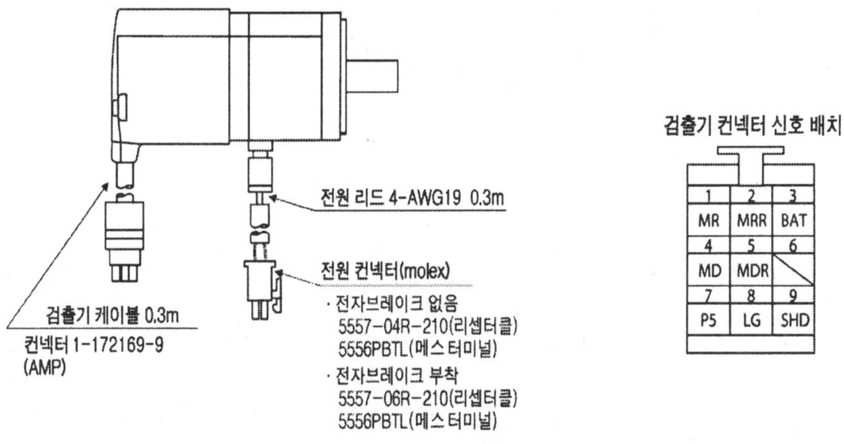

전원컨넥터
5557-04R-210

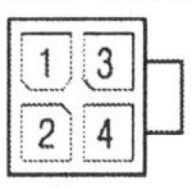

핀	신호	리드선택
1	U	적
2	V	백
3	W	흑
4	어스	녹/황

전원 커넥터
5557-06R-210

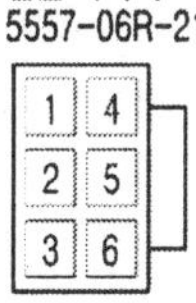

핀	신호	리드선택
1	U	적
2	V	백
3	W	흑
4	어스	녹/황
5	B1	
6	B2	

그림 2-26 서보 모터의 입출력 단자부

(가) 접 지

서보 앰프는 파워 트랜지스터의 스위칭으로 서보 모터에 전력을 공급하며 배선 처리나 접지선의 취급 방법에 따라 스위칭 노이즈(di/dt, dv/dt)의 영향을 받을 수 있다.

이를 방지하기 위하여 반드시 접지하며 EMC 설치 가이드 라인을 참고로 한다.

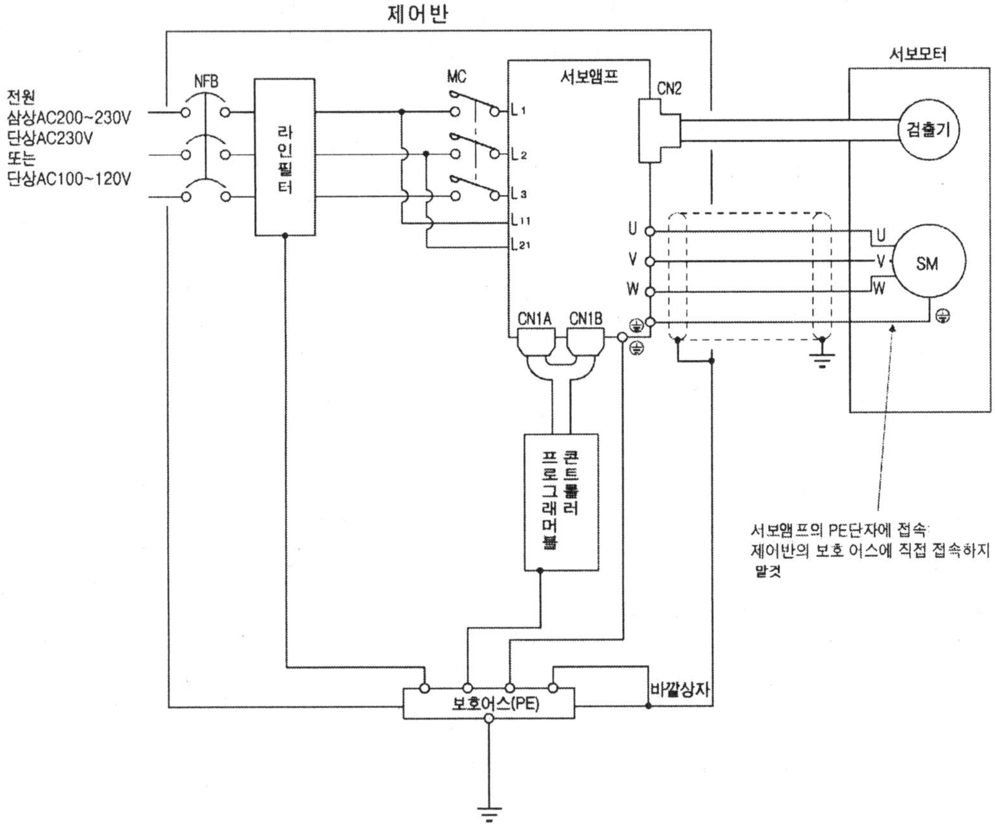

그림 2-27 I/O 접지 배선

(나) 전자 브레이크

전자 브레이크용 동작 회로는 외부 비상 정지(EMG)에서도 동작 되도록 2중 회로로 구성한다. 전자 브레이크는 유지용으로 일반적인 제동에는 사용하지 않는다.

2중 안전장치로 사용하며 파라미터 No 1 --1-으로 설정하여 전자 브레이크 인터록 신호(MBR)를 사용 가능하게 하며 영속도 검출(ZSP)은 사용할 수 없으며 전자 브레이크 전용, 전원을 사용하며 서보 모터가 정지한 다음 서보 ON신호를 OFF한다.

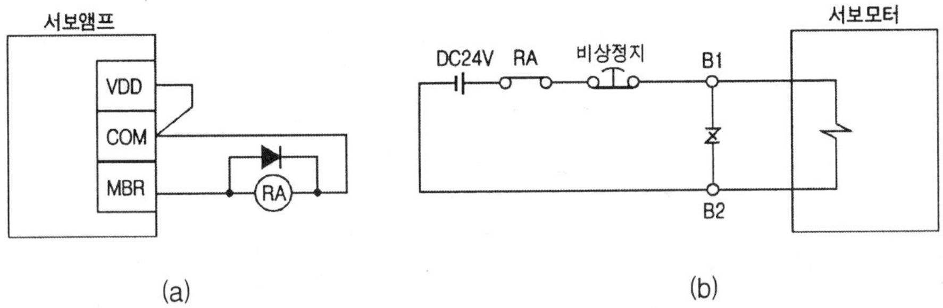

그림 2-28 전자 브레이크 접속도

(5) 운전 및 제어 모드

운전 전 다음사항을 사전 점검한다.

① 서보 앰프의 전원 입력 단자(L_1, L_2, L_3, L_{11}, L_{21})에 정확히 전원이 접속되어 있을 것.

② 서보 앰프의 서보 모터 전용단자(U, V, W)와 서보 모터의 (U, V, W)상이 일치할 것.

③ 서보 앰프의 서보 모터 전용단자(U, V, W)와 서보 앰프의 (L_1, L_2, L_3)를 단락하지 않을 것.

④ 서보 앰프는 확실히 접지할 것.
회생 옵션 브레이크 유닛 전원 회생 컨버터를 사용하는 경우 MR-J2S-350S 이하인 경우 제어회로 단자대의 D-P간의 리드선을 제거하며 트위스트 페어 선을 사용한다.

⑤ 스트로크 앤드 리미트 스위치를 사용하는 경우, 운전상태인 경우 LSP-SG간과 LSN-SG간이 단락되어 있을 것.
컨넥터 CN1A, CN1B핀이 DC 24[V]를 초과하지 않으며 컨넥터 CN1A, CN1B핀의 SD와 SG를 단락하지 않는다.

주회로의 접속과 전원 투입 시퀀스는 전원의 배선은 반드시 주회로 전원(3상

200[V] : L_1 · L_2 · L_3, 단상 230[V] : L_1 · L_2)에 전자 접촉기를 사용하며 외부 시퀀스에서 알람 발생과 동시에 전자 접촉기를 OFF 하도록 구성한다.

제어회로 전원 L_{11} · L_{21}은 주회로 전원과 동시 또는 먼저 투입하며 주회로 전원이 투입되지 않으면 표시부에 경고를 표시하지만 주회로 전원을 투입하면 경고는 사라지고 정상적으로 동작한다.

서보 앰프는 주회로 전원투입 후 약 1[s]로 서보 온 신호(SON)을 받아들일 수 있고 3상 전원을 투입함과 동시에 SON을 ON하면 약 1[s] 후에 베이스 회로가 ON되고 약 20[ms] 후에 준비 완료 신호(RD)가 ON이 되어 운전가능 상태가 된다.

리셋 신호(RES)를 ON하면 베이스 차단이 되고 서보 모터축이 프리 상태가 된다.

사용할 제어 모드의 파라미터 No로 선택하며 이 파라미터는 전원 설정후 OFF에서 ON으로 유효하다.

(가) 위치 제어 모드

① 전원 투입 : 서보 온(SON)을 OFF로 한다.

주회로 전원. 제어 회로 전원을 투입하면 표시부에 C(궤한 펄스 누적)을 표시한 후 2초 후에 데이터를 나타낸다.

절대 위치 검출 시스템의 경우 최초 전원을 투입하면 절대 위치 상실(AL25)의 알람이 되어 서보 ON 할 수 없으며 이는 검출기의 콘덴서가 충전되지 않아 발생되는 현상이다.

알람이 발생한 상황에서 2, 3분간 전원을 투입한후 한번 전원을 차단하고 재투입하면 해제되며 서보 모터가 정지한 상태에서 전원을 투입한다.

테스터 운전은 테스터 운전 모드의 JOG 운전을 사용하여 서보 모터가 작동하는지를 확인한다.

② 파라미터 설정 : 서보 시스템의 구성 사양에 맞게 파라미터를 설정한다.

각 파라미터를 설정하고 전원을 한번 ON-OFF하면 파라미터 값이 유용한 상태가 된다.

표 2-3 파라미터 No 1~4

파라미터 No	명 칭	설정값	내 용
0	제어 모드 회생 옵션 선택	?3?0	0 : 위치 제어 모드 3 : 회생 옵션(MR-RB12) 사용
1	기능 선택 1	0?02	0 : 인크리멘탈 사용 0 : 전자브레이크 인터록 사용 않음 2 : 입력 필터 3.555[ms] 초기값
2	오토 튜닝	?1?5	1 : 오토 튜닝 1 선택 5 : 중응답(초기값) 사용
3	전자기어 분자(CMX)	2	전자기어 분자
4	전자기어 분모(CDV)	1	전자기어 분모

③ 서보 ON : 주회로 전원을 투입하고 서보 ON 신호(SON)를 ON 한다. 서보 ON 상태가 되면 운전 가능하고 서보 모터가 록 된다.

④ **지령 펄스 입력** : 위치 결정 장치에서 펄스열을 입력하면 서보 모터가 회전하며 저속으로 운전하여 회전 방향을 확인하여 상태 표시로 서보 모터의 회전속도, 지령펄스 주파수, 부하율을 확인한다.

기기의 동작 체크가 종료되면 위치 결정 프로그램으로 자동 운전을 확인한다. 서보 앰프는 적응 제어 모델에 의한 리얼 타임 오토 튜닝 기능을 내장하고 있어 자동적으로 게인을 조정하며 파라미터 No2로 기기에 적합한 응답성을 설정하여 최적의 튜닝 결과를 얻을 수 있다.

⑤ **원점 복귀** : 필요시 원점 복귀한다.

⑥ **정지** : 전자 브레이크 부착 서보 모터의 경우 스트로크 엔드(LSP, LSN) OFF에 대해서 다음과 같은 정지 유형이 된다.

㉠ 서보 ON (SON) OFF : 베이스가 차단되어 서보 모터는 프리런 된다.

㉡ 알람 발생 : 베이스가 차단되어 다이나믹 브레이크가 작동되어 급정지 한다.

- 비상 정지(EMG) OFF, ALE 6이 발생한다.
- 정전 스트로크 엔드(LSP), 역전 스트로크 앤드(LSN) OFF.
- 서보 모터는 급정지하여 서보록되며 역방향으로 운전 할 수 있다.

(나) 속도 제어 모드

① 전원 투입 : 서보 온(SON)을 OFF로 한다.
주회로 전원. 제어 회로 전원을 투입하면 표시부에 r(서보 모터의 회전 속도)을 표시한 후 2초 후에 데이터를 나타낸다.

② 테스터 운전 : 테스터 운전 모드의 JOG 운전을 사용하여 서보 모터가 작동하는지를 확인한다.

③ 파라미터 설정 : 서보 시스템의 구성 사양에 맞게 파라미터를 설정한다.
각 파라미터를 설정하면 전원을 한번 ON-OFF하면 파라미터 값이 유용한 상태가 된다.

표 2-4 파라미터 No 0∼N13 설정

파라미터 No	명 칭	설정값	내 용
0	제어 모드 회생 옵션 선택	?0?2	0 : 회생 옵션 사용 않음 2 : 속도 제어 모드
1	기능 선택 1	??12	1 : 전자브레이크 인터록 사용 2 : 입력 필터 3.555[ms] 초기값
2	오토 튜닝	?1?5	1 : 오토 튜닝 1 선택 5 : 중응답(초기값) 사용
8	내부 속도 지령1	1000	1000[r/min] 설정
9	내부 속도 지령2	1500	1500[r/min] 설정
10	내부 속도 지령3	2000	2000[r/min] 설정
11	속도 가속 시정수	1000	1000[ms]를 설정
12	속도 가속 시정수	500	500[ms]를 설정
13	s자 가감속 시정수	0	전자기어 분모

④ 서보 ON : 주회로 전원을 투입하고 서보 ON 신호(SON)을 ON(SON-SG간 단락)한다. 서보 ON 상태가 되면 운전 가능하고 서보 모터가 록 된다.

⑤ 기동 : 속도 선택 1(SP1), 속도 선택 2(SP2)로 서보 모터의 회전 속도를 선택하고 정전 기동(ST1)을 ON하면 정전(CCW)방향, 역전 기동(ST2)를 ON하면 역전 기동 방향(CW)으로 회전하며 저속으로 운전하여 회전 방향을 확인하여 상태 표시로 서보 모터의 회전 속도, 지령 펄스 주파수, 부하율을 확인

한다.

기기의 동작 체크가 종료되면 위치 결정 프로그램으로 자동 운전을 확인한다. 서보 앰프는 적응 제어 모델의 리얼 타임 오토 튜닝 기능을 내장하고 있어 자동적으로 게인을 조정하며 파라미터 No2로 기기에 적합한 응답성을 설정하여 최적의 튜닝 결과를 얻을 수 있다.

⑥ **정지** : 전자 브레이크 부착 서보 모터의 경우 스트로크 엔드(LSP, LSN) OFF 및 정전 기동(ST1), 역전 기동(ST2) 신호의 동시 ON, 동시 OFF에 대해서 다음과 같은 정지 유형이 된다.

㉠ 서보 ON (SON) OFF : 베이스가 차단되어 서보 모터는 프리런된다.

㉡ 알람 발생 : 베이스가 차단되어 다이나믹 브레이크가 작동되어 급정지 한다.

㉢ 비상 정지(EMG) OFF : 베이스가 차단되어 다이나믹 브레이크가 동작하여 급정지하며 ALE 6이 발생한다.

㉣ 정전 스트로크 엔드(LSP), 역전 스트로크 앤드(LSN) OFF : 서보 모터는 급정지하여 서보록되며 역방향으로 운전 할 수 있다.

㉤ 정전기동(ST1), 역전기동(ST2) 신호의 동시 ON, 동시 OFF : 서보 모터는 감속 정지한다.

(다) 토크 제어 모드

① **전원 투입** : 서보 온(SON)을 OFF로 한다.

주회로 전원. 제어 회로 전원을 투입하면 표시부에 U(토크 지령 전압)을 표시한 후 2초 후에 데이터를 나타낸다.

② **테스터 운전** : 테스터 운전 모드의 JOG 운전을 사용하여 서보 모터가 작동하는지를 확인한다.

③ **파라미터 설정** : 서보 시스템의 구성 사양에 맞게 파라미터를 설정한다.

파라미터를 설정하면 전원을 한번 ON-OFF하면 파라미터 값이 유용한 상태가 된다.

표 2-5 파라미터 No 0~N28

파라미터 No	명 칭	설정값	내 용
0	제어 모드 회생 옵션 선택	?0?4	0 : 회생 옵션 사용 않음 4 : 토크 제어 모드
1	기능 선택 1	??02	0 : 전자브레이크 인터록 사용 않음 2 : 입력 필터 3.555[ms] 초기값
8	내부 속도 지령1	1000	1000[r/min] 설정
9	내부 속도 지령2	1500	1500[r/min] 설정
10	내부 속도 지령3	2000	2000[r/min] 설정
11	속도 가속 시정수	1000	1000[ms]를 설정
12	속도 가속 시정수	500	500[ms]를 설정
13	s자 가감속 시정수	0	사용치 않음
14	토크 지령시정수	2000	2000[ms]를 설정
28	내부 토크 제한1	50	최대토크 50[%]출력으로 제한

④ 서보 ON : 주회로 전원을 투입하고 서보 ON 신호(SON)을 ON(SON-SG간 단락)한다. 서보 ON 상태가 되면 운전가능하고 서보 모터가 록 된다.

⑤ 기동 : 속도 선택 1(SP1), 속도 선택 2(SP2)로 서보 모터의 회전 속도를 선택하고 정전 선택(RS1)을 ON하면 정전(CCW) 방향, 역전 선택(RS2)를 ON 하면 역전 방향(CW)으로 회전하며 저속으로 운전하여 회전 방향을 확인하여 상태 표시로 서보 모터의 회전 속도, 지령 펄스 주파수, 부하율을 확인한다.
기기의 동작 체크가 종료되면 위치 결정 프로그램으로 자동 운전을 확인한다. 서보 앰프는 적응 제어 모델의 리얼 타임 오토 튜닝 기능을 내장하고 있어 자동적으로 게인을 조정하며 파라미터 No2로 기기에 적합한 응답성을 설정하여 최적의 튜닝 결과를 얻을 수 있다.

⑥ 정지 : 전자 브레이크 부착 서보 모터의 경우 스트로크 엔드(LSP, LSN) OFF 및 정전 기동(ST1), 역전 기동(ST2) 신호의 동시 ON, 동시 OFF에 대해서 다음과 같은 정지 유형이 된다.

㉠ 서보 ON (SON) OFF: 베이스가 차단되어 서보 모터는 프리런 된다.

㉡ 알람 발생 : 베이스가 차단되어 다이나믹 브레이크가 작동되어 급정지 한다.

㉢ 비상 정지(EMG) OFF : 베이스가 차단되어 다이나믹 브레이크가 동작하여 급정지하며 ALE 6이 발생한다. 정전 선택(RS1) 신호, 역전 선택(RS2) 신호의 동시에 ON 또는 OFF 서보 모터는 프리런 한다.

(라) 파라미터

MR-J2S-A 서보 앰프에는 파라미터의 안전성, 사용빈도에 따라 기본 파라미터(No 0~N19), 확장 파라미터1(N20~N49), 확장 파라미터2(N50~N84)로 구별되며 기본 파라미터는 출하 상태에서 설정 변경할 수 있으며 확장 파라미터는 설정 변경할 수 없으며 게인 조정 등 상세한 조정이 필요한 경우는 파라미터 N19를 변경하여 확장 파라미터를 조작할 수 있다.

표 2-6 서보 앰프 파라미터

No 19 설정값	설정값 조작	No 0~19	No 20~49	No 50~84
0000	참조	O		
	기입	O		
000A	참조	No 19만		
	기입	No 19만		
000B	참조	O	O	
	기입	O		
000C	참조	O	O	
	기입	O	O	O
000E	참조	O	O	
	기입	O	O	O
100B	참조	O		
	기입	No 19만		
100C	참조	O	O	
	기입	No 19만		
100E	참조	O	O	O
	기입	No 19만		

▸ 파라미터 일람표

파라미터 약칭앞에 * 표시가 붙은 파라미터는 설정후 전원을 OFF하고 재투입하면 유효 상태가 되며 P는 위치 제어 모드, S는 속도 제어 모드, T는 토크 제어 모드를 나타낸다.

표 2-7 파라미터 일람표

	No.	약칭	명 칭	제어모드	초기값	단위	설정범위
기본 패러미터	0	*STY	제어 모드·회생 옵션 선택	P·S·T	0000		0~0605h
	1	*OP1	기능 선택1	P·S·T	0002		0~1013h
	2	ATU	오토 튜닝	P·S	0105		1~040Fh
	3	CMX	전자기어(지령 펄스 배율 분자)	P	1		1~65535
	4	CDV	전자기어(지령 펄스 배율 분모)	P	1		1~65535
	5	INP	인포지션 범위	P	100	pulse	0~10000
	6	PG1	위치 제어 게인1	P	35	rad/s	4~2000
	7	PST	위치 지령 가감속 시정수(위치 스무딩)	P	3	ms	0~20000
	8	SC1	내부 속도 지령1	S	100	r/min	0~max 속도
			내부 속도 제한1	T	100	r/min	0~max 속도
	9	SC2	내부 속도 지령2	S	500	r/min	0~max 속도
			내부 속도 제한2	T	500	r/min	0~max 속도
	10	SC3	내부 속도 지령3	S	1000	r/min	0~max 속도
			내부 속도 제한3	T	1000	r/min	0~max 속도
	11	STA	속도 가속 시정수	S·T	0	ms	0~20000
	12	STB	속도 감속 시정수	S·T	0	ms	0~20000
	13	STC	S자 가감속 시정수	S·T	0	ms	0~1000
	14	TQC	토크 지령 시정수	T	0	ms	0~20000

* : 파라미터 설정 변경 후 전원 OFF/ON으로 유효하다.
제어 모드난의 기호는 각 모드에서 사용하는 파라미터를 나타내고 있다.

	No.	약칭	명 칭	제어모드	초기값	단위	설정범위
기본 파라미터	15	*SNO	국번 설정	P·S·T	0	국	0~31
	16	*BPS	통신 보레트 선택·알람 이력 클리어	P·S·T	0000		0~1113h
	17	MOD	아날로그 모니터 출력 선택	P·S·T	0100		0~4B4Bh
	18	*DMD	상태표시 선택	P·S·T	0000		0~001Fh
	19	*BLK	파리미터 기입 금지	P·S·T	0000		0~100Eh
확장 파라미터	20	*OP2	기능 선택2	P·S·T	0000		0~0111h
	21	*OP3	기능 선택3(지령 펄스 선택)	P	0000		0~0012h
	22	*OP4	기능 선택4	P·S·T	0000		0~0401h
	23	FFC	피드백 포워드 게인	P	0	%	0~100
	24	ZSP	0속도	P·S·T	50	r/min	0~10000
	25	VCM	아날로그 속도 지령 최대 회전속도	S	주1)0	(r/min)	1~50000
			아날로그 속도 제한 최대 회전속도	T	주1)0	(r/min)	1~50000
	26	TLC	아날로그 토크 지령 최대 출력	T	100	%	0~1000
	27	*ELR	검출기 출력 펄스	P·S·T	4000	pulse	5~16384
	28	TL1	내부 토크 제한1	P·S·T	100	%	0~100
	29	VCO	아날로그 속도 지령 옵셋	S	(주2)	mV	-999~999
			아날로그 속도 제한 옵셋	T	(주2)	mV	-999~999
	30	TLO	아날로그 토크 지령 옵셋	T	0	mV	-999~999
			아날로그 토크 제한 옵셋	S	0	mV	-999~999
	31	MO1	아날로그 모니터 옵셋1	P·S·T	0	mV	-999~999
	32	MO2	아날로그 모니터 옵셋2	P·S·T	0	mV	-999~999
	33	MBR	전자 브레이크 시퀀스 출력	P·S·T	100	ms	0~1000
	34	DG2	서보 모터에 대한 부하관성 모멘트 비율	P·S·T	70	×0.1배	0~3000
	35	PG2	위치 제어 게인2	P	35	rad/s	1~500
	36	VG1	속도 제어 게인1	P·S	177	rad/s	20~8000
	37	VG2	속도 제어 게인2	P·S	817	rad/s	20~20000
	38	VIC	속도 적분 보상	P·S	48	ms	1~2000
	39	VDC	속도 미분 보상	P·S	980		0~1000
	40		예비		0		

[주] 1. 0 : 서보 모터 정격 회전속도　　2. 서보 앰프에 따라 달라진다.

* : 파라미터 설정 변경 후 전원 OFF/ON하면 유효하다.

	No.	약칭	명 칭	제어모드	초기값	단위	설정범위
확장패러미터	41	*DIA	입력신호 자동 ON 선택	P・S・T	0000		0~0111h
	42	*DI1	입력 신호 선택1	P・S・T	0003		0~0015h
	43	*DI2	입력 신호 선택2 (CN1B - 5핀)	P・S・T	0111		0~0DDDh
	44	*DI3	입력 신호 선택3 (CN1B - 14핀)	P・S・T	0222		0~0DDDh
	45	*DI4	입력 신호 선택4 (CN1A - 8핀)	P・S・T	0665		0~0DDDh
	46	*DI5	입력 신호 선택5 (CN1B - 7핀)	P・S・T	0770		0~0DDDh
	47	*DI6	입력 신호 선택6 (CN1B - 8핀)	P・S・T	0883		0~0DDDh
	48	*DI7	입력 신호 선택7 (CN1B - 9핀)	P・S・T	0994		0~0DDDh
	49	*DO1	출력 신호 선택1	P・S・T	0000		0~0551h
	50		예비		0000		
	51	* OP6	기능 선택 6	P・S・T	0000		0~0100h
	52		예비		0000		
	53	* OP8	기능 선택 8	P・S・T	0000		0~0110h
	54	* OP9	기능 선택 9	P・S・T	0000		0~1101h
	55	* OPA	기능 선택 A	P	0000		0~0010h
	56	SIC	시리얼 통신 타임 아웃 선택	P・S・T	0	s	1~60
	57		예비		10		
	58	NH1	기계 공진 억제 필터1	P・S・T	0000		0~030Fh
	59	NH2	기계 공진 억제 필터2	P・S・T	0300		0~030Fh
	60	LPE	로패스 필터・어댑티브 제진제어	P・S・T	0000		0~1120h
	61	GD2B	서보 모터에 대한 부하 관성 모멘트	P・S	70	×0.1배	0~3000
	62	PG2B	위치 제어 게인2 변경 비율	P	100	%	10~200
	63	VG2B	속도 제어 게인2 변경 비율	P・S	100	%	10~200
	64	V(CB	속도 적분 보상 게인2 변경 비율	P・S	100	%	50~1000
	65	* CDP	게인 교환 선택	P・S	0000		0~0604h
	66	CDS	게인 교환 조건	P・S	10		0~999
	67	CDT	게인 교환 시정수	P・S	1	ms	0~100
	68		예비		0		
	69	CMX1	지령 펄스 배율 분자 2	P	1		0~65535

㈜ 3. 파라미터 No.65의 설정에 따른다.

*: 파라미터 설정 변경 후 전원 OFF/ON으로 유효해진다.

	No.	약칭	명 칭	제어모드	초기값	단위	설정범위
확장패러미터	70	CMX2	지령 펄스 배율 분자 3	P	1		0~65535
	71	CMX3	지령 펄스 배율 분자 4	P	1		0~65535
	72	SC4	내부 속도 지령 4	S · T	200	r/min	0~max 속도
	73	SC5	내부 속도 지령 5	S · T	300	r/min	0~max 속도
	74	SC6	내부 속도 지령 6	S · T	500	r/min	0~max 속도
	75	SC7	내부 속도 지령 7	S · T	800	r/min	0~max 속도
	76	TL1	내부 토크 제한 2	P · S · T	100	%	0~100
	77		예비		100		
	78		예비		1000		
	79		예비		10		
	80		예비		10		
	81		예비		100		
	82		예비		100		
	83		예비		100		
	84		예비		0		

(6) 전자 기어

전자 기어의 설정 범위는 1/50<CMX/CMD<500이며 범위 이외의 값을 설정하면 가감속시 소리가 나거나 설정 속도, 가감속 시정수로 운전 할 수 없는 경우가 있다.

전자 기어의 잘못 설정에 의한 폭주를 방지하기 위하여 반드시 서보 OFF 상태에서 설정한다.

(가) 전자 기어의 고찰

입력 펄스에 대한 임의의 배율로 기계들을 이동시킬 수 있다.

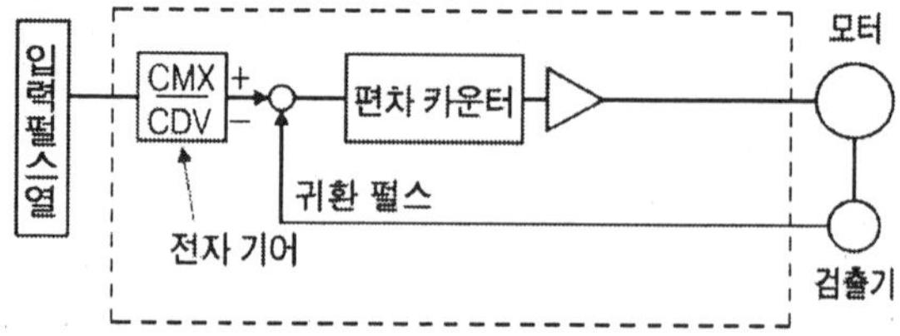

그림 2-29 전자기어 고찰

전자기어의 계산 방법의 측정예는

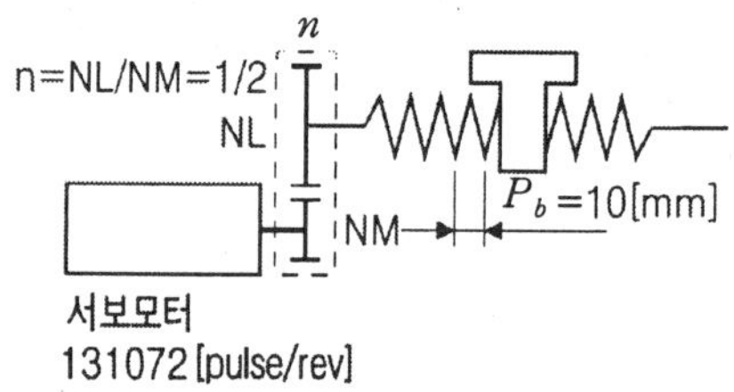

그림 2-30 전자기어 설정

P_b : 볼나사 리드(mm), n : 감속비, P_{f0} : 서보 모터 분해능(pulse/rev), Δl_0 : 지령 1펄스당 이동량(mm/pulse), ΔS : 서보 모터 1회전당 이동량(mm/rev), $\Delta\theta_0$: 1 펄스당 각도(각도/pulse), $\Delta\theta$: 1회전당 각도(각도/rev)이다.

① 1펄스당 10[μm]단위로 이동시키는 경우 : 세부특성은 다음과 같다.

· 볼스크류 리드 : $P_b = 10$[mm], 감속비 $n = 1/2$,

· 서보 모터 분해능 : $P_t = 13{,}1072$[pulse/rev]

$$\Delta l_0 \cdot P_{f0} = \frac{\text{CMX}}{\text{CDV}} \cdot \Delta S$$

$$\frac{\text{CMX}}{\text{CDV}} = \frac{\Delta l_0 \cdot P_{f0}}{\Delta S} = \frac{0}{n \cdot P_b} = 10 \times 10^{-3} \cdot \frac{131072}{1/2 \cdot 10} = \frac{32768}{125}$$

따라서 CMX=32,768, CDV=125를 설정한다.

② 컨베이어 설정예 : 1펄스당 0.01도 단위로 회전시킬 경우

데이블 : 360[°/rev] 감속비 : $n = 4/64$

서보 모터 분해능 : P_t=131,072[pulse/rev]

$$\frac{CMX}{CDV} = \Delta l_0 \cdot \frac{P_{f0}}{\Delta\theta} = 0.01 \cdot \frac{131072}{4/64 \cdot 360} = \frac{65536}{1125}$$

이 경우는 CMX가 설정 범위를 약분하여 CMX를 설정 범위까지 약분하여 소수점 첫자리에서 반올림한다.

$$\frac{CMX}{CDV} = \frac{65536}{1125} = \frac{26214.4}{450} = \frac{26214}{450}$$

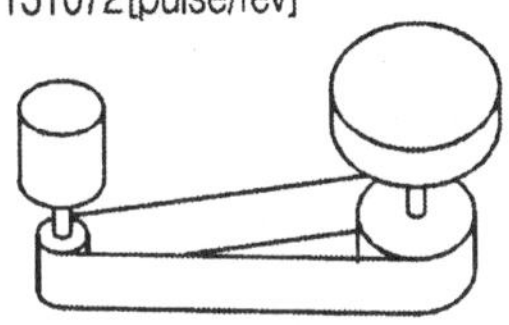

그림 2-31 컨베이어 설정 예

따라서 CMX=26,214, CDV=450으로 설정한다.

인덱스 테이블 등의 무한으로 한방향으로 회전하는 경우, 반올림 분량의 오차가 누적되어 인덱스 범위를 벗어나며 지령을 36,000펄스 입력해도 테이블은

$$36000 \cdot \frac{26214}{450} \cdot \frac{1}{131072} \cdot \frac{4}{64} \cdot 360° = 359995°$$

회전하여 테이블 위에서 동일 위치를 결정할 수 없다.

(나) 약분시 주의사항

약분전의 계산값과 근사값이 되도록하며 CDV에 소수점이 나오지 않도록 약분하면 오차가 작아진다.

$$\frac{CMX}{CDV} = \frac{65536}{1125} = 58.25422$$

CMX의 소수점이 나오지 않도록 약분하면

$$\frac{CMX}{CDV} = \frac{655536}{1125} = \frac{32768}{562.5} \fallingdotseq \frac{32768}{563} = 58.20249$$

CDV의 소수점이 나오지 않도록 약분하면

$$\frac{CMX}{CDV} = \frac{65536}{1125} = \frac{26214.4}{450} \fallingdotseq \frac{26214}{450} = 58.25333$$

이 결과 근사값인 CMX=26,214, CDV=450이 된다.

(다) AD75P를 사용한 경우 설정

AD75P에도 전자 기어설정 파라미터가 있으며 지령 펄스 주파수의 제한(차동라인 드라이버 400k pulse/s, 오픈 컬렉터 200k pulse/s)임으로 서보 앰프의 전자 기어비를 설정할 필요가 있다.

Ap : 모터의 1회전당 펄스수, Al : 모터 1회전당 이동량, Am : 단위 배율

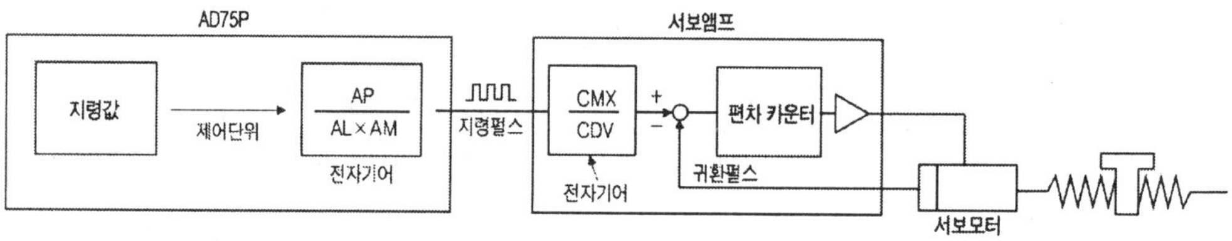

그림 2-32 전자기어비 설정

서보 모터 분해능은 131,072[pulse/rev]이며 서보 모터를 회전시키기 위하여 필요한 펄스 지령은 다음과 같다.

서보 모터 회전수[r/min]	필요한 펄스 지령
2,000	131,072×2,000=436,066[pulse]
3,000	131,072×3,000=655,3600[pulse]

AD75P의 경우 출력 가능한 지령의 최대값은 오픈 컬렉터 방식으로 200k pulse/s, 차동 라인 드라이버 방식은 400k pulse/s이다.

따라서 이 입력 펄스한계를 초과하면 최대 출력 펄스로 운전하기 위해 서보 앰프의 전자 기어비를 사용한다.

오픈 컬렉터 방식으로 서보 모터를 3000[r/min]으로 회전시킬 경우 다음과 같은

전자 기어를 설정한다.

f : 입력 펄스[pulse/s], N_0 : 서보 모터 회전 속도[r/min]

P_{f0} : 서보 모터 분해능[pulse/rev]

$$f \times \frac{\mathrm{CMX}}{\mathrm{CDV}} = \frac{N_0}{60} \times P_{f0} \qquad \frac{\mathrm{CMX}}{\mathrm{CDV}} = \frac{3000}{60} \times \frac{131072}{200000} = \frac{4096}{125}$$

이와 같이 전자기어의 설정예(볼스크류의 리드가 10[mm]인 경우)를 표 2-8에 나타내었다.

표 2-8 전자기어의 설정 예

<table>
<tr><th colspan="3">서보 모터 정격회전 속도</th><th colspan="2">3000[r/min]</th><th colspan="2">2000[r/min]</th></tr>
<tr><td rowspan="4">서보 앰프</td><td colspan="2">입력 방식</td><td>오픈컬렉터</td><td>차동드라이버</td><td>오픈컬렉터</td><td>차동드라이버</td></tr>
<tr><td colspan="2">최대 입력 펄스 주파수[k pulse/s]</td><td>2000</td><td>500</td><td>200</td><td>500</td></tr>
<tr><td colspan="2">궤환 펄스/1회전 [pulse/rev]</td><td colspan="4">131,072</td></tr>
<tr><td colspan="2">전자 기어 (CMX/CDV)</td><td>4096/125</td><td>2048/125</td><td>8192/475</td><td>4096/375</td></tr>
<tr><td rowspan="8">AD 75P</td><td colspan="2">지령 펄스 [k pulse/s]</td><td>200</td><td>400</td><td>200</td><td>400</td></tr>
<tr><td colspan="2">AD75P서보에서 본 모터 1회전 펄스수 [pulse/s]</td><td>4000</td><td>10000</td><td>6000</td><td>15000</td></tr>
<tr><td rowspan="6">전자 기어</td><td rowspan="3">최소 지령 1[pulse]</td><td>AP</td><td>1</td><td>1</td><td>1</td><td>1</td></tr>
<tr><td>AL</td><td>1</td><td>1</td><td>1</td><td>1</td></tr>
<tr><td>AM</td><td>1</td><td>1</td><td>1</td><td>1</td></tr>
<tr><td rowspan="3">지령 최소 단위(0.1[μm])</td><td>AP</td><td>4000</td><td>10000</td><td>6000</td><td>15000</td></tr>
<tr><td>AL</td><td>1000</td><td>1000</td><td>1000</td><td>1000</td></tr>
<tr><td>AM</td><td>10</td><td>10</td><td>10</td><td>10</td></tr>
</table>

㈜ 정격회전 속도에서 지령 펄스 주파수

(7) 아날로그 출력

서보 상태를 전압으로 동시에 2개 채널로 출력 할 수 있으며 전류계를 사용하여 서보 상태를 모니터 하거나 다른 서보와 토크 속도를 동기시키는 경우에 사용한다.

① 설정 : 파라미터 No 17의 변경요소는 다음과 같다.

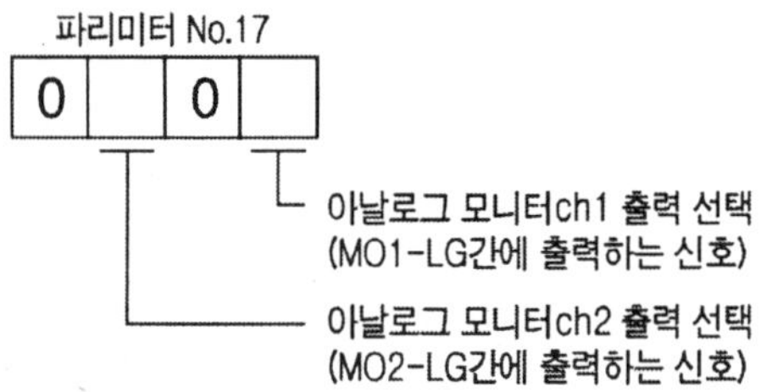

그림 2-33 아날로그 출력 설정

파라미터 No 31, 32로 아날로그 전압에 대하여 옵셋 전압을 설정할 수 있다. 설정값은 −999에서 999[mV]이다.

파라미터 No	내 용	설정 범위
31	아날로그 CH1 출력 옵셋 전압 설정	−999에서 999[mV]
32	아날로그 CH2 출력 옵셋 전압 설정	

② 설정 내용 : 출하 상태에서 아날로그 모니터 CH1에 서보 모터의 회전 속도 CH2에서 발생하는 토크를 출력하는데 파라미터 No 17번의 변경으로 다음 표와 같이 변경할 수 있다.

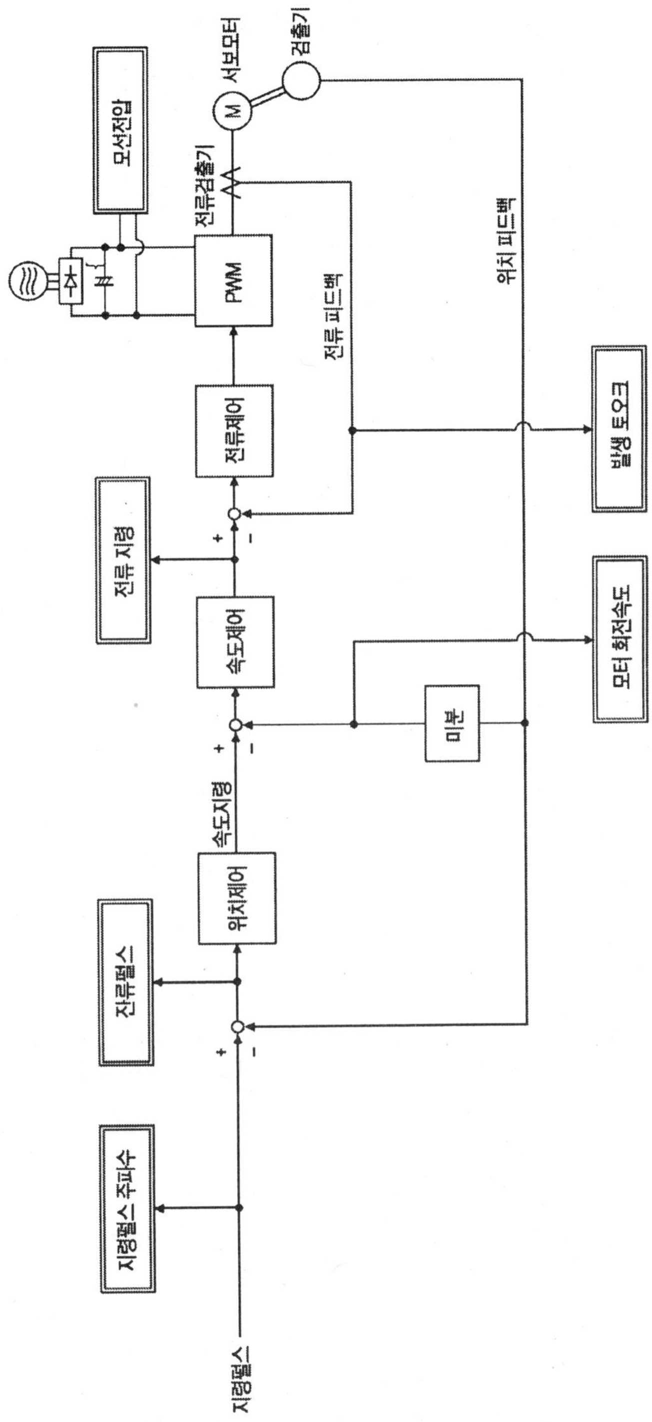

그림 2-34 아날로그 모니터 블록도

표 2-9 출력 항목 및 내용

설정값	출력항목	내 용	설정값	출력항목	내 용
0	서보 모터 회전 속도	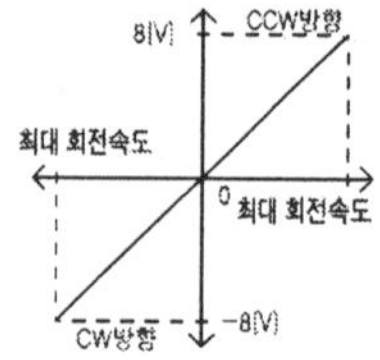	6	잔류 펄스 (±10[V]/ 128[pulse])	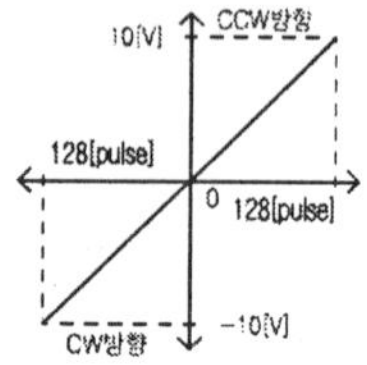
1	토크	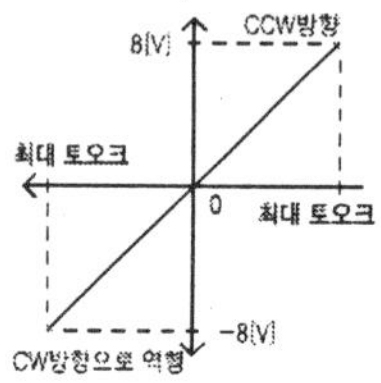	7	잔류 펄스 (±10[V]/ 2048[pulse])	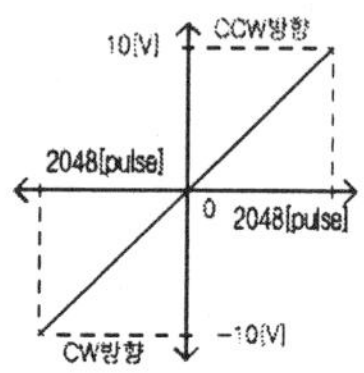
2	서보 모터 회전 속도	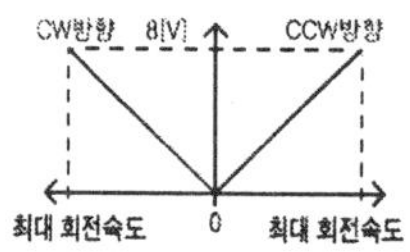	8	잔류 펄스 (±10[V]/ 8192[pulse])	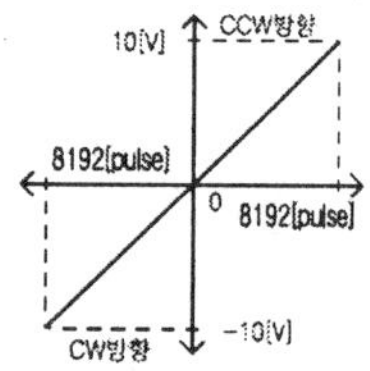
3	토크	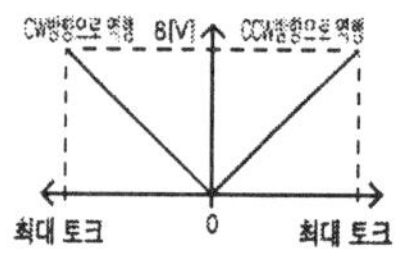	9	잔류 펄스 (±10[V]/ 32768[pulse])	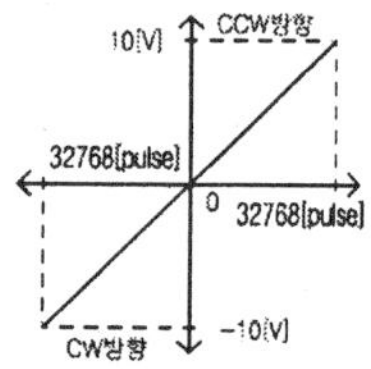
4	전류 지령 (토크 지령)	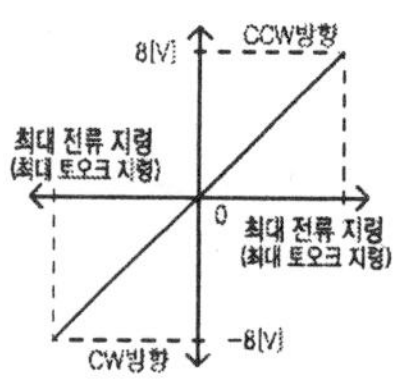	A	잔류 펄스 (±10[V]/ 131072[pulse])	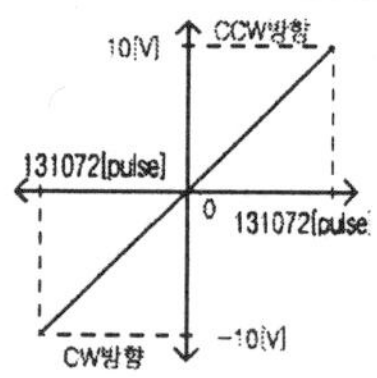
5	지령 펄스 주파수	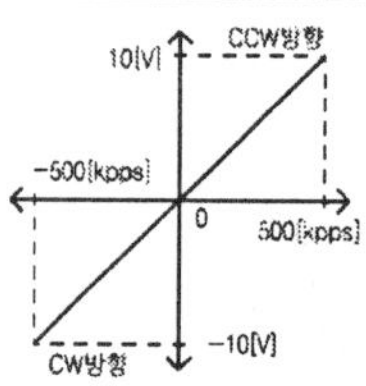	B	모선 전압	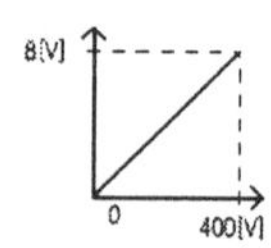

(8) 정전, 역전 스트로크 앤드 정지

출하시에는 정전, 역전 스트로크 앤드가 유효해지면 급정지 하도록 설정되어 있다.

파라미터 No 22를 변경하여 완만하게 정지 할 수 있다.

파라미터 No 22	정 지 방 법
초기값 - - - 0	급정지 위치 제어 모드 : 잔류 펄스를 소거하여 정지 속도 제어 모드 : 감속 시정수를 0으로 정지
- - - 1	완만한 정지 위치 제어 모드 : 파라미터 No 7에 따라 감속 정지 속도 제어 모드 : 파라미터 No 7에 따라 감속 정지

(9) 알람 이력 소거

서보 앰프는 처음 전원을 투입 하였을 경우 현재 발생중인 알람 1개와 과거 5개의 알람을 저장한다. 가동시의 발생 알람을 관리 할 수 있도록 가동전에 파라미터 No 16을 사용하여 알람 이력을 삭제한다. 이 파라미터를 설정한 후 전원을 OFF, ON하면 설정 파라미터가 유효하게 된다. 파라미터 No 16은 알람 이력을 소거하면 자동적으로 --0-으로 복귀한다.

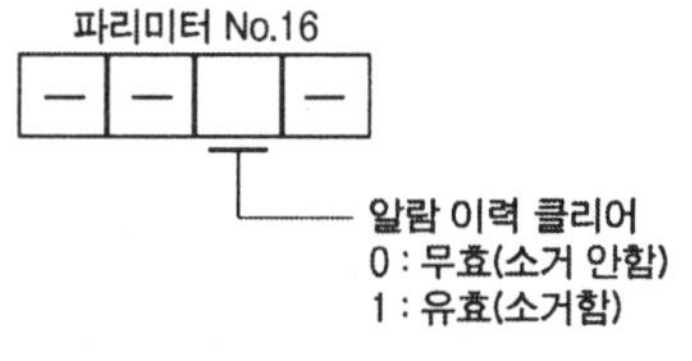

그림 2-35 알람 이력 소거

(10) 위치 지령 스무딩

위치 지령 가감속 시정수(파라미터 No 7)을 설정하여 급한 위치 지령이라도 서보 모터를 부드럽게 동작할 수 있으며 위치 지령 가감속 시정수 설정시의 위치 지령에 대한 서보 모터의 운전 유형을 나타내며 사용할 기기에 적합한 No 55로 지연, 직선 가감속을 선택한다.

① 스텝 입력의 경우

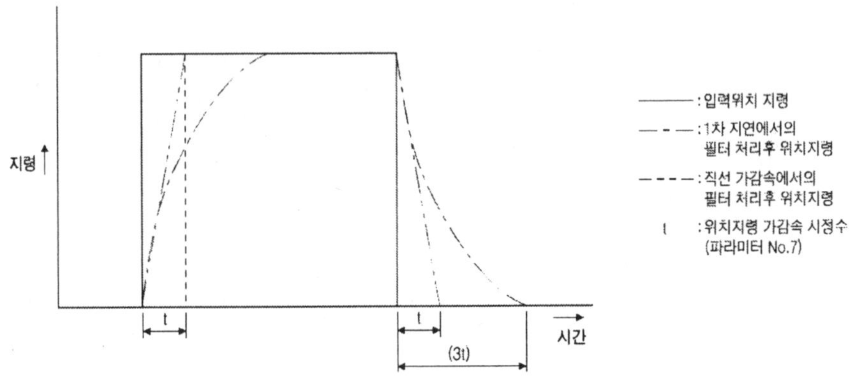

그림 2-36 위치 지령 스무딩

② 대형 입력의 경우

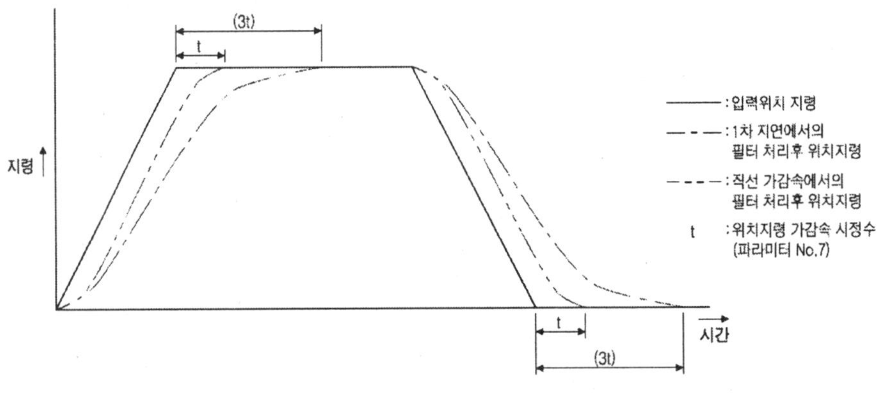

그림 2-37 위치 지령 스무딩

2.2 표시부와 조작부

서보 앰프의 접면부에 상태 표시 파라미터 설정을 하며 운전전의 파라미터 설정, 이상시 고장 진단, 외부 시퀀스의 확인, 운전중의 상태를 확인한다.

MODE, UP, DOWN 버튼을 1회 누르면 다음 화면으로 이동한다.

확장 파라미터를 참조, 조작하려면 파라미터 No 19(파라미터 입력 금지)를 유효하게 한다.

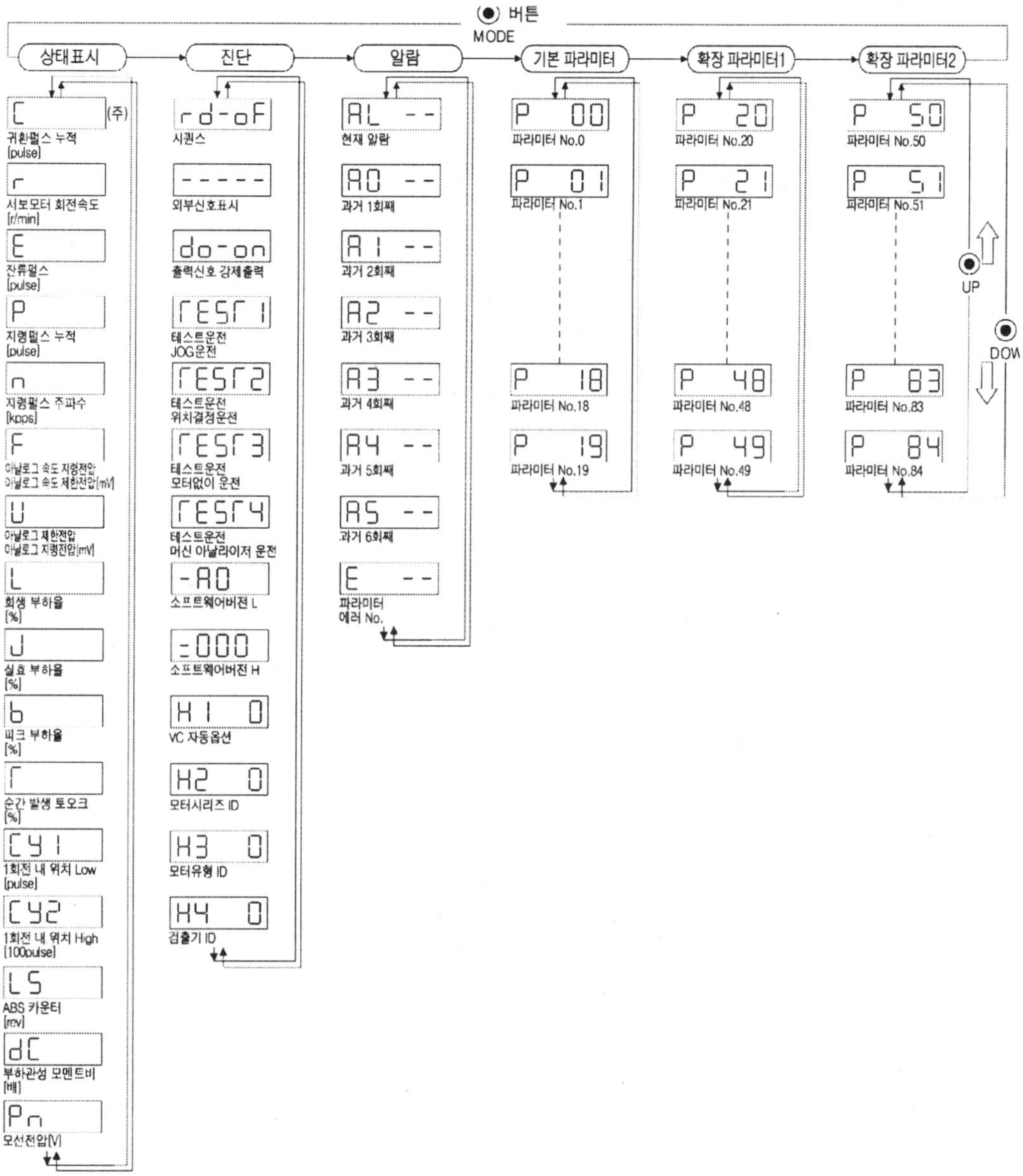

그림 2-38 표시부와 조작부 일람

표 2-10 표시부의 상세 내용

명 칭	심볼	표시범위	단위	내 용
귀환 펄스 누적	C	−99999 ~ 99999	pulse	서보 모터의 검출기에서의 귀환 펄스를 카운터로 나타낸다. ±99999를 넘어도 카운터 되지만, 서보 앰프 표시부에서는 5자리수 표시이므로 실제값 이하 5자리수 표시. SET 버튼을 누르면 0이 된다. 역전시에는 2, 3, 4자리수째의 소수점이 점등한다.
서보 모터 회전속도	r	−5400~ 5400	r/min	서보 모터 회전속도를 나타낸다. ×0.1r/min 단위를 반올림하여 나타낸다.
집합 펄스	E	−99999 ~ 99999	pulse	편차 카운터의 집합 펄스수를 나타내며 서보 앰프 표시부에는 5자리수 표시이므로 실제값 이하 5자리수의 표시가 된다. 역전시에는 2, 3, 4자리수째의 소수점이 점등.
지령 펄스 누적	P	−99999 ~ 99999	pulse	위치지령 입력 펄스를 카운터하여 나타내며 전자기어(CMX/CDV)를 곱하기전의 값을 표시하므로 귀환펄스누적과 일치하지 않을 수 있다. ±99999를 넘어도 카운터되지만 서보 앰프 표시부에서는 5자리수 표시이므로 실제값 이하 5자리수 표시가 된다. "SET" 버튼을 누르면 0이 되며 역전시에는 2, 3, 4 자리수째의 소수점이 점등한다.
지령 펄스 주파수	n	−800~ 800	kpps	위치 지령 입력 펄스의 주파수를 나타낸다. 전자 기어(CMX/CDV)를 곱하기 전의 값을 나타낸다.
아날로그 속도 지령 전압 아날로그 속도 제한 전압	F	−10.00 ~ 10.00	V	① 토크 제어 모드 아날로그 속도제한(VLA)의 전압을 나타낸다. ② 속도 제어 모드 아날로그 속도지령(VC)의 전압을 나타낸다.
아날로그 토크 지령 전압 아날로그 토크 제한 전압	U	내용란 참조	V	① 위치 제어 모드·속도 제어 모드 아날로그 토크 제한(VLA)의 전압을 나타낸다. 표시범위 : −10 ~ +10V ② 토크 제어 모드 아날로그 토크 지령(TC)의 전압을 나타낸다. 표시범위 : 0 ~ +10V

명 칭	심볼	표시범위	단위	내 용
회생 부하율	L	0~100	%	허용 회생 전력에 대한 회생 전력의 비율을 %로 나타낸다.
실효 부하율	J	0~300	%	연속 실효부하 토크를 나타낸다. 정격 토크를 100%로 실효값을 나타낸다.
피크 부하율	b	0~400	%	최대 발생 토크를 나타낸다. 정격 토크를 100%로 하고, 과거 15초간의 최고값을 나타낸다.
순간 발생 토크	r	0~400	%	순간 발생 토크를 나타낸다. 정격토크를 100[%]로 발생하고 있는 토크값을 리얼타임으로 나타낸다.
1회전 내 위치 low	Cy1	0~99999	pulse	1회전 내 위치를 검출기의 펄스 단위로 나타낸다. 최대 펄스수를 초과하면 0으로 복귀한다.
1회전 내 위치 high	Cy2	0~13107	100 pulse	1회전 내 위치를 검출기의 펄스 단위로 나타낸다. 최대 펄스수를 초과하면 0부터 시작한다.
ABS 카운터	LS	− 32768 ~32767	rev	절대위치 검출 시스템으로 원점(0)부터 이동량을 절대 위치 검출기의 카운터 값으로 나타낸다.
부하 관성 모멘트	dc	0.0~ 300.0	배	서보 모터축의 관성 모멘트에 대한 부하관성 모멘트 비율의 추정값을 나타낸다.
모선 전압	Pn	0~450	V	모선 전압을 나타낸다.

전원 투입시 상태 표시 초기 표시는 제어 모드에 따라 다르며 위치 제어 모드 : 귀환 펄스 누적(C), 속도 제어 모드 : 모터 회전 속도(r), 토크 제어 모드 : 토크 지령 전압(U) 또한 파라미터 No 18로 전원 투입시 상태 표시의 초기 표시를 변경할 수 있다.

서보 앰프 표시부에 음수 표시 방법은 -로 표기 되거나 dot 부분이 점등한다.

상태 표시 일람은 귀환 펄스 누적(C, pulse), 서보 모터 회전속도(r, r/min), 잔류 펄스(E, pulse), 지령 누적 펄스(P, pulse), 지령 펄스 주파수(n, kpps), 아날로그 속도 지령 전압, 아날로그 속도 제한 전압((F, V), 아날로그 토크 지령 전압, 아날로그 토크 제한 전압(U, V), 회생 부하율(L, %), 실효부하율(J, %), 피크 부하율(b, %), 순시방향 토크(T, %), 1회전내 위치 LOW(Cy1, pulse), 1회전내 위치 high(Cy2, pulse), ABS 카운터(LS, rev), 부하 관성 모멘트(dC, 배), 모선전압(Ph, V) 등이 있다.

파라미터 No 18을 변경하고 전원 투입시 서보 앰프의 표시부 상태 표시 항목을 변경 가능하며 초기 상태 표시 항목은 제어모드에서 다음과 같이 변경된다.

제어 모드	표시 항목
위치	귀환 펄스 누적
위치/속도	귀환 펄스 누적/서보 모터 회전 속도
속도	서보 모터 회전 속도
속도/토크	서보 모터 회전 속도/아날로그 토크 지령 전압
토크	아날로그 토크 지령 전압
토크/위치	아날로그 토크 지령 전압/귀환 펄스 누적

① 진단 모드 표시부

· 준비 미완료

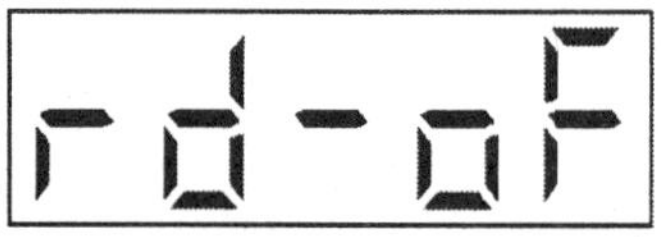

· 준비 완료

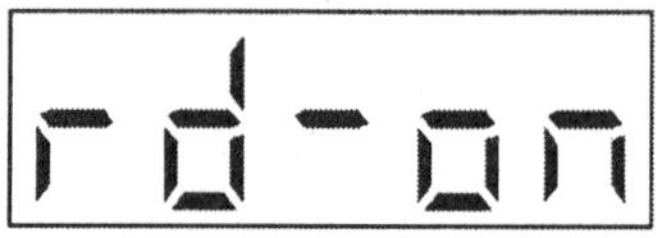

· 소프트웨어 버전

· 소프트웨어
시스템 번호

· 출력 강제(D0) ON

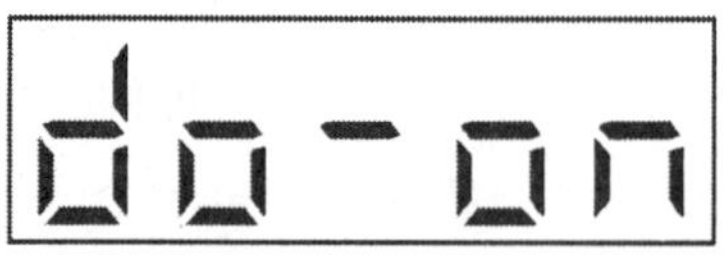

· JOG 운전

· 위치 운전 결정

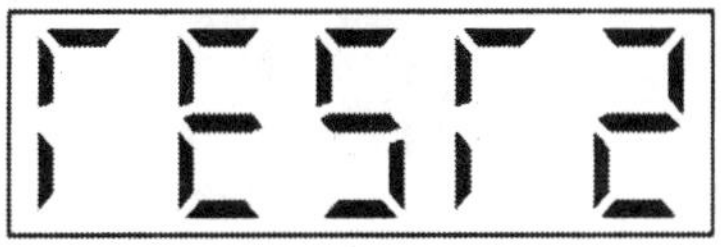

· 모터없이 운전

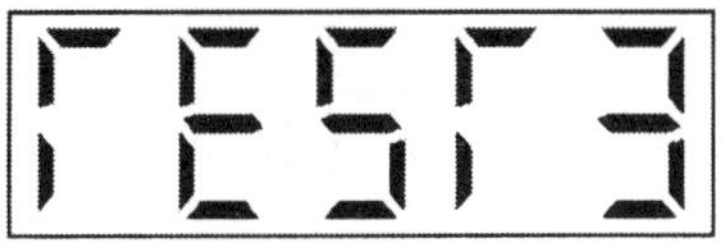

· 머신 애널라이즈 운전

· VC 자동 옵셋

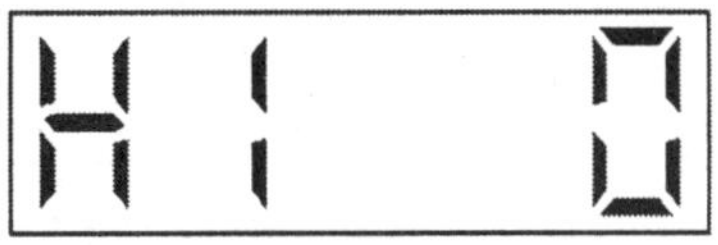

· 모터 시리즈 ID

· 모터 타입 ID

· 검출기 ID

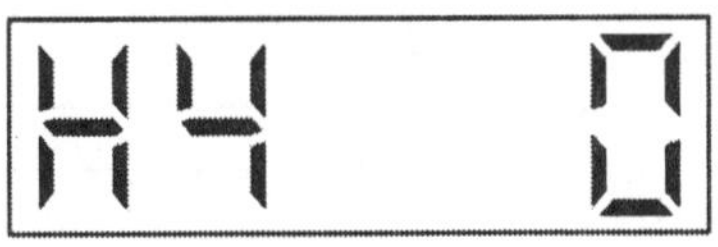

· 알람 발생치 않음

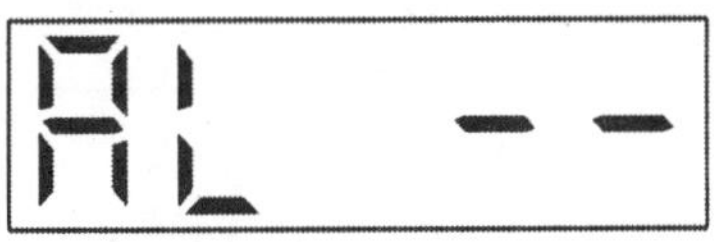

· 과전압(AL33 발생)
발생시 점멸

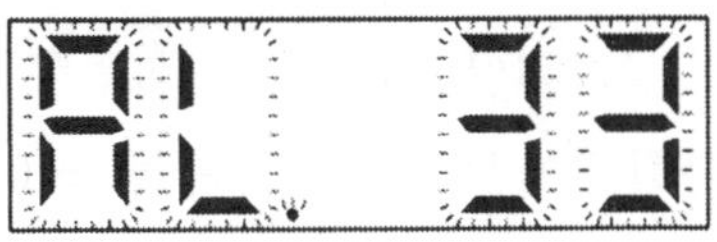

· 1회전에 과부하1
(AL50) 발생

· 2회전에 과전압 발생

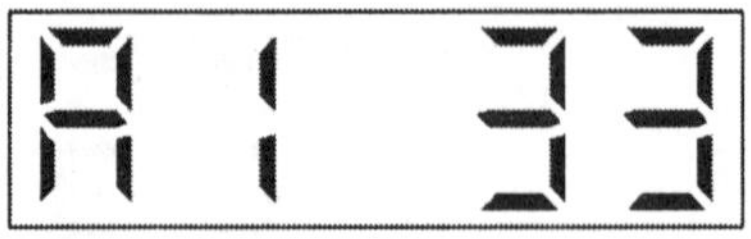

· 3회전에 부족전압 발생

· 4회전에 과속도 발생

· 5회전에 알람 발생 않음

· 6회전에 알람 발생 않음

· 알파라미터이상
(AL 37)발생하지 않음

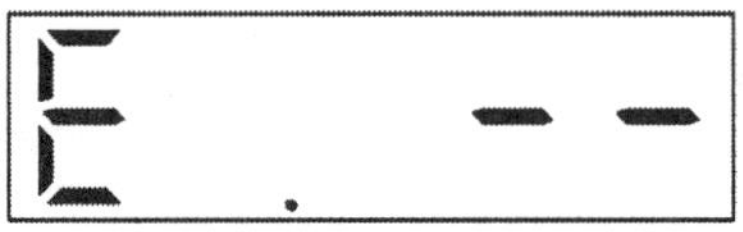

· 파라미터 No1데이터
내용 이상

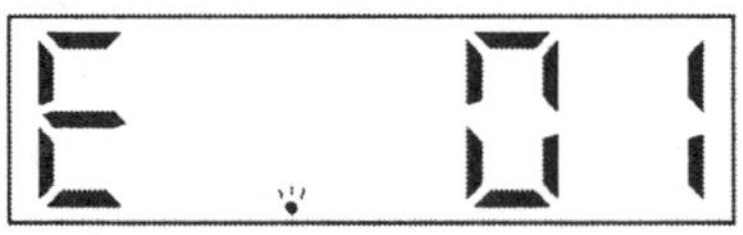

알람 발생시 현재 발생되고 있는 알람을 표시하며 알람 발생중에도 다른 화면을 볼 수 있다. 이 경우 4자리째 소수점이 점멸하며 알람 원인을 제거하고 전원을 OFF-ON 하거나 현재 화면에서 SET 버튼을 누르고 알람 리셋(RES) 신호를 ON 하고 알람 이력의 소거는 파라미터 No 16으로 알람 이력 표시 화면에서 SET을 2초 이상 누르면 다음과 같은 상세 정보 표시화면을 나타낸다.(메이커 보수용)

(1) 파라미터 모드

(가) 조작방법

제어 모드(파라미터 No)를 속도 제어 모드에서 변경할 경우, 전원 투입후의 조작 방법은 MODE버튼을 눌러 기본 파라미터 화면으로 이동한다.

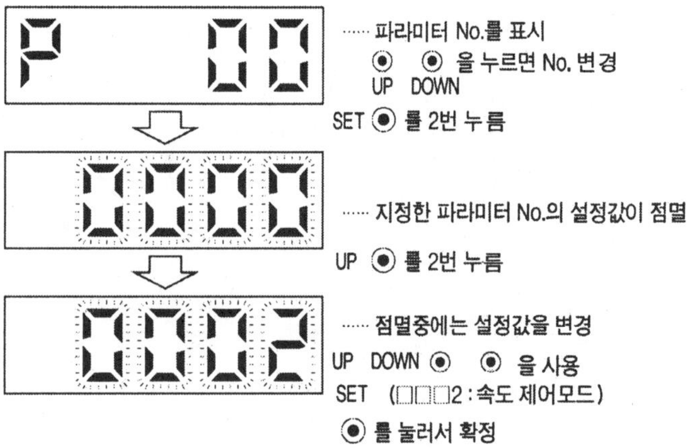

다음 파라미터로 이동하려면 UP, DOWN 버튼을 사용하며 파라미터 No의 변경은 설정값 변경후 전원을 OFF한후 재투입하면 유효하다.

확장 파라미터를 이용하려면 No 19(파라미터 입력 금지)를 변경한다.

(나) 외부 입출력 신호 표시

서보 앰프에 접속하는 디지털 입출력 신호의 ON/OFF 상태를 확인할 수 있다.

전원 투입후 표시부 화면에서 MODE 버튼을 눌러 진단 화면으로 이동한다.

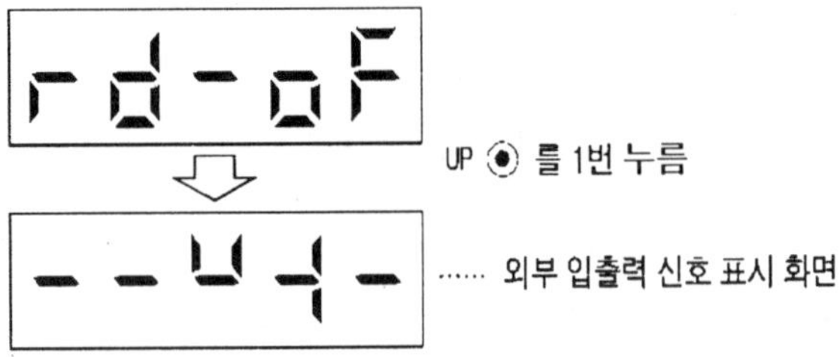

표시한 7 세그먼트 LED의 위치와 핀에 대응하고 있어 ON/OFF를 표시한다. 각 세그먼트의 상부 입력 신호 하부가 출력 신호가 되며 제어 모드에서 각 핀의 신호는 다음과 같다.

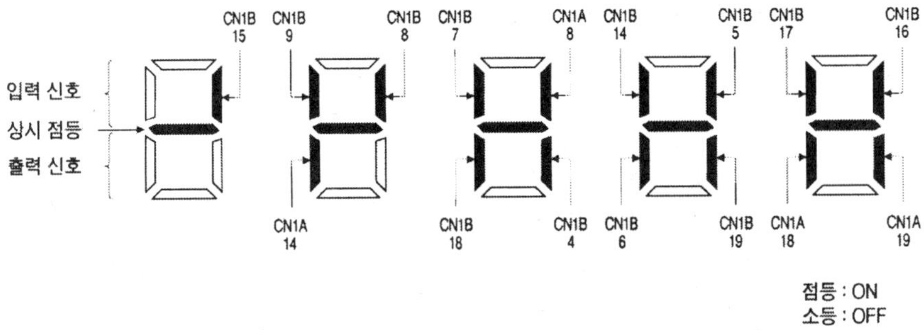

① 제어 모드와 입출력 신호

컨넥터	핀 No.	신호의 입출력 (주1)I/O	(주2)제어모드에 있어서 입출력 신호의 약칭						관련 파라미터
			P	P/S	S	S/T	T	T/P	
CN1A	8	I	CR	CR/SP1	SP1	SP1	SP1	SP1/CR	No. 43~48
	14	O	OP	OP	OP	OP	OP	OP	
	18	O	INP	INP/SA	SA	SA/-		-/INP	No. 49
	19	O	RD	RD	RD	RD	RD	RD	No. 49

컨넥터	핀 No.	신호의 입출력 (주1)I/O	(주2)제어모드에 있어서 입출력 신호의 약칭						관련 파라미터
			P	P/S	S	S/T	T	T/P	
CN1B	(주3)4	O	D01	D01	D01	D01	D01	D01	
	5	I	SON	SON	SON	SON	SON	SON	No. 43~48
	6	O	TLC	TLC	TLC	TLC/VLC	VLC	VLC/TLC	No. 49
	7	I		LOP	SP2	LOP	SP2	LOP	No. 43~48
	8	I	PC	PC/ST1	ST1	ST1/RS2	RS2	RS2/PC	No. 43~48
	9	I	TL	TL/ST2	ST2	ST2/RS1	RS1	RS1/TL	No. 43~48
	14	I	RES	RES	RES	RES	RES	RES	No. 43~48
	15	I	EMG	EMG	EMG	EMG	EMG	EMG	
	16	I	LSP	LSP	LSP	LSP/-		-/LSP	
	17	I	LSN	LSN	LSN	LSN/-		-/LSN	
	18	O	ALM	ALM	ALM	ALM	ALM	ALM	No. 49
	19	O	ZSP	ZSP	ZSP	ZSP	ZSP	ZSP	No. 1 · 49

* I : 입력 신호, O : 출력 신호, P : 위치 제어 모드, S : 속도 제어 모드, T : 토크 제어 모드, P/S : 위치/속도 제어 모드, S/T : 속도/토크 제어 모드, T/P : 토크/위치 제어 모드, 상시 CN1A-18의 신호를 출력

② 약칭과 신호명

약 칭	신호명	약 칭	신호명
SON	서보 ON	EMG	비상 정지
LSP	정전 스트로크	LOP	제어 변환
LSN	역전 스트로크	TLC	토크 제한중
CR	클리어	VLC	속도 제한중
SP1	속도선택 1	RD	준비 완료
SP2	속도선택 2	ZSP	영속도 검출
PC	비례 제어	INP	위치 결정 완료
ST1	정전 기동	SA	속도 도달
ST2	역전 기동	ALM	고장

약 칭	신호명	약 칭	신호명
RS1	정전 선택	WNG	경고
RS2	역전 선택	OP	검출기 Z상(OC)
TL	토크 제한	BWNG	배터리 경고
RES	리셋		

(다) 초기값에서의 표시내용

① 위치 제어 모드

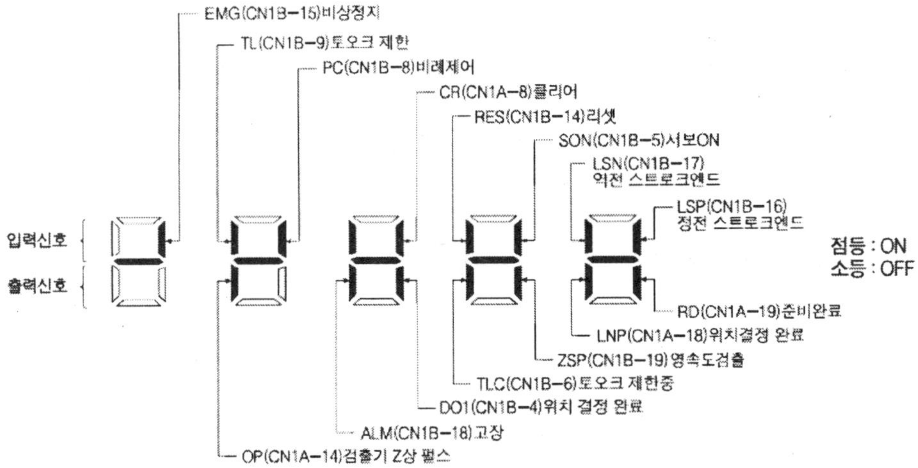

② 속도 제어모드

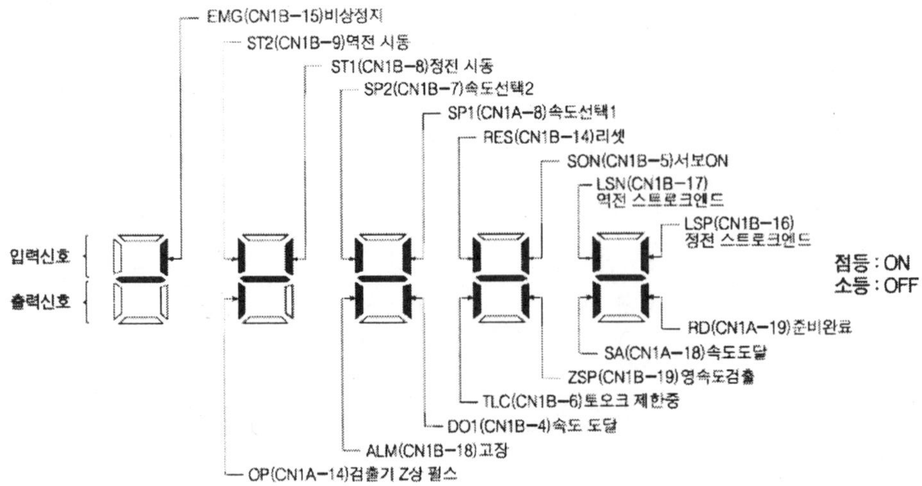

③ 토크 제어 모드

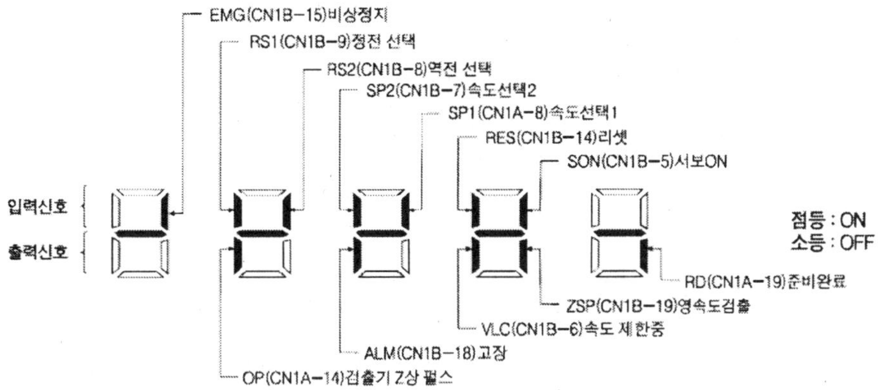

(라) 출력 신호(DO)의 강제 출력

서보를 상하축으로 사용하는 경우 CN1B-19핀에 전자 브레이크 인터록(MBR)을 할당하여 ON시키면 전자 브레이크가 개방됨으로 주의한다.

서보의 상태와 관계없이 출력 신호를 강제적으로 ON/OFF 할 수 있다. 출력 신호의 배선 점검에 사용하며 반드시 서보 OFF 상태(SON을 OFF)에서 실시한다.

전원 투입후 MODE 버튼을 사용하여 진단 화면으로 이동한다.

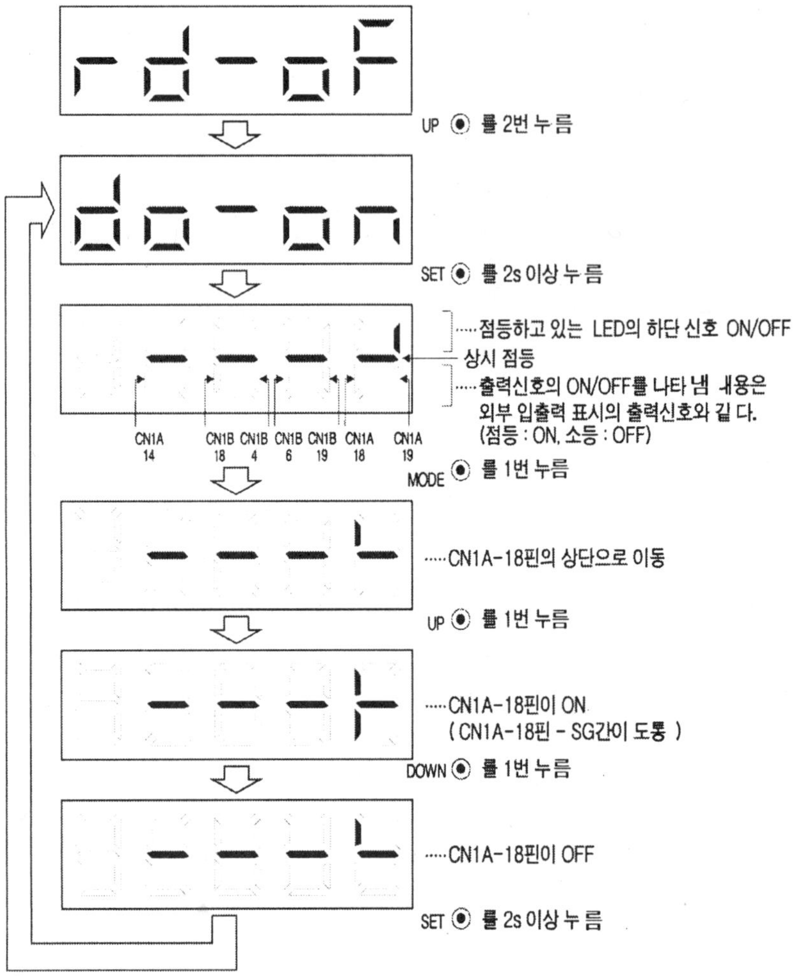

그림 2-39 출력 신호 강제 출력

(마) 테스터 운전 모드

서보 모터의 동작 확인용이며 기기와 조합하여 사용하지 않으며 이상 동작 발생시는 비상 정지(EMG)를 사용하여 정지한다.

테스터 운전 모드는 절대 위치 검출 시스템에서는 사용할 수 없으며 No 1에서 인크리멘탈 시스템으로 사용 설정한 다음 위치 결정 운전을 하려면 셋업 소프트웨어가 필요하고 서보 ON(SON)신호를 OFF하지 않으면 테스터 운전은 실행 할 수 없다.

전원 투입후 표시부 화면에서 다음 순서로 JOG 운전, 모터 없이 운전을 선택한다. MODE 버튼을 눌러서 진단 화면으로 이동한다.

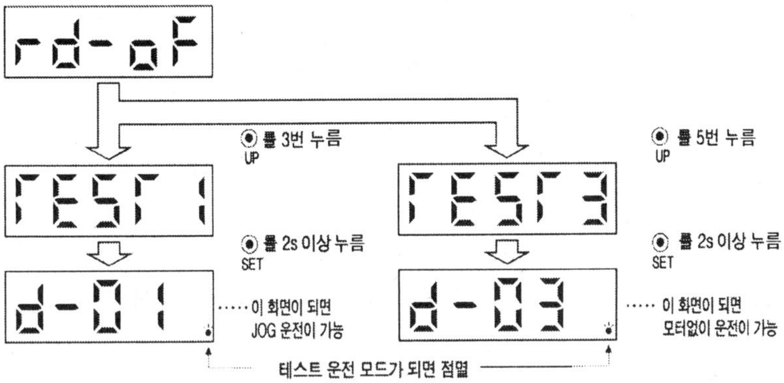

그림 2-40 테스터 운전 모드

(바) JOG 운전

외부 지령장치로부터 지령없는 상태로 JOG 운전할 수 있으며 JOG 운전할 경우 EMG-SG간과 내부 전원을 사용할 경우 VDD-COM간을 접속한다.

UP, DOWN 버튼을 누르고 있는 동안 서보 모터가 회전하며 버튼을 때면 정지한다.

셋업 소프트웨어를 사용할 경우 운전의 조건을 변경할 수 있으며 회전 속도 [r/min]의 초기값은 200이며 가감속 시정수[m/s]의 초기값은 100이며 설정 범위는 50,000이고 UP 버튼을 누르면 CCW 방향으로 회전하며 DOWN 버튼을 누르면 CW 방향으로 회전한다.

셋업 소프트웨어를 사용하면 JOG 운전할 경우 운전중 통신 케이블이 제거되면 서보 모터는 감속 정지한다.

JOG 운전시 서보 상태를 확인할 수 있으며 JOG 운전 가능 상태에서 MODE버튼을 누르면 상태 표시 화면이 되며 이 상태에서 JOG 운전을 UP, DOWN 버튼으로 실행한다.

MODE 버튼을 누를때마다 다음 상태 표시 화면으로 변경되고 한회전 표시하면 JOG 운전 가능한 상태로 복귀된다.

테스터 운전 모드에서 UP, DOWN 버튼을 사용하여 상태 표시 화면을 설정할 수 없다.

JOG 운전의 종료는 전원을 차단하거나 MODE 버튼을 눌러 다음 화면으로 한 다음 SET 버튼을 2초 이상 눌러 종료한다.

(사) 위치 결정 운전

위치 결정 운전을 하려면 셋업 소프트웨어가 필요하며 외부의 지령장치로부터 지령이 없이도 1회전 위치 결정 운전을 할 수 있다.

위치 운전을 하는 경우 EMG-SG간과 내부 전원을 사용한 경우 VDD-COM간을 접속한다.

셋업 소프트 웨어상 정전, 역전 버튼을 클릭하면 서보 모터가 회전하고 설정된 이동량을 이동하여 정지한다. 운전 조건은 소프트웨어로 변경할 수 있으며 운전의 초기 조건과 설정 범위는 다음과 같다.

항 목	초기 설정값	설정 범위
이동량 (PULSE)	10000	0~9999999
회전 속도(r/min)	200	0~순간정지 허용회전속도
가감속 정수(ms)	1000	0~50000

정전 버튼을 누르면 CCW 방향으로 위치 결정 운전을 개시하며 역전 버튼을 누르면 CW 방향으로 위치 결정 운전을 개시하며 일시 정지 버튼을 누르면 정지 상태가 되며 남은 거리가 소거된다.

재가동할 경우는 운전을 개시한 버튼과 동일 버튼을 누르고 위치 결정중 통신 케이블이 제거되면 서보 모터는 급정지하게 된다.

위치 결정 중이라도 상태 표시를 모니터할 수 있다.

(아) 모터없이 운전

서보 모터에 접속하지 않고 외부 입력 신호에 대하여 실제로 서보 모터가 작동하고 있는 것처럼 출력 신호를 내고 상태를 표시할 수 있다.

상위 PLC의 시퀀스 체크에 사용할 수 있다.

SON-SG간을 OFF로 한 다음 모터 없이 운전을 선택하고 외부에서 조작한다.

모터없이 운전 가능상태에서 MODE를 누르면 상태 표시 화면이 되고 이 상태에서 모터 없이 운전을 실행한다.

MODE 버튼을 1회 누를때마다 다음 상태 표시 화면으로 변경되고 1회전 하면 모터없이 운전 가능한 상태 화면으로 복귀한다.

테스터 운전 모드 상태에서 UP, DOWN 버튼을 이용하여 상태 표시 화면을 변경 할 수 없다. 모터 없이 운전을 종료 하려면 전원을 OFF한다.

(자) 일반적인 게인 조정

서보 앰프 단독으로 할 수 있는 게인 조정을 나타내며 게인 조정은 처음에는 오토 튜닝 모드 1로 하며 만족한 튜닝이 되지 않을 경우 오토 튜닝 모드 2, 매뉴얼 모드 1, 매뉴얼 모드 2 순서로 실시한다.

표 2-11 게인 조정

<table>
<tr><th>게인조정 모드</th><th>파라미터 No 2설정</th><th>부하 관성 모멘트비 추정</th><th>자동 추정 파라미터</th><th>매뉴얼 설정 파라미터</th></tr>
<tr><td>오토 튜닝 모드 1</td><td>010?</td><td>상시 추정</td><td>PG1(No 6)
GD2(No 34)
PG2(No 35)
VG1(No 36)
VG2(No 37)
VIC(No 38)</td><td>파라미터 No 2 응답성 설정</td></tr>
<tr><td>오토 튜닝 모드 2</td><td>020?</td><td rowspan="2">파라미터 No 34 값에 고정</td><td>PG1(No 6)
PG2(No 35)
VG1(No 36)
VG2(No 37)
VIC(No 38)</td><td>GD2(No 34)
파라미터 No 2 응답성 설정</td></tr>
<tr><td>매뉴얼 모드 1</td><td>030?</td><td>PG2(No 35)
VG1(No 36)</td><td>PG1(No 6)
GD2(No 34)
VG2(No 37)
VIC(No 38)</td></tr>
</table>

게인조정 모드	파라미터 No 2설정	부하 관성 모멘트비 추정	자동 추정 파라미터	매뉴얼 설정 파라미터
매뉴얼 모드 2	040?	파라미터 No 34 값에 고정		PG1(No 6) GD2(No 34) PG2(No 35) VG1(No 36) VG2(No 37) VIC(No 38)
보간 모드	000?	상시 추정	GD2(No 34) PG2(No 35) VG2(No 37) VIC(No 38)	PG1(No 6) VG1(No 36)

2.3 오토 튜닝 모드

서보 앰프에서는 기기의 특성(부하 관성 모멘트)를 리얼 타임으로 추정하고 최적의 게인을 자동적으로 설정하는 리얼 타임 오토 튜닝 기능을 내장하고 있다.

(1) 오토 튜닝

(가) 오토 튜닝 모드 1

서보 앰프는 출하 상태에서 오토 튜닝 모드 1로 설정되어 있으며 이 모드에서 기기의 관성 모멘트 비를 상시 추정하고 최적의 게인을 자동으로 설정한다.

오토 튜닝 모드 1에 의해서 자동적으로 조정되는 파라미터는 다음과 같다.

파라미터 No	약 칭	명 칭
6	PG1	위치 제어 게인 1
34	GD2	서보 모터 부하 관성 모멘트비
35	PG2	위치 제어 게인 2
36	VG1	속도 제어 게인 1
37	VG2	속도 제어 게인 2
38	VIC	속도 적분 보상

오토 튜닝 모드 1은 200[r/min]에 도달하기 까지의 시간이 5[s] 이하, 가감속 시정수이며 회전 속도가 150[r/min] 이상, 모터 관성 모멘트에 대한 부하 관성 모멘트비가 100배 이하인 경우, 가감속 토크가 정격 토크의 10[%]인 조건을 만족하지 않으면 정상적으로 작동하지 않는 경우가 있다.

가감속중 급격한 외란 토크가 인가되는 경우등 정상적인 오토 튜닝이 불가능할 경우는 오토 튜닝 모드 2, 매뉴얼 모드 1, 2로 게인을 조정한다.

(나) 오토 튜닝 모드 2

오토 튜닝 모드 1에서는 정상적인 게인을 조정할 수 없는 경우 사용하며 이 모드에서는 부하 관성 모멘트 비를 추정할 수 없어 부하관성 모멘트비(파라미터 No 34)의 값을 설정한다.

오토 튜닝 모드 2에 자동적으로 조정되는 파라미터는 다음과 같다.

파라미터 No	약칭	명 칭
6	PG1	위치 제어 게인 1
35	PG2	위치 제어 게인 2
36	VG1	속도 제어 게인 1
37	VG2	속도 제어 게인 2
38	VIC	속도 적분 보상

① 일반적인 게인 조정 : 리얼 타임 오토 튜닝 블록도는 그림 2-41과 같다.

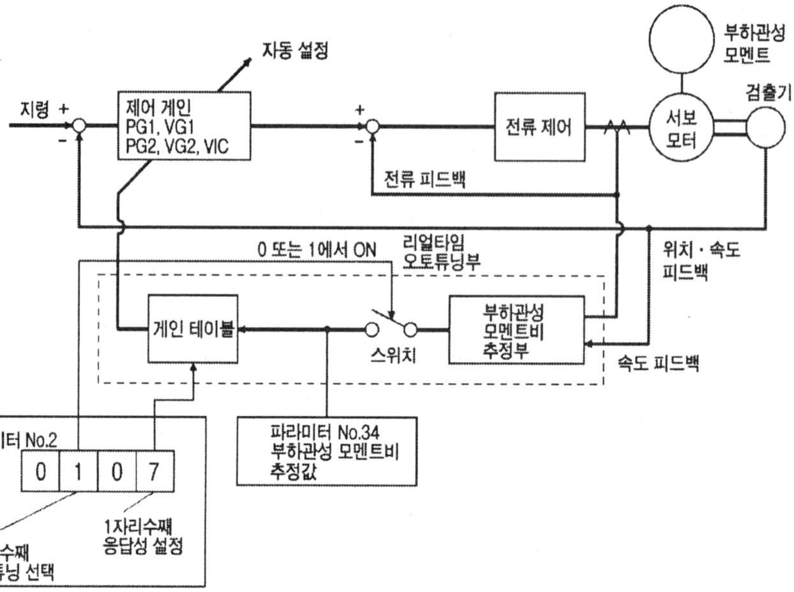

그림 2-41 리얼 타임 오토 튜닝 블록도

서보 모터를 가감속시키면 관성 모멘트비 추정부는 서보 모터의 전류와 서보 모터의 속도에서 항상 부하 관성 모멘트 비율을 추정한다. 추정된 결과는 파라미터 No 34에 입력되고 결과는 서보 앰프 표시부에 나타나며 부하 관성 모멘트비의 값을 미리 알고 있는 경우와 추정이 되지 않는 경우 오토 튜닝 모드 2(파라미터 No 2)로 설정하고 부하 관성 모멘트비의 추정을 정지(위 그림에서 스위치를 OFF)시키고 매뉴얼로 부하 관성 모멘트비(No 34)를 설정한다. 설정된 부하 관성 모멘트 비와 응답성(파라미터 No 2)의 1자리수에서 내부 게인 테이블에 의하여 게인을 자동 설정한다.

오토 튜닝 결과는 전원 투입후 60분마다 서보 앰프의 EEPROM에 저장되며 전원 투입시 EEPROM에 보존된 게인값을 초기값으로 오토 튜닝한다.

운전중 급격한 외란 토크가 가해지는 경우 관성 모멘트비의 추정이 일시적으로 오동작되는 경우가 있어 오토 튜닝 모드 2(파라미터 No 2 : 020)으로 설정하고 부하관성 모멘트비(파라미터 No 34)를 설정한다.

② **오토 튜닝 조정 순서** : 출하시 오토 튜닝이 유효하게 되어 있어 서보 모터를 운전하는것 만으로 기기에 적합한 최적 게인을 자동 조정하며 필요에 따라 응답성 설정의 값을 변경하여 조정이 완료된다. 조정 순서는 다음과 같다.

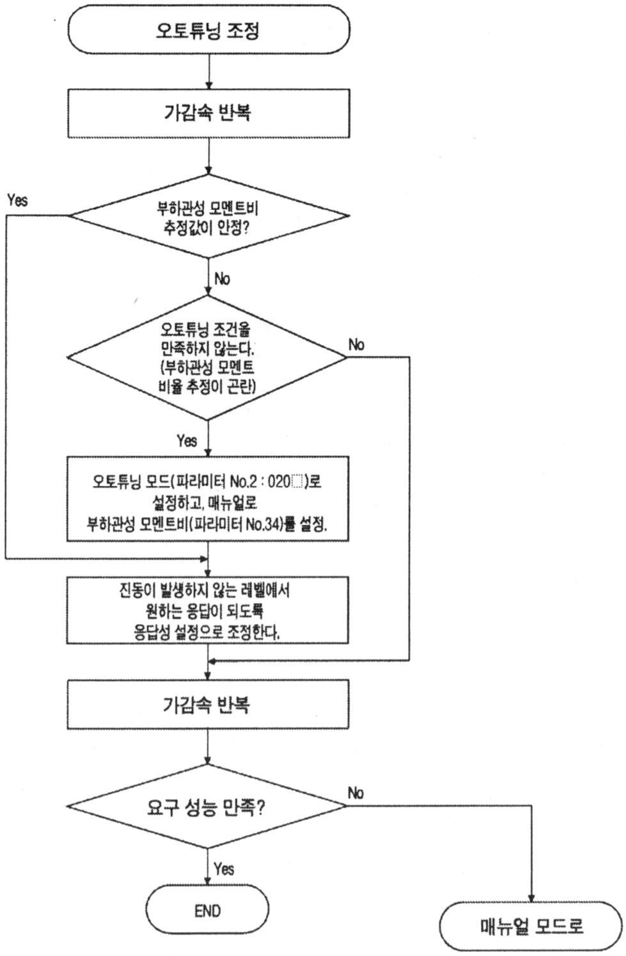

그림 2-42 오토 튜닝 과정 순서도

③ 오토 튜닝 모드에서 응답성 설정 : 서보 계열 전체의 응답성(파라미터 No 2의 1 자리수)을 설정하며 응답성을 크게 할수록 지령에 대한 추정성과 정정시간은 감소되지만 크면 진동이 발생한다.

100[Hz]를 초과하는 기계공진이 있으므로 어댑티브 제진제어(파라미터 No 66)나 기계공진 억제필터(파라미터 No 58~59)로 기계공진을 억제할 수 있다.

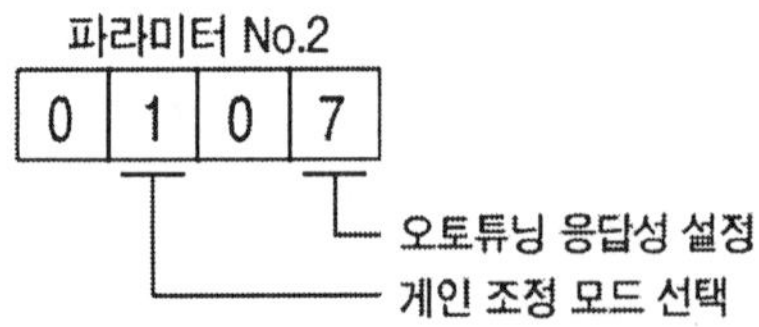

응답성 설정	기계의 특성		
	기계 강성	기계공진 주파수의 기준	대응하는 기계의 기준
1	낮다	15[Hz]	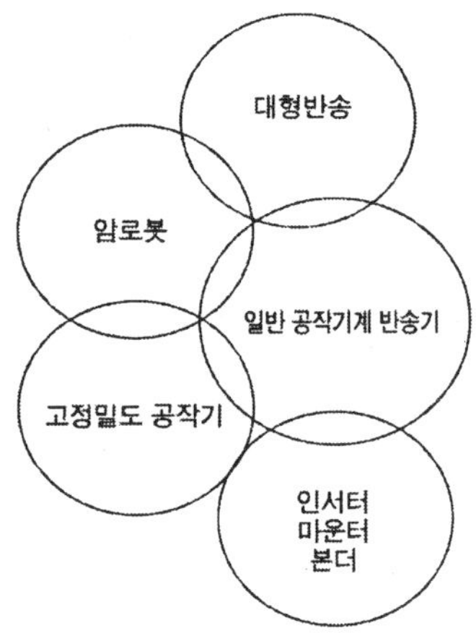
2		20[Hz]	
3		25[Hz]	
4		30[Hz]	
5	↑	35[Hz]	
6		45[Hz]	
7		55[Hz]	
8	중	70[Hz]	
9		85[Hz]	
A		105[Hz]	
B	↓	130[Hz]	
C		160[Hz]	
D		200[Hz]	
E	높다	240[Hz]	
F		300[Hz]	

그림 2-43 오토튜닝 응답성 설정

(2) 일반적인 게인조정

(가) 매뉴얼 모드(간이 조절 모드)

오토 튜닝에서 만족한 튜닝이 되지 않을 경우 3개의 파라미터로 간이적인 매뉴얼 조정이 가능하다.

① **매뉴얼 모드1 동작** : 위치 제어 게인(PG1), 속도 제어 게인2(VG2), 속도 적분 보상(VIC)의 3개의 게인을 설정하면 그 외 게인에서 자동적으로 최적값이 설정되는 모드이다.

따라서 일반적인 PI 제어계(위치 게인, 속도 게인, 속도 적분 시정수)와 같은 모델 적응 제어계의 조정이 가능하며 이 모드에서 게인을 조정할 경우 부하 관성 모멘트비(파라미터 No 34)를 바르게 설정한다.

기계 공진이 발생한 경우 어댑티브 제진제어(파라미터 No 60)와 기계 공진 필터(파라미터 No 58, 59)로 기계공진을 억제할 수 있다.

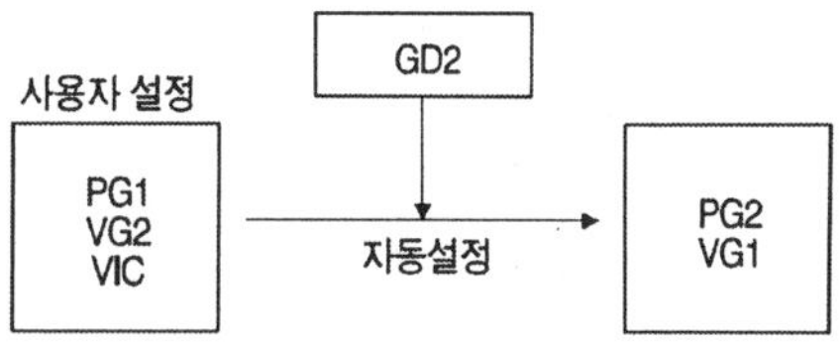

◈ 속도 제어의 경우

게인 조정에 사용하는 파라미터는 다음과 같다.

파라미터 No	약 칭	명 칭
34	GD2	부하 관성 모멘트 비
37	VG2	속도 제어 게인 2
38	VIC	속도 적분 보상

조정 순서는 서보 모터 부하 관성 모멘트비(파라미터 No 34)로 추정값을 설정하고 속도 제어 게인 2(파라미터 No 37)을 진동과 이상음이 발생되지 않는 범위에서 크게 하고 진동이 발생하면 작게 조정한 다음 속도 적분 보상 파라미터(파라미터 No 38)를 진동이 없는 범위까지 작게하고 진동이 발생하면 약간 크게 설정한다.

기계계의 공진 등으로 게인을 크게 할 수 없으며 응답성을 얻을 수 없는 경우에 어댑티브 제진 제어나 기계 공진 제어 필터로 공진을 억제한다.

· 조정 내용-속도 제어 게인 2(파라미터 No 37)

속도 제어루프의 응답성을 결정하는 파라미터이며 이 값을 크게하면 응답성은 향상되지만 크게하면 진동이 발생한다. 실제 속도 루프 응답 주파수 공식은 다음과 같다.

속도루프 응답주파수=속도 제어 게인 2의 설정값/(1+서보 모터 부하 관성 모멘트비) ×2π

· 속도 적분 보상(파라미터 No 38)

지령에 대한 정상 편차를 제거하기 위하여 속도 제어 루프는 비례 적분 제어로 되어 있고 속도 적분 보상은 이 적분 제어 시정수를 설정하며 이 값을 크게 하면 응답성이 열등해지며 어느 정도 크지 않으면 진동이 발생하며 기준은 다음과 같다.

속도 적분 보상 설정(ms)≧(2000~3000)/(속도 제어 게인 2의 설정값/(1+부하 관성 모멘트비 설정값 ×0.1)π

◈ 위치 제어인 경우

게인 조정에 사용하는 파라미터는 다음과 같다.

파라미터 No	약칭	명 칭
6	PG1	위치 제어 게인 1
34	GD2	부하 관성 모멘트 비
37	VG2	속도 제어 게인 2
38	VIC	속도 적분 보상

조정 순서는 서보 모터 부하관성 모멘트비(파라미터 No 34)로 추정값을 설정하고 위치 제어 게인(파라미터 No 6)을 작게 한다. 속도 제어 게인 2(파라미터 No 37)를 진동과 이상음이 발생되지 않는 범위에서 크게 하고 진동이 발생하면 작게 조정한 다음 속도 적분 보상 파라미터(파라미터 No 38)를 진동이 없는 범위까지 작게 하고 진동이 발생하면 약간 크게 설정하며 위치 제어 게인(파라미터 No 6)을 크게 한다.

기계계의 공진 등으로 게인을 크게 할 수 없으며 응답성을 얻을 수 없는 경우에 어댑티브 제진 제어나 기계 공진 제어 필터로 공진을 억제한 다음 정정 특성과 회전 상태를 보면서 게인을 미세 조정한다.

· 조정 내용-위치 제어 게인 1(파라미터 No 6)

위치 제어루프의 응답성을 결정하는 파라미터이며 이 값을 크게 하면 위치 지령에 대한 추종성은 좋아지지만 지나치게 크면 정정시 오버 슈트를 발생하며 공식은 다음과 같다.

위치 제어 게인 1의 기준≦속도 제어 게인 2의 설정값/(1+서보 모터 부하 관성 모멘트비)×(1/3~1/5)

· 위치 제어게인 2(파라미터 No 37)

속도 제어 루프의 응답성을 결정하는 파라미터이며 이 값을 크게 하면 응답성은 높아지지만 크지면 진동이 발생하며 실제 속도 루프의 응답 주파수는 기준은 다음과 같다.

속도 루프 응답주파수=속도 제어 게인 2의 설정값/(1+서보 모터 부하 관성 모멘트비) ×2π

· 속도 적분 보상(파라미터 No 38)

지령에 대한 정상 편차를 없애기 위하여 속도 제어 루프는 비례 적분 제어로 되어 있고 속도 적분 보상은 이 적분 제어 시정수를 설정하며 이 값을 크게 하면 응답성이 열악해지며 어느 정도 크지 않으면 진동이 발생하고 기준은 다음과 같다.

속도 적분 보상 설정(ms)≧(2000~3000)/(속도 제어 게인 2의 설정값/(1+부하관성 모멘트비 설정값 ×0.1)π

(3) 보간 모드

보간 모드는 X-Y 테이블 등 2축 이상 서보 모터의 보간 동작을 할 경우 각 축의 위치 제어 게인을 정할 경우에 사용하며 이 모드에서는 지령에 대한 추종성을 결정하고 위치 제어 게인 1 및 속도 제어 게인 1을 매뉴얼, 기타 게인 조정용 파라미터는 자동적으로 설정한다.

· 파라미터

자동 조정 파라미터는 오토 튜닝으로 자동 조정된다.

파라미터 No	약 칭	명 칭
34	GD2	부하 관성 모멘트 비
35	PG2	위치 제어 게인 2
37	VG2	속도 제어 게인 2
38	VIC	속도 적분 보상

· 매뉴얼 조정 파라미터

파라미터 No	약칭	명 칭
6	PG1	위치 제어 게인 1
36	VG1	속도 제어 게인 1

조정 순서는 오토 튜닝 모드 1 : 기계 공진 주파수의 응답성을 15[Hz](파라미터 No 2 : 010_)로 설정하고 운전하면서 응답성 설정(파라미터 No 2)을 크게 하고 진동이 발생하면 적게 하며 위치 제어 게인 1(파라미터 No 6), 속도 제어 게인 1 (파라미터 No 36)의 값을 확인한다.

보간 모드(파라미터 No 2 : 000_)로 설정하며 위에서 확인한 위치 제어 게인 1의 값을 상한 기준으로 하고 보간하는 축의 위치 루프와 게인과 동일한 값을 위치속도 게인 1로 설정한다.

확인한 속도 제어 게인 1의 값을 상한 기준으로 회전상태를 검토하면서 위치 제어 게인 1의 설정값의 3배 이상의 값을 속도 제어 게인 1로 설정한다.

· 조정 내용-위치 제어 게인 1(파라미터 No 6)

위치 제어 루프의 응답성을 결정하는 파라미터이며 위치 제어 게인 1을 크게 하면 위치 지령에 대한 추종성은 좋아 지지만 지나치게 크면 정정시 오버 슈트 발생이 쉽게 되며 잔류 펄스량은 다음 식으로 결정한다.

잔류 펄스량=(회전 속도(r/min)×131072)/위치 제어 게인 1의 설정값

· 속도 제어 게인 1(파라미터 No 36)

모델의 속도 루프의 응답을 설정하며 다음 식을 기준으로 정한다.

속도 제어 게인 1의 설정값≥위치 제어 게인 1의 설정값×3

2.4 트러블 슈팅(Trouble shooting)

기동시에 발생할 수 있는 트러블과 대책사항으로 셋업 소프트웨어를 사용하면 모터가 회전하지 않는 원인을 참조 할 수 있다.

표 2-12 트러블과 대책

<table>
<tr><th>No.</th><th>시동순서</th><th>부적합 사항</th><th>조사 사항</th><th>추정 원인</th></tr>
<tr><td rowspan="5">1</td><td rowspan="5">전원투입</td><td rowspan="4">· LED가 점등하지 않는다.
· LED가 점멸한다.</td><td>컨넥터 CN1A · CN1B · CN2 · CN3을 빼내도 개선되지 않는다.</td><td>1. 전원 전압 불량
2. 서보 앰프 고장</td></tr>
<tr><td>컨넥터 CN1A · CN1B를 빼면 개선된다.</td><td>CN1 케이블 배선의 전원이 단락되어 있다.</td></tr>
<tr><td>컨넥터 CN2를 빼면 개선된다.</td><td>1. 검출기 케이블 배선의 전원이 단락되어 있다.
2. 검출기 고장</td></tr>
<tr><td>컨넥터 CN3를 빼면 개선된다.</td><td>CN3 케이블 배선의 전원이 단락되어 있다.</td></tr>
<tr><td>알람이 발생한다.</td><td colspan="2">원인을 제거한다.</td></tr>
<tr><td rowspan="2">2</td><td rowspan="2">서보 ON (SON)을 ON</td><td>알람이 발생한다.</td><td colspan="2">원인을 제거한다.</td></tr>
<tr><td>서보록되지 않는다.(서보 모터축이 프리로 되어 있다.)</td><td>1. 표시부에 준비 완료되어 있는지 확인한다.
2. 서보 ON(SON)신호가 ON으로 되어 있는지, 외부 입출력 신호표시로 확인한다.</td><td>1. 서보 ON신호가 들어오지 않는다.(배선 미스)
2. COM에 DC 24[V] 전원이 공급되지 않는다.</td></tr>
</table>

No.	시동순서	부적합 사항	조사 사항	추정 원인
3	지령 펄스를 입력 (시운전)	서보 모터가 회전하지 않는다.	지령 펄스 누적을 확인한다.	1. 배선 미스 (a) 오픈 콜렉터 펄스열 입력의 경우, OPC에 DC 24[V]가 공급되지 않는다. (b) LSP-SG간, LSN-SG간을 단락하지 않는다. 2. 펄스가 입력되지 않는다.
		서보 모터가 역회전한다.		1. 콘트롤러와의 배선 미스 2. 파라미터 No.54의 설정 미스
4	게인 조정	저속시에 회전리플(회전변동)이 크다.	다음 요령으로 게인 조정을 실시한다. 1. 오토 튜닝의 응답성을 올린다. 2. 가감속을 3, 4회 이상 반복하고, 오토 튜닝을 완료시킨다.	게인 조정 불량
		부하 관성 모멘트가 크고, 서보 모터축이 좌우로 진동한다.	안전하게 운전가능하면 가감속을 3, 4회 이상 반복하여 오토 튜닝을 완료시킨다.	게인 조정 불량
5	사이클 운전	위치 어긋남이 생긴다.	지령 펄스 누적, 귀환 펄스 누적, 실세 서보 모터의 위치를 확인한다.	노이즈에 의한 펄스 카운트 미스 등

· 속도 제어 모드 : 속도 제어시에 발생할 수 있는 트러블과 대책 사항은 다음과 같다.

표 2-13 트러블과 대책

No.	시동순서	부적합 사항	조사 사항	추정 원인
1	전원투입	· LED가 점등하지 않는다. · LED가 점멸한다.	컨넥터 CN1A · CN1B · CN2 · CN3을 빼내도 개선되지 않는다.	1. 전원 전압 불량 2. 서보 앰프 고장
			컨넥터 CN1A · CN1B를 빼면 개선된다.	CN1 케이블 배선의 전원이 단락되어 있다.
			컨넥터 CN2를 빼면 개선된다.	1. 검출기 케이블 배선의 전원이 단락되어 있다. 2. 검출기 고장
			컨넥터 CN3를 빼면 개선된다.	CN3 케이블 배선의 전원이 단락되어 있다.
		알람이 발생한다.	원인을 제거한다.	

No.	시동순서	부적합 사항	조사 사항	추정 원인
2	서보 ON (SON)을 ON	알람이 발생한다.	원인을 제거한다.	
		서보록되지 않는다.(서보 모터축이 프리로 되어 있다.)	1. 표시부에 준비 완료되어 있는지 확인한다. 2. 서보 ON(SON)신호가 ON으로 되어 있는지, 외부 입출력 신호표시로 확인한다.	1. 서보 ON신호가 들어오지 않는다.(배선 미스) 2. COM에 DC 24[V] 전원이 공급되지 않는다.
3	정전시동 (ST1) 또는 역전시동 (ST2)를 ON	서보 모터가 회전하지 않는다.	상태표시로 아날로그 속도지령(VC)의 입력전압을 확인한다.	아날로그 속도 지령이 0[V]로 되어 있다.
			외부 입출력 신호표시로 입력신호의 ON/OFF상태를 확인한다.	LSP · LSN · ST1 · ST2가 OFF되어 있다.
			내부 속도지령 1~7(파라미터 No. 8~10 · 72 · 75)를 확인	설정이 0으로 되어 있다.
			내부 토크 제한 1(파라미터 No. 28)을 확인한다.	토크 제한 레벨이 부하 토크에 대해 지나치게 저하된다.
			아날로그토크 제한(TLA)가 사용가능상태인 경우 상태표시에서 입력전압을 확인한다.	토크 제한 레벨이 부하 토크에 대해 지나치게 저하된다.
4	게인 조정	저속시에 회전리플(회전 변동)이 크다.	다음 요령으로 게인 조정을 실시한다. 1. 오토 튜닝의 응답성을 올린다. 2. 가감속을 3, 4회 이상 반복하고, 오토 튜닝을 완료시킨다.	게인 조정 불량
		부하 관성 모멘트가 크고, 서보 모터축이 좌우로 진동한다.	안전하게 운전가능하면 가감속을 3, 4회 이상 반복하여 오토 튜닝을 완료시킨다.	게인 조정 불량

· 토크 제어 모드 : 속도 제어시에 발생할 수 있는 트러블과 대책 사항은 다음과 같다.

표 2-14 트러블과 대책

<table>
<tr><th>No.</th><th>시동순서</th><th>부적합 사항</th><th>조사사항</th><th>추정원인</th></tr>
<tr><td rowspan="5">1</td><td rowspan="5">전원투입</td><td rowspan="4">· LED가 점등하지 않는다.
· LED가 점멸한다.</td><td>컨넥터 CN1A · CN1B · CN2 · CN3을 빼내도 개선되지 않는다.</td><td>1. 전원 전압 불량
2. 서보 앰프 고장</td></tr>
<tr><td>컨넥터 CN1A · CN1B를 빼면 개선된다.</td><td>CN1 케이블 배선의 전원이 단락되어 있다.</td></tr>
<tr><td>컨넥터 CN2를 빼면 개선된다.</td><td>1. 검출기 케이블 배선의 전원이 단락되어 있다.
2. 검출기 고장</td></tr>
<tr><td>컨넥터 CN3를 빼면 개선된다.</td><td>CN3 케이블 배선의 전원이 단락되어 있다.</td></tr>
<tr><td>알람이 발생한다.</td><td colspan="2">원인을 제거한다.</td></tr>
<tr><td rowspan="2">2</td><td rowspan="2">서보 ON (SON)을 ON</td><td>알람이 발생한다.</td><td colspan="2">원인을 제거한다.</td></tr>
<tr><td>서보 모터축이 프리로 되어 있다.</td><td>외부 입출력 신호표시에서 입력 신호의 ON/OFF 상태를 확인한다.</td><td>1. 서보 ON신호가 들어오지 않는다.(배선 미스)
2. COM에 DC 24[V] 전원이 공급되지 않는다.</td></tr>
<tr><td rowspan="5">3</td><td rowspan="5">정전선택 (RS1) 또는 역전선택 (RS2)를 ON</td><td rowspan="5">서보 모터가 회전하지 않는다.</td><td>상태표시로 아날로그 속도지령(VC)의 입력전압을 확인한다.</td><td>아날로그 속도 지령이 0[V]로 되어 있다.</td></tr>
<tr><td>외부 입출력 신호표시로 입력신호의 ON/OFF상태를 확인한다.</td><td>RS1 · RS2가 OFF되어 있다.</td></tr>
<tr><td>내부 속도 지령 1~7(파라미터 No. 8~10 · 72 · 75)를 확인</td><td>설정이 0으로 되어 있다.</td></tr>
<tr><td>아날로그 토크 지령 최대 출력(파라미터 No. 26)의 값을 확인한다.</td><td>토크 지령 레벨이 부하 토크에 대해 지나치게 저하된다.</td></tr>
<tr><td>내부 토크 제한 1(파라미터 No. 28)을 확인한다.</td><td>설정이 0으로 되어 있다.</td></tr>
</table>

2.5 알람 경고 일람

알람이 발생하면 고장 신호가 (ALM)이 OFF되고 서보 모터는 다이나믹 브레이크가 작동되어 정지하며 표시부에 알람 No를 표시한다.

운전중 트러블이 발생 하였을 경우 알람이 나타나며 ALM-SG간이 개방되며 파라미터 No 49를 ---1로 설정하면 알람 코드를 출력할 수 있다.

알람 코드는 각 핀과 SG간의 ON/OFF로 출력한다.

서보 앰프에 알람이 발생하면 베이스가 차단이 되며 서보 모터는 타이밍 브레이크가 동작하여 정지하며 동시에 외부 시퀀스에 의해 주회로 전원을 차단한다.

알람은 제어회로 전원의 OFF→ON, 또는 리셋 신호(RES)의 OFF→ON으로 해제 하지만 알람의 원인이 제거되지 않는 한 해제할 수 없다.

또한 다음 알람은 리셋 신호(RES)로 해제할 수 없다.

알람명	알람 No.
메모리 이상 1	AL12
클록 이상	AL13
메모리 이상 2	AL15
검출기 이상	AL16
기판 이상 2	AL17
검출기 이상 2	AL20

알람명	알람 No.
모터 출력지락	AL24
과 전 압	AL33
파라미터 이상	AL37
과부하 1	AL50
과부하 2	AL51
위치 도그	88888

알람 발생시의 주의사항은 다음과 같다.

① 과속도 · 과전류 · 과부하 1 · 과부하 2 과전류(AL32) · 과부하 1(AL50) · 과부하 2(AL51)의 알람 발생시에 발생요인을 제거하지 않은 상태로 제어회로 전원 OFF→ON으로 반복 알람 해제하여 운전하면 온도 상승으로 서보 앰프, 서보 모터가 고장원인이 된다. 발생 원인을 확실하게 제거하는 동시에 약 30분의 냉각후 운전을 재 운전한다.

② **회생 이상** : 회생 이상(AL30) 발생시에 제어회로 전원 OFF→ON으로 반복하여 알람 해제하고 운전하면 외부 회생 저항의 발열에 의해 사고의 원인이 될 수 있다.

③ **전원의 순간 정지** : 15[ms] 이상의 정전이 발생하면 부족 전원(AL10)이 발생하며 20[ms] 이상 정전이 지속되면 제어 회로가 OFF가 된다. 이 상태에서 정전이 해제되면 알람은 리셋되고 서보 온 신호(SON)가 ON상태이면 급기동하며 위험방지를 위해 서보 온 신호(SON)를 OFF로 하는 외부 시퀀스를 구성한다.

④ **위치제어 모드(인크리멘탈)의 경우** : 알람이 발생하면 원점을 소실되며 알람

해제 후 운전을 재개할 경우 원점 복귀를 실행한다.

표 2-15 알람 경고 일람

	표시	(주2)알람코드			명 칭	알람 해제		
		CN1B 19	CN1A 18	CN1A 19		전원 OFF →ON	현재 알람화면에서 "SET" 버튼을 누름	리셋 (RES)
	Al.10	0	1	0	부족전압	○	○	○
	Al.12	0	0	0	메모리 이상 1	○		
	Al.13	0	0	0	클럭 이상	○		
	Al.15	0	0	0	메모리 이상 2	○		
	Al.16	1	1	0	검출기 이상 1	○		
	Al.17	0	0	0	기판 이상	○		
	Al.19	0	0	0	메모리 이상 3	○		
	Al.1A	1	1	0	모터 조합 이상	○		
	Al.20	1	1	0	검출기 이상 2	○		
	Al.24	1	0	0	주회로 이상	○		
	Al.25	1	1	0	절대위치 소실	○		
알람	Al.30	0	0	1	회생 이상	○	○	○
	Al.31	1	0	1	과속도	○	○	○
	Al.32	1	0	0	과전류	○	○	○
	Al.33	0	0	1	과전압	○		
	Al.35	1	0	1	지령 펄스 주파수 이상	○	○	○
	Al.37	0	0	0	파라미터 이상	○		
	Al.45	0	1	1	주회로 소자 과열	○	○	○
	Al.46	0	1	1	서보 모터 과열	○	○	○
	Al.50	0	1	1	과부하 1	(주1)○	(주1)○	(주1)○
	Al.51	0	1	1	과부하 2	(주1)○	(주1)○	(주1)○
	Al.52	1	0	1	오차과대	○	○	○
	Al.8A	0	0	0	시리얼 통신타임아웃이상	○	○	○
	Al.8E	0	0	0	시리얼 통신 이상	○	○	○
	88888	0	0	0	위치도그	○		

	표시	(주2)알람코드			명 칭	알람 해제		
		CN1B 19	CN1A 18	CN1A 19		전원 OFF →ON	현재 알람화면에서 "SET"버튼을 누름	리셋 (RES)
경고	Al.92				배터리 단선 경고	발생원인을 제거하면 자동 해제		
	Al.96				원점 셋트 미스 경고			
	Al.9F				배터리 경고			
	Al.E0				과회생 경고			
	Al.E1				과부하 경고			
	Al.E3				절대위치 카운터 경고			
	Al.E5				ABS타임아웃 경고			
	Al.E6				서보강제정지 경고			
	Al.E9				주회로 OFF 경고			
	Al.EA				ABS 서보 ON 경고			

주1) 발생 원인을 제거한후 약 30분의 냉각시간 필요
주2) 0 : SG간 OFF 1 : SG간 ON 0표로 알람 해제

2.6 브레이킹 및 회생 옵션

다이나믹 브레이크 정지 패턴은 정지까지의 개략적인 값은 다음 식으로 계산할 수 있으며 다이나믹 브레이크의 시정수는 서보 모터와 동작시 회전 속도에 의해서 변화되며 브레이킹 타임 챠트는 그림 2-44와 같다.

$$L_{\max} = \frac{V_0}{60}\left\{t_e + \tau\left(1 + \frac{J_L}{J_M}\right)\right\}$$

여기서 $L_{\max}$: 최대 활주량, V_0 : 기계급 전송 속도, J_M : 서보 모터의 관성 모멘트, J_L : 서보 모터의 축환산 부하 관성 모멘트, τ : 브레이크 시정수, t_e : 제어부 지연시간(내부 릴레이 지연 30[mS])이다.

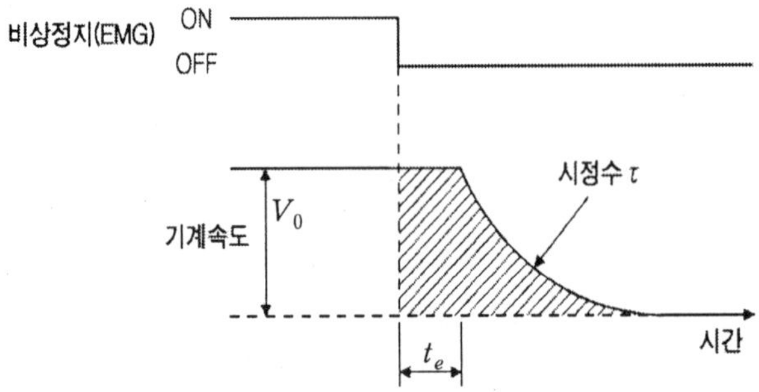

그림 2-44 브레이킹 개요

다이나믹 브레이크는 MR-J2S-10A 서보 앰프 경우의 부하 관성 모멘트 비에 30을 사용하며 용량이 클수록 이 값은 작아진다.

옵션과 주변 기기를 접속할 경우 전원 ON/OFF후 10분 이상 경과해서 충전 램프가 소등하고 테스터로 전압을 확인한 후 접속하며 주변기기 옵션은 메이커에서 지정한 사양을 사용한다.

(1) 회생 옵션의 선정

간이 선정방법으로 수평축으로 사용할 경우 회생 옵션을 선정한다.

서보 모터의 단독으로 운전하여 회전 속도에서 정지, 회생 운전할 때까지 허용 빈도는 표준 사양서를 참고하며 부하 관성 모멘트에 의해 변경되며 다음 식으로 계산할 수 있다.

허용 빈도=서보 모터 자체 허용 빈도/(m+1)
×(정격 회전속도/운전 회전속도)^2(회/분)

여기서, m은 부하 관성 모멘트/서보 관성 모멘트

허용빈도에서 회생 옵션의 여부를 구하고 허용빈도<위치 결정회수(회/분) 조합의 회생 옵션을 선정한다.

(2) 회생 에너지 계산

회생 에너지로 설정하는 방법은 상하축의 연속적인 회생이 발생할 경우 옵션의 선정을 실시할 경우 다음 방법으로 선정한다.

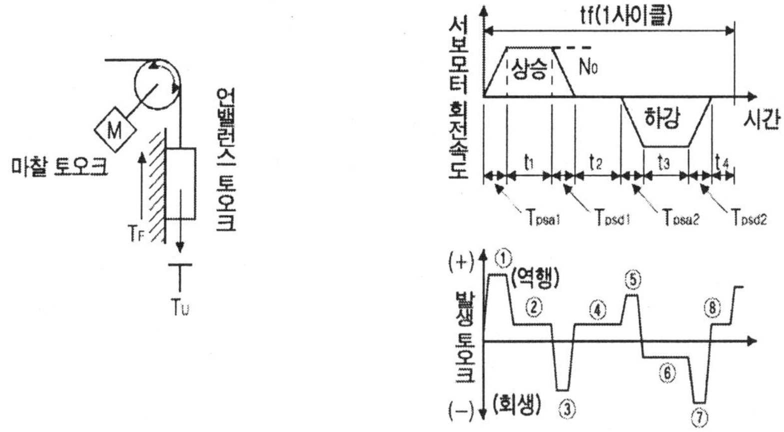

그림 2-45 회생 에너지 검토

표 2-16 운전시 토크 및 에너지 계산식

회생전력	서보 모터에 걸리는 토크[N · m]	에너지 E[J]
①	$T_1 = \frac{(J_L + J_M) \cdot N_0}{9.55 \times 10^4} \cdot \frac{1}{T_{psa1}} + T_U + T_F$	$E_1 = \frac{0.1047}{2} \cdot N_0 \cdot T_1 \cdot T_{psa1}$
②	$T_2 = T_U + T_R$	$E_2 = 0.147 \cdot N_0 \cdot T_2 \cdot t_1$
③	$T_3 = \frac{(J_L + J_M) \cdot N_0}{9.55 \times 10^4} \cdot \frac{1}{T_{psd1}} + T_U + T_F$	$E_3 = \frac{0.1047}{2} \cdot N_0 \cdot T_3 \cdot T_{psd1}$
④, ⑧	$T_4 = T_U$	$E_4 \geq 0$(회생이 없다.)
⑤	$T_5 = \frac{(J_L + J_M) \cdot N_0}{9.55 \times 10^4} \cdot \frac{1}{T_{psa2}} - T_U + T_F$	$E_5 = \frac{0.1047}{2} \cdot N_0 \cdot T_5 \cdot T_{psa2}$
⑥	$T_6 = T_U + T_F$	$E_6 = 0.1047 \cdot N_0 \cdot T_6 \cdot t_3$
⑦	$T_7 = \frac{(J_L + J_M) \cdot N_0}{9.55 \times 10^4} \cdot \frac{1}{T_{psd2}} - T_U + T_F$	$E_7 = \frac{0.1047}{2} \cdot N_0 \cdot T_7 \cdot T_{psd2}$
회생 에너지의 총계 E_s		①부터 ⑧로 ⊖의 총계 E_s

(3) 서보 모터와 서보 앰프 회생시 효율

MR-J2S10A의 역효율은 55[%]이며 C 충전 에너지는 9[J]이다.

역효율이란 전격 속도로 정격(회생) 토크를 발생하였을 경우 서보 모터와 서보 앰프의 일부를 포함한 효율로 회전 속도와 발생 토크에 의해 변화되어 약 10[%]

정도 여유를 둔다.

C 충전은 서보 앰프내의 전해 콘덴서에 충전하는 에너지와 회생 에너지의 총합에 효율을 곱한 값에 충전 에너지를 제외하여 회생 옵션에서 소비되는 에너지를 산출할 수 있다.

$$E_R[\mathrm{J}] = \eta \times E_s - E_c$$

회생 옵션의 소비 전력은 1사이클 운전 주기 T_f로 계산하며 $P_R[\mathrm{W}] = E_R / T_f$이다.

파라미터는 파라미터 No를 사용하는 옵션에 설정한다.

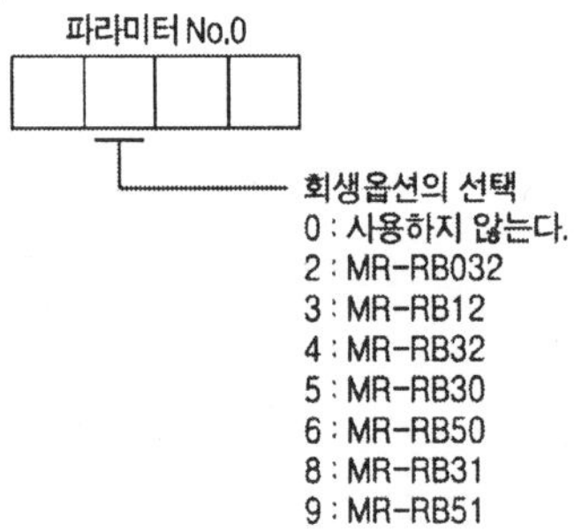

그림 2-46 회생 옵션 파라미터

(4) 회생 옵션의 접속

회생 옵션의 발열관계로 방열, 취부 위치 등에 주의하며 난연성의 전선을 사용하며 전선의 허용 전류량에 유의한다. 서보 앰프와의 접속은 트위스트 페어를 사용하고 길이는 5[m] 이내로 제한한다. 반드시 P-D간의 배선을 제거하고 P-C간에 회생 옵션을 설치한다.

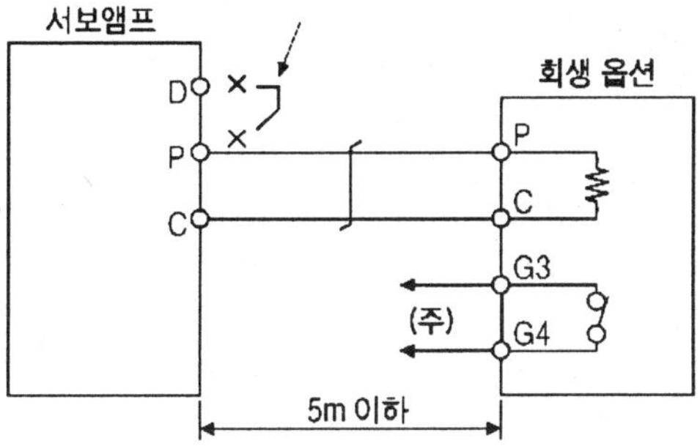

그림 2-47 회생 옵션 접속

서멀 프로텍터 단자가 이상 과열 하였을 경우 G3, G4는 오픈된다.

(5) 브레이크 유닛

서보 앰프에서는 220[V]급 이외에는 브레이크 유닛, 저항기 유닛은 적용할 수 없으며 반드시 동일용량 표시기를 사용하고 방열 관계로 평면에 대해 수직 방향으로 설치한다.

회생제어와 저항기를 일체형으로 한 유닛으로 서보 앰프의 모선(P-N)간에 접속하여 사용하며 반드시 서보 앰프 내장저항기의 배선(P-C)간을 제거한다.

대전력 회생이 가능하므로 회생 능력이 부족한 부분에 사용하며 1셋의 브레이크 유닛을 2대의 서보 앰프에 접속 또는 2세트의 브레이크 유닛을 1대의 서보 앰프에 접속할 수 없다.

(6) 브레이크 유닛 결선예

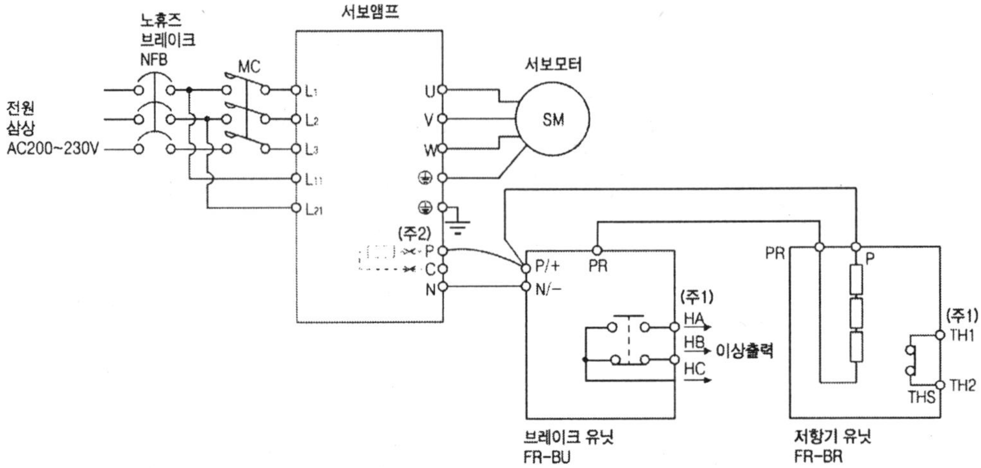

주) 이상 발생시 외부 시퀀스로 전원을 OFF한다.

(a)

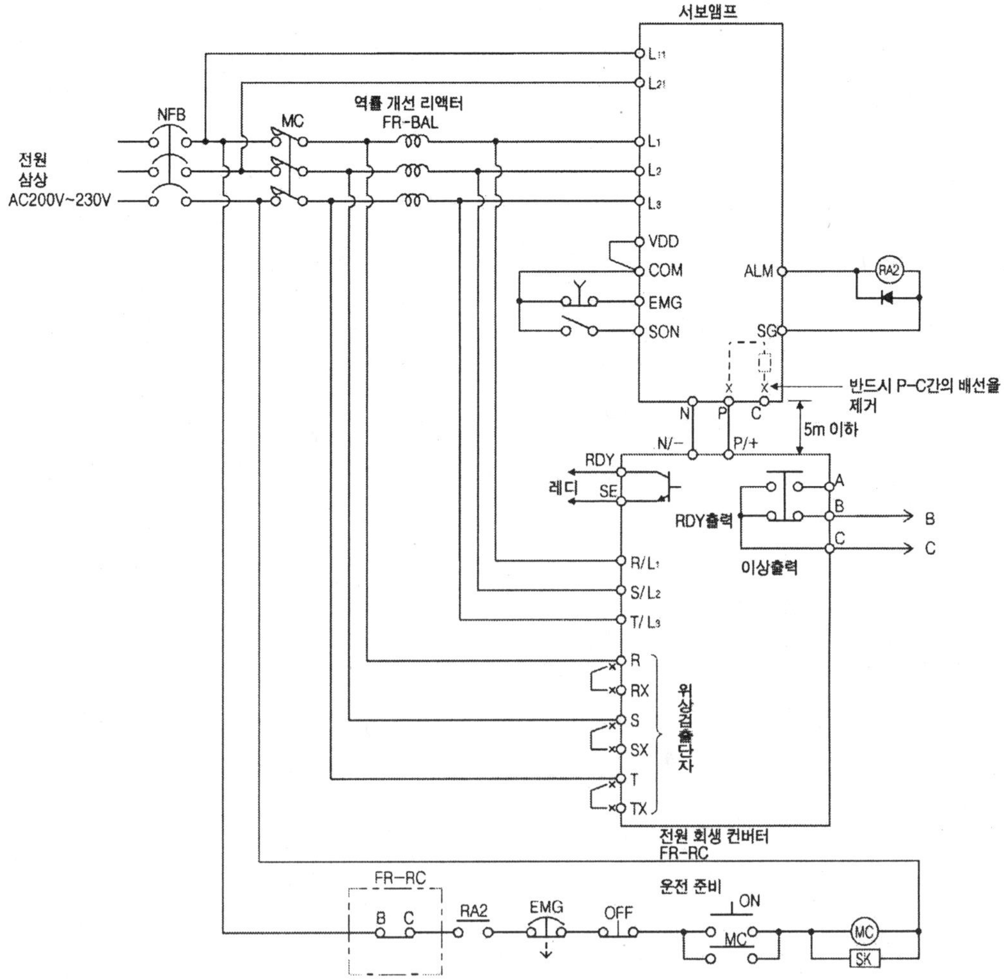

(b)

그림 2-48 브레이크 유닛 결선 예

2.7 노이즈 대책

노이즈는 외부에서 침입하여 서보 앰프를 오동작 시키는 노이즈와 서보 앰프에서 발생되어 주변기기를 오동작 시키는 노이즈가 있다.

서보 앰프의 출력은 고주파수로 초핑되는 관계로 노이즈 발생 원인이 되며 노이즈 억제 대책이 필요하다.

일반적인 노이즈 대책으로는 서보 앰프의 동력선(입출력선)과 신호선의 평행선이나 묶음 배선은 자제하고 분리 배선한다.

검출기와의 접속선, 제어용 신호선에는 트위스트 페어 실드선을 사용하고 실드선의 외피는 SD단자에 접속한다. 접지는 서보 앰프, 서보 모터 등 1점 접지로 한다.

서보 앰프 부근에서는 노이즈가 발생하는 기기의(MC, 전자 브레이크, 릴레이) 동작으로 서보 앰프가 오동작 우려가 있어 다음과 같은 대책이 필요하다.

노이즈 발생기기에 서지 킬러를 삽입하고, 신호선에 라인 필터를 사용하며 검출기의 접속선, 제어용 신호선의 실드를 케이블로 클램프로 접지한다.

서보 앰프에서 발생되어 주변기기를 오동작 시키는 노이즈는 서보 앰프 본체 및 서보 앰프 주회로, 입출력회로 접속으로 전선에서 복사되며 신호선에 근접된 주변 기기의 신호선에 전자적, 정전적 유도 현상과 전원 선로로 방사된다.

라인 노이즈 필터는 서보 앰프의 전원, 출력측에서 방사되는 노이즈를 억제하는 고주파의 누설전류(영상전류)의 억제 효과가 있으며 0.5[MHz]~5[MHz] 대역에 효과가 있다.

라디오 노이즈 필터는 서보 앰프 전원측에서 복사되는 노이즈 억제효과가 있으며 10[MHz] 이하의 라디오 주파수 대역에 유효하다.

전자 브레이크를 사용하는 경우 서지 옵서버가 필요하며 절연 처리를 한다.

ERZV10D221(마쓰시다 전기), TNR-10V221K(NCC)등의 부품을 사용한다.

누전 브레이크는 AC 서보에는 PWM 제어된 초퍼 전류로 고주파 성분이 발생되어 누설 전류는 상용 전원으로 운전하는 경우보다 커진다. 또한 EMC 필터를 채택하여 전자파 노이즈를 차단시킨다.

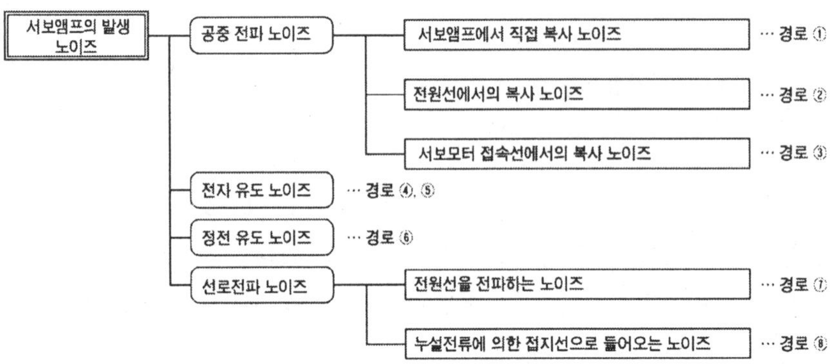

(a)

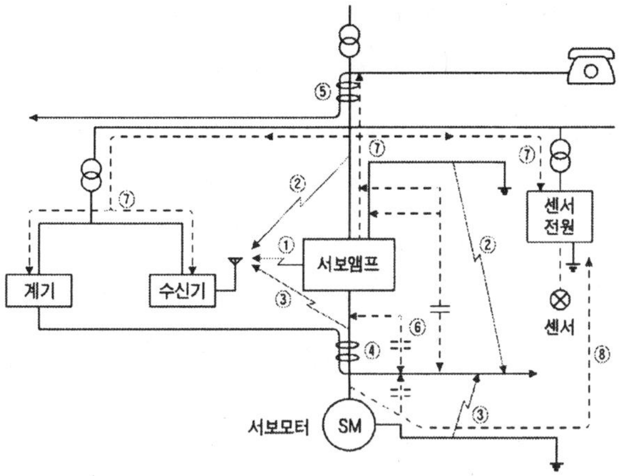

(b)

그림 2-49 노이즈 발생 경로

2.8 절대 위치 검출 시스템

그림 2-50과 같이 검출기는 보통 운전시에 1회전에 위치를 검출하기 위한 검출기와 회전수를 검출하는 회전 누적 카운터로 구성되어 있다.

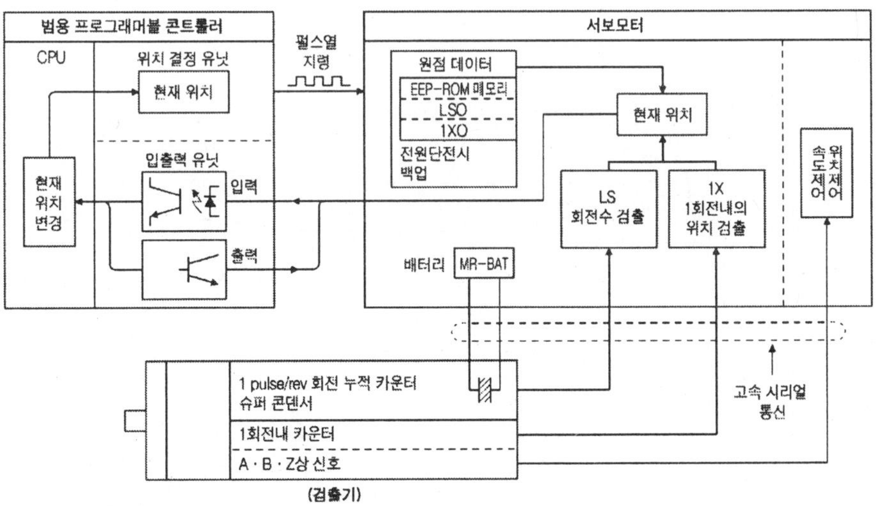

그림 2-50 위치 검출 시스템 블록도

절대 위치 검출 시스템은 범용 PLC의 전원 ON/OFF에 관계없이 상시 기계의 정대 위치를 검출하여 배터리 백업으로 기억되어 설치시 한번 원점 복귀하면 그 후 전원 투입시 원점 복귀가 필요치 않으며 정전과 고장인 경우도 복귀가 용이하며 절대 위치 데이터를 백업용 배터리나 콘덴서로 백업되고 있어 케이블이 차단되더라도 규정 시간내에서 절대 위치 데이터를 유지할 수 있다.

절대 위치 검출 시스템에서는 테스터 운전할 수 없으며 테스터 운전할 경우는 파라미터 No로 인크리멘탈을 선택한다. 절대 위치 소거 알람(AL25)이 발생했을 경우는 반드시 전원 리셋하여 폭주 요인을 제거한다.

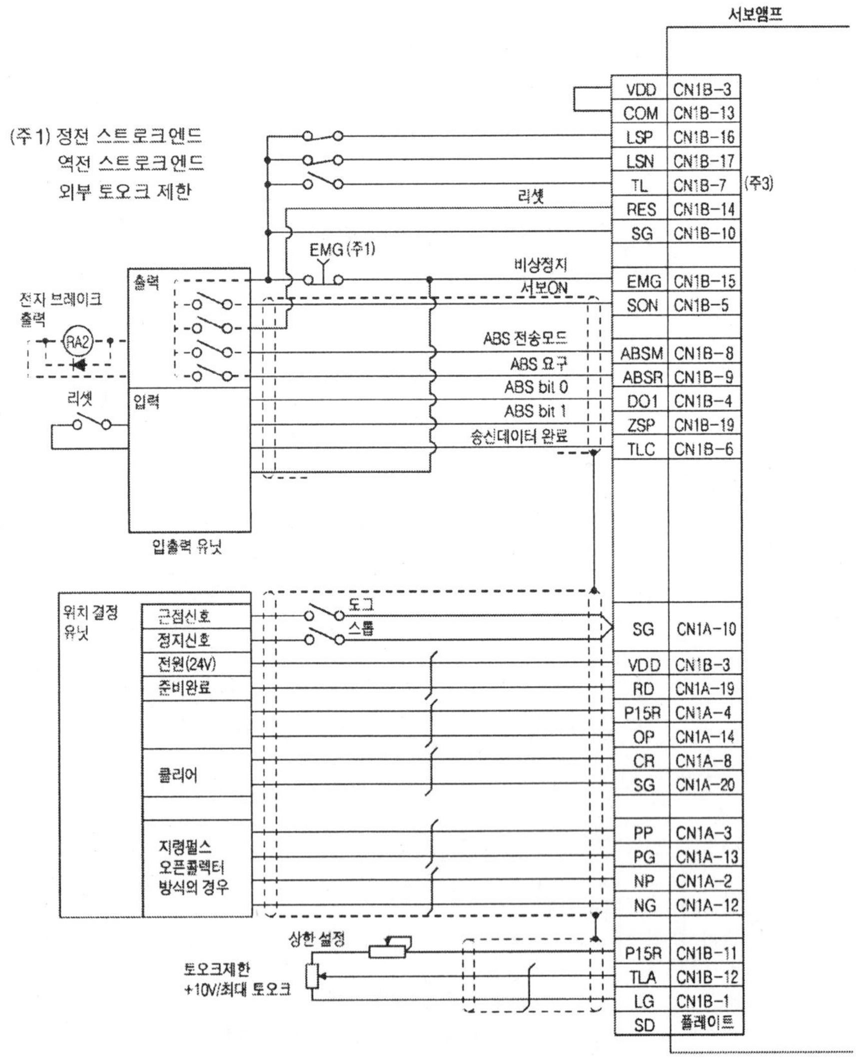

그림 2-51 표준 접속예

비상정지 수위치는 반드시 설치하며 운전시에는 정전, 역전 스트로크(LSN, LSP)를 반드시 SG로 단락한다.

토크 제한신호(TL)를 사용할 경우 파라미터 No 46을 ----4로 설정하고 CN1B -7핀에 TL을 할당한다.

2.9 역률 개선 리액터

리액터의 용량에 따라 입력 역률이 약 90[%] 이상 개선되며 단상 전원에 사용하는 경우는 90[%] 이하가 될 수도 있다.

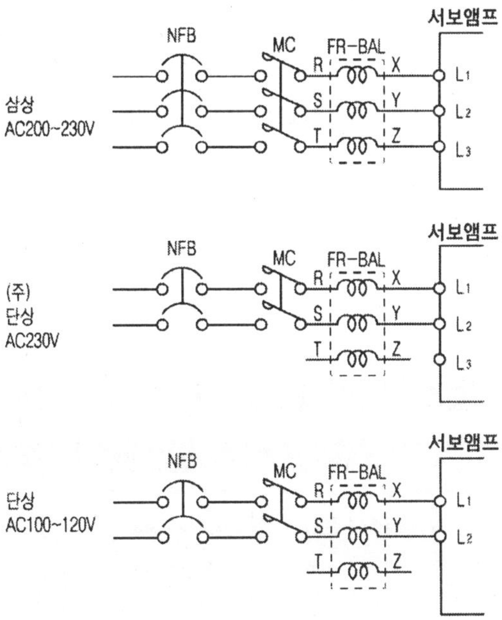

그림 2-52 역율 개선 리액터 결선

2.10 서보 앰프용 S/W 사용법

MR-JS2A 서보 앰프의 설정용 소프트웨어는 MELSERVO-SETUP SOFT-WARE SETUP161E를 세팅하여 서보 모터 앰프와 서보 모터의 정보와 분석 자료 최적 설정을 한다.

System 메뉴의 System Settings를 선택하면 서보 앰프의 종류와 통신관련 정보를 설정하고 OK를 클릭한다.

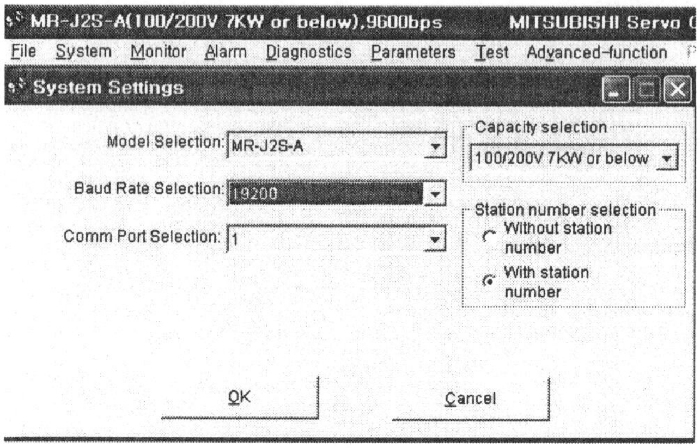

MR-JS2A 서보 앰프의 설정용 소프트웨어는 다음 그림과 같이 구성되어 있으며 Monitor 메뉴의 Display all을 선택하면 서보 앰프의 현재 상태를 다음과 같이 나타낸다.

축적 피드백 펄스량, 전동기 속도, 드룹 펄스, 지령 명령 주파수 등의 서보 앰프의 데이터를 디스플레이 한다.

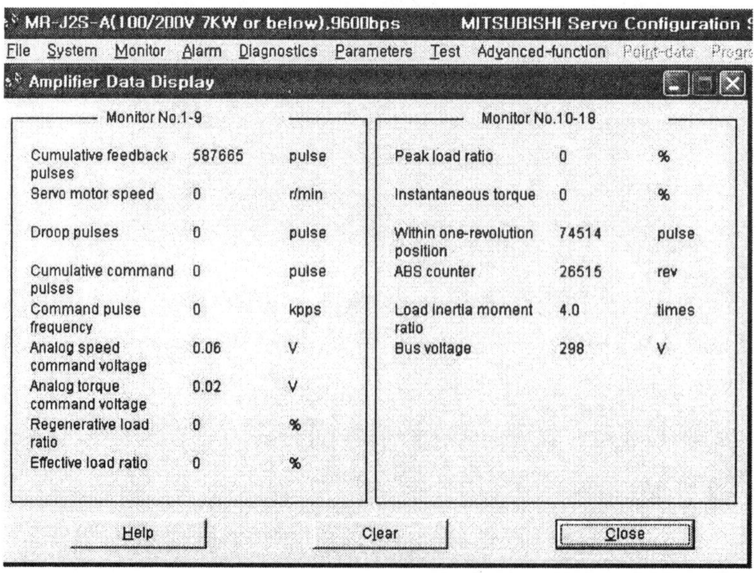

Jog 운전을 하려면 Test의 Jog메뉴를 선택하면 다음과 같이 나타나고 모터의 속도와 가,감속 시간을 설정하고 forward, reverse를 클릭하면 정해진 데이터 패턴으로 회전하며 이 경우 서보 앰프의 상태를 다음 그림의 Amplifier Data Display로 앰프의 상태를 모니터링 할 수 있다.

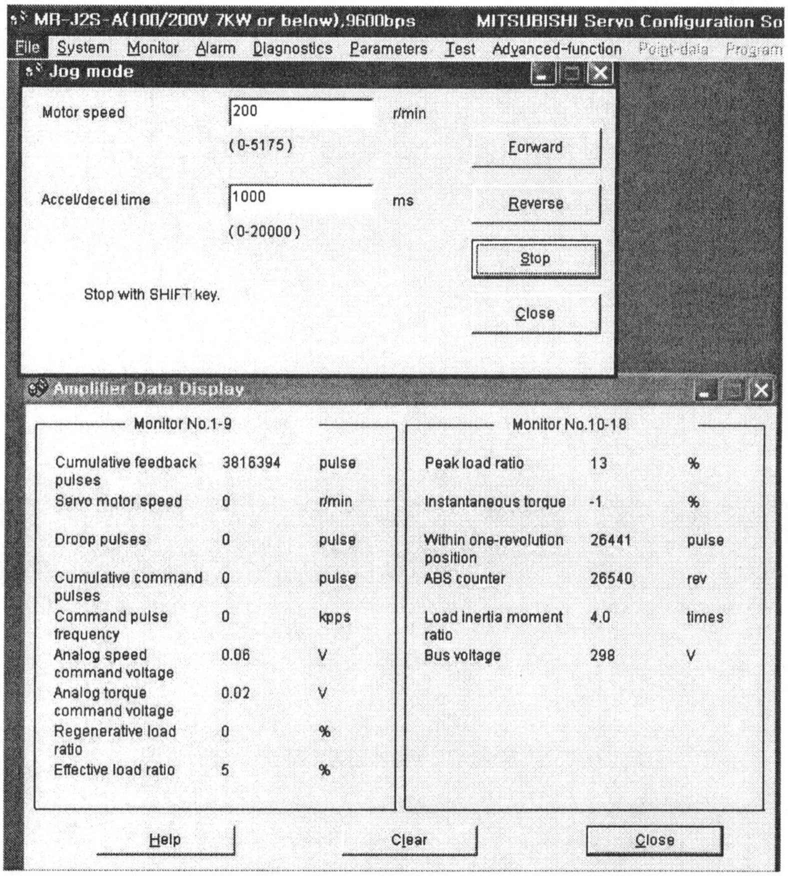

Parameter의 Parameter List를 선택하면 다음과 같이 나타나고 Read All을 선택하면 현재 서보 앰프의 파라미터를 확인할 수 있고 값을 변경하는 경우에는 변경값을 키인하고 Write All을 선택하여 쓰기 작업을 한다.

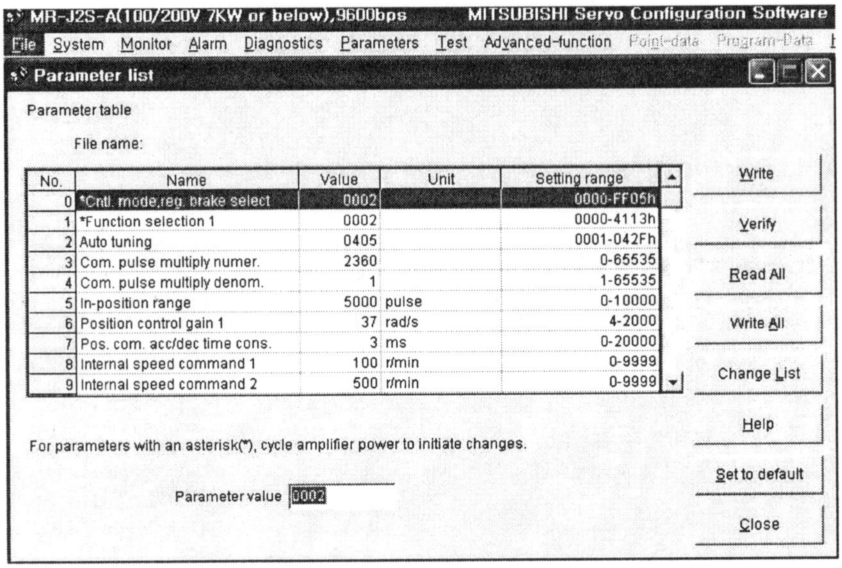

Parameter table의 4, 5번이 서보 앰프의 기어비 CMX/CDV를 설정하는 요소로 4번이 CMX 5번이 CDV로 16/1인 경우는 다음과 같이 설정한다.

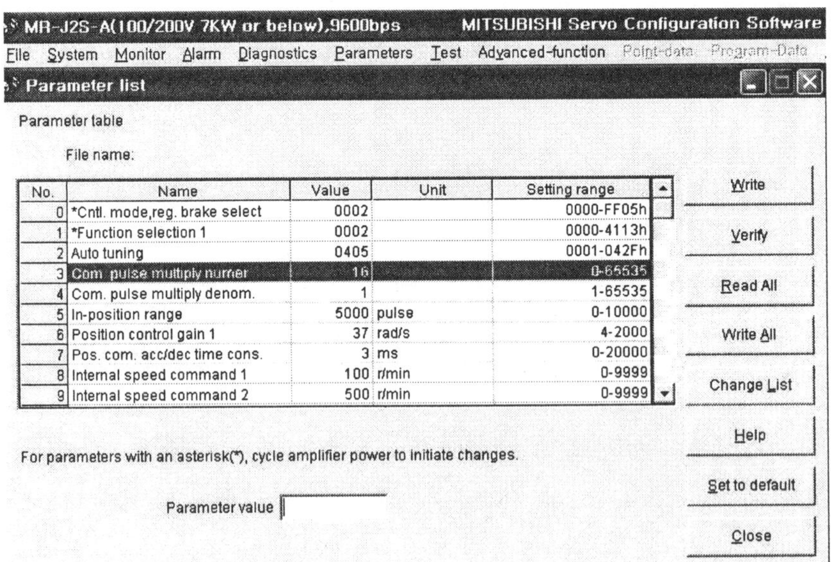

Parameter의 Tuning을 선택하면 다음 그림과 같이 각각의 게인과 관성 필터를 설정하는 튜닝과 서보 앰프로 쓰기와 읽기가 가능하다.

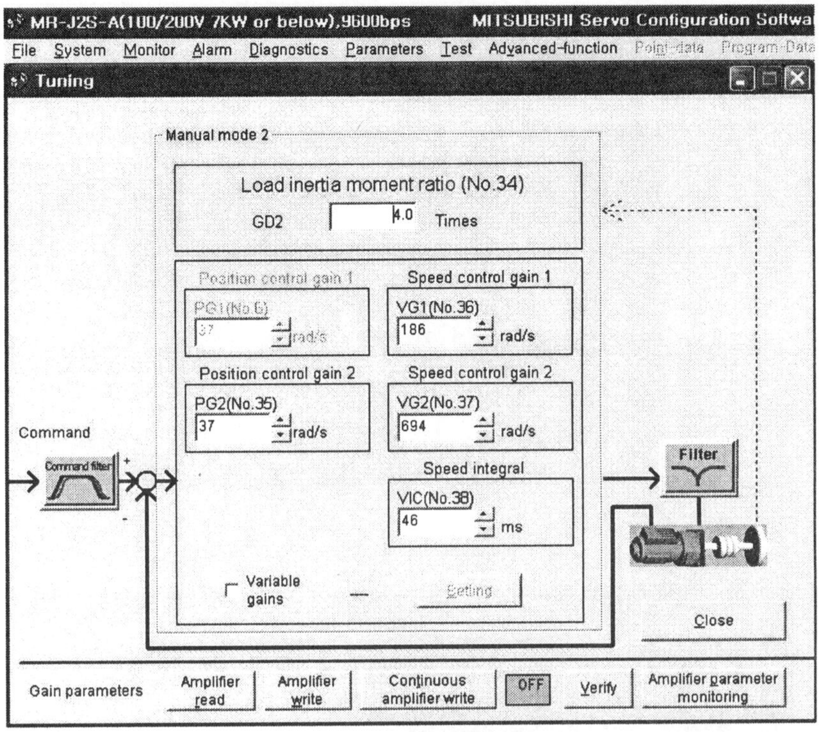

Monitor 메뉴의 Trend gragh를 선택하면 설정요소(motor speed, torque)를 특성 그래프를 나타내고 다음과 같이 Tuning, 그래프 영역 분석 등을 할 수 있다.

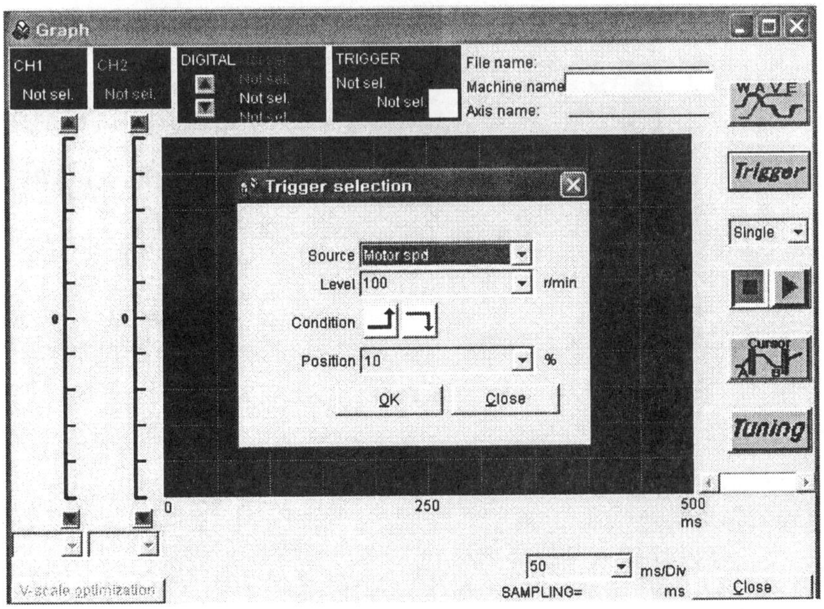

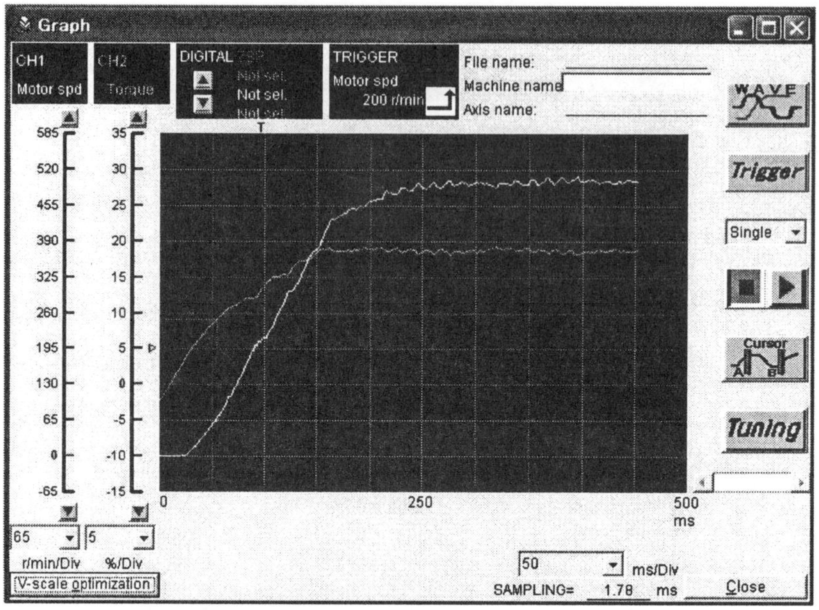
Graph
CH1
Motor spd
CH2
Torque
DIGITAL
Not sel.
TRIGGER
Motor spd
200 r/min
File name:
Machine name
Axis name:
585
520
455
390
325
260
195
130
65
0
-65
35
30
25
20
15
10
5
0
-5
-10
-15
0
250
500
ms
WAVE
Trigger
Single
Cursor
Tuning
65
5
r/min/Div
%/Div
V-scale optimization
50
ms/Div
SAMPLING=
1.78
ms
Close

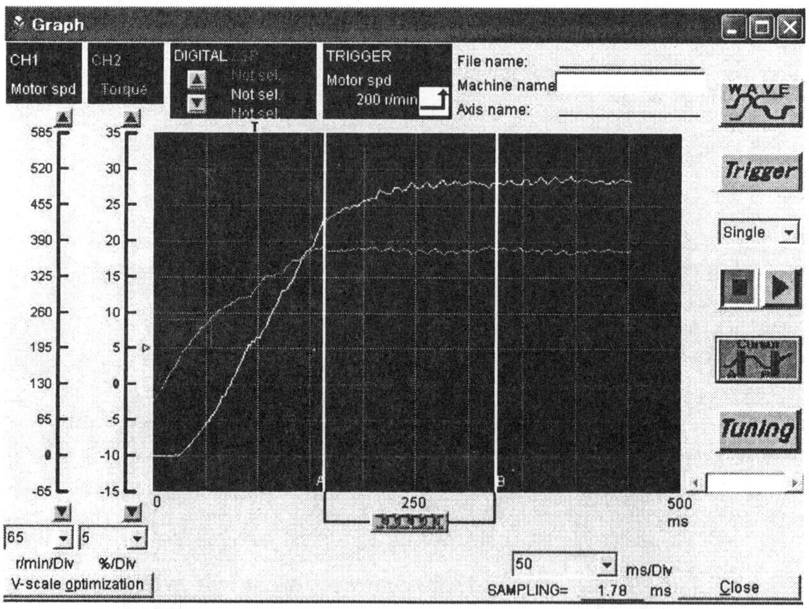
Graph
CH1
Motor spd
CH2
Torque
DIGITAL
Not sel.
TRIGGER
Motor spd
200 r/min
File name:
Machine name
Axis name:
585
520
455
390
325
260
195
130
65
0
-65
35
30
25
20
15
10
5
0
-5
-10
-15
0
250
500
ms
WAVE
Trigger
Single
Tuning
65
5
r/min/Div
%/Div
V-scale optimization
50
ms/Div
SAMPLING=
1.78
ms
Close

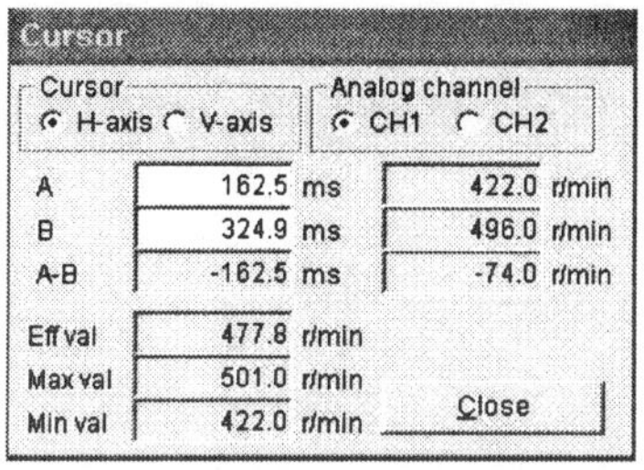

Diagnostics메뉴의 Digital I/O를 선택하면 다음과 같이 입출력 커넥터의 ON, OFF 내용이 나타난다.

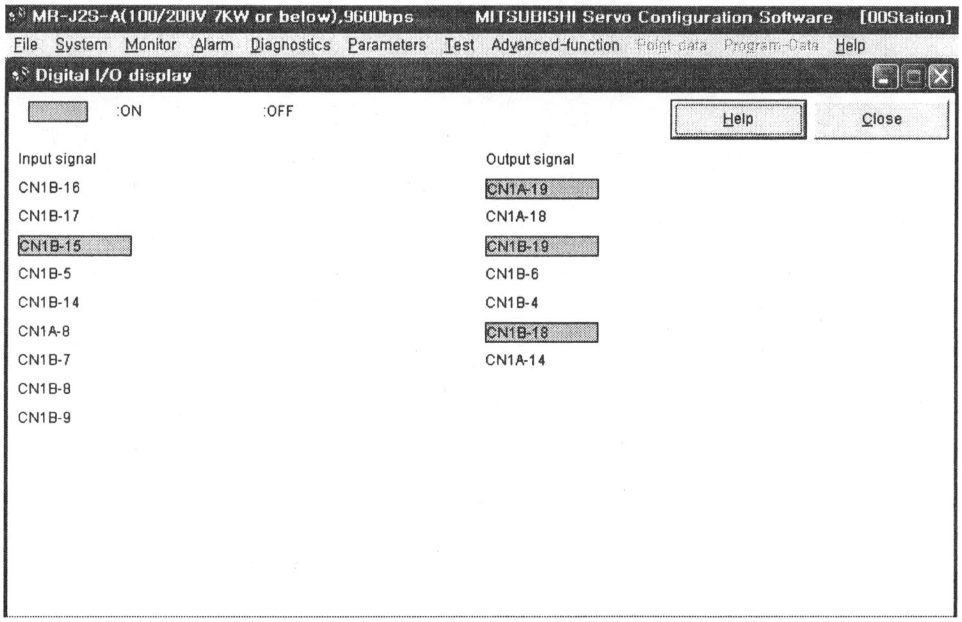

Advanced function 메뉴의 Machine analyzer operation을 선택하면 gain, phase margine 그래프가 나타난다.

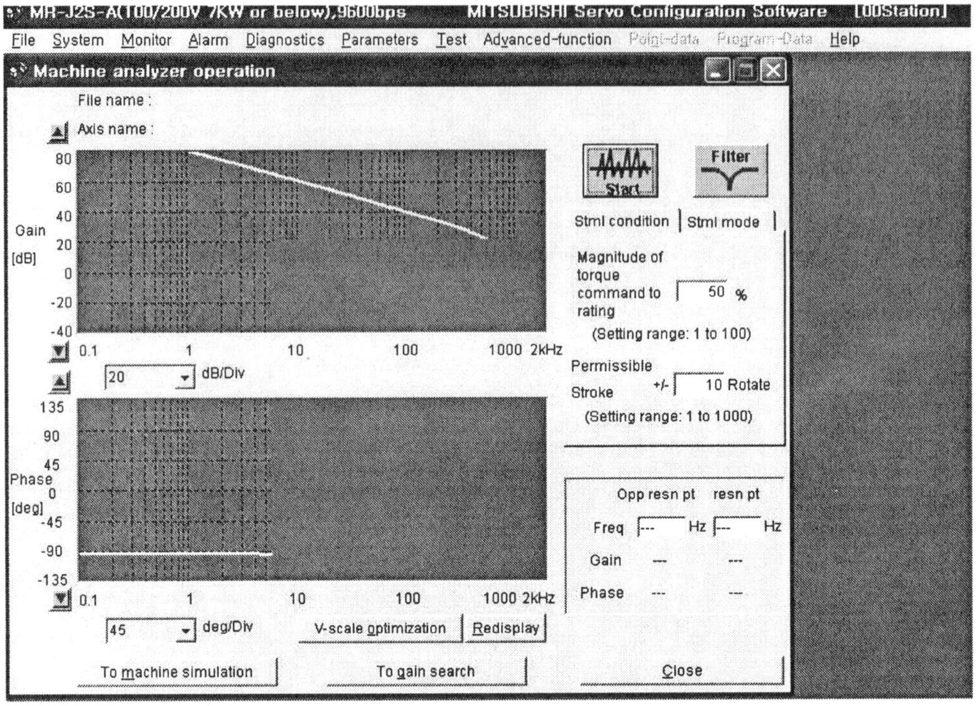
MR-J2S-A(100/200V 7KW or below),9600bps MITSUBISHI Servo Configuration Software [00Station]
File System Monitor Alarm Diagnostics Parameters Test Advanced-function Point-data Program-Data Help
Machine analyzer operation
File name :
Axis name :
Gain [dB]
Phase [deg]
dB/Div
deg/Div
Start
Filter
Stml condition
Stml mode
Magnitude of torque command to rating
50 %
(Setting range: 1 to 100)
Permissible Stroke
+/- 10 Rotate
(Setting range: 1 to 1000)
Opp resn pt
resn pt
Freq
Hz
Gain
Phase
V-scale optimization
Redisplay
To machine simulation
To gain search
Close

제 3 장 위치 결정 제어

위치 결정이란 피 가공물이나 공구 등의 이동체(워크)를 지정된 속도로 이동시키고 원하는 위치에 정확하게 정지함을 나타내며 다음과 같은 예가 있다.

(1) 펀치 프레스 (X, Y의 이송 위치 결정)

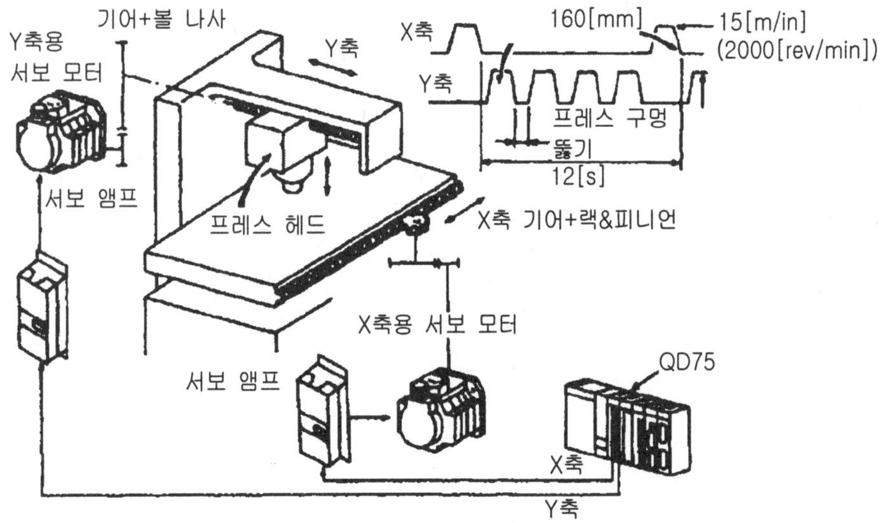

그림 3-1 펀치 프레스 위치 결정

절연 소재나 가죽 등을 단일형으로 구멍을 뚫기 위해 X축, Y축의 2축 서보를 사용하여 순차 위치 결정을 실행한다.

X축의 서보에서 제어반을 위치를 결정한 후, Y축의 서보에서 프레스 헤드를 위치 결정하고 프레스로써 구멍을 뚫는다. 절연의 종류나 형상을 변경할 경우는 프레스 헤드의 형태를 변경함과 동시에 위치 결정 패턴을 결정한다.

(2) 팔레타이저

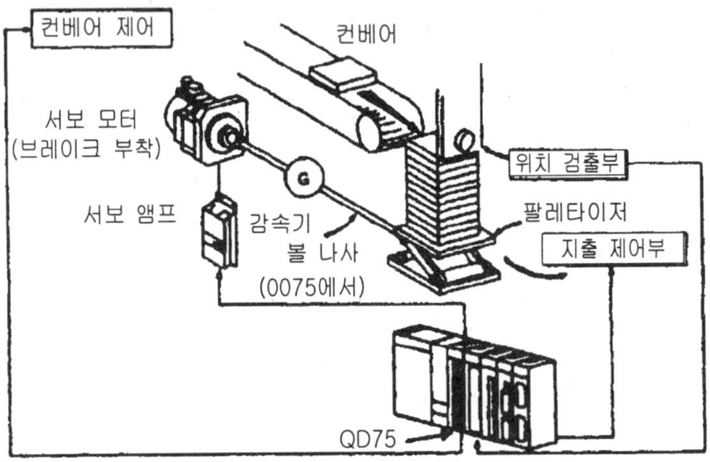

그림 3-2 팔레타이저 위치 결정

1축의 서보를 사용하여 팔레타이저의 고정밀도 위치 결정을 실행한다. 재료의 두께에 대응하는 팔레타이저의 강하 이동량을 저장한다.

(3) 소형 머시닝 센터(ATC 매거진 위치 결정)

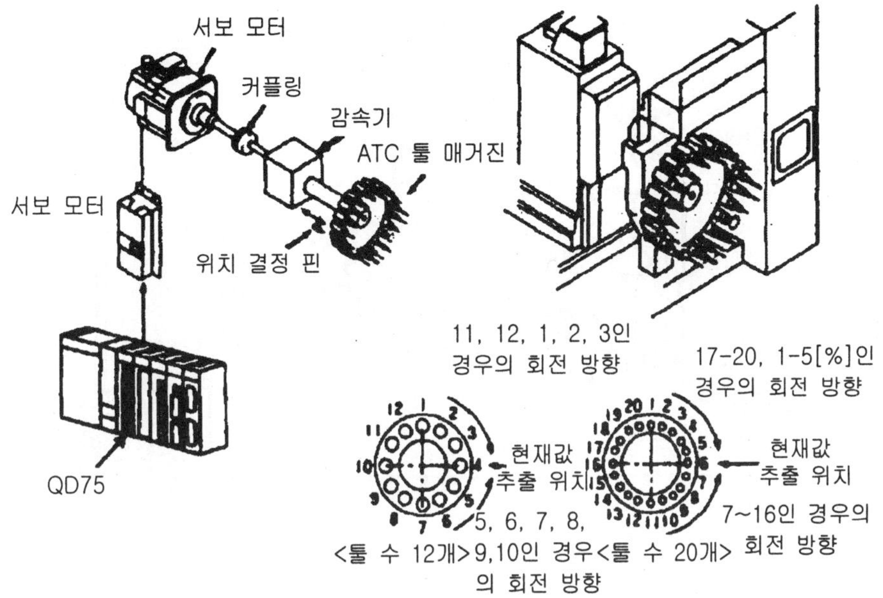

그림 3-3 머시닝 센터 위치 결정

소형 머시닝 센터 ATC 툴 매거진의 위치 결정을 실행한다.

매거진의 현재값과 목적값과의 관계를 연산하여 최단 거리로 액세스할 수 있도록 위치 결정을 실행한다.

(4) 리프터(브라운관 엔진랙 저장)

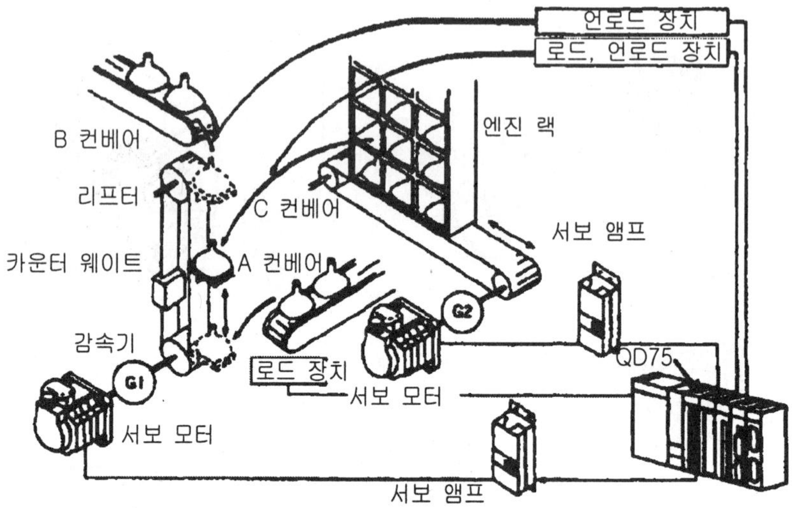

그림 3-4 리프터 위치 결정

브라운관의 엔진 공정에서 랙으로 저장작업을 AC 서보를 사용한 위치 결정으로 실행한다.

1축의 서보를 사용하여 리프터 상하 위치의 위치 결정을 실행하고 2축의 서보를 사용하여 엔진 랙 수평 위치의 위치 결정을 실행한다.

(5) 인덱스 테이블(고정밀도 각도 산출)

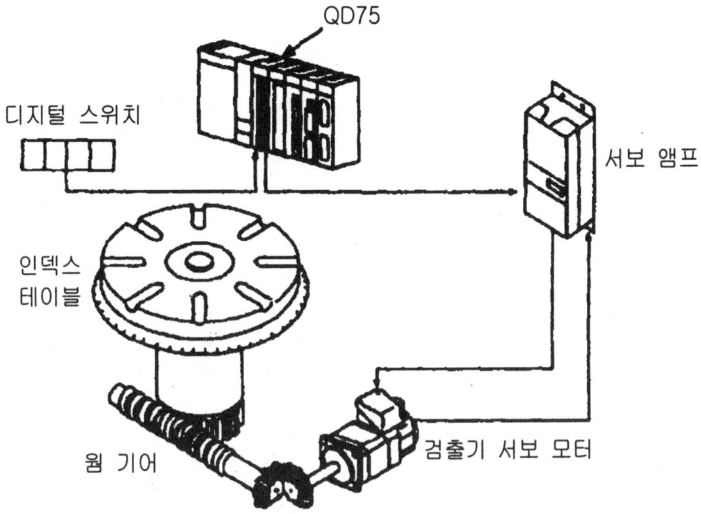

그림 3-5 인덱스 테이블 위치 결정

1축의 서보를 사용하여 인텍스 테이블의 고정밀도 위치 결정을 실행한다.

(6) 내면 연삭(grinding)반

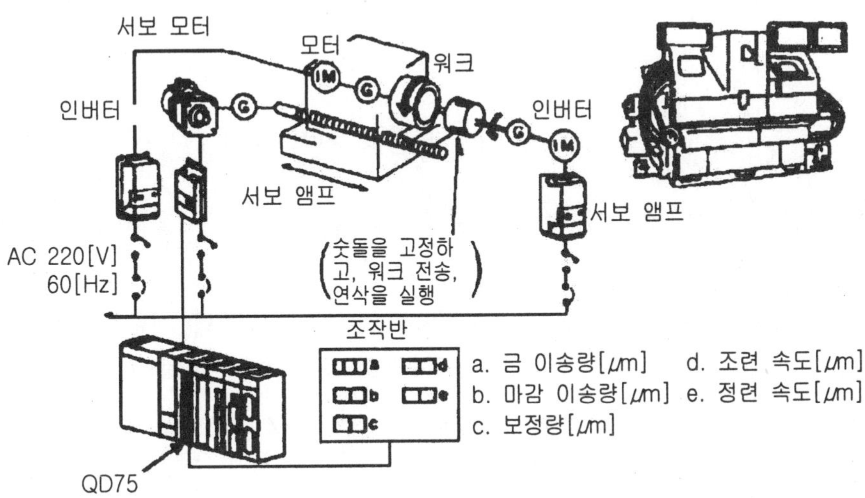

그림 3-6 내면 연삭반 위치 결정

서보와 인버터를 사용하여 워크내면 연삭을 제어한다. 1축의 인버터에서 워크의 회전을 제어하고 2축의 인버터에서 숫돌의 회전을 제어한다. 3축의 서보에서 워크를 이송하고 연삭한다.

정치수 펀칭 라인용으로 캠에 의한 정치수 이송과 볼-스크류에 의한 펀칭의 동기제어, 정치수 이송에서 정지 동안 드릴 작업과 디퍼렌셜 기어(차동 장치)를 사용한 가상 보조 입력축에 의한 동기 차이 보정, 클러치에 의한 각축 정위치 정지(최대 32축 제어 가능)하며 정치수 펀칭용으로 워크를 일정 속도로 보내면서 정치수 이송과 정지시의 펀칭을 실시한다.

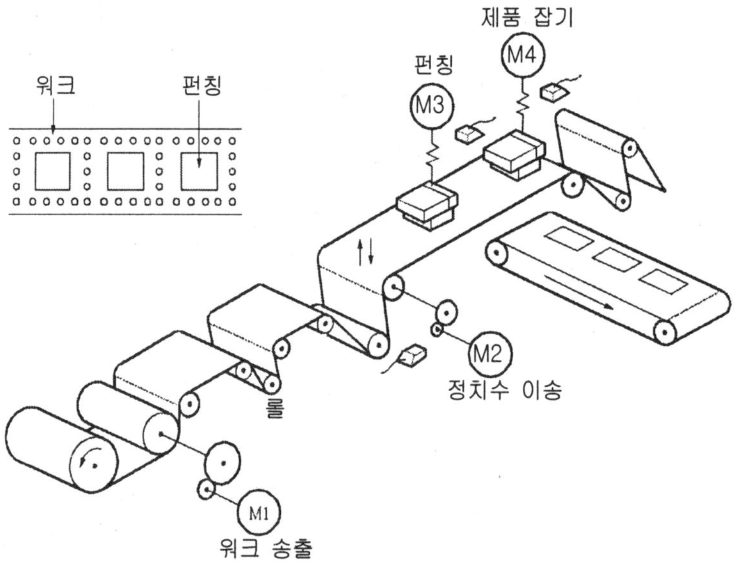

그림 3-7 정치수 펀칭용 위치 결정

충진기 라인은 많은 종류의 병에 다품종 액체를 상위 콘트롤러에서의 충전 사양에 의해 고속 충진한다.

상위 콘트롤러로부터 송신되는 충전 사양으로 충전 노즐의 상승에 전자캠 패턴을 사용하며 액체의 보충은 충전 라인 충진량의 예비 설정값(예 90[%])까지 병의 형상에 거품이 발생하지 않게 속도 컨트롤하면서 충진한다.(노즐 상승)

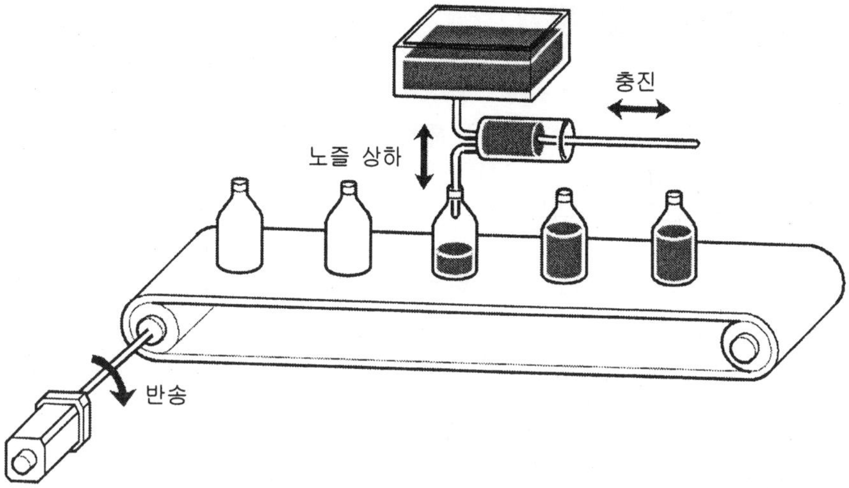

그림 3-8 충진기 위치 결정

도장 라인은 메카 서포트를 사용하는 것으로 도장 라인의 동작에 동기하여 도장 암을 이동 제어할 수 있으며 도장 암은 일정거리를 이송하고 원위치로 복귀하여 다음 제품의 도착을 기다린다.

도장 라인의 동기 전송은 센서에 의해 제품의 위치를 검출해 엔코더 신호에 의해 동기 전송을 한다.

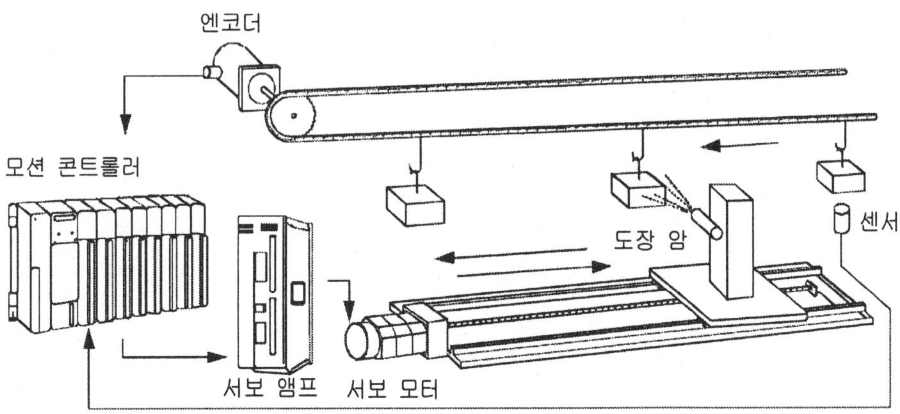

그림 3-9 도장 라인 위치 결정

3.1 QD75의 특징

미쓰비시 위치 결정 유닛인 QD75의 특징은 다음과 같다.

(1) 1축, 2축, 4축용 모듈

① 펄스 출력이 오픈 콜렉터 출력 타입인 QD75P1/QD75P2/QD75P4와 차동 드라이버 출력 타입인 QD75D1/QD75D2/QD75D4의 6종류가 있으며 드라이버의 종류와 축수에 따라 선택할 수 있다.

② 각 QD75를 베이스 모듈에 장착할 때 필요한 슬롯수는 1슬롯이며 입출력 점유 점수는 모두 32점이며 PLC CPU의 입출력 점수 이내에서 최대 64모듈까지 사용할 수 있다.

(2) 위치 결정 제어 기능

(가) 위치 결정 시스템 기능을 내장

① 위치 결정 어드레스, 제어 방식, 운전 패턴 등을 설정할 수 있는 위치 결정 데이터는 축당 최대 600데이터를 설정할 수 있으며 이 위치 결정 데이터는 모두 버퍼 메모리에 있고 자유롭게 읽기/쓰기를 할 수 있다.

② 축별 위치 결정에서는 직선제어(4축 동시 실행 가능)를 할 수 있으며 이 제어는 하나의 위치 결정 데이터에 의한 단독 위치 결정 또는 복수 위치 결정 데이터의 연속 실행에 의한 연속 위치 결정을 할 수 있다.

③ 복수축의 위치 결정에서는 2축~4축의 속도 제어, 2축~4축의 위치 제어에 의한 직선 보간 제어 및 2축에 의한 원호 보간 제어가 가능하다.
이들 제어는 위치 결정 데이터 하나에 의한 단독 위치 결정, 또는 복수 데이터의 연속 실행에 의한 연속 위치 결정이 가능하다.

(나) 각위치 결정데이터에서 지정한 제어 방식에는 위치 제어, 치수이송 제어, 속도 제어, 속도·위치 전환 제어, 위치·속도 전환 제어 등이 있다.

(다) 원점복귀 제어

①「기계원점 복귀」의 원점복귀 방식으로 근점 도그식(1종류), 스톱퍼 정지식(3

종류), 카운트식(2종류)의 6종류가 있다.

② 임의의 위치에서 기계 원점으로 원점 복귀 제어를 실현하기 위해, 원점 복귀 리트라이 기능이 있다.
기계 원점이란 위치 결정 제어 등 제어의 기점이 되는 위치로, 상기 ①의 기계 원점 복귀에 의해 확정된다.

(라) 가속도 방식

자동 사다리꼴 가감속과 S자 가감속의 2종류가 있으며 사용자 선택 가능(스텝핑 모터 사용시 S자 가감속은 불가능)

(3) 기동 처리의 고속화

위치 결정 기동시 처리의 고속화를 실현하고 기동처리 시간을 6[ms]~7[m]로 단축하였으며 동시기동(단독 운전시, 보간 운전시)시 보간 기동의 지연은 발생하지 않으며 AD75의 기동처리 시간은 20[ms]이다.

(4) 펄스출력의 고속화와 드라이브 모듈과의 장거리화

차동 드라이버 타입의 QD75D1/QD75D2/QD75D4를 사용할 경우는 고속화와 장거리화가 가능.

① QD75D1/QD75D2/QD75D4의 차동 드라이버 타입 사용시 : 1[Mpulse/s], 최대 10[m]

② QD75P1/QD75P2/QD75P4의 오픈 콜렉터 타입 사용시 : 200[kpulse/s], 최대 2[m](AD75의 차동 드라이버 타입은 400[kpulse/s], 최대 10[m]이다.)

(5) 보수 점검이 용이

QD75는 다음과 같이 보수 점검이 용이하다.

① 위치 결정 데이터, 파라미터 등의 각종 데이터는 QD75 내의 플래시 ROM에 저장할 수 있으며 배터리 없이 데이터를 저장할 수 있다.

② 에러 내용의 세분화로 1차 진단을 쉽게 할 수 있게 되었다.

③ 에러/경고(warning) 정보 등의 이력을 각각 16개 보존할 수 있으며 발생한

에러/경고 내용을 쉽게 확인할 수 있다.

(6) 인텔리전트 기능

모듈 전용 명령의 사용이 가능하고 위치 결정 기동 명령, 티칭 명령 등의 전용 명령이 있으며 전용 명령을 사용함으로써 프로그램을 간략화할 수 있다.

(7) 위치 결정용 소프트웨어

패키지에 의한 설정, 모니터, 테스트가 가능하다.

위치 결정용 소프트웨어 패키지에 의해 QD75 파라미터, 위치 결정 데이터를 버퍼 메모리 어드레스를 고려하지 않고 설정할 수 있다.

위치 결정 제어용 시퀀스 프로그램의 작성 전에 위치 결정용 소프트웨어 패키지의 테스트 기능으로 배선 체크나 설정된 파라미터와 위치 결정 데이터에서 QD75의 테스트 운전을 실행할 수 있으며 제어중에 모니터가 가능하여 효율적으로 디버그할 수 있다.

3.2 위치 결정 제어의 구조

QD75를 사용한 위치 결정 제어는 펄스 신호를 이용하며 QD75는 펄스를 발신하는 모듈이다.

QD75를 사용한 위치 결정 시스템에서는 QD75 기능용과 GPP 기능용 소프트 패키지나 외부 기기가 그림 3-10에 나타낸 것과 같은 역할로 사용된다.

QD75는 각종 신호나 파라미터, 위치 결정 데이터를 읽고 PLC CPU로 제어함으로써 복잡한 위치 결정 제어를 실현하였다.

(1) 위치 지령과 속도 지령 원리

지정한 거리를 이동하는데 필요한 총 펄스수는 다음 식으로 구할 수 있다.

$$\text{지정된 거리 이동 필요 총 펄스수} = \frac{\text{지정거리}}{\text{모터 1회전시 기계 이동거리}} \times \text{모터 1회전 필요 펄스수}$$

모터가 1회전하는데 필요한 펄스수는 모터 카탈로그 사양란에 기재된「엔코더의 분해능」이며 총 펄스수가 QD75에서 서보 앰프로 주어지면 지정된 거리를 이동시키는 제어를 할 수 있다.

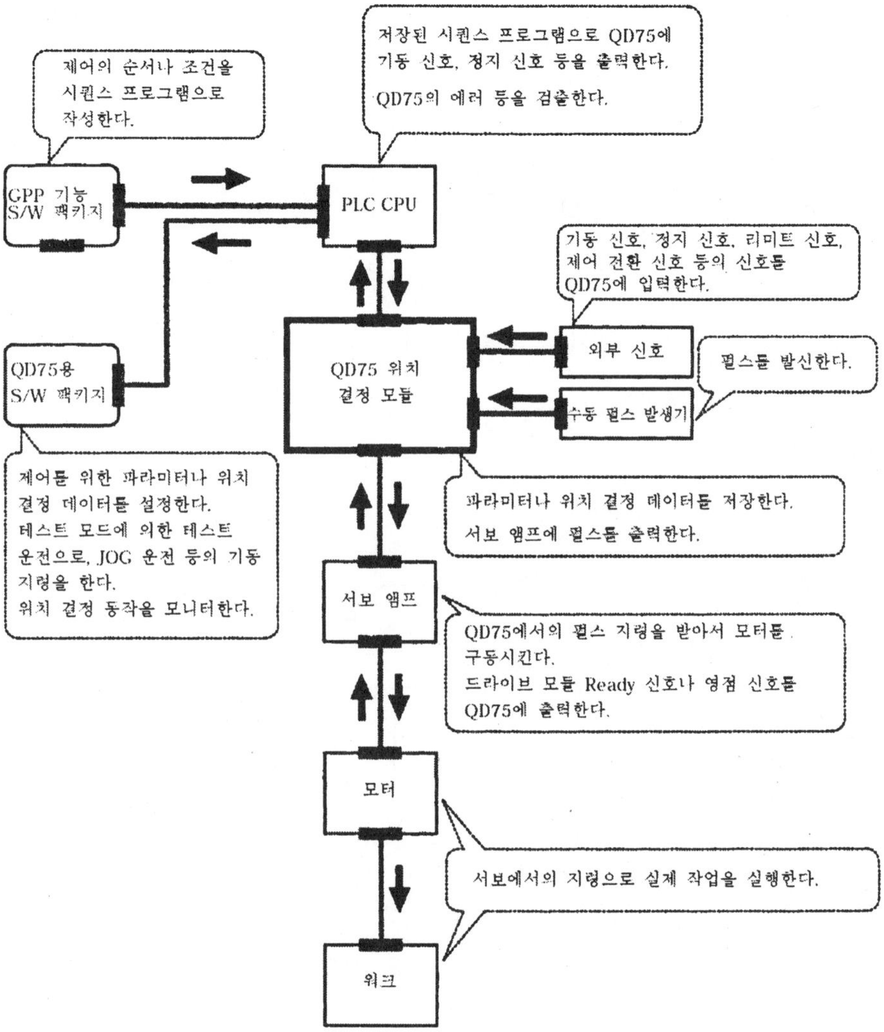

그림 3-10 위치 결정 시스템 구조

또한, 서보 앰프에 1펄스가 입력될 때의 기계측 이동량을「1펄스당 이동량」이라고 하며 이 값이 워크 작동의 최소값으로, 전기적인 위치 결정의 정밀도가 된다.

속도 지령은 QD75에서 드라이브 모듈에 출력하는 펄스의 주파수로 제어된다.

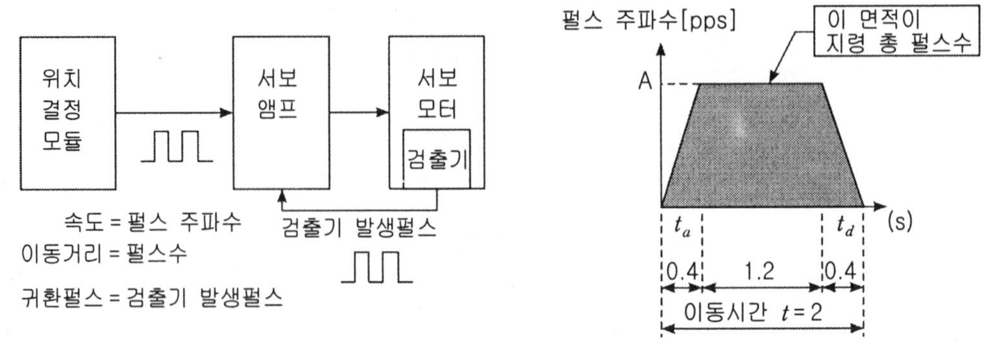

그림 3-11 속도 지령 원리도

QD75는 총 펄스수로 위치를 펄스 주파수로 속도 제어하며 QD75를 사용한 위치 결정 시스템의 동작과 설계의 개략을 다음에 나타낸다.

◈ QD75 위치 결정 시스템

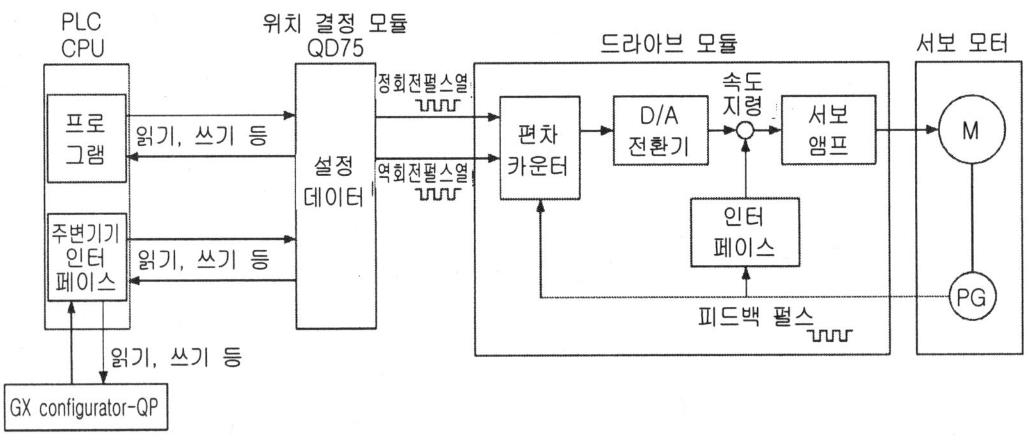

그림 3-12 QD75 위치 결정 동작 개요

(가) QD75에 의한 위치 결정 동작

① QD75 출력은 펄스열이며 QD75에서 펄스열이 출력되면 드라이브 모듈의 편차 카운터에는 입력된 펄스가 적산된다.

이 펄스의 적산값(드룹 펄스)이 D/A 변환기에 의해 직류 아날로그 전압이 되고 서보 모터의 속도 지령이 된다.

② 드라이브 모듈로 부터의 속도 지령으로 모터는 회전을 시작한다.

모터가 회전하면 모터에 부속된 펄스 발생기(PG)에 의해 회전수에 비례하는 피드백 펄스가 발생하고 발생한 피드백 펄스는 드라이브 모듈에 피드백되고 편차 카운터의 드룹 펄스가 감산된다. 편차 카운트는 일정한 드룹량을 유지하여 모터의 회전을 지속한다.

③ QD75로 부터의 지령 펄스 출력이 정지하면 편차 카운터의 드룹 펄스가 감소하여 속도가 늦어지게 되고 펄스가 0으로 되면 모터는 정지한다.

즉, 모터의 회전 속도는 지령 펄스의 주파수에 비례하며, 모터의 회전 지령 펄스의 출력 펄스수에 비례하며 1펄스당 이동량을 규정하면 펄스열의 펄스수에 비례하는 위치까지 전송할 수가 있다. 펄스 주파수는 모터의 회전수(이송 속도)가 된다.

(나) QD75로 부터의 출력 펄스

① QD75는 그림 3-13에 나타낸 것처럼 모터 가속시의 펄스열은 밀도가 적고 지령 속도에 가까워질수록 밀접해진다.

② 지령 속도에서는 일정 펄스열로 된다.

③ 모터의 감속시 QD75는 펄스열 밀도를 적게 하여 마지막에 펄스를 0으로 하며 모터가 지령 펄스에 대해 조금씩 늦어져서 감속 정지된다.

QD75로 부터의 펄스 출력과 모터의 감속 정지 시간차는 정지 정밀도를 확보하기 위해 필요하며 "정지 정정 시간"이라고 한다.

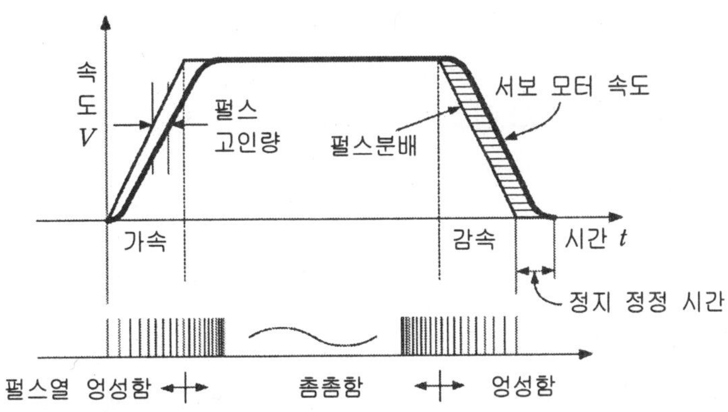

그림 3-13 QD75의 출력 펄스

(2) 볼 스쿠루를 사용한 시스템의 이동량과 속도

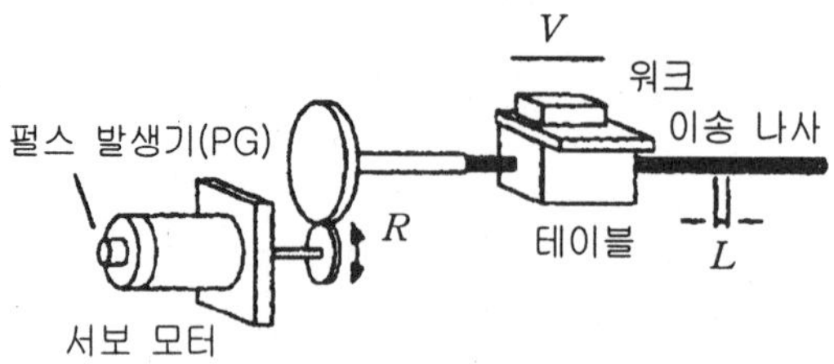

A : 위치 검출 단위[mm/pulse]
V_s : 지령 펄스 주파수[pulse/s]
N : 펄스 발생기의 슬리트 수(펄스 수)[pulse/rev]
L : 이송 나사 리드[mm/rev]
R : 감속비
V : 가동부 속도[mm/s]
N : 모터 회전 속도[r/min]
K : 위치 루프 게인[l/s]
ε : 편차 카운터의 드룹 펄스량

그림 3-14 볼 스쿠루를 사용한 시스템

그림 3-14의 시스템에서 위치 검출 단위, 지령 펄스 주파수, 편차 카운터의 드룹 펄스량은 다음 식에서 산출한다.

① **위치 검출 단위** : 위치 검출 단위는 전송 나사 리드, 감속비, 펄스 발생기의 슬리트 수로 산출한다.
QD75에서는 위치 검출 단위가 1펄스당 이동량으로 되며 이동량은 (출력 펄스수)×(위치 검출 단위)이다.

$$A = L/(R\times n)[\text{mm/pulse}]$$

② **지령 펄스 주파수** : 지령 펄스 주파수는 가동부의 속도와 위치 검출 단위로 산출한다.

$$V_s = V/A[\text{Pulse/s}]$$

③ **편차 카운터의 드룹 펄스량** : 편차 카운터의 드룹 펄스는 지령 펄스 주파수와 위치 루프 게인으로 산출한다.

$$\varepsilon = V_s/K[\text{Pulse}]$$

QD75는 위치 결정 지령 단위로서 mm, inch, degree, pulse의 4종류 중 하나를 축1～축4에 각각 선택할 수 있으며 위치 결정 지령 단위에 대응하는 1펄스당의 이동량, 가감속 기간, 위치 결정 속도, 위치 결정 어드레스 등의 데이터를 설정하면 목표로 하는 위치 결정 어드레스에 대해 QD75에서 산출 펄스열을 출력하고 위치 결정을 한다.

(가) 정지의 개념

각 제어가 정상적으로 종료되었을 때, 드라이브 모듈 Ready 신호가 OFF했을 때, PLC Ready 신호가 OFF했을 때, PLC CPU에 「파라미터 에러나 WDT 에러」 등의 정지 에러가 발생, QD75에서 에러가 발생할 경우, PLC CPU에서의 「정지 신호」 ON, 외부에서의 「정지 신호」 ON 등으로 의도적으로 정지함인 경우에 제어가 정지된다.

(나) 재기동의 개념

위치 제어에서의 운전시에 정지 요인의 발생으로 정지했을 경우, 재기동 지령으로 정지한 위치부터 위치 결정 데이터의 종점에 대한 위치 결정을 재개할 수 있다. 연속 위치 결정, 연속 궤도 제어를 실행하는 경우는 정지했을 때의 위치 결정 데이터 No.의 정지 위치에서 위치 결정을 재개한다.

① 축 동작 상태가 정지중인 경우는 앱솔루트 방식·인클리멘트 방식에 관계없이 정지 위치에서 이전에 정지한 위치 결정 데이터의 종점으로 위치 결정을 재개한다.

② 축 동작상태가 정지 중 이외의 경우는 재기동 불가 경고(경고 코드 : 104)가 되어 재기동 지령은 무시된다.

③ 다음은 축1 이동량이 300, 축2의 이동량이 600인 경우의 재기동 동작을 나타낸다.

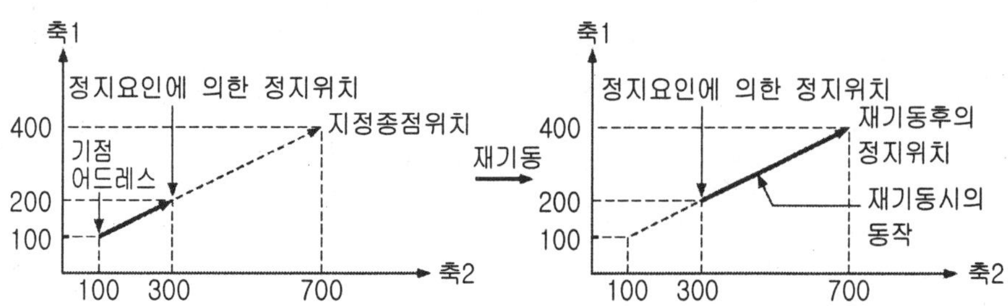

그림 3-15 재기동 개념

(다) QD75와 각 모듈간의 신호 교환

QD75와 PLC CPU, 주변기기, 드라이브 모듈 등과의 신호 교환의 개략을 그림 3-16에 나타내었으며 주변기기는 그림과 같이 PLC CPU와 접속하고 PLC CPU를 경유하여 QD75와 신호 교환을 한다.

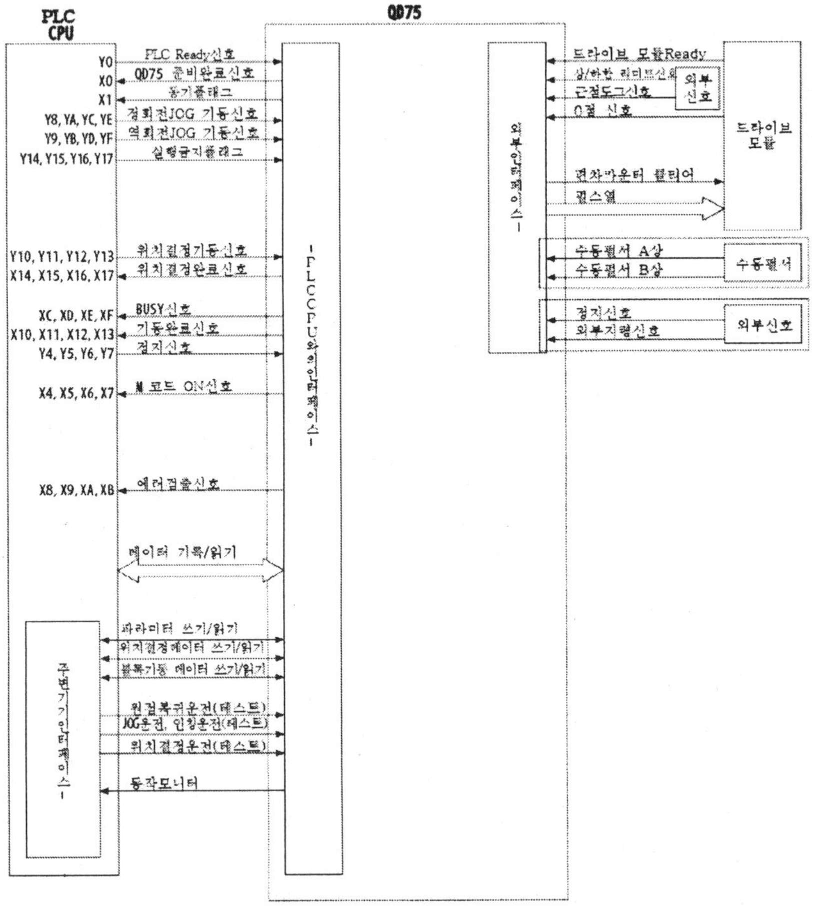

그림 3-16 PLC와 QD75의 신호 연결

3.3 사양 · 기능

미쓰비시 결정 유닛의 기종과 성능 사양은 표 3-1과 같다.

(1) 성능 사양

표 3-1 위치 결정 유닛의 성능 및 사양

<table>
<tr><th colspan="2">기 종
항 목</th><th>QD75P1*1
QD75D1</th><th>QD75P2*1
QD75D2</th><th>QD75P4*1
QD75D4</th></tr>
<tr><td colspan="2">제어축 수</td><td>1축</td><td>2축</td><td>4축</td></tr>
<tr><td colspan="2">보간 기능</td><td>없음</td><td>2축 직선 보간
2축 원호 보간</td><td>2축, 3축, 4축 직선 보간
2축 원호 보간</td></tr>
<tr><td colspan="2">제어 방식</td><td colspan="3">PTP(Point To Point) 제어, 궤적 제어(직선, 원호 모두 설정 가능),
속도 제어, 속도·위치 전환 제어, 위치·속도 전환 제어</td></tr>
<tr><td colspan="2">제어 단위</td><td colspan="3">mm, inch, degree, pulse</td></tr>
<tr><td colspan="2">위치 결정 데이터</td><td colspan="3">600 데이터(위치 결정 데이터 No.1~600)/축
(주변기기, 시퀀스 프로그램에서의 설정이 가능)</td></tr>
<tr><td colspan="2">백업</td><td colspan="3">파라미터, 위치 결정 데이터, 블록 기동 데이터는 플래시 ROM에서 저장 가능(무 배터리)</td></tr>
<tr><td rowspan="2">위치결정</td><td>위치 결정 방식</td><td colspan="3">PTP 제어 : 인클리멘트 방식/앱솔루트 방식
속도·위치 전환 제어 : 인클리멘트 방식
위치·속도 전환 제어 : 인클리멘트 방식
궤적 제어 : 인클리멘트 방식/앱솔루트 방식</td></tr>
<tr><td>위치 결정 범위</td><td colspan="3">- 앱솔루트 방식일 때
· −214748364.8~214748364.7[μm]
· −214748.83648~21474.83647[inch]
· 0~359.99999[degree]
· −2147483648~2147483647[pulse]
- 인클리멘트 방식일 때
· −214748364.8~214748364.7[μm]
· −21474.83648~21474.83647[inch]
· −21474.83648~21474.83647[degree]
· −2147483648~2147483647[pulse]
- 속도·위치 전환 제어/위치·속도 전환 제어시
· 0~214748364.7[μm]
· 0~21474.83647[inch]
· 0~21474.83647[degree]
· 0~2147483647[pulse]</td></tr>
</table>

<table>
<tr><th colspan="2">기 종
항 목</th><th>QD75P1*1
QD75D1</th><th>QD75P2*1
QD75D2</th><th>QD75P4*1
QD75D4</th></tr>
<tr><td rowspan="4">위치결정</td><td>속도 지령</td><td colspan="3">0.01~20000000.00[mm/min]
0.001~2000000.000[inch/min]
0.001~2000000.000[degree/min]
1~1000000[pulse/s]</td></tr>
<tr><td>가감속 처리</td><td colspan="3">자동 사다리꼴 가감속, S자 가감속</td></tr>
<tr><td>가감속 시간</td><td colspan="3">1~8388608[ms]
가속 시간, 감속 기간 모두 4패턴 설정 가능</td></tr>
<tr><td>급정지 감속 시간</td><td colspan="3">1~8388608[ms]</td></tr>
<tr><td colspan="2" rowspan="11">기동 시간[ms]</td><td>1축 직선 제어</td><td>6</td><td rowspan="11">기동 시간이 연장되는 요인
다음 조건의 경우는 해당 항목에 기재된 시간을 가산한다.
· S자 가감속 선택일 때 : 0.5
· 다른 축이 작동 중일 때 : 1.5
· 연속 위치 결정 제어일 때 : 0.2
· 연속 궤적 제어일 때 : 1.0</td></tr>
<tr><td>1축 속도 제어</td><td>6</td></tr>
<tr><td>2축 직선 보간 제어(합성 속도)</td><td>7</td></tr>
<tr><td>2축 원호 보간 제어(기준축 속도)</td><td>7</td></tr>
<tr><td>2축 원호 보간 제어</td><td>7</td></tr>
<tr><td>2축 속도 제어</td><td>6</td></tr>
<tr><td>3축 직선 보간 제어(합성 속도)</td><td>7</td></tr>
<tr><td>3축 지건 보간 제어(기준축 속도)</td><td>7</td></tr>
<tr><td>3축 속도 제어</td><td>6</td></tr>
<tr><td>4축 직선 보간 제어</td><td>7</td></tr>
<tr><td>4축 속도 제어</td><td>7</td></tr>
<tr><td colspan="2">외선 접속 방식</td><td colspan="3">40핀 커넥터</td></tr>
<tr><td colspan="2">적합 전선 사이즈</td><td colspan="3">0.3[mm²](A5CON1 사용시), AWG#24(A6CON2 사용시)</td></tr>
<tr><td colspan="2">외부 배선용 커넥터</td><td colspan="3">A6CON1, A6CON2(별매)</td></tr>
<tr><td colspan="2">최대 출력 펄스</td><td colspan="3">QD75P1, QD75P2, QD75P4 : 200[kbps]
QD75D1, QD75D2, QD75D4 : 1[Mbps]</td></tr>
<tr><td colspan="2">서보간의
최대 접속 거리</td><td colspan="3">QD75P1, QD75P2, QD75P4 : 2[m]
QD75D1, QD75D2, QD75D4 : 10[m]</td></tr>
<tr><td colspan="2">내부 소비 전류
(DC 5[V])</td><td>QD75P1 : 0.40[A]
QD75D1 : 0.52[A]</td><td>QD75P2 : 0.46[A]
QD75D2 : 0.56[A]</td><td>QD75P4 : 0.58[A]
QD75D4 : 0.82[A]</td></tr>
<tr><td colspan="2">입출력 점유 점수(점)</td><td colspan="3">32(I/O 할당 : 인텔리전트 기능 모듈 32점)</td></tr>
</table>

*1 : QD75P?는 오픈 콜렉터 출력타입, QD75D?는 차동 드라이버 출력타입을 의미한다.

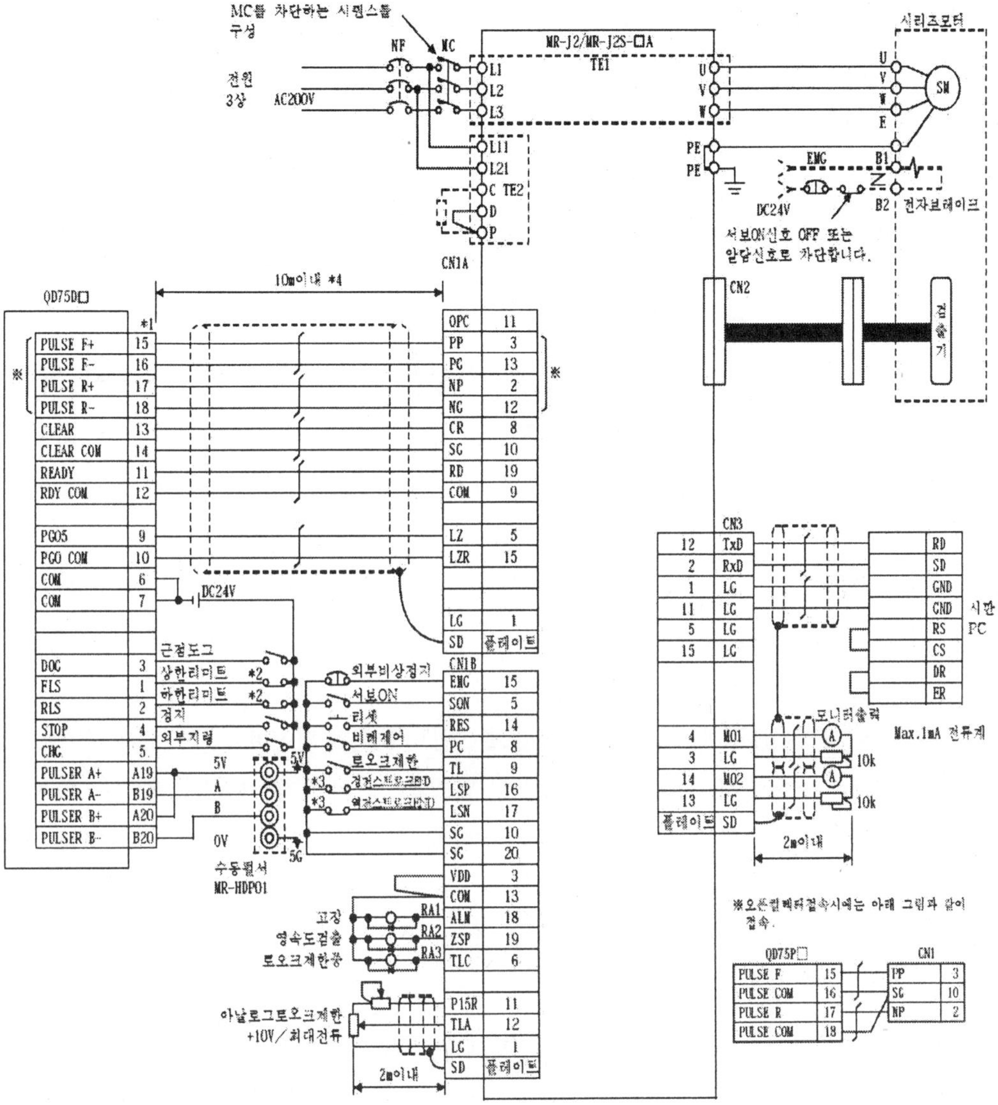

그림 3-17 서보 앰프와 위치 결정 유닛의 결선 예

오픈 컬렉터 방식 보다는 차동 드라이버 방식이 최대 펄스 출력, 서보간의 최대 접속 거리가 우수한 관계로 사용이 권장된다.

*1상세 파라미터 1의 Pr. 22 입력 신호 논리 선택, Pr. 23 출력 신호 논리 선택에 의해서 각 입출력 단자의 논리를 전환 할 수 있다.

*2는 QD75의 상한 리미트(FLS), 하한 리미트(RLS)는 원점 복귀시의 리트라이 기능에 사용하며 서보 앰프의 리미트 스위치 보다 안쪽에 설치한다.

*3은 서보 앰프 정지용 리미트 스위치이며 *4는 QD75와 서보 앰프간의 거리이다.

*5는 QD75와 서보 앰프의 논리(정, 부논리)를 맞게 사용하며 QD75 초기값은 부 논리이다.

(2) QD75의 제어 기능

(가) 위치 결정 기능

① 원점 복귀 : 원점 복귀는 위치 결정 제어할 경우 기점이 되는 위치를 확립하고 그 기점에서 목표의 위치를 향해 위치 결정을 실시하는 기능이며 전원 투입시나 위치 결정 정지 후 등 원점 이외의 위치에 있는 워크를 원점으로 복귀시킬 때에 사용한다.

② 위치 결정 제어 : QD75에 저장한 위치 결정 데이터를 사용하여 실시하는 제어이며 위치 제어나 속도 제어 등 기본적인 제어는 이 위치 결정 데이터에 필요한 항목을 설정하고 위치 결정 데이터를 기동함으로써 실행한다.

③ 수동 제어 : QD75에 외부에서 신호를 입력함으로써 QD75는 임의의 펄스열을 출력하고 제어하며 임의의 위치에 워크를 움직이거나(JOG 운전), 위치 결정을 미세 조정(인칭 운전, 수동 펄스 발생기 운전)할 경우 수동 제어를 사용한다.

(나) 보조 기능

제어의 보정, 제어의 제한, 각종 기능의 부가 등을 실행할 때 사용한다.

(다) 공통 기능

파라미터의 초기화나 실행 데이터의 백업 등 QD75를 사용할 경우에 공통으로 실행하는 기능이다.

(3) PLC CPU와의 입출력 신호 사양

(가) PLC CPU와의 입출력 신호 일람

QD75는 PLC CPU와의 데이터 교환에 입력 32점과 출력 32점을 사용하며 표 3-2에 QD75를 기본 베이스 모듈의 슬롯 No.0에 장착했을 경우의 입출력 신호를 나타낸다.

디바이스 X는 QD75에서 PLC CPU로의 입력 신호 디바이스 Y는 PLC CPU에서 QD75으로의 출력신호를 의미한다.

[Y1~Y3], [Y14~Y1F], [X2, X3] 및 [X18, X1F]는 시스템에서 사용하기 때문에 사용자는 사용할 수 없으며 사용시 QD75의 동작은 보증할 수 없다.

다음 표는 위치 결정 유닛이 I/O 0번에 장착된 경우를 나타낸 것이다.

표 3-2 입출력 신호 일람

<table>
<tr><th colspan="3">신호 방향 : QD75→PLC CPU</th><th colspan="4">신호 방향 : PLC CPU→QD75</th></tr>
<tr><th>디바이스 No.</th><th colspan="2">신호 명칭</th><th>디바이스 No.</th><th colspan="3">신호 명칭</th></tr>
<tr><td>X0</td><td>QD75 준비 완료</td><td>ON : 준비 완료
OFF : 준비 미완료/ WDT 에러</td><td>Y0</td><td colspan="2">PLC Ready</td><td>OFF : PLC Ready OFF
ON : PLC Ready ON</td></tr>
<tr><td>X1</td><td>동기용 플래그</td><td>OFF : 모듈 액세스 불가
ON : 모듈 액세스 허가</td><td>Y1</td><td colspan="3" rowspan="3">사용금지</td></tr>
<tr><td>X2</td><td colspan="2" rowspan="2">사용금지</td><td>Y2</td></tr>
<tr><td>X3</td><td>Y3</td></tr>
<tr><td>X4</td><td>축1</td><td rowspan="4">OFF : M코드 OFF
ON : M코드 ON</td><td>Y4</td><td>축1</td><td rowspan="4">축 정지</td><td rowspan="4">OFF : 축 정지 요구 없음
ON : 축 정지 요구 있음</td></tr>
<tr><td>X5</td><td>축2</td><td>Y5</td><td>축2</td></tr>
<tr><td>X6</td><td>축3</td><td>Y6</td><td>축3</td></tr>
<tr><td>X7</td><td>축4</td><td>Y7</td><td>축4</td></tr>
</table>

<table>
<tr><th colspan="3">신호 방향 : QD75→PLC CPU</th><th colspan="4">신호 방향 : PLC CPU→QD75</th></tr>
<tr><th>디바이스 No.</th><th colspan="2">신호 명칭</th><th>디바이스 No.</th><th colspan="3">신호 명칭</th></tr>
<tr><td>X8</td><td>축1</td><td rowspan="4">OFF : 에러 없음
ON : 에러 검출</td><td>Y8</td><td>축1</td><td>정회전 JOG 기동</td><td rowspan="8">OFF : JOG 미기동
ON : JOG 기동</td></tr>
<tr><td>X9</td><td>축2</td><td>Y9</td><td>축1</td><td>역회전 JOG 기동</td></tr>
<tr><td>XA</td><td>축3</td><td>YA</td><td>축2</td><td>정회전 JOG 기동</td></tr>
<tr><td>XB</td><td>축4</td><td>YB</td><td>축2</td><td>역회전 JOG 기동</td></tr>
<tr><td>XC</td><td>축1</td><td rowspan="4">OFF : BUSY 중이 아님
ON : BUSY 중</td><td>YC</td><td>축3</td><td>정회전 JOG 기동</td></tr>
<tr><td>XD</td><td>축2</td><td>YD</td><td>축3</td><td>역회전 JOG 기동</td></tr>
<tr><td>XE</td><td>축3</td><td>YE</td><td>축4</td><td>정회전 JOG 기동</td></tr>
<tr><td>XF</td><td>축4</td><td>YF</td><td>축4</td><td>역회전 JOG 기동</td></tr>
<tr><td>X10</td><td>축1</td><td rowspan="4">OFF : 미기동
ON : 기동 완료</td><td>Y10</td><td>축1</td><td rowspan="4">위치 결정 기동</td><td rowspan="4">OFF : 위치 결정 기동 요구 없음
ON : 위치 결정 기동 요구 있음</td></tr>
<tr><td>X11</td><td>축2</td><td>Y11</td><td>축2</td></tr>
<tr><td>X12</td><td>축3</td><td>Y12</td><td>축3</td></tr>
<tr><td>X13</td><td>축4</td><td>Y13</td><td>축4</td></tr>
<tr><td>X14</td><td>축1</td><td rowspan="4">OFF : 위치 결정 미완료
ON : 위치 결정 완료</td><td>Y14</td><td colspan="3" rowspan="12">사용 금지</td></tr>
<tr><td>X15</td><td>축2</td><td>Y15</td></tr>
<tr><td>X16</td><td>축3</td><td>Y16</td></tr>
<tr><td>X17</td><td>축4</td><td>Y17</td></tr>
<tr><td>X18</td><td colspan="2" rowspan="8">사용 금지</td><td>Y18</td></tr>
<tr><td>X19</td><td>Y19</td></tr>
<tr><td>X1A</td><td>Y1A</td></tr>
<tr><td>X1B</td><td>Y1B</td></tr>
<tr><td>X1C</td><td>Y1C</td></tr>
<tr><td>X1D</td><td>Y1D</td></tr>
<tr><td>X1E</td><td>Y1E</td></tr>
<tr><td>X1F</td><td>Y1F</td></tr>
</table>

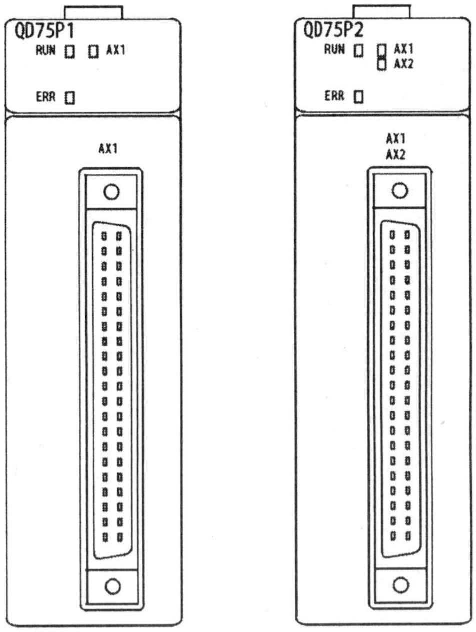

핀배열	축4(AX4)		축3(AX3)		축2(AX2)		축1(AX1)	
	핀 No.	신호명	핀 No.	신호명	핀 No.	신호명	핀 No.	신호명
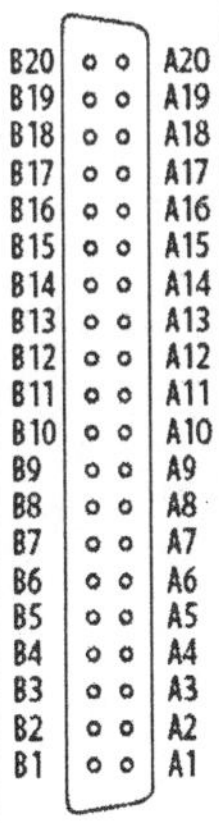	2B20	미사용	2A20	미사용	1B20	PULSER B-	1A20	PULSER B+
	2B19	미사용	2A19	미사용	1B19	PULSER A-	1A19	PULSER A+
	2B18[*3]	PULSE COM PULSE R-	2A18[*3]	PULSE COM PULSE R-	1B18[*3]	PULSE COM PULSE R-	1A18[*3]	PULSE COM PULSE R-
	2B17[*3]	PULSE R PULSE R+	2A17[*3]	PULSE R PULSE R+	1B17[*3]	PULSE R PULSE R+	1A17[*3]	PULSE R PULSE R+
	2B16[*3]	PULSE COM PULSE F-	2A16[*3]	PULSE COM PULSE F-	1B16[*3]	PULSE COM PULSE F-	1A16[*3]	PULSE COM PULSE F-
	2B15[*3]	PULSE F PULSE F+	2A15[*3]	PULSE F PULSE F+	1B15[*3]	PULSE F PULSE F+	1A15[*3]	PULSE F PULSE F+
	2B14	CLRCOM	2A14	CLRCOM	1B14	CLRCOM	1A14	CLRCOM
모듈 정면에서 본 경우	2B13	CLEAR	2A13	CLEAR	1B13	CLEAR	1A13	CLEAR
	2B12	RDYCOM	2A12	RDYCOM	1B12	RDYCOM	1A12	RDYCOM
	2B11	READY	2A11	READY	1B11	READY	1A11	READY
	2B10	PGOCOM	2A10	PGOCOM	1B10	PGOCOM	1A10	PGOCOM

핀배열	축4(AX4)		축3(AX3)		축2(AX2)		축1(AX1)	
	핀 No.	신호명	핀 No.	신호명	핀 No.	신호명	핀 No.	신호명
	2B9	PG05	2A9	PG05	1B9	PG05	1A9	PG05
	2B8	PG024	2A8	PG024	1B8	PG024	1A8	PG024
	2B7	COM	2A7	COM	1B7	COM	1A7	COM
	2B6	COM	2A6	COM	1B6	COM	1A6	COM
	2B5	CHG	2A5	CHG	1B5	CHG	1A5	CHG
	2B4	STOP	2A4	STOP	1B4	STOP	1A4	STOP
	2B3	DOG	2A3	DOG	1B3	DOG	1A3	DOG
	2B2	RLS	2A2	RLS	1B2	RLS	1A2	RLS
	2B1	FLS	2A1	FLS	1B1	FLS	1A1	FLS

*1 : 핀 No.에서 1??? : 우측 커넥터의 핀 No. 2??? : 좌측 커넥터 핀 No.

*2 : 1축 모듈의 경우, 1B1～1B18은「비어 있음」

*3 : 상단은 QD75P1/QD75P2/QD75P4의 경우 신호명, 하단은 QD75D1/QD75D2/QD75D4 경우

(4) 입출력 인터페이스의 신호

QD75P1/QD75D1의 경우, 입출력 인터페이스의 입력 신호와 출력 신호를 나타낸다.

(가) 입력(QD75P1/QD75D1 공용)

외부 배선	핀 번호	내부 회로	신호 명칭		배선 필요 여부 *1
상한 LS를 사용하지 않는 경우	1A3		근점 도그 신호	DOG	△
하한 LS를 사용하지 않는 경우	1A1		상한 LS 신호	FLS	○
	1A2		하한 LS 신호	RLS	○
	1A4		정지 신호	STOP	△
DC24V	1A5		외부 지령 신호	CHG	△
	1A6 1A7		커몬	COM	○
5V A	(+) 1A19		수동 펄스 발생기 A상	PULSER A+	△
DC5V B	(−) 1B19			PULSER A-	
0V	(+) 1A20		수동 펄스 발생기 B상	PULSER B+	
수동 펄스 발생기 (MR-HDP01)	(−) 1B20			PULSER B-	
서보 앰프	A11		드라이브 모듈 Ready	READY	○
	1A12		드라이브 모듈 Ready 커몬	RDY COM	○
	1A8 1A9		영점 신호	PG024 PG05	△
	1A10		영점 신호 커몬	PGO COM	

(나) 출력(QD75P1 오픈 콜렉터 출력용)

외부배선	핀 No.	내부회로	신호명칭		배선여부 *
	1A13	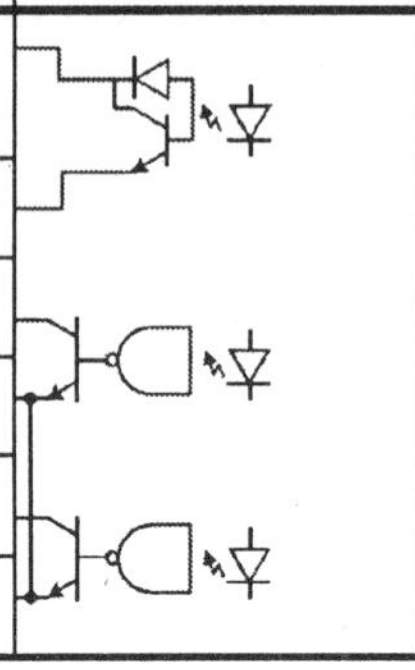	편차카운터 클리어	CLEAR	△
	1A14		코몬	CLEAR COM	
	1A15		CW A상 PULSE	PULSE F	○
	1A16			PULSE COM	
	1A17		CCW B상 SIGN	PULSE R	
	1A18			PULSE COM	

(다) 출력(QD75D1 차동 드라이버 출력용)

외부배선	핀 No.	내부회로	신호명칭		배선여부 *
	1A13	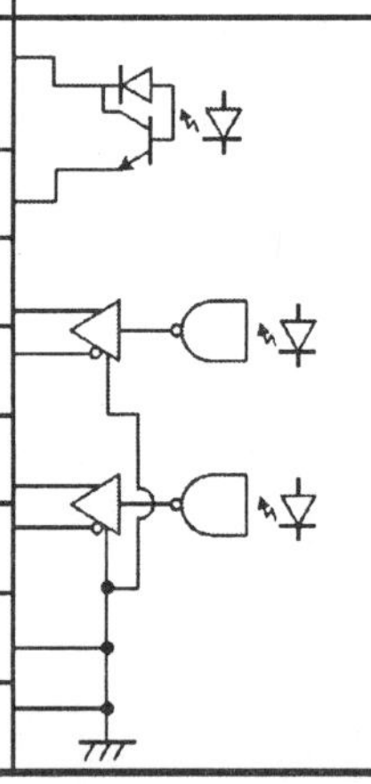	편차카운터 클리어	CLEAR	△
	1A14		코몬	CLEAR COM	
	1A15		CW A상 PULSE	PULSE F+	○
	1A16			PULSE F−	
	1A17		CCW B상 SIGN	PULSE R+	
	1A18			PULSE R−	
	—		차동드라이버 코몬단자	—	△
	—				

1 : 배선 필요 여부란의 ○, △의 의미를 다음에 나타냄.

○ : 위치 결정시에 배선 필요, △ : 필요에 따라 배선

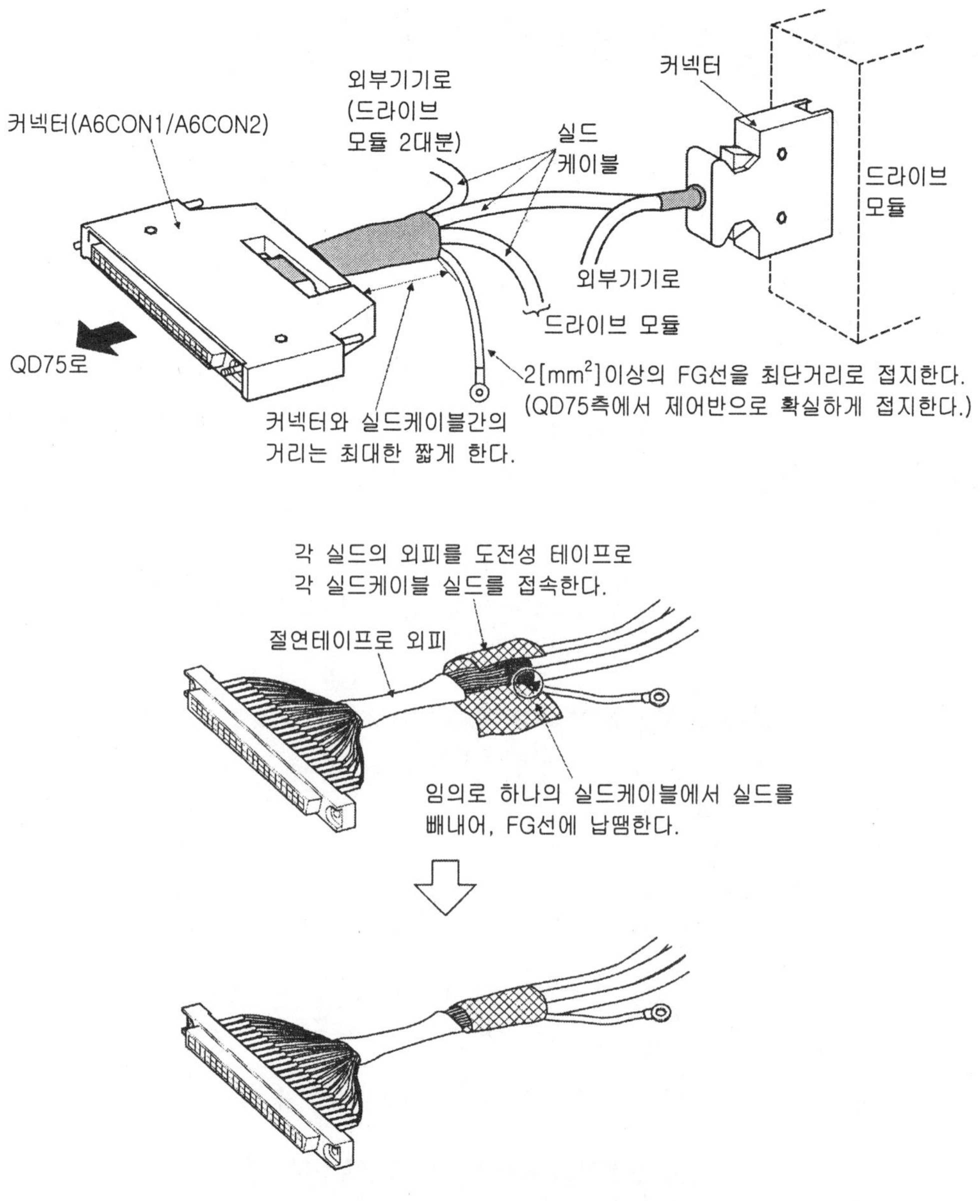

그림 3-18 드라이버 케이블 커넥터

3.4 위치 결정용 소프트웨어 사용법

(1) GX Configulator-QP 실행

위치 결정 장치(QD75)를 이용하여 서보 모터를 위치 제어하기 위하여 위치 결정 장치와 주변 장치간의 하드웨어 인터페이스가 연결된 후 각종 파라미터를 설정하여야 한다. 하드웨어적인 인터페이스가 제대로 연결되어 있는지를 확인하기 위하여 전용 S/W인 GX Configulator를 이용하여 결선을 확인한다.

윈도우의 MELSOFT Application, GX Configulator-QP를 선택하면 초기 화면이 나타나고 메인 메뉴에서 Project, New Project를 클릭하면 다음과 같은 초기 화면이 나타난다.

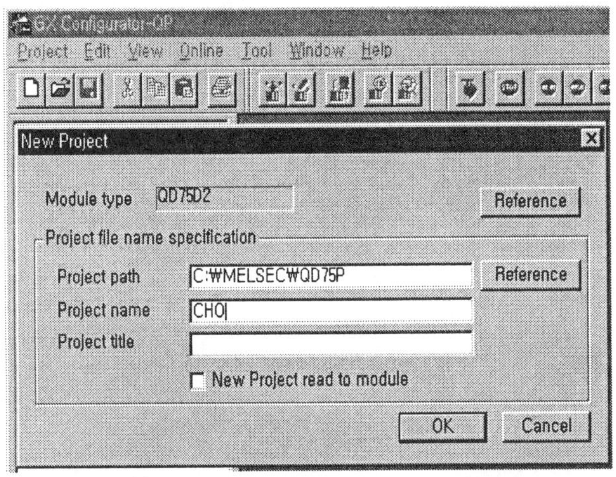

Reference를 클릭하면 위치 결정 타입과 축을 선택할 수 있다.

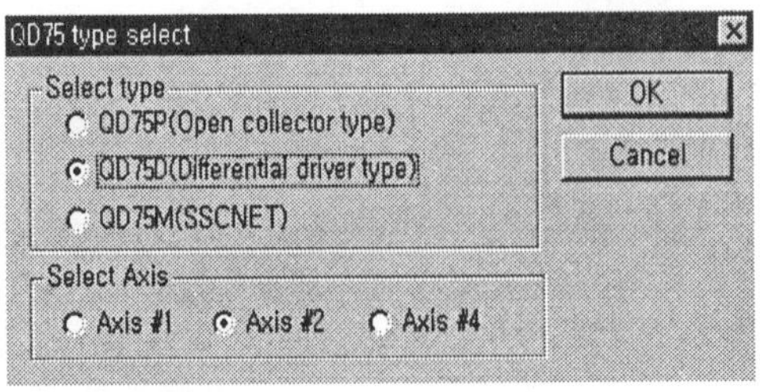

OK를 클릭하면 프로젝트가 시작된다.

위치 결정 장치는 별도의 내부 메모리를 내장하고 있어서 파라미터 설정용 프로그램을 별도로 저장한다.

메인 메뉴에서 Online, Connection setup을 선택하면 다음과 같이 나타난다.

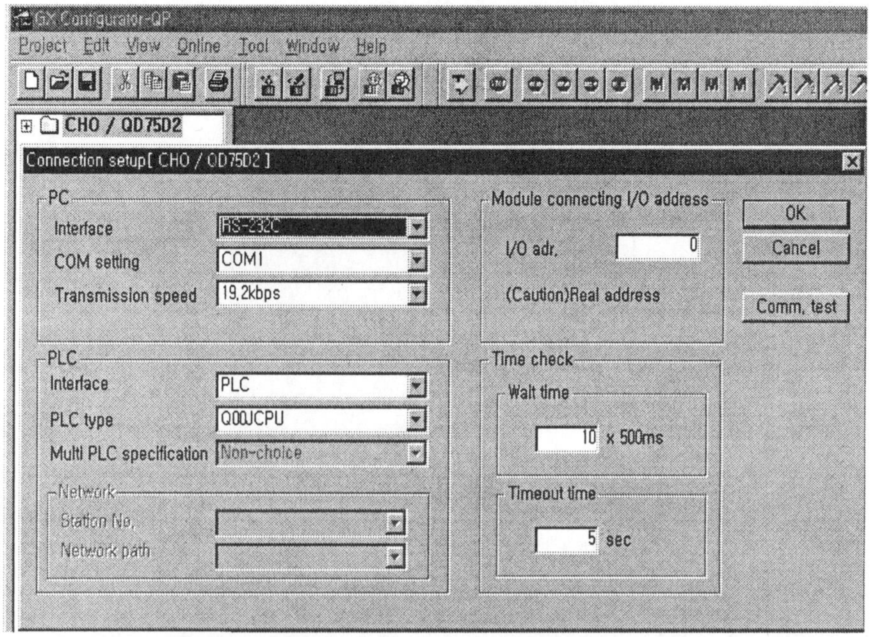

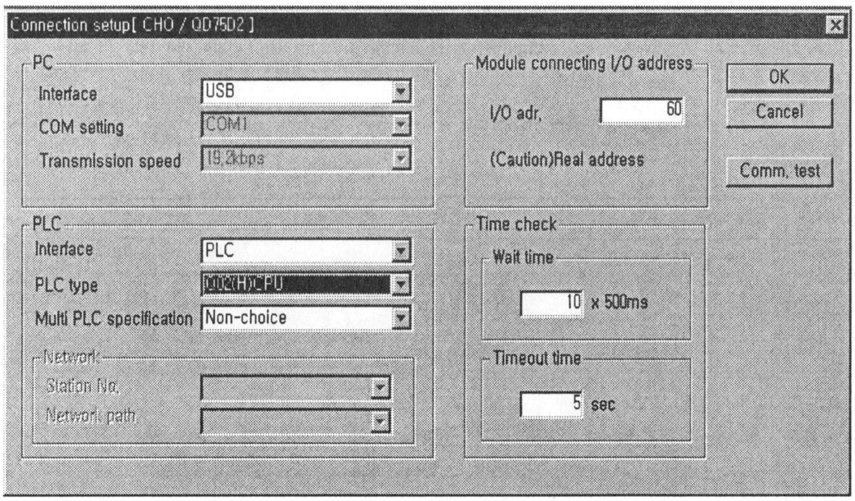

위와 같이 PC interface 유형 : USB, interface PLC, PLC type, I/O 어드레스 등을 설정하고 OK를 클릭한다.

위치 결정 시스템을 변경하거나 새롭게 설정한 경우는 반드시 위치 결정 장치의 초기화와 드라이버 모듈의 동작 상태나 외부 기기의 입출력 상태를 확인하여야 한다.

다음 그림과 같이 Checking connection을 더블 클릭하여 서보 모터의 JOG 운전 회전 방향이나 근점 영점의 입력 신호의 ON/OFF를 확인할 수 있다 .

이 경우 PLC CPU는 반드시 STOP으로 하여야 한다.

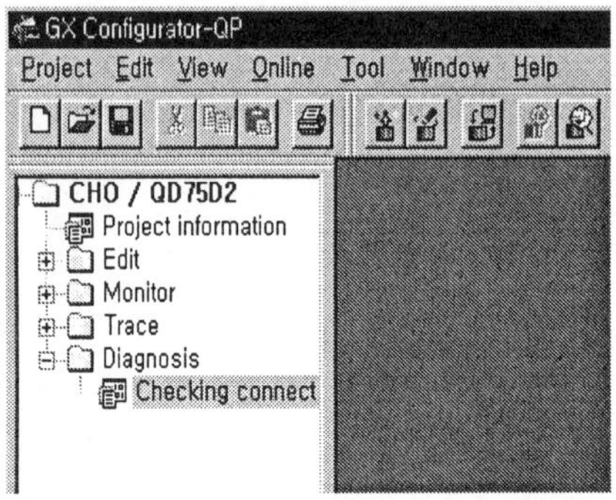

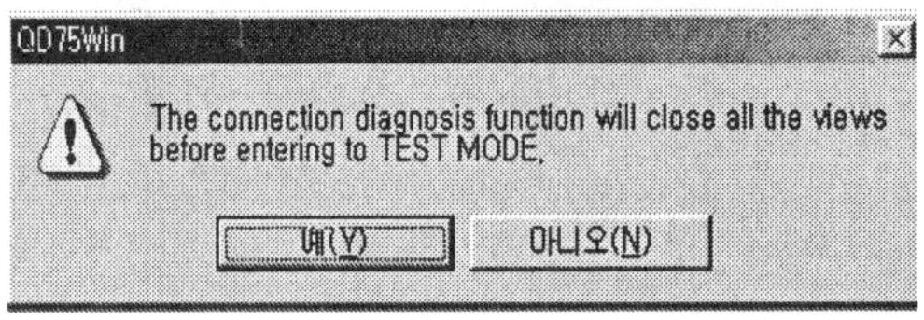

나타난 윈도우가 모두 닫혀짐을 확인하는 대화상자가 나타나면 예 버튼을 클릭한다.

접속 확인 윈도우가 나타나면 온라인 버튼을 클릭한다.

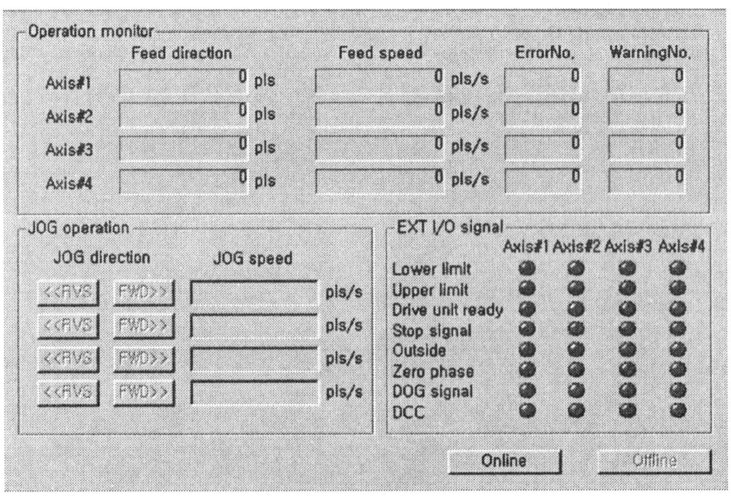

온라인 처리(테스트 모드 이행)와 QD75의 초기화를 확인하는 대화상자가 나타나고 초기화 버튼 OK를 클릭하면 QD75 초기화 후, 테스트 모드가 되며 이 초기화에서는 파라미터와 위치 결정 데이터의 초기값화는 실행하지 않고 QD75 모듈의 내부 데이터를 초기화한다.

QD75의 테스트 모드 이행 완료를 확인하는 대화상자가 나타나면 OK 버튼을 클릭한다.

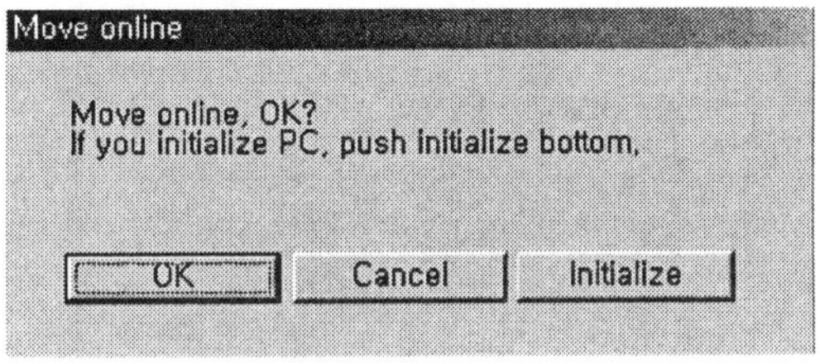

접속 확인 윈도우의 EXT I/O signal(외부 입출력 신호)의 상태를 확인하며 상한 리미트(Upper Limit), 하한 리미트(Lower limit), Drive unit ready인 경우는 ●(적색)으로 ON되어야 하며 정지 신호, 외부 지령은 ○(회색)으로 OFF 상태가 되어야 한다.

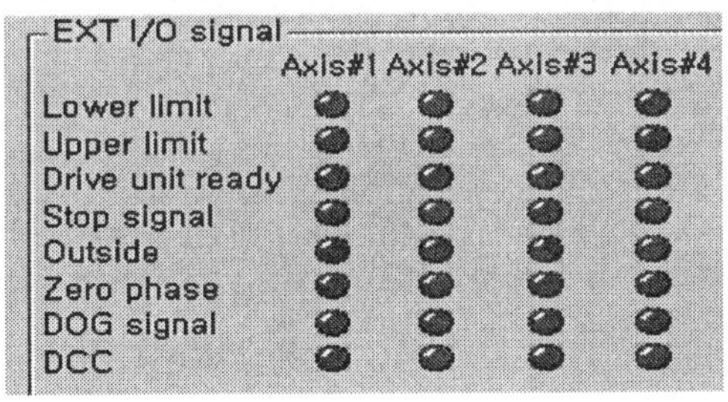

이와 같은 동작이 나타나지 않을 경우는 서보 모터 드라이버, 센서의 결선을 점검하고 상한, 하한 리미트 근점 도그 센서를 ON/OFF하여 신호 표시가 ON/OFF 되는지 확인한다.

JOG speed 박스에 모터의 운전 속도를 입력하고 역회전(<<RVS), 정회전

(>>FWD) 버튼을 마우스로 눌러 모터가 회전하게 되면 Operation monitor(운전 모니터)의 Current feed value(이송 현재값)의 변화와 Feed speed(이송 속도)를 확인한다.

1축 실습기의 STOP(정지 신호), CHG(외부 지령) 스위치로 외부 입출력 신호의 ON/OFF를 확인한다.

JOG 속도의 텍스트 박스에 속도를 입력하고 정회전 또는 역회전 버튼에 마우스 버튼을 몇 초 동안 누른다.

마우스의 왼쪽 버튼을 누른 시간만큼 JOG 운전이 실행되고 JOG 운전시에 운전 모니터의 전송 현재값의 변화와 이송 속도를 확인한다.

외부 입출력 동작과 서보 모터의 JOG 운전이 정상적으로 된다면 위치 결정 장치를 이용한 서보 모터의 운전 준비가 정상적으로 되었다.

Offline 버튼을 클릭하면 테스트 모드 종료를 확인하는 대화 상자가 나타나고 예 버튼을 클릭하여 접속 확인을 종료한다.

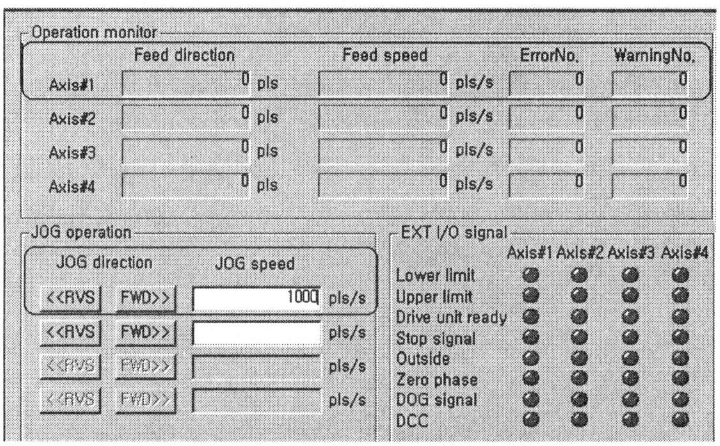

JOG 운전으로 상한/하한 리미트 스위치(FLS/RLS)의 동작을 확인하고 파라미터와 위치 결정 데이터를 초기화할 경우 다음 세가지 방법이 있다.

QD75의 온라인에서 QD75 초기화를 선택 실행, QD75 전용 명령 "PRINT"를 실행, 버퍼 메모리 "1901"에 "1"을 기입하는 방법이 있다.

(2) 설정 데이터의 종류와 기능

설정 데이터란 QD75가 위치 결정 제어를 하기 위해 필요한 데이터이며 8종류의 데이터가 있다.

이 데이터는 축별로 작성할 수 있으며 QD75의 버퍼 메모리에 저장되어 있으며 데이터의 변경은 종류에 따라 PLC Ready Y0이 OFF인 경우로 한정된 것이 있으며 주변 기기로 쓰는 경우 PLC CPU가 STOP 상태일 때로 한정된다.

PLC READY Y0이 ON인 경우 QD75 설정 데이터에는 파라미터(기본 파라미터 1 : 변경 불가, 기본 파라미터 2 : 변경 가능, 상세 파라미터 1 : 변경 불가, 상세 파라미터 2 : 변경 가능)와 원점 복귀 파라미터(기본 파라미터 : 변경 불가, 상세 파라미터 : 변경 불가)와 위치 결정 데이터(변경 가능) 등이 있다.

① 파라미터와 원점 복귀 파라미터는 위치 결정의 기계 설비를 설계함으로써 결정된다.

② 위치 결정 데이터는 위치 결정의 기계를 제어하여 동작 결정함으로써 정해진다.

③ 출하시는 초기값이 세트되어 있다.(초기값은 축1～축4 모두 동일)

④ 메모리의 전체 삭제 조작을 실시할 때는 초기값이 저장된다.

⑤ 설정 데이터의 변경은 주변기기에서 실시하는 방법과 시퀀스 프로그램의 TOP 명령이나 DTOP 명령에서 실시하는 방법도 있다. PLC Ready Y0이 ON 중에 변경이 불가하다 QD75를 이용하여 위치제어를 하기 위해서는 다음과 같은 파라미터 및 데이터를 설정하여야 한다.

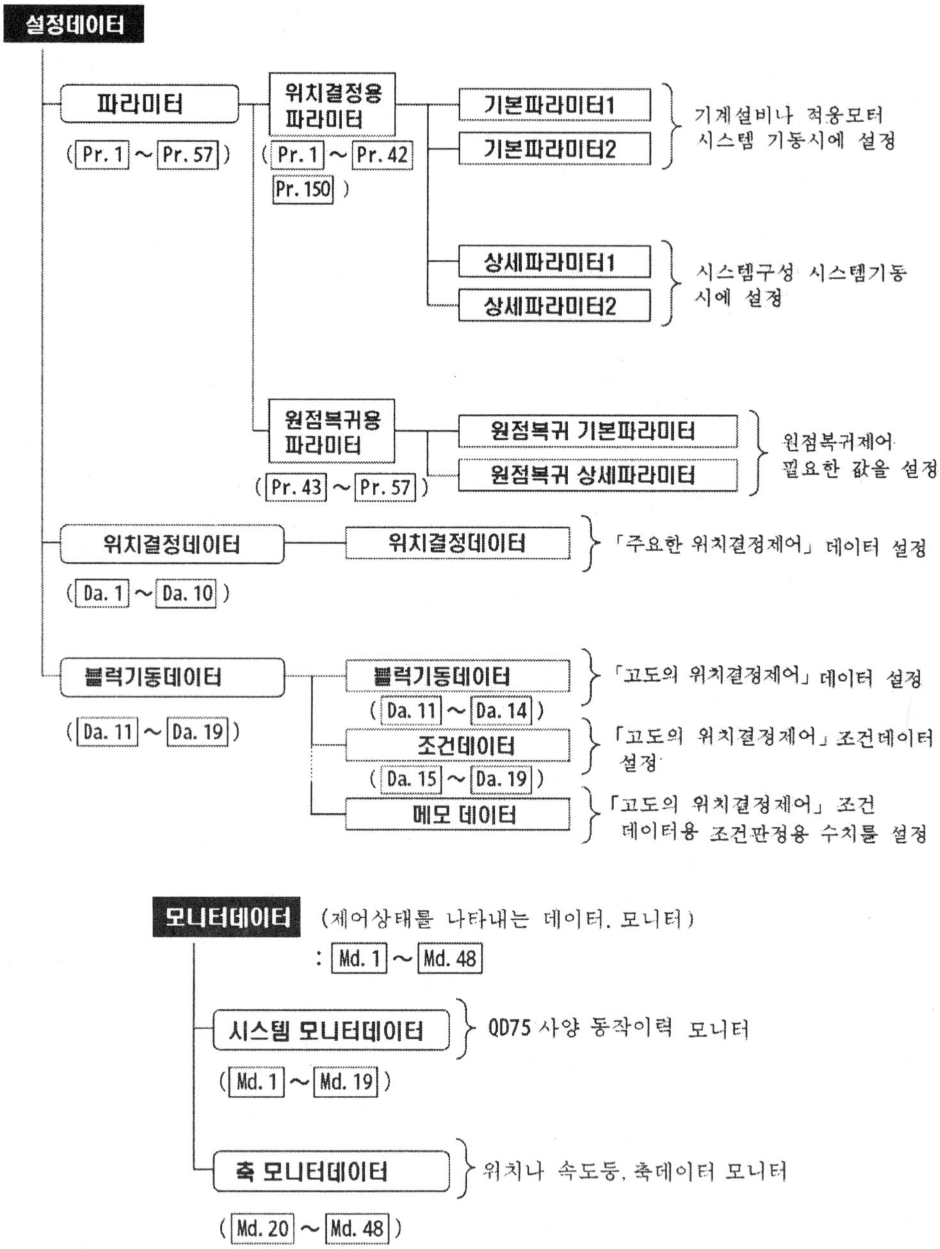
설정데이터
파라미터
(Pr. 1 ~ Pr. 57)
위치결정용 파라미터
(Pr. 1 ~ Pr. 42 Pr. 150)
기본파라미터1
기본파라미터2
기계설비나 적용모터 시스템 기동시에 설정
상세파라미터1
상세파라미터2
시스템구성 시스템기동 시에 설정
원점복귀용 파라미터
(Pr. 43 ~ Pr. 57)
원점복귀 기본파라미터
원점복귀 상세파라미터
원점복귀제어 필요한 값을 설정
위치결정데이터
(Da. 1 ~ Da. 10)
위치결정데이터
「주요한 위치결정제어」 데이터 설정
블럭기동데이터
(Da. 11 ~ Da. 19)
블럭기동데이터
(Da. 11 ~ Da. 14)
「고도의 위치결정제어」 데이터 설정
조건데이터
(Da. 15 ~ Da. 19)
「고도의 위치결정제어」 조건데이터 설정
메모 데이터
「고도의 위치결정제어」 조건 데이터용 조건판정용 수치를 설정
모니터데이터
(제어상태를 나타내는 데이터, 모니터)
: Md. 1 ~ Md. 48
시스템 모니터데이터
(Md. 1 ~ Md. 19)
QD75 사양 동작이력 모니터
축 모니터데이터
(Md. 20 ~ Md. 48)
위치나 속도등, 축데이터 모니터

제어데이터 (위치결정시스템 제어 데이터)
: Cd. 1 ~ Cd. 41

- **시스템 제어데이터** (Cd. 1 ~ Cd. 2 Cd. 41) } 모듈내의 「설정데이터」 입력/초기화
- **축 제어데이터** (Cd. 3 ~ Cd. 40) } 운전 설정 속도변경, 중단·재기동 등 제어

(3) 파라미터

파라미터에는 기본 파라미터 1, 2와 상세 파라미터 1, 2가 있으며 QD75가 위치 결정을 제어하기 위해 기계계에서 결정하는 기본적인 데이터이다.

GX Configulator-Q를 실행하고 Edit, Parameter data를 클릭하면 화면상에 기본 파라미터, 확장 파라미터를 설정할 수 있다.

(가) 기본 파라미터의 설정

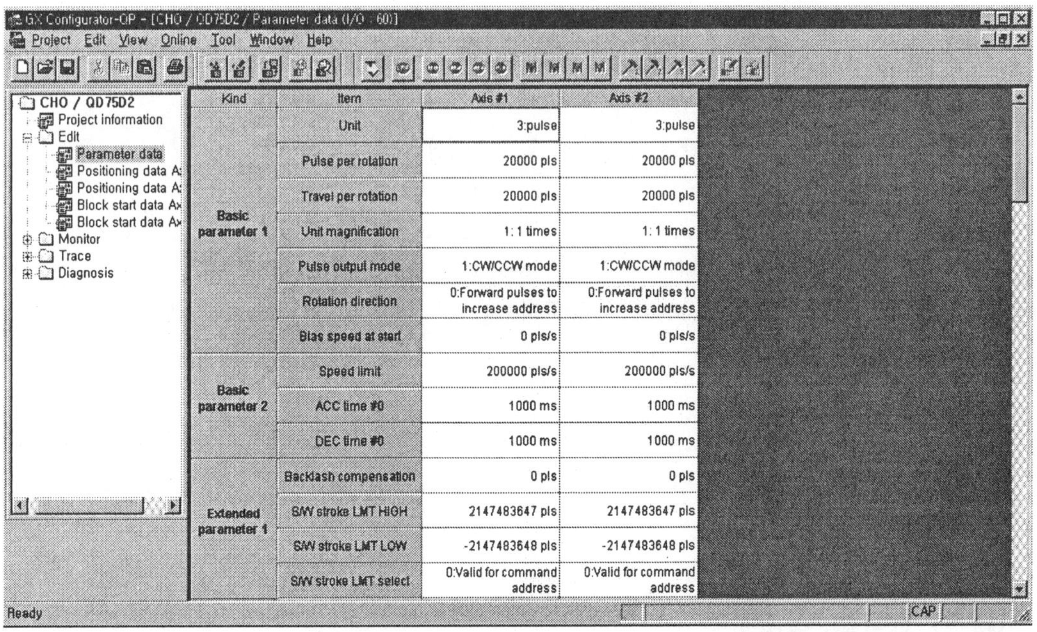

<table>
<tr><th colspan="2" rowspan="2">항 목</th><th colspan="2">설정값, 설정범위</th><th rowspan="2">공장
출하시
초기값</th><th colspan="4">설정값 버퍼 메모리
어드레스</th></tr>
<tr><th>주변기기에
의한 설정값</th><th>시퀀스 프로그램에
의한 설정값</th><th>축1</th><th>축2</th><th>축3</th><th>축4</th></tr>
<tr><td colspan="2" rowspan="4">Pr. 1 단위설정</td><td>0 : mm</td><td>0</td><td rowspan="4">3</td><td rowspan="4">0</td><td rowspan="4">150</td><td rowspan="4">300</td><td rowspan="4">450</td></tr>
<tr><td>1 : inch</td><td>1</td></tr>
<tr><td>2 : degree</td><td>2</td></tr>
<tr><td>3 : pulse</td><td>3</td></tr>
<tr><td rowspan="6">1
펄
스
당

이
동
량</td><td>Pr. 2 1회전당
펄스수(Ap)
(단위 : pulse)</td><td>1~65535</td><td>1~65535
(1~32767 : 10진수로 설정
32768~65535 : 16진수로
변환하여 설정)</td><td>20000</td><td>1</td><td>151</td><td>301</td><td>451</td></tr>
<tr><td>Pr. 3 1회전당
이동량(Al)</td><td colspan="2">설정값은, Pr. 1 단위설정에 의한, 설정
범위가 달라짐.
여기에서는 표의 범위내의 값을 설정</td><td>20000</td><td>2</td><td>152</td><td>302</td><td>452</td></tr>
<tr><td rowspan="4">Pr. 4 단위배
율(Am)</td><td>1 : 1배</td><td>1</td><td rowspan="4">1</td><td rowspan="4">3</td><td rowspan="4">153</td><td rowspan="4">303</td><td rowspan="4">453</td></tr>
<tr><td>10 : 10배</td><td>10</td></tr>
<tr><td>100 : 100배</td><td>100</td></tr>
<tr><td>1000 : 1000배</td><td>1000</td></tr>
</table>

Pr. 1의 설정값	주변기기에 의한 설정값(단위)	시퀀스 프로그램에 의한 설정값(단위)*
0 : mm	0.1~6553.5[μm]	1~65535(×10^{-1}[μm])
1 : inch	0.00001~0.65535[inch]	1~65535(×10^{-5}[inch])
2 : degree	0.00001~0.65535[degree]	1~65535(×10^{-5}[degree])
3 : pulse	1~65535[pulse]	1~65535[pulse]

파라미터는 ① 초기값은 축1~축4에서 동일하며 ② 시퀀스 프로그램에 의해 설정할 경우는 소수점을 취급할 수 없고 ③ 가속시간 1~3과 감속시간 1~3은 상세 파라미터에 있다.

◈ Pr.1(단위 설정)

위치 결정 제어시의 지령 단위를 설정하는 것으로 제어 대상에 따라 mm, inch,

degree, pulse 중 하나를 선택한다.

- mm, inch : X, Y 테이블, 컨베이어,
- degree : 회전체(360[degree/회전]),
- pulse : X, Y 테이블, 컨베이어 각 축의 단위를 각각 개별적으로 설정하는 것도 가능하다.

◈ Pr.2(1회전당 펄스수 : Ap)

엔코더 등 검출 장치의 분해능을 나타낸다.

◈ Pr.3(1회전당 이동량 : Al), Pr.4(단위 배율 : Am)

모터 1회전으로 이동체가 어느 정도 이동하는지는 기계적인 구조로 결정되며 이송 나사의 길이[mm/rev]를 PB, 가속비를 1/n로 하면 다음 식과 같다.

1회전당 이동량(Al)=PB×1/n

본 파라미터는 설정값의 최대값은 6553.5[μm](6.5[mm])이며 이 값을 초과하는 경우를 고려하여 다음식과 같이 설정한다.

1회전당 이동량(Al)=PB×1/n=1회전당 이동량(Al)×단위 배율(Am)

단위 배율을 1,101,000로 하고 PB×1/n의 값이 6553.5[μm](6.5[mm])를 초과하는 경우는 1회전당 이동량(Al)이 6553.5[μm]을 초과하지 않도록 단위 배율을 조정한다.

1회전당 이동량(Al)=PB×1/n=6000.0[μm]의 경우
1회전당 이동량(Al)=1회전당 이동량(Al)×단위 배율(Am)=6000×1
1회전당 이동량(Al)=PB×1/n=60000.0[μm]의 경우
1회전당 이동량(Al)=1회전당 이동량(Al)×단위 배율(Am)=6000×10

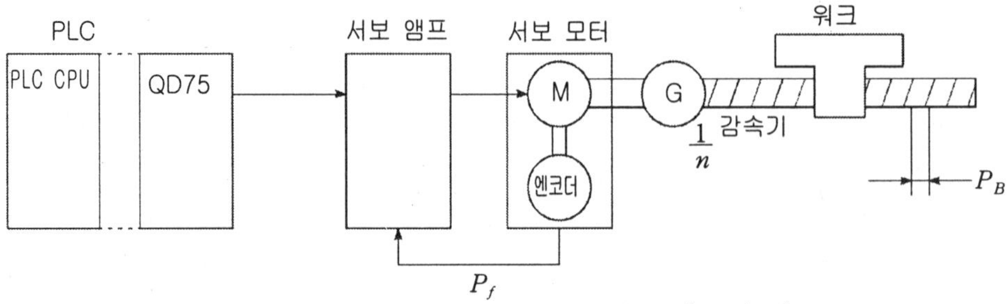

1펄스당 이동량 Δl

$$\Delta l = \frac{P_B}{P_f} \times \frac{1}{n} \text{[mm/pulse]}$$

P_B : 이송나사의 리드[mm/rev]
l/n : 감속비
P_f : 엔코더의 펄스수[pulse/rev]

그림 3-19

Configulator-QP에서 Basic Parameter에서 pulse per rotation(Pr.2), Travel per rotation(Pr.3), unit magnification(Pr.4)을 다음과 같은 화면에서 설정한다.

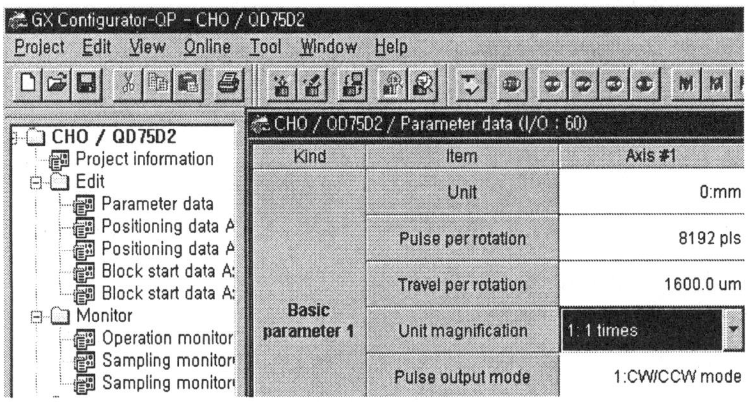

QD75에서 펄스열을 출력할 때의 1펄스당 이동량을 설정하며 단위 설정을 mm으로 하였을 경우는

① 1회전당 펄스수(Ap) : 펄스 발생기의 펄스수(n)가 서보 앰프 MR-J2S에 입력된다.

② 1회전당 이동량(Al) : 모터 1회전으로 워크가 어느 정도 이동하는지 기계계의 구조로 결정된다.

③ 단위 배율(Am) 등이 필요하다 : 1회전당의 이동량 설정 범위가 정해져 있으며 이동량이 설정 범위보다 큰 경우에 배율을 올릴 수가 있다.

회전당 이동량과 단위 배율의 설정의 예는 볼나사의 리드가 10[mm](10,000[μm]), 기어비는 1/1이다. 회전당 이동량의 설정 범위는 0.1~6553.5[μm]이기 때문에 "1000.0", 단위 배율을 "10"으로 설정한다.

설정한 "1펄스당 이동량"에서 위치 결정을 실시한 경우, 지령 이동량과 실제의 이동량에 오차(기계계의 오차)가 발생할 수가 있다.

QD75에서는 이 오차를 1회전당 펄스수, 1회전당 이동량, 단위 배율의 값을 변경함으로써 보정할 수 있다. QD75에서의 오차 보정 기법은 다음과 같다.

① 지령 이동량[mm]을 설정하여 위치 결정을 실시한다.
② 위치 결정후, 실제의 이동량[mm]을 측정한다.
③ 지령 이동량과 실제 이동량으로 보정하는 1회전당 펄스수와 1회전당 이동량을 다음 식에서 산출한다.

㉠ 지령 이동량에 대한 1펄스당 이동량(mm/pulse)

1펄스당 이동량=(1회전당 이동량(Al)/1회전당 펄스수(Ap))×단위 배율(Am)

㉡ 소요 펄스수(pulse)는 지령 이동량/1회전당 이동량
㉢ 실제 이동량(mm)에 대한 외관상의 1펄스당 이동량

{(1회전당 이동량(Al)×단위 배율(Am))/1회전당 펄스수(Ap)}
×(실이동량/지령 이동량)={보정용 1회전당 이동량(Al′)
/보정용 1회전당 펄스수(Ap′)}×단위 배율(Am)

상기 식에서 AL′/AP′를 약분된 분수로 구하고 그 값을 입력하며 다음 예를 참고한다.

【조 건】

1회전당 이동량 : 5,000[μm/rev], 1회전당 펄스수 : 12,000[pulse/rev],
단위 배율 : 1

【위치 결정 결과】

지령 이동량 : 100,000[μm], 실제 이동량 : 100,173[μm]

【보정값】

$Al'/Ap' = \{(5000/12000) \times (100173)/(100,000)\} = 25043.25/60000 \fallingdotseq (2504.3 \times 10)/60000$

1회전당 펄스수를 60,000[pulse/rev], 1회전당 이동량은 2,504.3[μm/rev], 단위 배율은 10이다.

분모가 65,535 이하가 될 때까지 약분하며 단위 배율 6553.5 이하로 되도록 단위 배율을 구한다.

<table>
<tr><th rowspan="3">항 목</th><th colspan="2">설정값, 설정범위</th><th rowspan="3">공장출하시의 초기값</th><th colspan="4">설정용 버퍼 메모리 어드레스</th></tr>
<tr><th rowspan="2">주변기기에 의한 설정값</th><th rowspan="2">시퀀스 프로그램에 의한 설정값</th><th>축1</th><th>축2</th><th>축3</th><th>축4</th></tr>
<tr></tr>
<tr><td rowspan="4">Pr. 5 펄스출력 모드</td><td>0 : PLS/SIGN모드</td><td>0</td><td rowspan="4">1</td><td rowspan="4">4</td><td rowspan="4">154</td><td rowspan="4">304</td><td rowspan="4">454</td></tr>
<tr><td>1 : CW/CCW모드</td><td>1</td></tr>
<tr><td>2 : A상/B상모드(4체배)</td><td>2</td></tr>
<tr><td>3 : A상/B상모드(1체배)</td><td>3</td></tr>
<tr><td rowspan="2">Pr. 6 회전방향 설정</td><td>0 : 정회전 펄스 출력으로 현재값 증가</td><td>0</td><td rowspan="2">0</td><td rowspan="2">5</td><td rowspan="2">155</td><td rowspan="2">305</td><td rowspan="2">455</td></tr>
<tr><td>1 : 역회전 펄스 출력으로 현재값 증가</td><td>1</td></tr>
</table>

◈ Pr.5(펄스 출력 모드)

사용할 서보 앰프에 적합한 펄스의 출력 모드를 설정하며 QD75 모듈은 초기값으로 펄스를 부논리로 출력한다.

출력 펄스의 정·부논리 선택은 Pr.23(출력 신호 논리 선택)에서 설정하며 전원투입후 또는 PLC CPU 리셋후 최초로 PLC Ready(Y0) 신호가 OFF→ON 했을 경우 유효하며 PLC Ready(Y0) 신호가 ON후 설정값을 변경하고 다시 PLC Ready(Y0) 신호가 OFF→ON해도 무효가 된다.

(a) PLS/SIGN 모드

방향 부호(SIGN)의 ON/OFF로 정회전/역회전을 제어한다.
방향 부호가 LOW인 경우는 정회전, 방향 부호가 HIGH인 경우는 역회전이다.

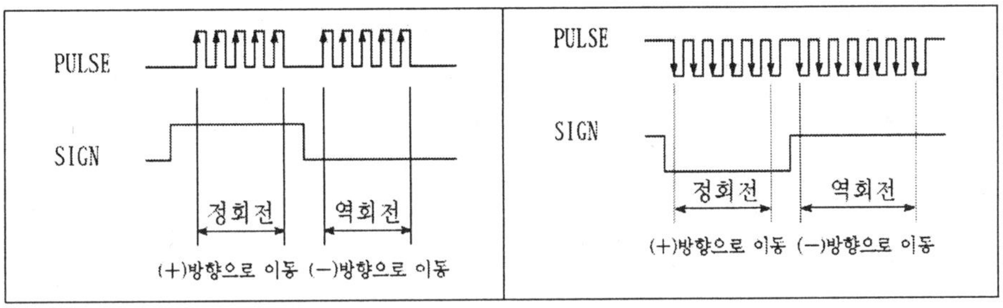

(b) CW/CCW 모드

정회전시에는 정회전용 필드 펄스(PULSE F)를 출력하고, 역회전시에는 역회전용 필드 펄스(PULSE R)를 출력한다.

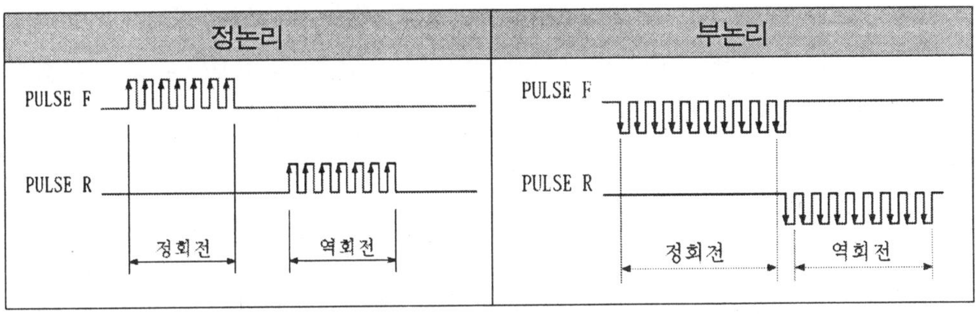

(c) A상/B상 모드(4체배, 1체배 공통)

A상(AØ)과 B상(BØ)의 위상차에 따라 정회전/역회전을 제어하며 B상이 A상에 비교해 90° 지연될 경우는 정전상태이며 B상이 A상에 비교해 90° 앞설 경우는 역전상태이다.

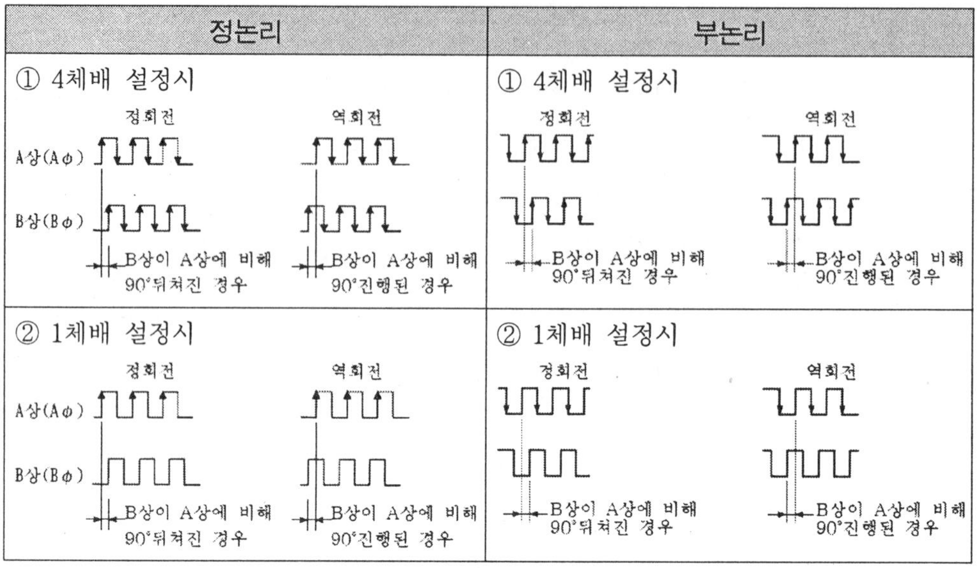

◈ Pr.6(회전 방향 설정)

모터의 회전방향과 현재값 어드레스 증감의 관계를 설정하며 회전 방향은 JOG 운전을 실시하고, 정전 지령시에 어드레스가 증가할지(설정 0) 또는 감소할지(설정 1)로 결정된다. 정회전 펄스(모터 정회전 CW) 0, 역회전 펄스(모터 역회전 CCW) 1이 된다.

워크 W가 어드레스 증가 방향으로 움직인 경우 Pr.6에 1을 설정한다.

구 분		이동 방향	
		현재값 증가	현재값 감소
출력 펄스	정회전 펄스	0	1
	역회전 펄스	1	0

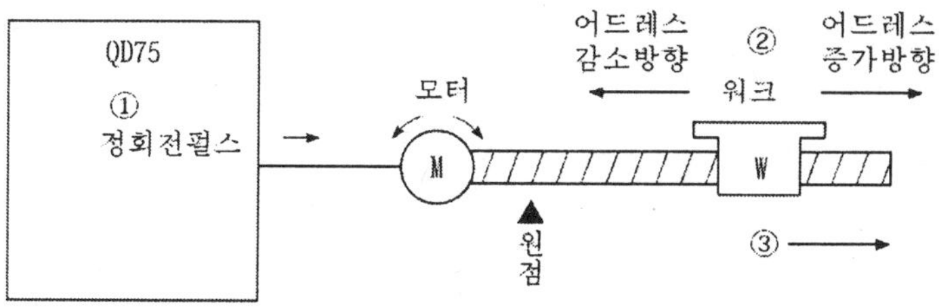

그림 3-20 회전 방향 결정

◈ Pr.7(기동시 바이어스 속도)

기동시 바이어스 속도는 스텝핑 모터 등을 사용할 경우에 모터의 회전을 부드럽게 하기 위한 기동 최저 속도이다.

① 원점 복귀시, 위치 결정시 및 JOG 운전시에 유효하다.

② 사용하지 않을 경우는 "0"을 설정한다.

항 목	설정값, 설정범위		공장출하시의 초기값	설정용 버퍼 메모리 어드레스			
	주변기기에 의한 설정값	시퀀스 프로그램에 의한 설정값		축1	축2	축3	축4
Pr. 7 기동시 바이어스 속도	Pr. 1 단위설정에 따라 설정범위 다름 [표]의 범위내 값 설정		0	6 7	156 157	306 307	456 457

Pr. 1 의 설정값	주변기기에 의한 설정값(단위)	시퀀스 프로그램에 의한 설정값(단위)
0 : mm	0~20000000.00[mm/min]	1~2000000000(×10^{-2}[mm/min])
1 : inch	0~2000000.000[inch/min]	1~2000000000(×10^{-3}[inch/min])
2 : degree	0~2000000.000[degree/min]	1~2000000000(×10^{-3}[degree/min])
3 : pulse	0~1000000[pulse/s]	1~1000000[pulse/s]

· Pr.8(속도 제한값)

· Pr.9(가속 시간)

· Pr.10(감속 시간)

다음과 같이 파라미터를 설정한다.

항 목	설정값, 설정범위		공장출하시의 초기값	설정용 버퍼 메모리 어드레스			
	주변기기에 의한 설정값	시퀀스 프로그램에 의한 설정값		축1	축2	축3	축4
Pr. 8 속도 제한값	Pr. 1 단위설정에 따라 설정범위 달라짐 [표]의 범위내 값을 설정		200000	10 11	160 161	310 311	460 461
Pr. 9 가속시간 0	1~8388608[ms]	1~8388608[ms]	1000	12 13	162 163	312 313	462 463
Pr. 10 가속시간 0	1~8388608[ms]	1~8388608[ms]	1000	14 15	164 165	314 315	464 465

Pr. 1의 설정값	주변기기에 의한 설정값(단위)	시퀀스 프로그램에 의한 설정값(단위)
0 : mm	0.01~20000000.00[mm/min]	1~2000000000($\times 10^{-2}$[mm/min])
1 : inch	0.001~2000000.000[inch/min]	1~2000000000($\times 10^{-3}$[inch/min])
2 : degree	0.001~2000000.000[degree/min]	1~2000000000($\times 10^{-3}$[degree/min])
3 : pulse	[기종선택[*1]이 QD75P] 0~200000[pulse/s] [기종선택[*1]이 QD75D] 0~1000000[pulse/s]	1~1000000[pulse/s][*2]

◈ Pr.8(속도 제한값)

구동 장치와 제어 대상에 따라 위치 결정 제어시와 원점복귀 제어시의 속도를 제한할 필요가 있으며 속도 제한 조건은 ① 모터의 회전수 ② 워크의 이동속도에 따르며 위치 결정시의 최고 속도를 설정한다.

◈ Pr.9(가속 시간)/Pr.10(감속 시간)

기동을 시작했을 때부터 기본 파라미터에서 지정된 속도 제한값에 도달할 때까지의 시간을 설정한다.

① 위치 결정 속도의 설정이 속도 제한값보다 작은 경우의 실제 가속 시간은 비례적으로 짧아지며 위치 결정 속도의 최대값은 속도 제한값과 같게 하거나 가까운 값으로 한다.

② 원점 복귀시, 위치 결정시 및 JOG 운전시 모두 유효하게 된다.

③ 보간 위치 결정시는 기준축의 가감속 시간이 유효하게 된다.

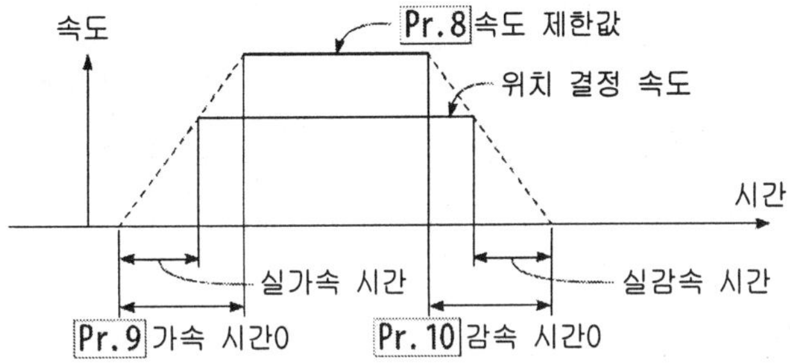

그림 3-21 가감속 시간

(나) 상세 파라미터 1 설정

상세 파라미터는 상세 파라미터 1과 상세 파라미터 2로 분류된다.

- Pr.11(백래쉬 보정량)
- Pr.12(소프트웨어 스트로크 리미트 상한값)
- Pr.13(소프트웨어 스트로크 리미트 하한값)
- Pr.14(소프트웨어 스트로크 리미트 선택)
- Pr.15(소프트웨어 스트로크 리미트 유효/무효 설정) 설정

<table>
<tr><th rowspan="2">항 목</th><th colspan="2">설정값, 설정범위</th><th rowspan="2">공장출하시의 초기값</th><th colspan="4">설정용 버퍼 메모리 어드레스</th></tr>
<tr><th>주변기기에 의한 설정값</th><th>시퀀스 프로그램에 의한 설정값</th><th>축1</th><th>축2</th><th>축3</th><th>축4</th></tr>
<tr><td>Pr. 11 백러시 보정량</td><td colspan="2">Pr. 1 단위설정에 따라 설정범위 달라짐 [표]의 범위내 값을 설정</td><td>0</td><td>17</td><td>167</td><td>317</td><td>467</td></tr>
<tr><td>Pr. 12 소프트웨어 스트로크 리미트 상한값</td><td colspan="2" rowspan="2">Pr. 1 단위설정에 따라 설정범위 달라짐 [표]의 범위내 값을 설정</td><td>2147483647</td><td>18
19</td><td>168
169</td><td>318
319</td><td>468
469</td></tr>
<tr><td>Pr. 13 소프트웨어 스트로크 리미트 하한값</td><td>-2147483648</td><td>20
21</td><td>170
171</td><td>320
321</td><td>470
471</td></tr>
<tr><td rowspan="2">Pr. 14 소프트웨어 스트로크 리미트선택</td><td>0 : 이송현재값에 따른 소프트웨어 스트로크 리미트를 건다.</td><td>0</td><td rowspan="2">0</td><td rowspan="2">22</td><td rowspan="2">172</td><td rowspan="2">322</td><td rowspan="2">472</td></tr>
<tr><td>1 : 이송기계값에 따른 소프트웨어 스트로크 리미트를 건다.</td><td>1</td></tr>
<tr><td rowspan="2">Pr. 15 소프트웨어 스트로크 리미트유효/무효설정</td><td>0 : JOG운전시, 인칭운전시, 수동펄서 운전시의 소프트웨어 스트로크 리미트가 유효</td><td>0</td><td rowspan="2">0</td><td rowspan="2">23</td><td rowspan="2">173</td><td rowspan="2">323</td><td rowspan="2">473</td></tr>
<tr><td>1 : JOG 운전시, 인칭운전시, 수동펄서 운전시의 소프트웨어 스트로크 리미트가 무효</td><td>1</td></tr>
</table>

Pr. 1의 설정값	주변기기에 의한 설정값(단위)	시퀀스 프로그램에 의한 설정값(단위) *
0 : mm	0~6553.5[μm]	1~65535(×10^{-1}[μm])
1 : inch	0~0.65535[inch]	1~65535(×10^{-5}[inch])
2 : degree	0~0.65535[degree]	1~65535(×10^{-5}[degree])
3 : pulse	0~65535[pulse]	1~65535[pulse]

* 1~32767 : 10진수로 설정
32768~65535 : 16진수로 변환하여 설정

Pr. 1 의 설정값	주변기기에 의한 설정값(단위)	시퀀스 프로그램에 의한 설정값(단위)
0 : mm	-214748364.8～214748364.7[μm]	-2147483648～2147483647(×10^{-1}[μm])
1 : inch	-21474.83648～21474.83647[inch]	-2147483648～2147483647(×10^{-5}[inch])
2 : degree	0～359.99999[degree]	0～35999999(×10^{-5}[degree])
3 : pulse	-2147483648～2147483647[pulse]	-2147483648～2147483647[pulse]

◈ Pr.11(백래쉬 보정량)

기어로 기계가 이동할 때의 백래쉬에 의한 오차분의 보정을 실시할 수 있으며 백래쉬 보정량을 설정하면 위치 결정시에 방향이 변화할 때마다 보정량 만큼 여유있게 펄스를 출력한다.

① 백래쉬 보정은 원점 복귀후 유효하며 백래쉬 보정량을 설정·변경했을때는 반드시 한번 원점 복귀를 실시한다.

② 백래쉬 보정량의 설정 범위는 0～65535이지만 255 이하가 되도록 한다.

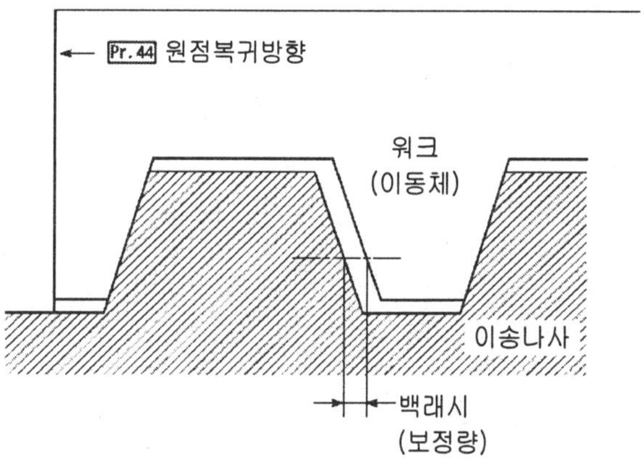

0≤(백래쉬 보정량/1펄스 이동량)≤255

그림 3-22 백래시 보정

◈ Pr.12(소프트웨어 스트로크 리미트 상한값), Pr.13(소프트웨어 스트로크 리미트 하한값)

위치 결정 제어시의 기계 이동 범위의 상한값과 리미트 하한값을 설정한다.

단, JOG 운전시에는 스트로크 리미트의 값은 무시된다.

일반적으로 원점은 스트로크 리미트의 하한 또는 상한으로 설정되며 소프트웨어 스트로크 리미트의 상, 하한값을 설정함으로써, 소프트웨어상의 오버런이 방지되지만 상하한값 근접위치에 비상 정지용 리미트 스위치를 장착한다.

소프트웨어로 스트로크 리미트를 무효로 하는 경우는 설정값을 상한값=하한값으로 한다.

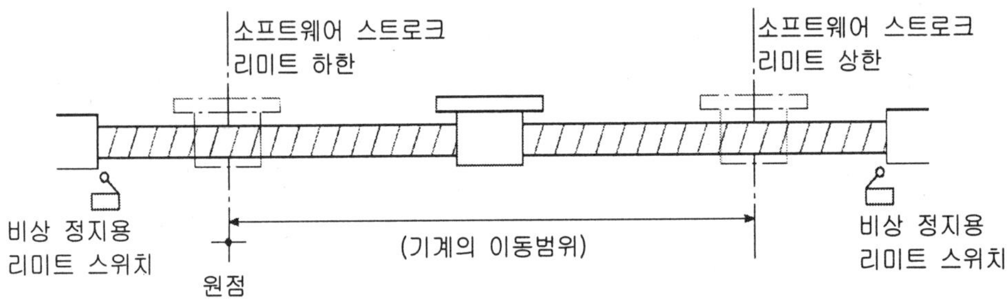

그림 3-23 상 · 하한 리미트

◈ Pr.14(소프트웨어 스트로크 리미트 선택)

소프트웨어 스트로크 리미트를 이송 현재값으로 할지 기계 이송값으로 할지 설정하며 설정값에 대해서 소프트웨어 리미트가 유효하다.

◈ Pr.15(소프트웨어 스트로크 리미트 유효/무효 설정)

JOG운전, 인칭 운전, 수동 펄서 운전시 소프트웨어 리미트의 유효/무효를 설정한다.

- Pr.16(지령 인포지션 범위)
- Pr.17(토크 제한 설정값)
- Pr.18(M코드 ON 출력 타이밍) 설정

항 목	설정값, 설정범위		공장출하시의 초기값	설정용 버퍼 메모리 어드레스			
	주변기기에 의한 설정값	시퀀스 프로그램에 의한 설정값		축1	축2	축3	축4
Pr. 16 지령 인포지션 범위	Pr. 1 단위설정에 따라 설정범위 달라짐 [표]의 범위내 값을 설정		100	24 25	174 175	324 325	474 475
Pr. 17 토크제한 설정값	1~500[%]	1~500[%]	300	26	176	326	476
Pr. 18 코드 ON신호 출력 타이밍	0 : WITH모드	0	0	27	177	327	477
	1 : AFTER모드	1					

Pr. 1의 설정값	주변기기에 의한 설정값(단위)	시퀀스 프로그램에 의한 설정값(단위)
0 : mm	0.1~214748364.7[μm]	1~2147483647($\times 10^{-1}$[μm])
1 : inch	0.00001~21474.83647[inch]	1~2147483647($\times 10^{-5}$[inch])
2 : degree	0.00001~21474.83647[degree]	1~2147483647($\times 10^{-5}$[degree)
3 : pulse	1~2147483647[pulse]	1~2147483647[pulse]

◈ Pr.16(지령 인포지션 범위)

지령 인포지션이 ON되는 남은 거리를 설정하며 지령 인포지션 신호는 위치 결정 완료 신호의 전도 신호로 사용하며 Md 31 스테이터스의 지령 인포지션 플랙(3번 플랙)이 OFF되고 지령 인포지션 신호의 설정 위치에서 지령 인포지션 플랙이 ON된다.

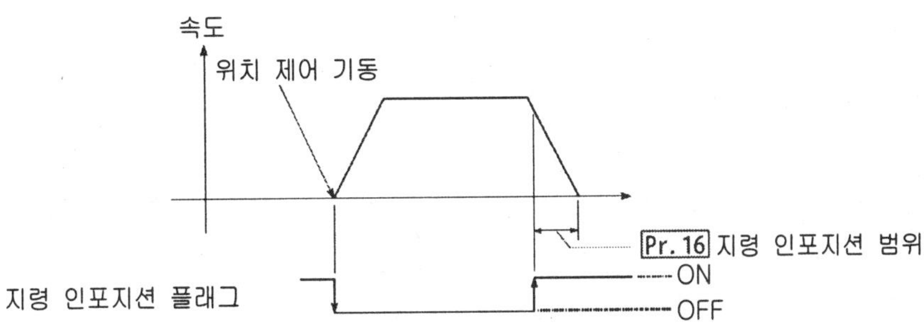

그림 3-24 지령 인포지션 범위

지령 인포지션 신호(버퍼 메모리 817, 917, 1017, 1117의 비트 b2)를 ON하는 위치로 위치 결정 어드레스에서 전송 현재값을 뺀 값이다.

◈ Pr.17(토크 제한 설정값)

토크 제한 기능은 서보 모터의 발생 토크를 설정 범위 내로 제한하는 기능이며 제어에 필요한 토크가 토크 제한 설정값을 초과하는 경우는 설정된 토크 제한값으로 제어한다.

- 사용 조건

① 펄스열 출력 타입에서의 제한 사항

㉠ D/A 변환 모듈 및 D/A 변환 모듈과 드라이브 모듈 사이의 배선이 필요.

㉡ 아날로그 전압에 따라 토크 제한 지령이 가능한 드라이브 모듈이 필요.

㉢ 설정된 토크 제한 설정값은 버퍼 메모리의 Md35 : 토크 제한 저장값에 세트되기 때문에 시퀀스 프로그램에서 그 Md35 토크 제한 저장값을 D/A 변환 모듈로 전송한다.

◈ Pr.18(M코드 ON신호 출력 타이밍)

M코드는 각 위치 결정데이터 Da.10마다 제어별로 설정할 수 있는 0~65535까지의 번호이다.

M코드 ON 신호(X4, X5, X6, X7)가 ON되었다면 시퀀스 프로그램에서 버퍼 모리의 Md25 유효 M코드(808, 908, 1008, 1108)에서 읽고, 코드 번호에 대응하는 보조 작업(예를 들면, 클램프, 드릴 회전, 공구교환 등)의 지령을 할 수 있다.

M코드 ON 신호의 출력 타이밍에는 WITH 모드와 AFTER 모드가 있으며 WITH 모드는 위치 결정 시작과 동시에 M코드를 출력하고 M코드 ON 신호를 ON한다.

AFTER 모드는 위치 결정 완료와 동시에 M코드를 출력하고 M코드 ON 신호를 ON한다.

속도 제어에서 AFTER 모드의 경우 M코드는 출력되지 않고 M코드 ON 신호도 ON되지 않는다.

· Pr.19(속도 전환 모드)

· Pr.20(보간 속도 지정 방법)
· Pr.21(속도 제어시 이송 현재값)
· Pr.22(입력 신호의 논리 선택 출력)
· Pr.23(출력신호의 논리 선택)
· Pr.24(수동 펄스 입력 선택)
· Pr.150(속도 위치 기능 선택) 설정

항 목	설정값, 설정범위		공장출하시의 초기값	설정용 버퍼 메모리 어드레스			
	주변기기에 의한 설정값	시퀀스 프로그램에 의한 설정값		축1	축2	축3	축4
Pr. 19 속도전환 모드	0 : 표준속도전환모드	0	0	28	178	328	478
	1 : 전도속도전환모드	1					
Pr. 20 보간속도 지정 방법	0 : 합성속도	0	0	29	179	329	479
	1 : 기준축속도	1					
Pr. 21 속도제어시의 이송 현재값	0 : 이송현재값 갱신을 하지 않는다.	0	0	30	180	330	480
	1 : 이송현재값 갱신을 한다.	1					
	2 : 이송현재값을 0클리어한다.	2					
Pr. 22 입력신호 논리선택	b0 하한리미트 b1 상한리미트 b2 드라이브 모듈 Ready b3 정지신호 b4 외부지령 b5 영점신호 b6 근점신호 b7 미사용 b8 수동펄스 입력 b9~b15 미사용 0 : 부논리 1 : 정논리	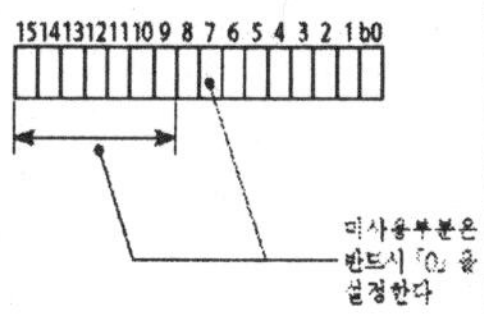	0	31	181	331	481

<table>
<tr><th rowspan="2">항 목</th><th colspan="3">설정값, 설정범위</th><th rowspan="2">공장출하시의 초기값</th><th colspan="4">설정용 버퍼 메모리 어드레스</th></tr>
<tr><th colspan="2">주변기기에 의한 설정값</th><th>시퀀스 프로그램에 의한 설정값</th><th>축1</th><th>축2</th><th>축3</th><th>축4</th></tr>
<tr><td rowspan="6">Pr. 23 출력신호 논리선택</td><td>b0</td><td>지령펄스 신호</td><td rowspan="6">0 : 부논리
1 : 정논리</td><td rowspan="6">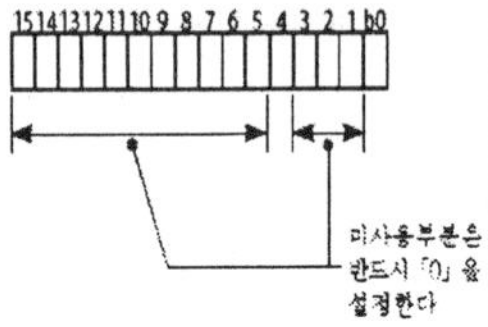
</td><td rowspan="6">0</td><td rowspan="6">32</td><td rowspan="6">182</td><td rowspan="6">332</td><td rowspan="6">482</td></tr>
<tr><td>b1</td><td>미사용</td></tr>
<tr><td>b2</td><td>미사용</td></tr>
<tr><td>b3</td><td>미사용</td></tr>
<tr><td>b4</td><td>편차카운터 클리어</td></tr>
<tr><td>b5~b15</td><td>미사용</td></tr>
<tr><td rowspan="4">Pr. 24 수동펄서 입력선택</td><td colspan="2">0 : A상/B상 4체배</td><td>0</td><td rowspan="4">0</td><td rowspan="4">33</td><td rowspan="4">-</td><td rowspan="4">-</td><td rowspan="4">-</td></tr>
<tr><td colspan="2">1 : A상/B상 2체배</td><td>1</td></tr>
<tr><td colspan="2">2 : A상/B상 1체배</td><td>2</td></tr>
<tr><td colspan="2">3 : PLS/SIGN</td><td>3</td></tr>
<tr><td rowspan="2">Pr. 150 속도 · 위치 기능선택</td><td colspan="2">0 : 속도 · 위치전환제어 (INC모드)</td><td>0</td><td rowspan="2">0</td><td rowspan="2">34</td><td rowspan="2">184</td><td rowspan="2">334</td><td rowspan="2">484</td></tr>
<tr><td colspan="2">2 : 속도 · 위치전환제어 (ABS모드)</td><td>2</td></tr>
</table>

◈ Pr.19(속도 전환 모드)

속도 전환 모드의 속도 전환을 표준 전환으로 실시할지 또는 전도 전환으로 실시 여부를 설정한다.

표준 전환(0)에서는 다음의 위치 결정 데이터 실행시에 속도 전환을 실시한다.

전도 전환(1)에서는 현재 실행하는 위치 결정 데이터의 마지막에 속도가 전환된다.

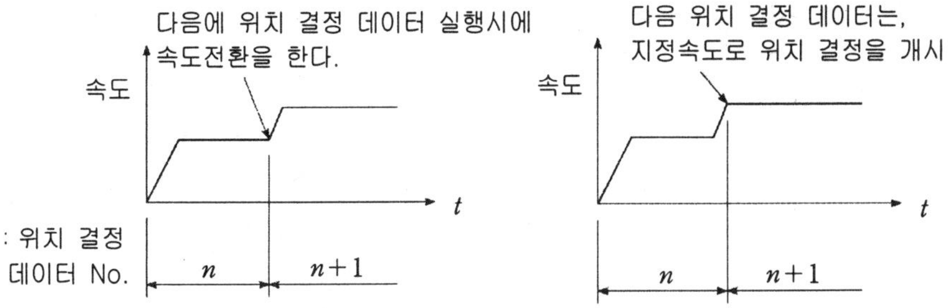

(a) 표준전환의 경우 (b) 전도전환의 경우

그림 3-25 속도 전환 모드

◈ Pr.20(보간 속도 지정 방법)

직선 보간/원호 보간을 실시할 경우, 합성 속도(0)를 지정할지 또는 기준축 속도(1)를 지정할지를 설정하며 합성 속도는 제어 대상의 이동 속도를 지정하고 각 축의 속도는 QD75가 계산한다.

기준축 속도는 기준축에 설정된 축의 속도를 지정하고 보간을 실시하는 다른쪽 축의 속도는 QD75가 계산한다.(이동 거리가 긴방향이 기준축)

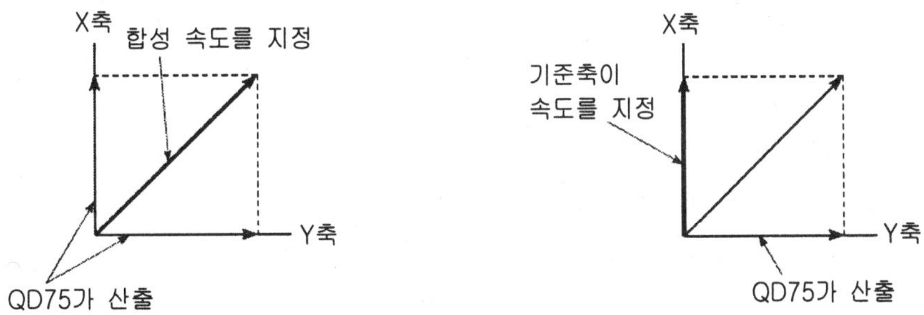

(a) 합성 속도 지정지 (b) 기준축 속도 지정시

그림 3-26 보간 속도 지정

◈ Pr.21(속도 제어시 이송 현재값)

속도 제어시(속도, 위치 전환 제어중 위치, 속도 포함)에 Md20 이송 현재값의 갱신여부를 설정한다.

- 0 : 이송 현재값을 갱신하지 않고 속도 제어 개시시의 현재 이송값을 유지한다.
- 1 : 이송 현재값을 갱신하고 속도 제어 개시시의 현재 이송값부터 갱신한다.
- 2 : 이송 현재값을 0으로 클리어하고 현재 이송값을 0으로 하고 갱신하지 않는다.

◈ Pr.22(입력 신호의 논리 선택 출력), Pr.23(출력 신호의 논리 선택)

외부에 접속된 기기에 적합한 각 입출력 신호의 논리를 설정하며 각 입출력 신호의 논리 설정을 잘못하면 정상적으로 운전할 수 없어 설정을 변경할 경우는 초기값 설정에 주의한다. 수동 펄서 입력의 논리 선택(b8)은 축1로 설정한다.

◈ Pr.24(수동 펄스 입력 선택)

수동 펄서로 부터의 입력 펄스 모드를 설정하며 축 1의 설정값만 유효하다.

◈ Pr.150(속도 위치 기능 선택)

속도 위치 전환 제어 모드를 선택한다.

(다) 상세 파라미터 2 설정

- Pr.25(가속 시간 1)~Pr.27(가속 시간 3)
- Pr.28(감속 시간 1)~Pr.30(감속 시간 3)
- Pr.31(JOG 속도 제한값)
- Pr.32(JOG 운전 가속 시간 선택)
- Pr.33(JOG 운전 감속 시간 선택)

항 목	설정값, 설정범위		공장출하시의 초기값	설정용 버퍼 메모리 어드레스			
	주변기기에 의한 설정값	시퀀스 프로그램에 의한 설정값		축1	축2	축3	축4
Pr. 25 가속시간 1	1~8388608[ms]	1~8388608[ms]	1000	36 37	186 187	336 337	486 487
Pr. 26 가속시간 2				38 39	188 189	338 339	488 489
Pr. 27 가속시간 3				40 41	190 191	340 341	490 491
Pr. 28 가속시간 1				42 43	192 193	342 343	492 493
Pr. 29 가속시간 2				44 45	194 195	344 345	494 495
Pr. 30 가속시간 3				46 47	196 197	346 347	496 497
Pr. 31 JOG 속도 제한값	Pr. 1 단위설정에 설정범위가 달라짐. [표] 범위내의 값을 설정		20000	48 49	198 199	348 349	498 499
Pr. 32 JOG 운전 가속 시간 선택	0 : Pr. 9 가속시간 0	0	0	50	200	350	500
	1 : Pr. 25 가속시간 1	1					
	2 : Pr. 26 가속시간 2	2					
	3 : Pr. 27 가속시간 3	3					
Pr. 33 JOG 운전 감속 시간 선택	0 : Pr. 10 가속시간 0	0	0	51	201	351	501
	1 : Pr. 28 가속시간 1	1					
	2 : Pr. 29 가속시간 2	2					
	3 : Pr. 30 가속시간 3	3					

Pr. 1 의 설정값	주변기기에 의한 설정값(단위)	시퀀스 프로그램에 의한 설정값(단위)
0 : mm	0.01~20000000.00[mm/min]	1~2000000000(×10^{-2}[mm/min])
1 : inch	0.001~2000000.000[inch/min]	1~2000000000(×10^{-3}[inch/min])
2 : degree	0.001~2000000.000[degree/min]	1~2000000000(×10^{-3}[degree/min])
3 : pulse	[기종선택*1이 QD75P] 1~200000[pulse/s] [기종선택*1이 QD75D] 0~1000000[pulse/s]	1~1000000[pulse/s]*2

◈ Pr.25(가속 시간 1)~Pr.27(가속 시간 3)

위치 결정 운전으로 속도 0에서 Pr.8 속도 제한값에 도달할때까지 시간을 설정한다.

◈ Pr.28(감속 시간 1)~Pr.30(감속 시간 3)

위치 결정 운전으로 Pr.8에서 속도 0에 도달할 때까지 시간을 설정한다.

◈ Pr.31(JOG 속도 제한값)

JOG 운전시 최고 속도를 설정하며 JOG 속도 제한값은 Pr8. 속도 제한값 이하로 설정하며 속도 제한값을 초과하는 경우는 JOG 속도값 에러(956)가 발생한다.

◈ Pr.32(JOG 운전 가속 시간 선택)

JOG 운전 가속 시간을 선택한다.

◈ Pr.33(JOG 운전 감속 시간 선택)

JOG 운전 감속 시간을 선택한다.

항 목	설정값, 설정범위		공장출하시의 초기값	설정용 버퍼 메모리 어드레스			
	주변기기에 의한 설정값	시퀀스 프로그램에 의한 설정값		축1	축2	축3	축4
Pr. 34 가감속처리 선택	0 : 자동대형 가감속처리	0	0	52	202	352	502
	1 : S자 가감속처리	1					
Pr. 35 S자비율	1~100[%]	1~100[%]	100	53	203	353	503
Pr. 36 급정지감속시간	1~8388608[ms]	1~8388608[ms]	1000	54 55	204 205	354 355	504 505
Pr. 37 정지그룹1 급정지 선택	0 : 통상 감속정지	0	0	56	206	356	506
Pr. 38 정지그룹2 급정지 선택				57	207	357	507
Pr. 39 정지그룹3 급정지 선택	1 : 급정지	1		58	208	358	508

◈ Pr.34(가감속 처리 선택)

가감속 처리 형태를 자동 사다리꼴 가감속, S자 가감속 처리여부를 선택한다. 스테핑 모터는 S자 가감속을 할 수 없다.

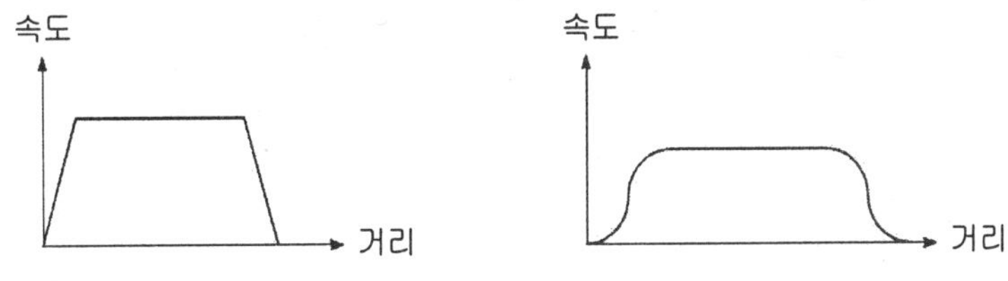

(a) 자동 사다리꼴 가감속 (b) S자 가감속

그림 3-27 가감속 운전

◈ Pr.35(S자 비율)

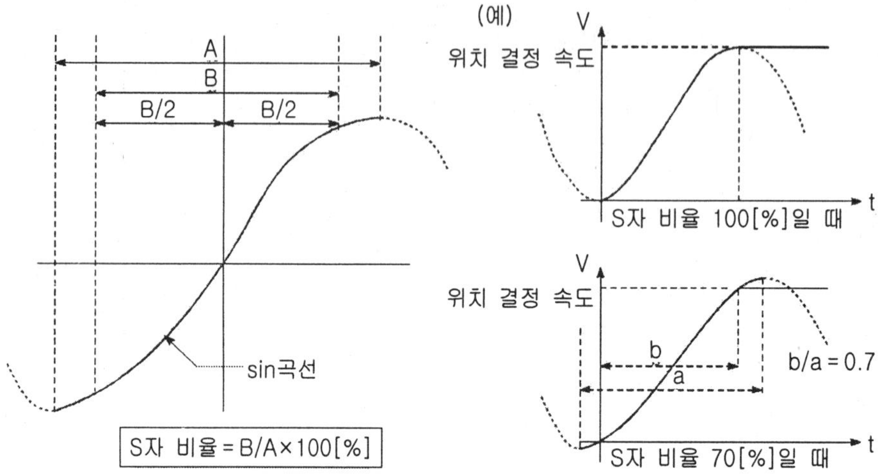

그림 3-28 S자 비율 설정

S자 가감속을 처리할 경우의 S자 비율(1~100[%])을 설정하며 S자 비율은 Sin 곡선의 부분을 이용한 가감속 커브 설정이다.

◈ Pr.35(급정지 감속 시간)

급정지시 속도 제한값에서 속도 0이 될 때까지의 시간을 설정한다.

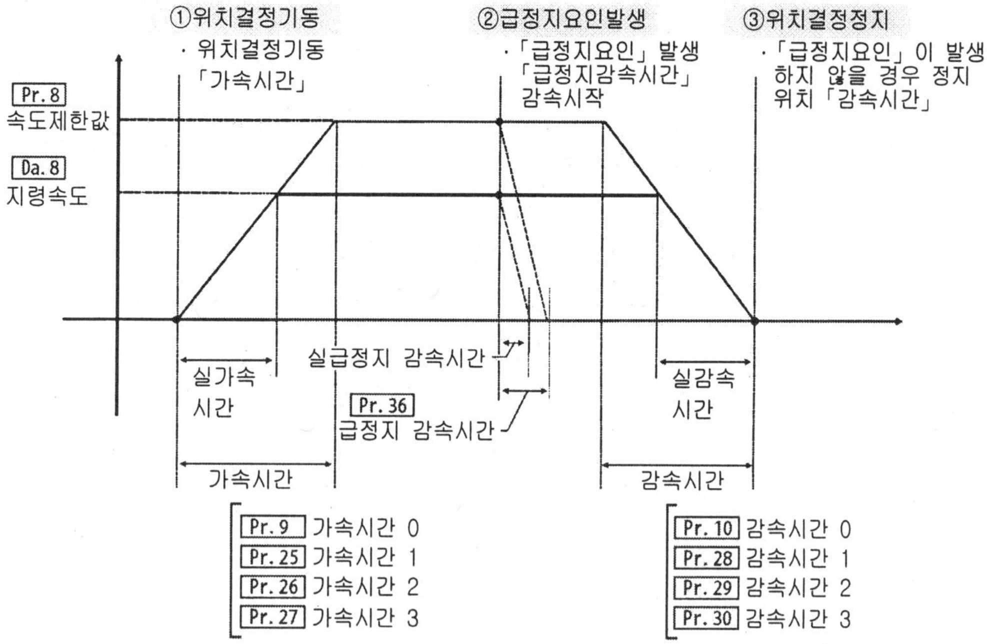

그림 3-29 급정지 감속시간

◈ Pr.37~Pr.39(급정지 선택 : 정지 그룹 1~3)

급정지를 선택하면 다음에 나타낸 정지 요인에 대응하는 정지 그룹 1~3의 정지 신호가 입력되었을 때 급정지 감속을 실행한다.

정지 그룹 1은 하드웨어 스트로크 리미트에 의한 정지이며 정지 그룹 2는 I/O 리세트, PLC Ready 신호 [Y0]의 OFF, 테스트 모드시의 고장에 의한 정지이며 정지 그룹 3은 외부 정지 신호에 의한 정지이다.

PLC CPU에서의 정지 신호에 의한 정지, 주변기기의 정지 신호에 의한 정지. 에러 발생에 의한 정지, 카운터식 원점 복귀로 근점 도그 ON→OFF에 의한 정지로 0은 통상 감속정지, 1은 급정지가 있다.

- Pr.40(위치 결정 완료 신호 출력 시간)
- Pr.41(원호 보간 오차 허용 범위)
- Pr.42(외부 지령 기능 선택의 설정) 설정

<table>
<tr><th rowspan="2">항 목</th><th colspan="2">설정값, 설정범위</th><th rowspan="2">공장출하시의 초기값</th><th colspan="4">설정용 버퍼 메모리 어드레스</th></tr>
<tr><th>주변기기에 의한 설정값</th><th>시퀀스 프로그램에 의한 설정값</th><th>축1</th><th>축2</th><th>축3</th><th>축4</th></tr>
<tr><td>Pr. 40 위치 결정 완료 신호출력시간</td><td>0~65535[ms]</td><td>0~65535[ms]
0~32767 : 10진수로 설정
32768~65535 : 16진수로 변환하여 설정</td><td>300</td><td>59</td><td>209</td><td>359</td><td>509</td></tr>
<tr><td>Pr. 41 원호 보간 오차 허용범위</td><td colspan="2">Pr. 1 단위설정에 따라 설정값 달라짐
[표]의 범위내 값을 설정</td><td>100</td><td>60
61</td><td>210
211</td><td>360
361</td><td>510
511</td></tr>
<tr><td rowspan="4">Pr. 42 외부 지령 기능 선택</td><td>0 : 외부위치결정기동</td><td>0</td><td rowspan="4">0</td><td rowspan="4">62</td><td rowspan="4">212</td><td rowspan="4">362</td><td rowspan="4">512</td></tr>
<tr><td>1 : 외부속도변경요구</td><td>1</td></tr>
<tr><td>2 : 속도・위치/위치・속도제어전환요구</td><td>2</td></tr>
<tr><td>3 : 스킵요구</td><td>3</td></tr>
</table>

Pr. 1의 설정값	주변기기에 의한 설정값(단위)	시퀀스 프로그램에 의한 설정값(단위)
0 : mm	0~10000.0[μm]	1~100000($\times 10^{-1}$[μm])
1 : inch	0~1.00000[inch]	1~100000($\times 10^{-5}$[inch])
2 : degree	0~1.00000[degree]	1~100000($\times 10^{-5}$[degree])
3 : pulse	0~100000[pulse]	1~100000[pulse]

◈ Pr.40(위치 결정 완료 신호 출력 시간)

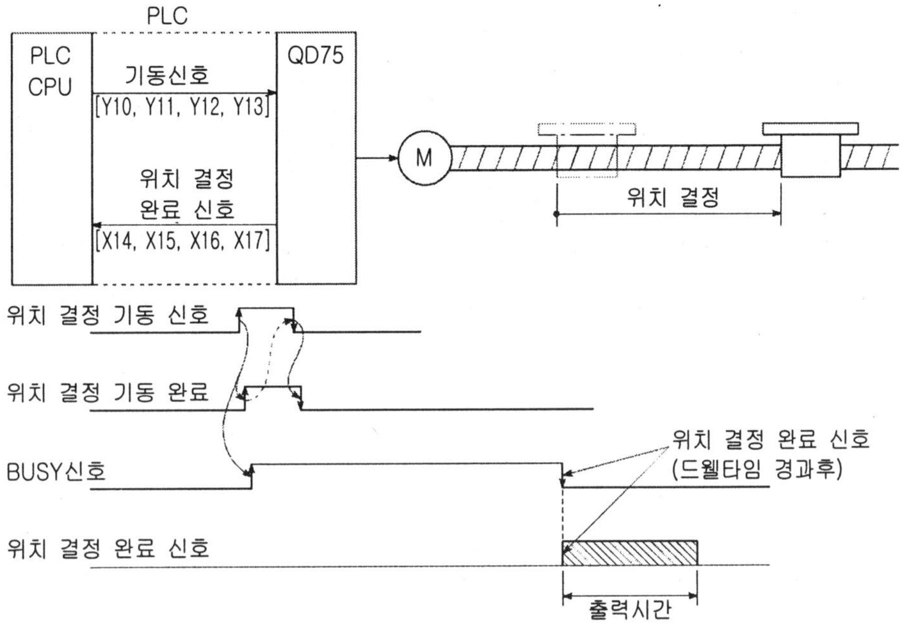

그림 3-30 위치 결정 완료 신호

QD75에서 출력된「위치 결정 완료 신호(X14, X15, X16, X17)」의 출력 시간을 설정하며 위치 결정 완료란 QD75가 펄스 출력을 종료하고 소정의 드웰타임을 경과한 상태를 나타낸다.

◈ Pr.41(원호 보간 오차 허용 범위)

중심점 지정에 의한 원호 보간 제어에서는 시작점 어드레스와 중심점 어드레스에서 계산한 원호의 궤적과 종점 어드레스가 어긋나는 경우가 있다.

원호 보간 오차 허용 범위는 계산에 의한 원호의 궤적과 종점 어드레스 오차의 허용설정 범위이며 계산에 의한 원호의 오차와 종점 어드레스와의 오차가 설정 범위 이내인 경우는 와류형(spiral) 보간에 따라 오차 보정을 실시하며 설정된 종점 어드레스에 원호 보간을 실시한다. 원호 보간 허용 범위는 기준축의 상세 파라미터로 설정한다.

- 축1이 기준축인 경우는 축1의 버퍼 메모리 어드레스(60, 61)
- 축2가 기준축인 경우는 축2의 상세 메모리 어드레스(210, 211)

- 축3이 기준축인 경우는 축3의 상세 메모리 어드레스(360, 361)
- 축4가 기준축인 경우는 축4의 상세 메모리 어드레스(510, 511)

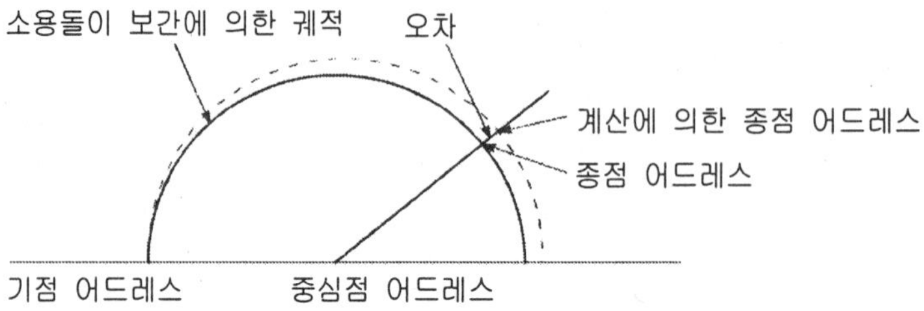

그림 3-31 원호 보간 오차

◈ Pr.42(외부 지령 기능 선택)

외부 지령 신호를 어느 기능으로 사용할지를 설정한다.

① **외부 위치 결정 기동 설정시(0)** : 외부 지령 신호의 입력에 따라 위치 결정 운전을 기동

② **외부 속도 변경 요구 설정시(1)** : 외부 지령 신호의 입력으로 현재 실행 중인 위치 결정 운전의 속도를 변경하고 외부 속도를 변경할 경우는 축 제어 데이터의 Cd.14 속도 변경값에 속도 변경값을 설정한다.

③ **속도, 위치/위치, 속도 제어 전환 요구** : 외부 지령 신호에 따라 속도, 위치 전환 제어/위치, 속도 전환 제어시에 속도 제어→위치 제어/위치 제어→ 속도 제어로 전환한다.

속도, 위치 전환을 유효하게 할 경우 버퍼 메모리의 Cd.24 속도, 위치 전환 허가 플랙(1528, 1628, 1728, 1828)에 1을 설정한다.

위치, 속도 전환을 유효하게 할 경우, 버퍼메모리의 Cd.26 위치, 속도 전환 허가 플랙(1532, 1632, 1732, 1832)에 1을 설정한다.

④ **스킵 요구 설정시(3)** : 외부 지령 신호의 입력으로 현재 실행 중인 위치 결정 운전을 스킵한다.

외부 지령 신호를 유효하게 하기 위해서는 버퍼 메모리의 Cd.8 외부 지령 유효(1505, 1605, 1705, 1805)를 1로 할 필요가 있다.

(라) 원점 복귀 파라미터 설정

원점 복귀 파라미터에는 기본 파라미터와 상세 파라미터가 있다.

<table>
<tr><th rowspan="2">항 목</th><th colspan="2">설정값, 설정범위</th><th rowspan="2">공장출하시의 초기값</th><th colspan="4">설정용 버퍼 메모리 어드레스</th></tr>
<tr><th>주변기기에 의한 설정값</th><th>시퀀스 프로그램에 의한 설정값</th><th>축1</th><th>축2</th><th>축3</th><th>축4</th></tr>
<tr><td rowspan="6">Pr. 43 원점복귀 방식</td><td>0 : 근접도그식</td><td>0</td><td rowspan="6">0</td><td rowspan="6">70</td><td rowspan="6">220</td><td rowspan="6">370</td><td rowspan="6">520</td></tr>
<tr><td>1 : 스토퍼정지식①</td><td>1</td></tr>
<tr><td>2 : 스토퍼정지식②</td><td>2</td></tr>
<tr><td>3 : 스토퍼정지식③</td><td>3</td></tr>
<tr><td>4 : 카운트식①</td><td>4</td></tr>
<tr><td>5 : 카운트식②</td><td>5</td></tr>
</table>

◈ Pr.43(원점 복귀 방식)

(a) 근접 도그식

근접 도그 ON에서 감속하고 영점 신호에서 정지하고 원점 복귀 완료한다.

근접 도그식은 기계계에 부하가 걸리지 않고 정밀도도 좋지만 근접 도그의 위치와 길이의 설정에 주의가 필요하다.

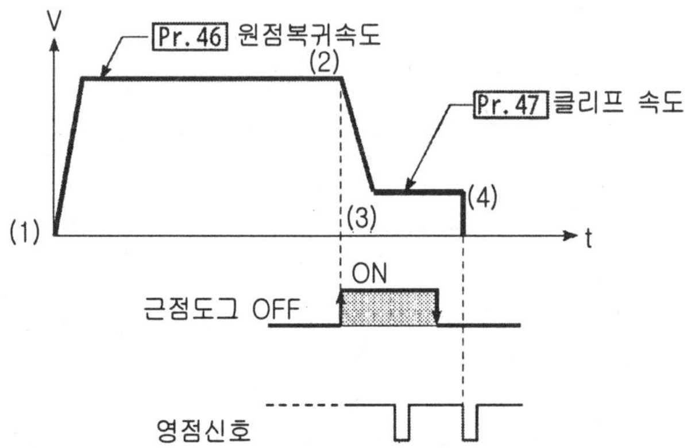

그림 3-32 근접 도그 원점 복귀 방식

(b) 스톱퍼 정지①(드웰타임에서의 타임업에 따름)

근점 도그 ON에서 감속하고 스토퍼에서 정지하고 드웰타임 경과후 원점 복귀 완료한다. 기계계로의 부담과 토크 제한 및 원점 복귀 드웰타임의 설정에 주의가 필요하다.

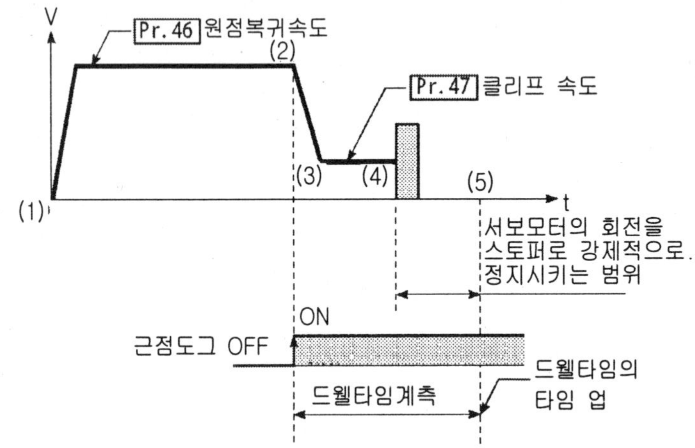

그림 3-33 스톱퍼 원점 복귀 방식 1

(c) 스톱퍼 정지②(스톱퍼에 닿을 때의 영점신호에 따른다.)

근점 도그 ON에서 감속하고 스토퍼에서 정지하고 영점신호에서 원점 복귀 완료한다. 기계계로의 부담과 토크 제한의 설정에 주의가 필요하다.

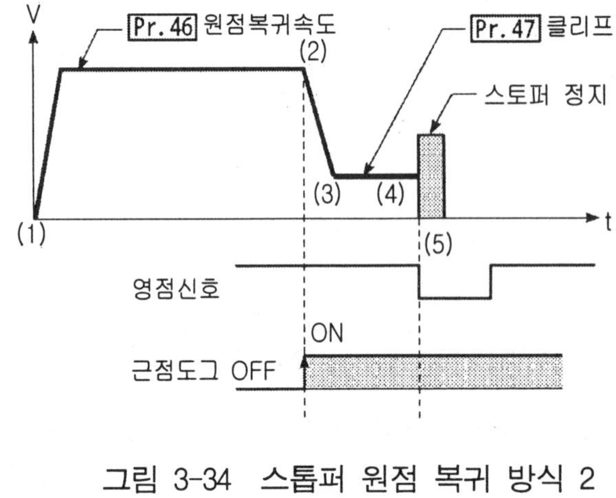

그림 3-34 스톱퍼 원점 복귀 방식 2

(d) 스톱퍼 정지③(근점 도그 없음 방식)

크리프 속도로 기동후 스토퍼에서 정지하고 영점신호에서 원점 복귀 완료한다. 기계계로 부담과 토크 제한의 설정에 주의가 필요하지만 근점 도그가 필요없다.

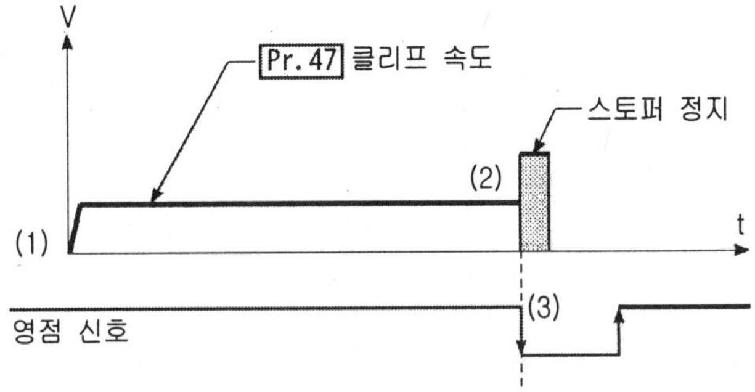

그림 3-35 스톱퍼 원점 복귀 방식 3

(e) 카운트식①(영점 신호를 사용한다.)

근점 도그 ON에서 감속하고 지정거리를 이동하고 원점 복귀 완료한다.

기계계로 부담을 주지 않고 근점 도그식 일수록 근점 도그의 위치와 길이의 설정에 주의할 필요가 없다.

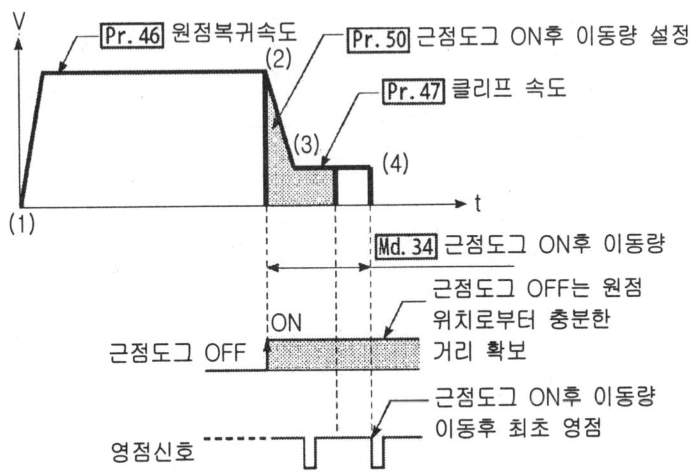

그림 3-36 카운터 원점 복귀 방식 1

(f) 카운트식②(영점 신호를 사용하지 않는다.)

기계계로 부담을 주지 않고 영점 신호가 필요 없지만 정지 정밀도에 산포도가 있다.

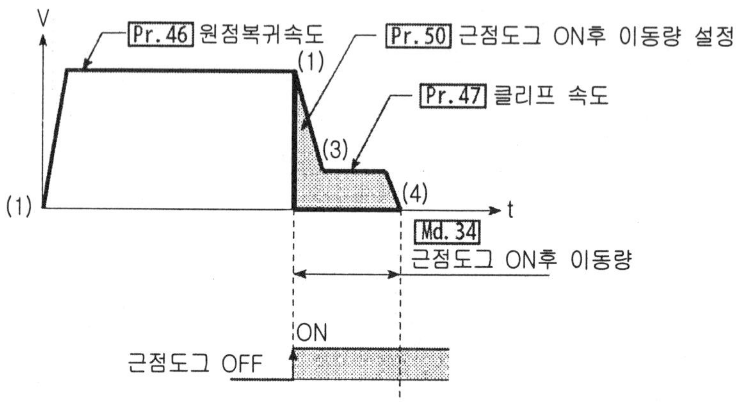

그림 3-37 카운터 원점 복귀 방식 2

· Pr.44(원점 복귀 방향)

· Pr.45(원점 어드레스)

· Pr.46(원점 복귀 속도) 설정

Pr. 1 의 설정값	주변기기에 의한 설정값(단위)	시퀀스 프로그램에 의한 설정값(단위)
0 : mm	-214748364.8～214748364.7[μm]	-2147483648～2147483647(×10^{-1}[μm])
1 : inch	-21474.83648～21474.83647[inch]	-2147483648～2147483647(×10^{-5}[inch])
2 : degree	0～359.99999[degree]	0～35999999(×10^{-5}[degree])
3 : pulse	-2147483648～2147483647[pulse]	-2147483648～2147483647[pulse]

항 목	설정값, 설정범위		공장출하시의 초기값	설정용 버퍼 메모리 어드레스			
	주변기기에 의한 설정값	시퀀스 프로그램에 의한 설정값		축1	축2	축3	축4
Pr. 44 원점 복귀 방향	0 : 정방향(어드레스 증가 방향)	0	0	71	221	371	521
	1 : 부방향(어드레스 감소 방향)	1					
Pr. 45 원점 어드레스	Pr. 1 단위설정에 의해 설정범위가 다름 [표]의 범위내의 값을 설정		0	72 73	222 223	372 373	522 523
Pr. 46 원점 복귀 속도	Pr. 1 단위설정에 의해 설정범위가 다름 [표]의 범위내의 값을 설정		1	74 75	224 225	374 375	524 525

Pr. 1의 설정값	주변기기에 의한 설정값(단위)	시퀀스 프로그램에 의한 설정값(단위)
0 : mm	0.01～20000000.00[mm/min]	1～2000000000($\times 10^{-2}$[mm/min])
1 : inch	0.001～2000000.000[inch/min]	1～2000000000($\times 10^{-3}$[inch/min])
2 : degree	0.001～2000000.000[degree/min]	1～2000000000($\times 10^{-3}$[degree/min])
3 : pulse	0～1000000[pulse/s]	1～1000000[pulse/s]

◈ Pr.44(원점 복귀 방향)

원점 복귀 방향은 원점 어드레스를 상한측(어드레스 대)과 하한측(어드레스 소) 중에서 어느 쪽으로 되어 있는지에 따라 결정한다.

원점 복귀 방향 결정은 회전 방향에 JOG 운전을 실시하여 정회전 지령시에 어드레스가 증가할지(설정 0) 또는 감소할지(설정 1)에 따라 결정하며 일반적으로 원점은 하한측 리미트 또는 상한측 리미트 부근에 설정한다.

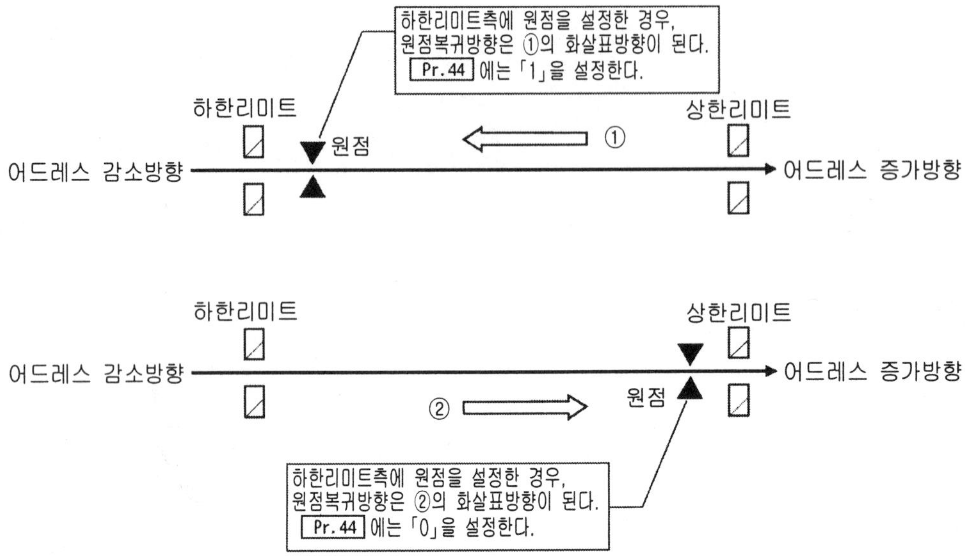

그림 3-38 원점 복귀 방향

◈ Pr.45(원점 어드레스)

원점 복귀가 완료되고 정지하는 위치를 지정 어드레스로 변경하여 앱솔루트 위치 결정의 기준값으로 한다.

이 원점 어드레스는 원점 복귀 완료시에 Md.20(이송 현재값)과 Md.21(이송 기계값)에 저장된다.

◈ Pr.46(원점 복귀 속도)

원점 복귀시의 속도를 설정하며 속도 제한값(Pr.8) 이하로 제한되고 원점 복귀 속도는 크리프 속도(Pr.47), 기동시 바이어스 속도(Pr.7) 이하로 설정한다.

<table>
<tr><th rowspan="2">항 목</th><th colspan="2">설정값, 설정범위</th><th rowspan="2">공장출하시의 초기값</th><th colspan="4">설정용 버퍼 메모리 어드레스</th></tr>
<tr><th>주변기기에 의한 설정값</th><th>시퀀스 프로그램에 의한 설정값</th><th>축1</th><th>축2</th><th>축3</th><th>축4</th></tr>
<tr><td>Pr. 47 클리프속도</td><td colspan="2">Pr. 1 단위설정에 따라 설정범위가 달라짐
[표]의 범위내 값 설정</td><td>1</td><td>76
77</td><td>226
227</td><td>376
377</td><td>526
527</td></tr>
<tr><td rowspan="2">Pr. 48 원점복귀 리트라이</td><td>0 : 리미트 스위치에 의한 원점복귀 트라이를 하지 않는다.</td><td>0</td><td rowspan="2">0</td><td rowspan="2">78</td><td rowspan="2">228</td><td rowspan="2">378</td><td rowspan="2">528</td></tr>
<tr><td>1 : 리미트 스위치에 의한 원점복귀 트라이를 한다.</td><td>1</td></tr>
</table>

Pr. 1의 설정값	주변기기에 의한 설정값(단위)	시퀀스 프로그램에 의한 설정값(단위)
0 : mm	0.01~20000000.00[mm/min]	1~2000000000(×10^{-2}[mm/min])
1 : inch	0.001~2000000.000[inch/min]	1~2000000000(×10^{-3}[inch/min])
2 : degree	0.001~2000000.000[degree/min]	1~2000000000(×10^{-3}[degree/min])
3 : pulse	0~1000000[pulse/s]	1~1000000[pulse/s]

◈ Pr.47(크리프 속도)

근점 도그 ON 후의 크리프 속도(원점 복귀 속도에서 감속한 정지 직전의 저속도)를 설정하고 크리프 속도는 다음의 범위에서 설정한다.

원점 복귀 속도(Pr.46) ≥ 크리프 속도(Pr.47) ≥ 기동시 바이어스 속도(Pr.7)

크리프 속도는 영점 신호에 의한 원점 복귀 방식에서는 검출 오차와 스토퍼 정지 방식에서는 원점 복귀시 충격의 크기와 관계가 있으며 기동시 바이어스 이하의 값으로 설정한다.

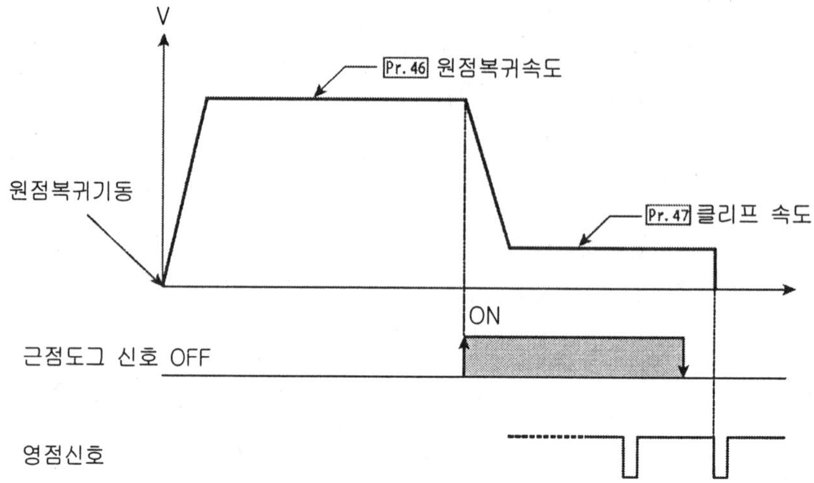

그림 3-39 클리프 속도

◈ Pr.48(원점 복귀 리트라이)

원점 복귀 중 상한, 하한 리미트 스위치에 따라 원점 복귀를 리트라이하는 기능이다.

원점 복귀 리트라이 기능을 유효하게 설정하고 원점 복귀 기동을 실시하면 원점 복귀 방향으로 이동하고 근점 도그를 검출하기 전에 상한, 하한 리미트 스위치가 OFF했을 경우는 감속 정지후 원점 복귀 방향과는 반대로 이동한다.

역방향으로 이동 중에 근점 도그 OFF를 검출하면 감속 정지하고 다시 원점 복귀를 실시한다.

【원점 복귀 리트라이 기능의 동작】

① 원점 복귀 기동에 따라 원점 복귀 방향으로 이동을 시작한다.

② 리미트 스위치 검출에 따라 감속 정지한다.

③ 정지 후, 원점 복귀 속도로 원점 복귀 방향과 역방향으로 이동시킨다.

④ 근점 도그 OFF에서 감속 정지한다.

⑤ 정지 후, 원점 복귀 방향으로 원점 복귀를 실시한다.

⑥ 클리프 속도로 원점까지 이동한다.

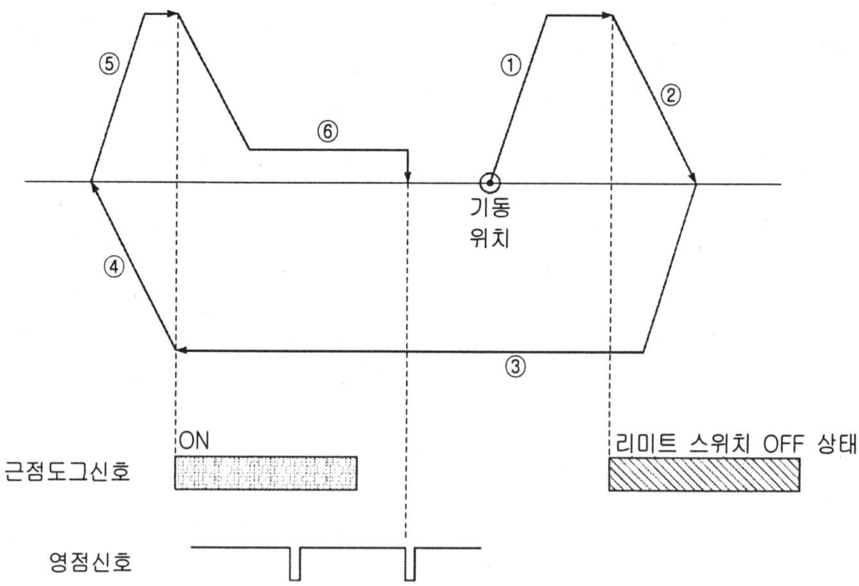

그림 3-40 원점 복귀 리트라이

■ 원점 복귀 상세 파라미터

- Pr.49(원점 복귀 드웰타임)
- Pr.50(근점도그 ON 후의 이동량 설정)
- Pr.51(원점 복귀 감속 시간 선택)
- Pr.52(원점 복귀 감속 시간 선택)

Pr. 1의 설정값	주변기기에 의한 설정값(단위)	시퀀스 프로그램에 의한 설정값(단위)
0 : mm	0~214748364.7[μm]	1~2147483647($\times 10^{-1}$[μm])
1 : inch	0~21474.83647[inch]	1~2147483647($\times 10^{-5}$[inch])
2 : degree	0~21474.83647[degree]	1~2147483647($\times 10^{-5}$[degree])
3 : pulse	0~2147483647[pulse]	1~2147483647[pulse]

<table>
<tr><th rowspan="2">항 목</th><th colspan="2">설정값, 설정범위</th><th rowspan="2">공장출하시의 초기값</th><th colspan="4">설정용 버퍼 메모리 어드레스</th></tr>
<tr><th>주변기기에 의한 설정값</th><th>시퀀스 프로그램에 의한 설정값</th><th>축1</th><th>축2</th><th>축3</th><th>축4</th></tr>
<tr><td>Pr. 49 원점복귀 드웰타임</td><td>0~65535[ms]</td><td>0~65535[ms]
0~32767 : 이대로 10 진수로 설정
32768~65535 : 16진수로 변환해서 설정</td><td>0</td><td>79</td><td>229</td><td>379</td><td>529</td></tr>
<tr><td>Pr. 50 근점도그 ON후의 이동량 설정</td><td colspan="2">Pr. 1 단위설정에 따라 설정범위 달라짐
[표]의 범위내 값 설정</td><td>0</td><td>80
81</td><td>230
231</td><td>380
381</td><td>530
531</td></tr>
<tr><td rowspan="4">Pr. 51 원점복귀 가속 시간 선택</td><td>0 : Pr. 9 가속시간 0</td><td>0</td><td rowspan="4">0</td><td rowspan="4">82</td><td rowspan="4">232</td><td rowspan="4">382</td><td rowspan="4">532</td></tr>
<tr><td>1 : Pr. 25 가속시간 1</td><td>1</td></tr>
<tr><td>2 : Pr. 26 가속시간 2</td><td>2</td></tr>
<tr><td>3 : Pr. 27 가속시간 3</td><td>3</td></tr>
<tr><td rowspan="4">Pr. 18 원점복귀 감속 시간 선택</td><td>0 : Pr. 10 감속시간 0</td><td>0</td><td rowspan="4">0</td><td rowspan="4">83</td><td rowspan="4">233</td><td rowspan="4">383</td><td rowspan="4">533</td></tr>
<tr><td>1 : Pr. 28 감속시간 1</td><td>1</td></tr>
<tr><td>2 : Pr. 29 감속시간 2</td><td>2</td></tr>
<tr><td>3 : Pr. 30 감속시간 3</td><td>3</td></tr>
</table>

◈ Pr.49(원점 복귀 드웰타임)

Pr.43에서 스톱퍼 정지에 따른 원점 복귀 설정시, 근점 도그가 ON한 다음에 원점 복귀 완료까지의 시간이다.

근점 도그 ON한 시점에서 스톱퍼에 정지할 때까지의 이동 시간 이상 설정한다.

스톱퍼 정지 이외일 때는 설정 범위 내의 어떤 값이 설정되어도 관계없으며 PLC Ready 중에는 변경 불가하다.

◈ Pr.50(근점 도그 ON 후의 이동량 설정)

카운트식 일 때, 근점 도그 ON한 시점으로 부터 원점까지의 이동량을 설정하며 근점 도그 ON 후의 이동량은 원점 복귀 속도에서 클리프 속도로의 감속 거리에 원점 복귀 속도로 10[ms] 이동하는 거리를 더한 값 이상으로 설정한다.

Pr.8 속도 제한 값을 200[kpulse/s], Pr.46 원점 복귀 속도를 10[kpulse/s], 클리프 속도를 1[kpulse/s], 감속 시간을 300[ms]인 경우 Pr.50의 근점 도그 ON 이후의 이동량은 다음과 같다.

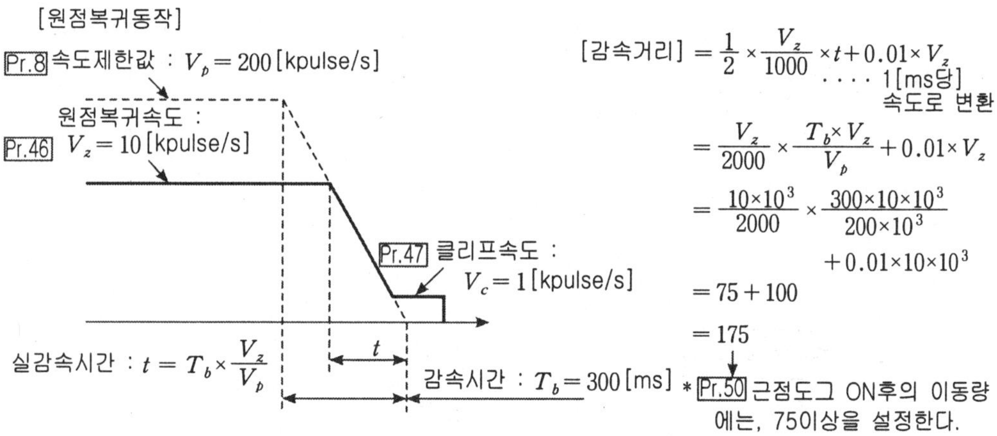

그림 3-41 근점 도그 ON후 이동량

◈ Pr.51(원점 복귀 가속 시간 선택)

원점 복귀시의 가속 시간으로 0~3중의 선택 설정한다.

◈ Pr.52(원점 복귀 감속 시간 선택)

원점 복귀시의 감속 시간으로 0~3중의 선택 설정한다.

- Pr.53(원점 시프트량)
- Pr.54(원점복귀 토크 제한값)
- Pr.55(편차 카운터 클리어 신호 출력 시간)
- Pr.56(원점 시프트 속도지정)
- Pr.57(원점 복귀 리트라이시 드웰타임) 설정

항 목	설정값, 설정범위 주변기기에 의한 설정값	설정값, 설정범위 시퀀스 프로그램에 의한 설정값	공장출하시의 초기값	설정용 버퍼 메모리 어드레스 축1	축2	축3	축4
Pr. 53 원점시프트량	Pr. 1 단위설정에 따라 설정범위 달라짐 [표]의 범위내 값을 설정	Pr. 1 단위설정에 따라 설정범위 달라짐 [표]의 범위내 값을 설정	0	84 85	234 235	384 385	534 535
Pr. 54 원점복귀 토크 제한값	1~300[%]	1~300[%]	300	86	236	386	536
Pr. 55 편차카운터 클리어신호 출력시간	1~65535[ms]	1~65535[ms] (0~32767 : 10진수로 설정 32768~65535 : 16진수로 변환하여 설정)	11	87	237	387	537
Pr. 56 원점시프트시 속도지정	0 : 원점복귀속도	0	0	88	238	388	538
Pr. 56 원점시프트시 속도지정	1 : 클리프속도	1	0	88	238	388	538
Pr. 57 원점복귀 리트라이시 드웰타임	0~65535[ms]	0~65535[ms] (0~32767 : 10진수로 설정 32768~65535 : 16진수로 변환하여 설정)	0	89	239	389	539

Pr. 1의 설정값	주변기기에 의한 설정값(단위)	시퀀스 프로그램에 의한 설정값(단위)
0 : mm	-214748364.8~214748364.7[μm]	-2147483648~2147483647($\times 10^{-1}$[μm])
1 : inch	-21474.83648~21474.83647[inch]	-2147483648~2147483647($\times 10^{-5}$[inch])
2 : degree	-21474.83648~21474.83647[degree]	-2147483648~2147483647($\times 10^{-5}$[degree])
3 : pulse	-2147483648~2147483647[pulse]	-2147483648~2147483647[pulse]

◈ Pr.53(원점 시프트량)

원점 시프트 기능은 원점 복귀로 정지시킨 원점위치를 보정하기 위한 기능이며 원점 근점 도그의 설치 위치관계에서 원점 위치에 물리적인 제한이 있는 경우 이 기능을 활용하여 최적의 위치로 원점을 보정한다.

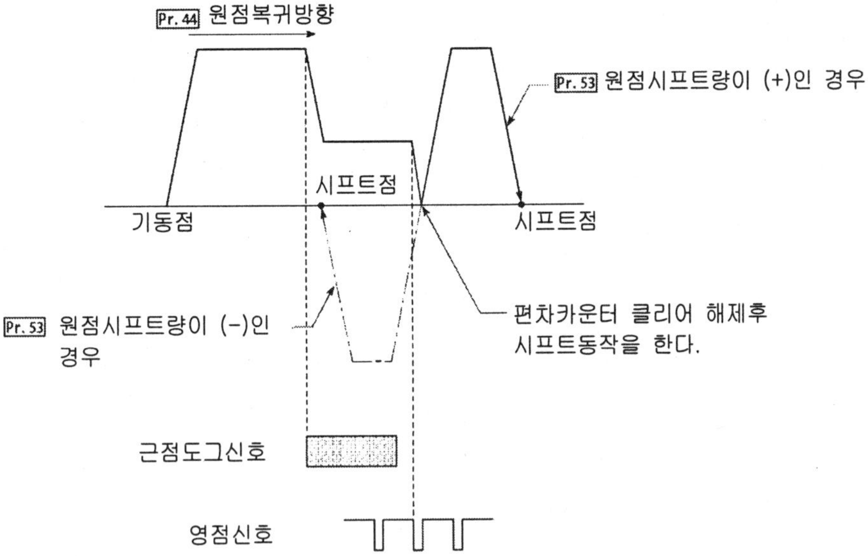

그림 3-42 원점 시프트량

◈ Pr.54(원점 복귀 토크 제한값)

원점 복귀시 클리프 속도에 도달한 후 서보 모터의 토크를 제한하기 위하여 설정한다.

◈ Pr.55(편차 카운터 클리어 신호 출력 시간)

근점 도그식 스토퍼 전지식, 카운터식의 원점 복귀에 있어서 편차 카운터 클리어를 출력할 시간을 설정한다.

◈ Pr.56(원점 시프트 속도 지정)

Pr.53 원점 시스트량을 0 이외인 경우의 동작 속도를 설정한다.

◈ Pr.57(원점 복귀 리트라이시 드웰타임)

Pr.48 원점 복귀 리트라이를 하는 설정에 1인 경우 2, 4 감속후의 정지 시간을 설정한다.

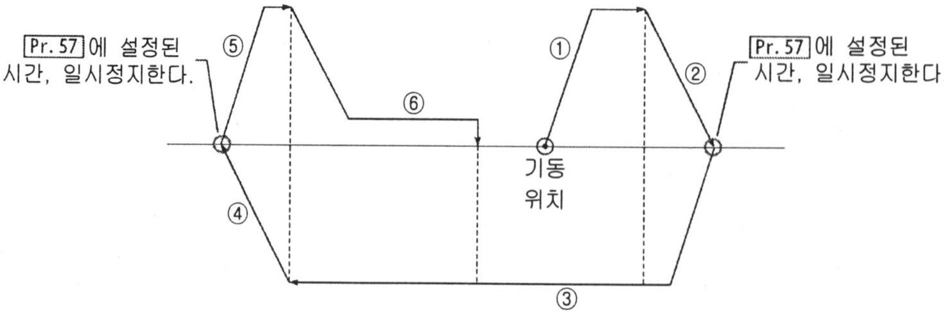

그림 3-43 원점 복귀 리트라이 드웰 타임

(마) 서보 앰프 전자 기어비 설정

서보 모터를 사용하면 서보 드라이버의 전자 기어비와 서보 드라이버를 제어하는 상위제어기의 전자 기어비를 설정하여야 한다.

위치 제어 시스템의 기본 구성은 다음 그림과 같다.

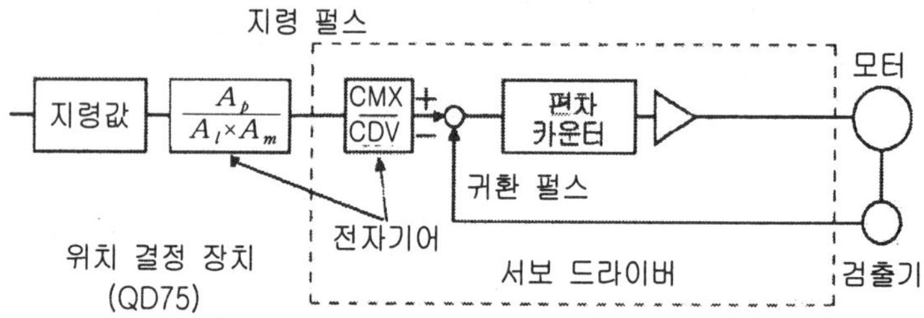

그림 3-44 서보 앰프 전자 기어비

(a) 서보 앰프의 전자 기어비 설정

서보 모터의 사양은 3,000[rpm]이고 1회전당 131,072[pulse]의 엔코드가 부착되어 있으며 서보 모터를 3,000[rpm]으로 회전하면 50×131,072[pulse]=6,553,600[pulse/sec] 즉 초당 6,553,600[pulse]가 발생한다.

따라서 서보 모터를 3,000[rpm]으로 회전시키기 위하여 상위 제어기인 위치 결정 모듈(QD75)에서 6,553,600[pulse]를 발생하여야 한다.

QD75P(오픈 컬렉터 타입)은 최대 200,000[pps], QD75D(차동 드라이버 타입)은 최대 1,000,000[pps]로 펄스를 출력한다.

따라서 두 가지 타입 모두 3,000[rpm]으로 회전 필요 펄스인 6,553,600[pulse/

sec]을 만족하지 못하여 전자 기어비를 이용하여 필요 주파수를 출력하며 서보 앰프 전자 기어비는 위치 결정 모듈에서 발생되는 펄스와 서보 모터의 정격 속도 회전에 필요한 펄스수와 비율을 조정하는 기능이 있다.

서보 드라이버의 전자 기어비를 구하는 공식은 다음과 같다.

$$f \times \frac{\mathrm{CMX}}{\mathrm{CDV}} = \frac{N_0}{60} \times f_0$$

여기서, f : 위치 결정 모듈의 출력 가능 최대 주파수,

N_0 : 서보 모터 회전 속도[rpm], f_0 : 서보 모터 1회전당 발생 펄스수

위치 결정 모듈 QD75P(오픈 컬렉터 타입)를 사용할 경우 서보 앰프 전자기어비를 구하면 모듈의 최대 출력은 200,000[pps]이고 1회전당 131,072[pulse]의 엔코드가 장착된 서보 모터를 정격 속도인 3,000[rpm]으로 회전하기 위한 전자 기어비는 다음과 같다.

$$f \times \frac{\mathrm{CMX}}{\mathrm{CDV}} = \frac{N_0}{60} \times f_0$$

$$200,000 \times \frac{\mathrm{CMX}}{\mathrm{CDV}} = \frac{3,000}{60} \times 131,072$$

$$\frac{\mathrm{CMX}}{\mathrm{CDV}} = \frac{3,000}{60} \times \frac{131,072}{200,000} = \frac{4,096}{125}$$

따라서 CMX=4,096, CDV=125가 된다.

위치 결정 모듈 QD75D(차동 드라이버 타입)를 사용할 경우 서보 앰프 전자기어비를 구하면 모듈의 최대 출력 펄스는 1,000,000[pps]이고 1회전당 131,072[pulse]의 엔코드가 장착된 서보 모터를 정격 속도인 3,000[rpm]으로 회전하기 위한 전자 기어비는 다음과 같다.

$$f \times \frac{\mathrm{CMX}}{\mathrm{CDV}} = \frac{N_0}{60} \times f_0$$

$$1,000,000 \times \frac{\mathrm{CMX}}{\mathrm{CDV}} = \frac{3,000}{60} \times 131,072$$

$$\frac{\mathrm{CMX}}{\mathrm{CDV}} = \frac{3,000}{60} \times \frac{131,072}{1,000,000} = \frac{4,096}{625}$$

따라서 CMX=4,096, CDV=625가 된다.

또한 서보 앰프의 최대 입력 주파수에 대하여 고려하면 사용되는 서보 앰프의 최대 입력 주파수가 500[kpps]인 경우는 500[kpps]를 기준으로 재산출하여야 한다.

$$f \times \frac{\text{CMX}}{\text{CDV}} = \frac{N_0}{60} \times f_0$$

$$500,000 \times \frac{\text{CMX}}{\text{CDV}} = \frac{3,000}{60} \times 131,072$$

$$\frac{\text{CMX}}{\text{CDV}} = \frac{3,000}{60} \times \frac{131,072}{500,000} = \frac{8,192}{625}$$

따라서 CMX=8,192, CDV=625로 설정한다.

(b) 위치 결정 모듈 전자 기어비

상위 제어기인 위치 결정 모듈의 전자 기어비는 펄스 1개당 서보 모터의 위치 정밀도 설정이며 다음 식으로 나타낼 수 있다.

$$\frac{A_p}{A_l \times A_m} = \frac{131,072}{20,000 \times A_m}$$

A_p는 1회전당 131,072[pulse]이며 A_l은 볼스크루의 리드[mm/rev]이며 1회전당 20[mm]이고 [μm] 단위로 설정하며 최대값은 6,553.5[μm]이다.

A_m은 단위 배율로 A_l의 설정값이 6,553.5[μm]가 넘지 못하도록 설정하며 만약 A_l의 값이 60,000이면 $A_l = 6,000$, A_m은 10으로 설정한다.

윗 식에서 $A_p = 1$, $A_m = 1$, $A_l = x$로 두면 위치 결정 모듈의 전자 기어비(위치 결정 장치+서보 앰프)를 구하는 공식은 다음과 같다.

$$\frac{1}{x} \times \frac{\text{CMX}}{\text{CDV}} = \frac{\text{엔코드 분해능}}{\text{볼스크루 1회전당 필요 펄스수}}$$

위치 결정 모듈 QD75D의 전자 기어비는 엔코드 분해능이 131,072[pulse]이고 볼 스크루의 리드가 20[mm]인 경우 상위 제어기 QD75D 출력 1펄스당 1[μm]의 위치 정밀도가 있는 전자 기어비를 설정하려면 볼 스크루 1회전하기 위한 입력 펄스수는 20[mm]÷1[μm]=20,000이 필요하다.

$$\frac{1}{x} \times \frac{\mathrm{CMX}}{\mathrm{CDV}} = \frac{131,072}{20,000}$$

이고 서보 앰프의 최대 입력 주파수기가 1[Mpps]인 경우 전자 기어비는 다음과 같다.

$$\frac{1}{x} \times \frac{4,096}{625} = \frac{131,072}{20,000}, \quad \frac{1}{x} = 1[\mu\mathrm{m}] = \frac{A_p}{A_l \times A_m}$$

가 되고 A_p, A_m, A_l은 1이 된다. 결론적으로 서보 앰프의 전자 기어비는 4,096/625가 되며 위치 결정 모듈의 전자 기어비는 1/1.0이 된다.

서보 앰프의 최대 입력 주파수기가 500[kpps]인 경우 전자 기어비는 다음과 같다.

$$\frac{1}{x} \times \frac{8,192}{625} = \frac{131,072}{20,000}, \quad \frac{1}{x} = 0.5[\mu\mathrm{m}] = \frac{A_p}{A_l \times A_m}$$

가 되고 A_p, A_m은 1, A_l은 2가 된다. 결론적으로 서보 앰프의 전자 기어비는 8,192/625가 되며 위치 결정 모듈의 전자 기어비는 1/2.0이 된다.

엔코드 분해능이 131,072[pulse]이고 볼스크루가 16[mm/rev]인 경우 서보 앰프 MR-2JS-A를 사용하는 경우는 서보 앰프의 최고 입력 펄스는 500[kpps]로 제한되어 서보 앰프의 전자 기어비는 CMX=8,192 CDV=625가 된다. 위치 결정 모듈의 전자 기어비는 다음과 같다.

$$\frac{1}{x} = \frac{\mathrm{CMX}}{\mathrm{CDV}} = \frac{131,072}{16,000}$$

$$\frac{1}{x} \times \frac{8,192}{625} = \frac{131,072}{16,000}$$

$$\frac{1}{x} = \frac{1}{1.6}[\mu\mathrm{m}] = \frac{A_p}{A_l \times A_m}$$

$A_p = 10$, $A_l = 16$, $A_m = 1$이 된다.

동일 조건에서 볼 스크루의 리드가 20[mm]인 전자 기어비를 서보 드라이버에 설정 하였을 경우 위치 정밀도는 다음과 같다.

$$\Delta l = \frac{P_B}{f_0} \times \frac{\text{CMX}}{\text{CDV}} = \frac{20,000}{131,072} \times \frac{8,192}{625} = 2[\mu\text{m/pulse}]$$

P_B는 볼스크류 리드이고 f_0는 서보 모터 분해능이다.

(바) GX Configulator를 이용한 파라미터 설정

GX Configulator의 Parameter data를 선택하면 기본 파라미터, 확장 파라미터를 설정할 수 있다.

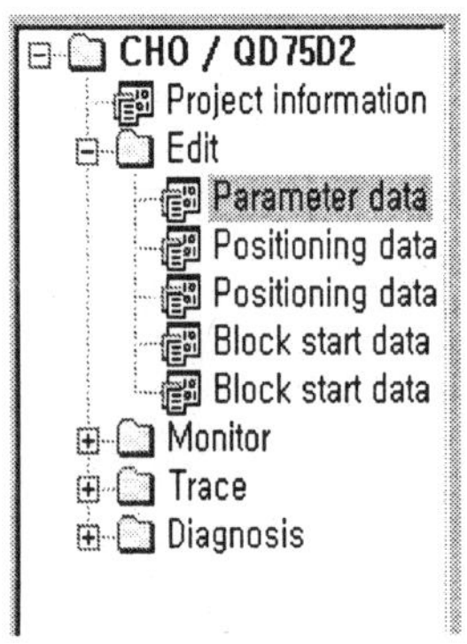

Kind	Item	Axis #1
Basic parameter 1	Unit	0:mm
	Pulse per rotation	1000 pls
	Travel per rotation	5000.0 um
	Unit magnification	1: 1 times
	Pulse output mode	1:CW/CCW mode
	Rotation direction	1:Reverse pulses to increase address
	Bias speed at start	0.00 mm/min
Basic parameter 2	Speed limit	6000.00 mm/min
	ACC time #0	1000 ms
	DEC time #0	1000 ms

기본 파라미터

Kind	Item	Axis #1
Extended parameter 1	Backlash compensation	0.0 um
	S/W stroke LMT HIGH	70000.0 um
	S/W stroke LMT LOW	-200.0 um
	S/W stroke LMT select	0:Valid for command address
	JOG&MPG stroke limit	0:Valid
	Command in-position	10.0 um
	Torque limit	300 %
	M code ON output	1:AFTER mode
	Speed switching mode	0:Change speed from specified address
	Interpolation speed mode	0:Composed speed
	Address update in V-control	0:No address update in velocity control
	Lower limit	0:Negative
	Upper limit	0:Negative
	Drive unit READY	0:Negative
	Stop signal	0:Negative
	External command	0:Negative
	Zero signal	0:Negative
	Near-point signal	0:Negative
	MPG	1:Positive
	Command pls signal	0:Negative
	DCC	0:Negative
	MPG mode	0:A/B mode(4)
	Speed-position function selection	0:Execute V/P switching control(INC)

Kind	Item	Axis #1
Extended parameter 2	JOG speed limit	200.00 mm/min
	JOG ACC time	0;1000
	JOG DEC time	0;1000
	ACC/DEC set	0:Trapezoid acceleration mode
	S-curve ratio	100 %
	Sudden stop DEC time	1000 ms
	Stop group #1 Sudden stop	0:Normal stop
	Stop group #2 Sudden stop	0:Normal stop
	Stop group #3 Sudden stop	0:Normal stop
	Positioning complete signal	300 ms
	Cir.arc error allowance	10.0 um
	External command function	0:External start

확장 파라미터 1, 2

기본 파라미터 1에서는 서보 드라이버의 펄스 운전 방식이 2[pulse] 방식임으로 CW/CCW Mode를 선택하고 워크의 이동 방향을 1로 설정한 다음 GX Configu-lator-GP의 테스터 모드에서 테스터 후 재설정한다.

기본 파라미터 2에서는 서보 모터는 3000[rpm]으로 회전하고 볼스크루의 이송거리는 20[mm]임으로 최대 속도는 3,000×20=60,000[mm/min]이다.

가감속 시간은 경험상 수치를 설정하였고 일반적인 설비에서는 100~300[ms]로 설정하며 시운전으로 최적의 상태 확인하고 설정한다.

확장 파라미터 1는 소프트웨어 스트록 리미트의 상한값과 하한값을 설정하며 M 코드 ON 신호 출력 타이밍을 AFTER모드로 하고 수동 펄스 발생기 입력 선택을 2로 설정한다. 확장 파라미터 2는 가감속 시간과 JOG속도 제한값을 설정한다.

OPR basic parameter	OPR method	0:Zeroing DOG
	OPR direction	1:Reverse direction (Address decrease)
	OP address	0.0 um
	OPR speed	3000.00 mm/min
	Creep speed	0.01 mm/min
	OPR retry	1:Execute OPR from U/L limit
OPR extended parameter	OPR dwell time	0 ms
	Travel setting after DOG ON	0.0 um
	OPR ACC time	0;1000
	OPR DEC time	0;1000
	OP shift amount	0.0 um
	OPR torque limit value	300 %
	Deviation command signal out time	11 ms
	OP shift speed specification	0:OPR speed
	Dwell time during OPR retry	0 ms

원점 복귀 파라미터

원점 파라미터는 원점 복귀시 필요한 설정이며 위치 결정 데이터 설정 파라미터로 위치 결정 장치를 확인하기 위하여 GX Configulator-GP를 사용하여 위치 결정 데이터를 설정하며 운전 테스터와 모니터 방법은 다음과 같다.

Edit, Positioning data #1을 선택하면 다음과 같이 1축 위치 결정 편집 창이 나타난다.

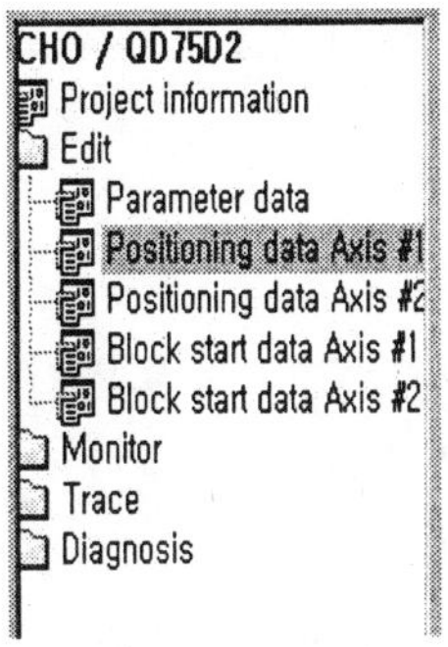

위치 결정 편집 창이 나타나면 다음과 같이 패턴, 방법, 가속/감속시간, 위치 어드레스 등을 설정할 수 있다.

No.	Pattern	CTRL method	SLV axis	ACC(ms)	DEC(ms)	Positioning address [um]	Arc Address [um]	Command speed [mm/min]	Dwell time [ms]	M code
1	0:END	1:ABS line1	-	0;1000	0;1000	10000.0	0.0	200.00	0	0
2	0:END	1:ABS line1	-	0;1000	0;1000	20000.0	0.0	300.00	0	0
3	0:END	1:ABS line1	-	0;1000	0;1000	30000.0	0.0	400.00	0	0
4	0:END	1:ABS line1	-	0;1000	0;1000	70000.0	0.0	500.00	0	0
5	0:END	1:ABS line1	-	0;1000	0;1000	75000.0	0.0	600.00	0	0
6	0:END	1:ABS line1	-	0;1000	0;1000	5000.0	0.0	7000.00	0	0

시뮬레이션은 패턴운전, 어드레스, 지령속도 등의 위치 결정 데이터에 설정한 내용이 정확한지를 확인할 수 있다.

Edit, Siumulation 메뉴를 클릭하면 다음과 같이 동작 패턴이 나타난다.

Position Start No를 1~6까지 변경하면서 위치 결정의 시뮬레이션 결과를 확인한다.

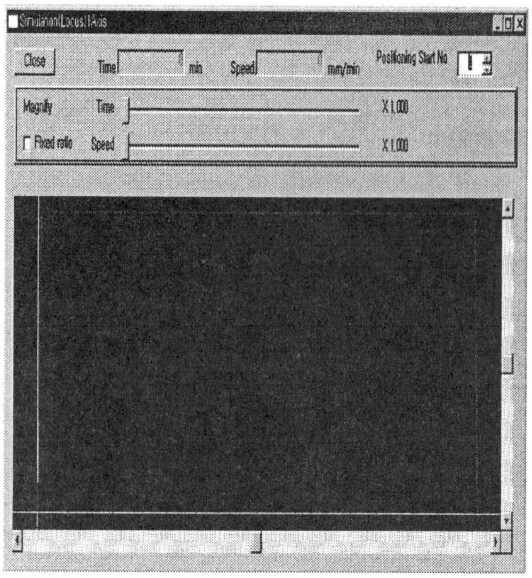

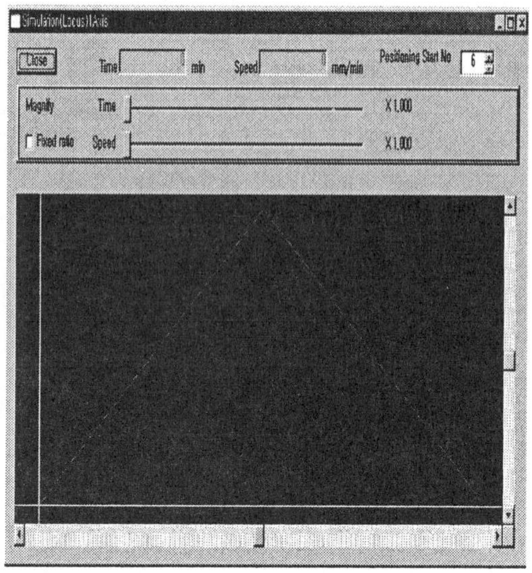

(사) QD75에 설정 파라미터, 위치 결정 데이터 쓰기

설정한 파라미터를 QD75의 플래시 ROM에 기입해야 하며 반드시 CPU가 STOP 상태에서 실행한다.

Online, Write to module을 클릭한다.

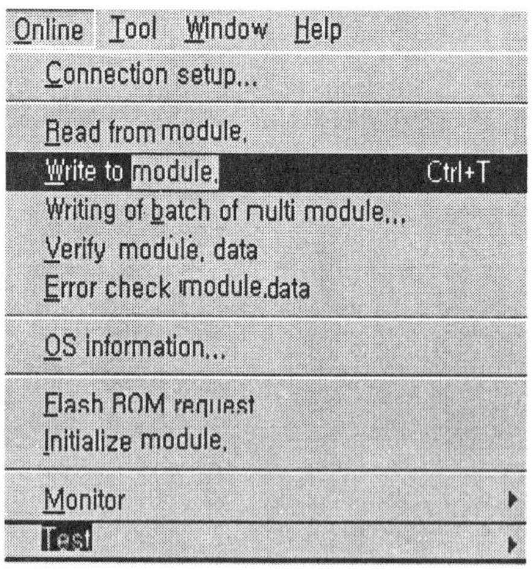

QD75 쓰기 대화 상자가 나타나면 positioning data(위치 결정 데이터), para-meter data(파라미터 데이터), flash ROM write 체크 박스를 클릭하여 마크를 설정하고 OK(확인) 버튼을 클릭하면 QD75로 쓰기를 실행한다.

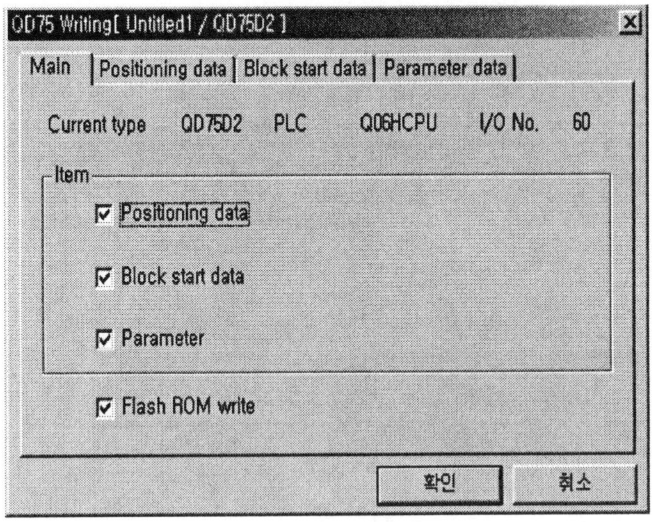

플래시 ROM 쓰기 실행을 확인하는 대화상자가 나타나면 예(OK) 버튼을 클릭한다.

PLC CPU를 RESET 한다.

(아) 테스트 운전과 모니터

QD75의 동작 확인을 위해 원점 복귀 테스트와 입력한 위치 결정 데이터에 의한 테스트운전을 하고 운전 중인 축의 상태나 설정 내용 확인하는 모니터링은 다음 순서와 같다.

원점 복귀, 위치 결정 테스트 조작하는 순서는 Online→Test→Test On/Off를 클릭 한다.

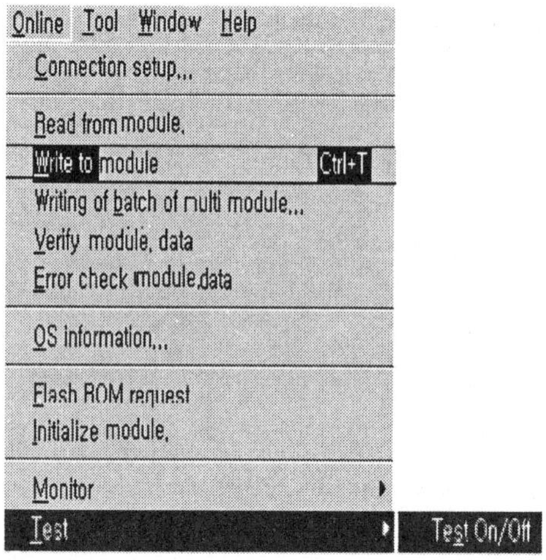

열려진 윈도우를 모두 닫음을 확인하는 대화상자가 나타나면 예 버튼을 클릭한다.

테스트 모드 설정 대화상자의 Agreement with Module data(본체 데이터와 일치)에 체크박스를 체크하고 OK 버튼을 클릭한다.

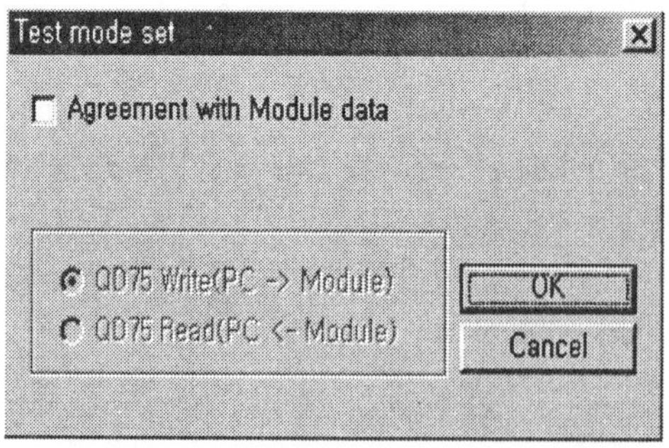

QD75의 테스트 모드 이행 완료를 확인하는 대화상자가 나타나면 OK 버튼을 클릭한다.

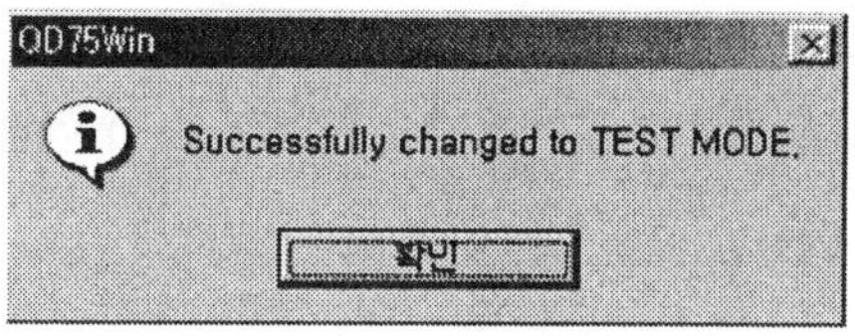

툴바의 (1축 동작 테스트)를 클릭한다.

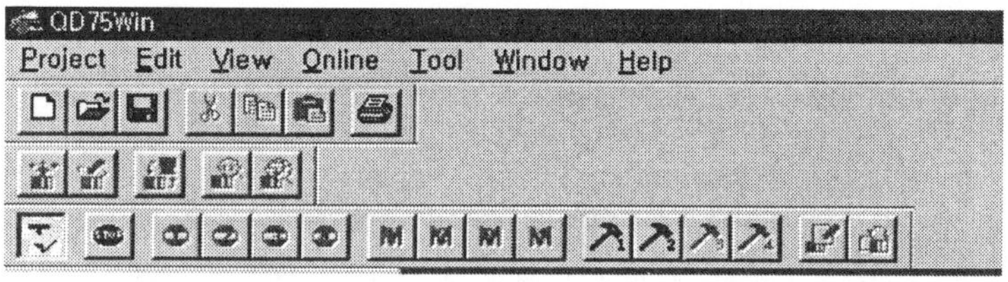

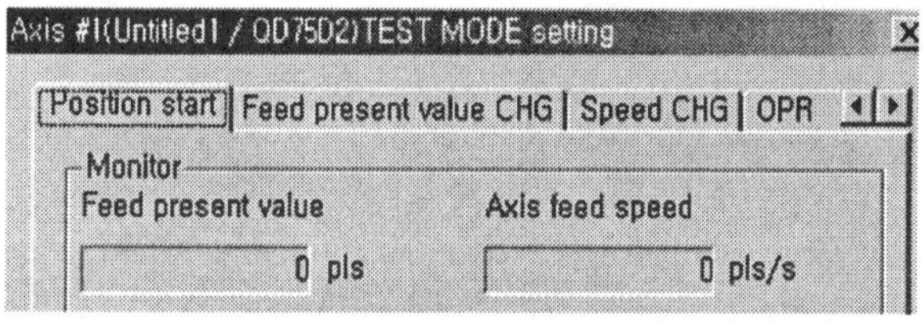

1축 테스트 설정 대화 상자가 나타나면 OPR(원점 복귀)탭을 클릭한다.

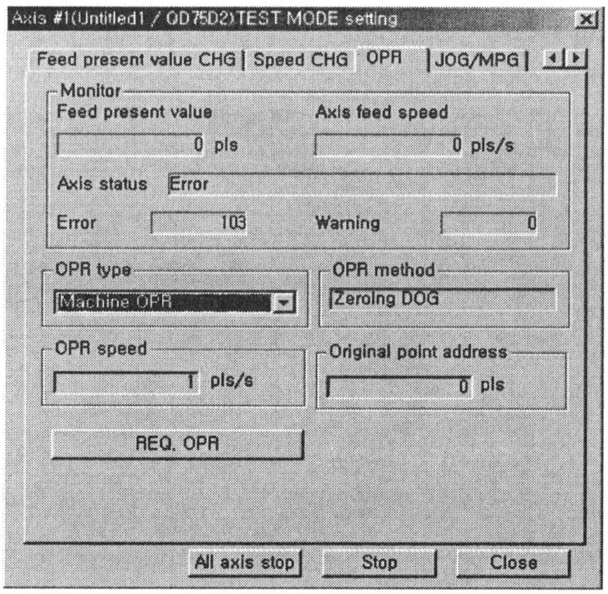

원점 복귀 방법이 Machine OPR(기구 원점 복귀)로 선택된 것을 확인하고

REQ.OPR(원점 복귀 요구) 버튼을 클릭한다.

모니터 항목의 Feed present value(이송 현재값)이 0으로 되면 원점 복귀 테스트의 완료된 상태이다.

다음에 설정하는 위치 결정 데이터를 테스트 운전하기 위해서는 Position start (위치 결정 기동)탭을 클릭한다.

Start mode(기동 종류)에 Positioning start(위치 결정 기동), Data No.에 1이 설정된 것을 확인하고 Start(기동 버튼)를 클릭한다.

모니터 항목의 이송 현재값이 위치 결정 데이터에서 설정한 위치 이동값과 일치되면 1축 직선 제어의 테스트가 완료되며 테스트 모드를 종료하기 위해 1축 테스트 설정 대화상자의 닫기 버튼을 클릭한다.

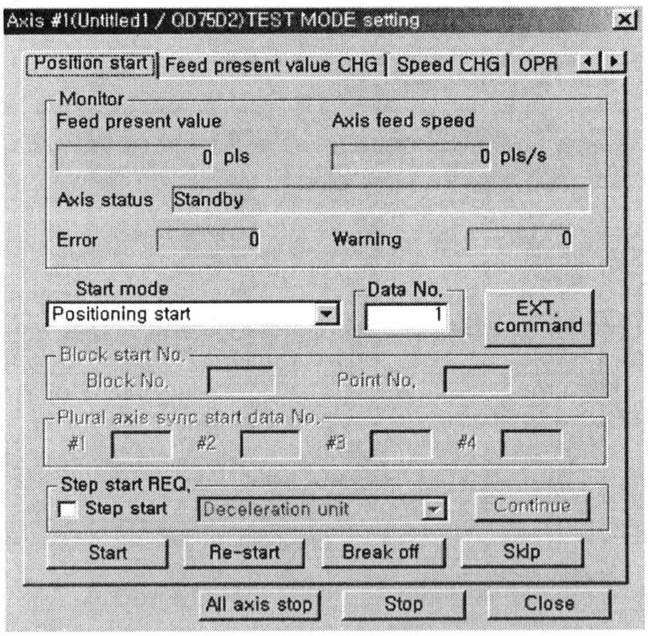

Online→Test→Test On/Off를 클릭하여 테스트 모드 종료를 확인하는 대화상자가 나타나면 OK 버튼을 클릭한다.

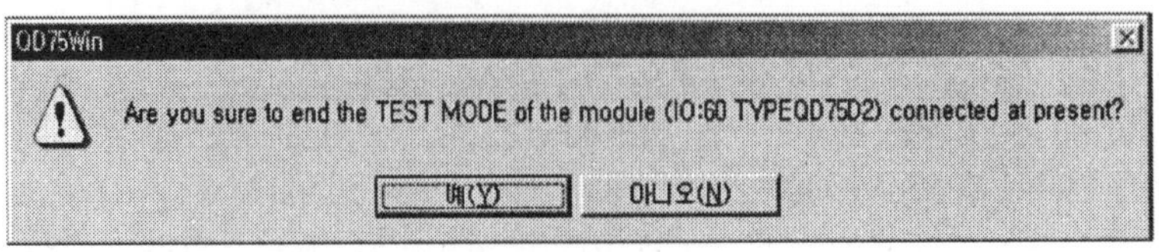

운전중인 축의 상태나 설정 내용을 확인하는 모니터는 프로젝트 툴바의 Monitor→Oprartion monitor 아이콘을 더블 클릭한다.

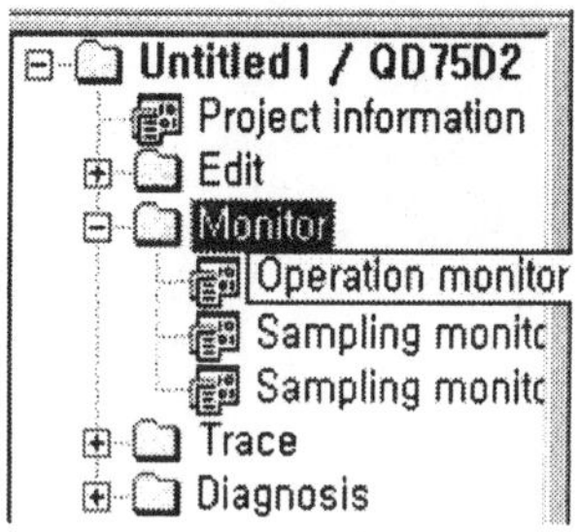

운전 모니터 윈도우가 나타나고 Monitor start(모니터 시작) 버튼을 클릭하면 각축의 Feed present value(전송 현재값), Axis feed value(축전송 속도), Axis status(축상태), 실행 중인 위치 결정 데이터를 디스플레이 한다.

QD75에 설정한 내용이나 상태의 상세 모니터를 실행하기 위해 운전 모니터의 History(이력)/Signal(신호)/#1 Operation status(1축 동작)~#4 Operation status (4축 동작) 버튼을 클릭한다.

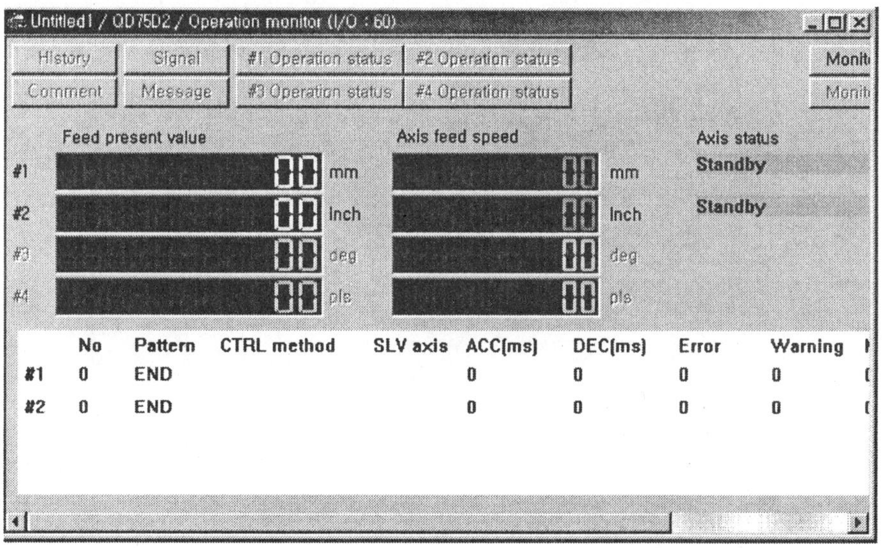

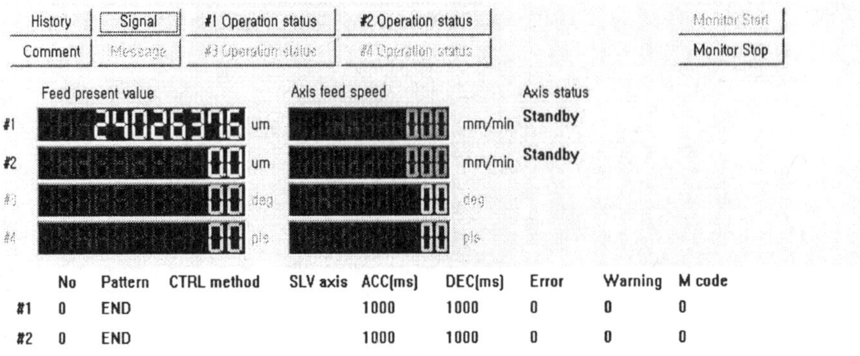

운전 모니터 윈도우의 Monitor stop(모니터 정지) 버튼을 클릭하면 모니터를 종료한다.

(자) 에러와 경고 코드 검색

QD75D에 의한 에러 코드 102의 검색예를 나타내며 같은 방법으로 다른 에러코드, 경고 코드의 내용을 검색할 수 있다.

메뉴중 Help→[error/Warning List of Buffer memory]를 클릭하여 목차의 검색 대화상자가 나타나면 Error code List를 더블 클릭한다.

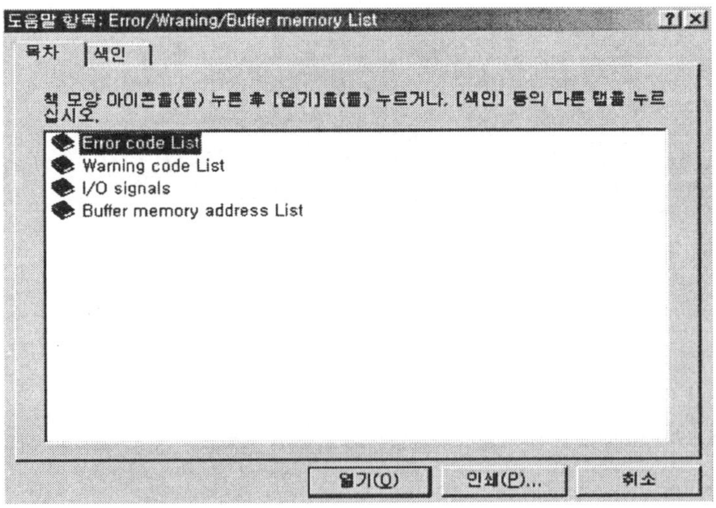

No.100~199를 더블 클릭한다.

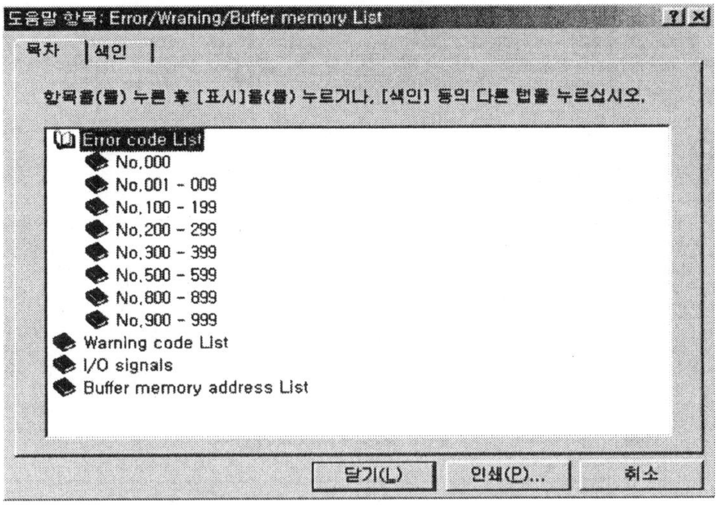

Number : 102 Drive unit Ready OFF를 더블 클릭한다.

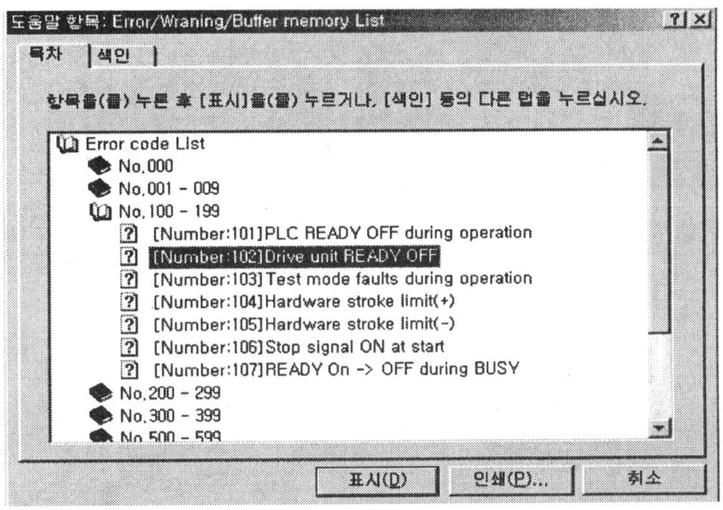

Error code : 102 Drive unit Ready OFF의 내용, 처리 방법이 나타난다.

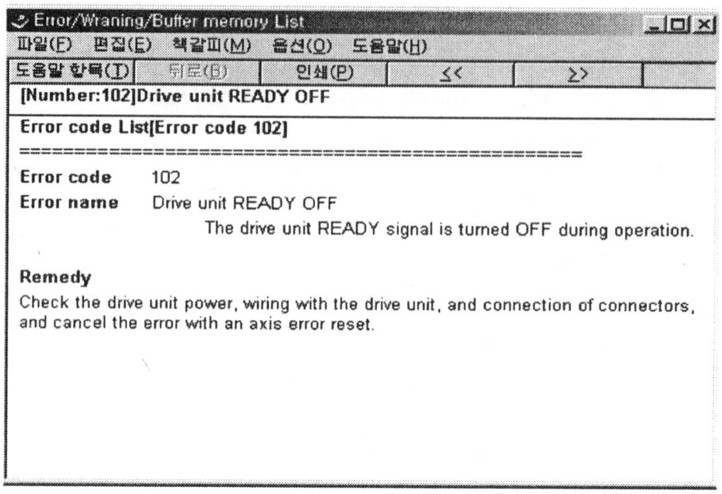
Error/Wraning/Buffer memory List

파일(F) 편집(E) 책갈피(M) 옵션(O) 도움말(H)

도움말 항목(T) 뒤로(B) 인쇄(P) << >>

[Number:102]Drive unit READY OFF

Error code List[Error code 102]

==

Error code 102

Error name Drive unit READY OFF

The drive unit READY signal is turned OFF during operation.

Remedy

Check the drive unit power, wiring with the drive unit, and connection of connectors, and cancel the error with an axis error reset.

3.5 위치 결정 예제

(1) 수동 운전

수동 제어는 QD75의 위치 결정 데이터를 사용하지 않고 외부의 입력 신호에 적합한 위치 결정 동작을 하는 방법이며 JOG운전, 인칭 운전, 수동 펄스 입력이 있다.

(가) JOG 운전

JOG 운전은 임의로 이동 시킬(JOG 신호를 ON하고 있는 동안 펄스를 계속해서 발생) 경우에 사용한다.

JOG 운전은 정회전 JOG 기동 신호(QD75의 Y68) 또는 역회전 JOG 기동 신호(QD75의 Y69)를 ON하면 서보 드라이버에 펄스를 출력하고 지정한 방향으로 워크를 이동 시킨다.

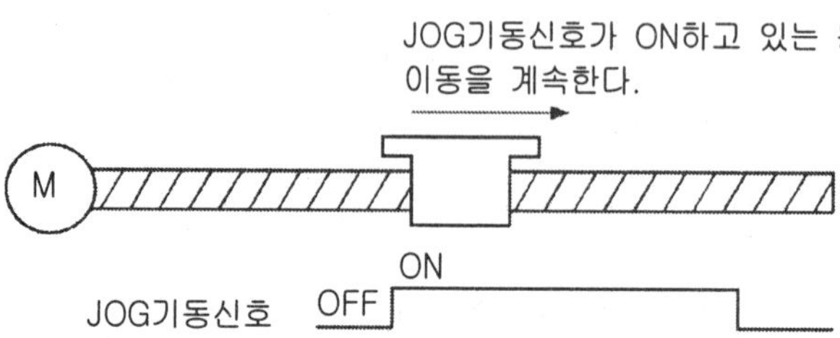

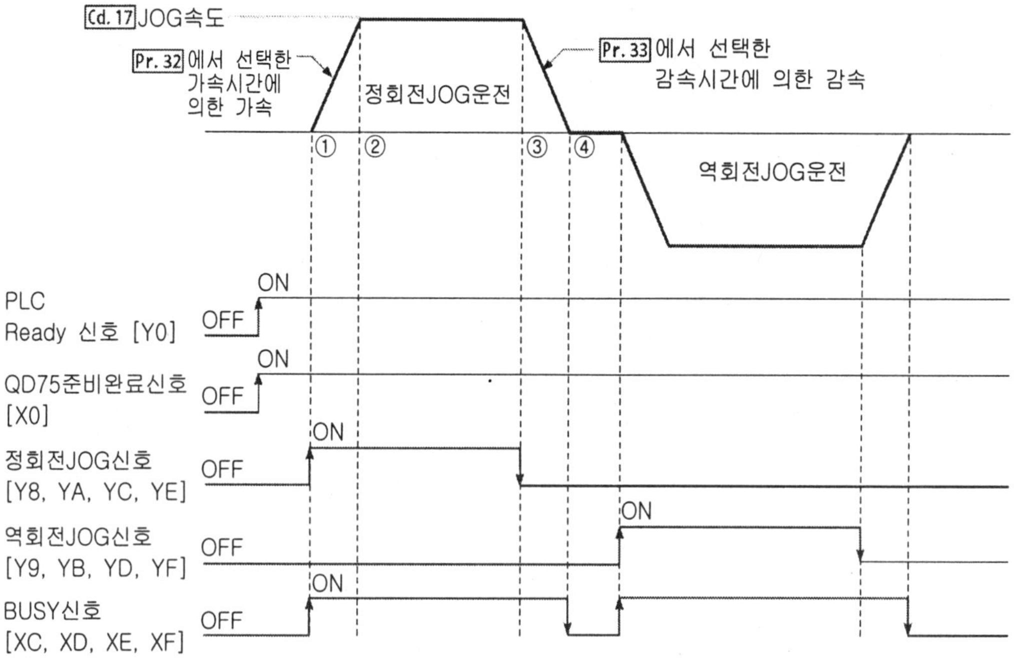

그림 3-45 JOG 운전 예제

JOG 운전의 동작 순서는 정,역회전 JOG 신호가 ON하면 지정한 방향으로 Pr. 32 JOG 운전 가속 시간선택에서 지정한 시간으로 가속 시작하며 BUSY 신호는 OFF에서 ON으로 변경된다.

가속중 워크가 Cd.17 JOG 속도에 도달하면 이 속도를 유지하며 ?~? 구간 정속 구동한다.

정역 JOG 신호가 OFF하면 Cd.17 JOG 속도로 설정한 속도에서 Pr.33 JOG 운전 감속 시간 선택으로 지정한 감속 시간으로 감속을 시작한다.

속도가 0이 되면 정지하고 BUSY 신호는 ON에서 OFF로 변경된다.

JOG 기동시 JOG 속도가 설정 범위외거나 0일 경우는 축 에러가 발생되어 기동되지 않는다.(에러코드 300)

Pr.33의 JOG 속도 제한값이 Pr.8 속도 제한값보다 큰값을 설정하였을 경우 축 에러가 발생되어 기동되지 않는다.(에러코드 956)

Cd.17 JOG 속도가 Pr. 31 JOG 속도 제한값에 설정된 속도를 초과할 경우 Pr. 31 JOG 속도 제한값으로 동작하고 축 경고가 발생한다.(경고 코드 301)

Cd.16 인칭 이동량에는 0을 설정하며 0 이외의 값을 설정하였을 경우는 인칭 운전으로 동작한다.

JOG 운전의 실행 순서는 다음과 같다.

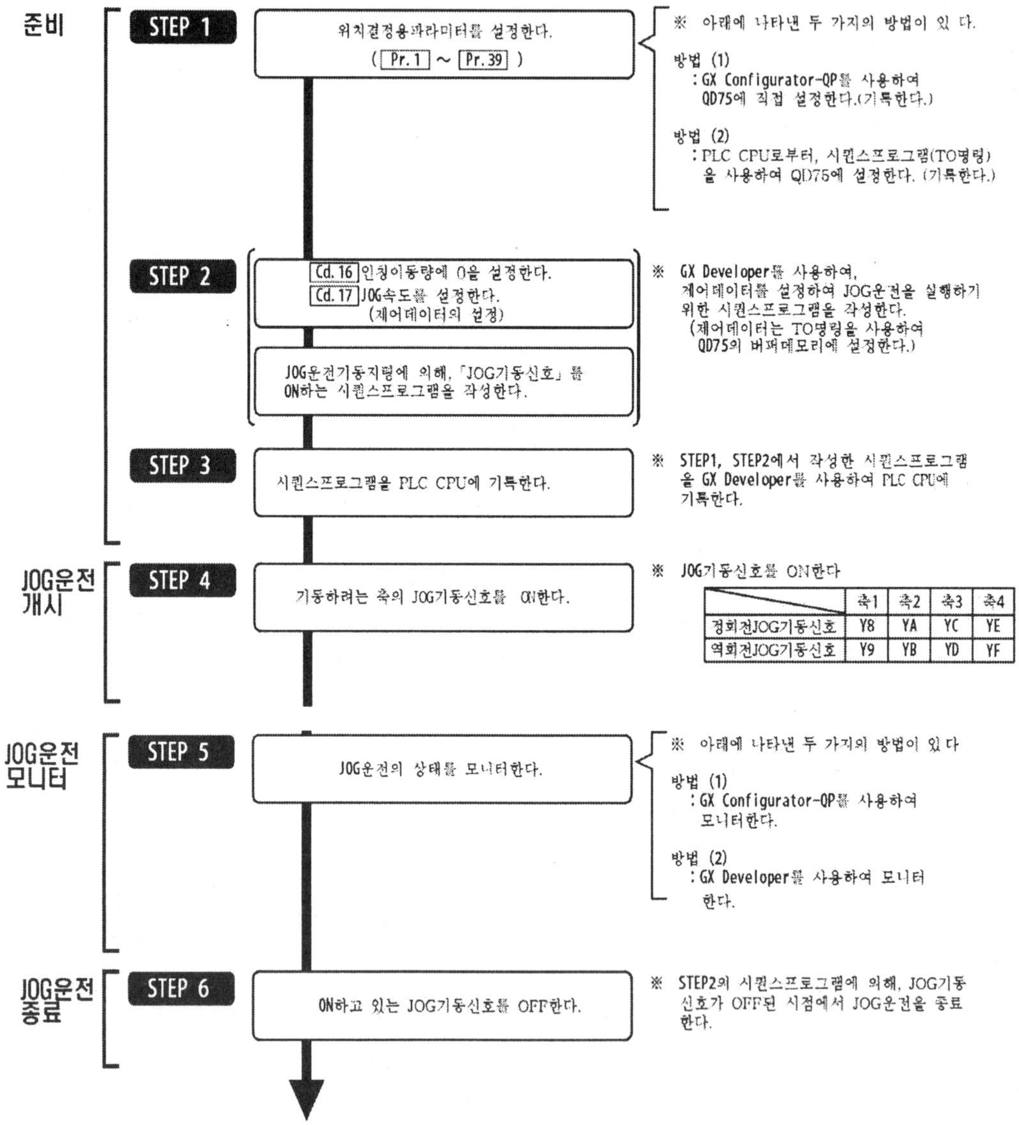

JOG 운전을 하기 위해서는 위치 결정용 파라미터를 설정할 필요가 없으며 별도의 설정은 하지 않아도 되며 JOG운전을 위한 파라미터는 다음과 같다.

설정항목			설정여부	설정내용
위치결정용 파라미터	Pr. 1	단위설정	◎	3[pulse]
	Pr. 2	1회전당 펄스수(Ap) (단위 : pulse)	◎	20000
	Pr. 3	1회전당 이동량(Al) (단위 : pulse)	◎	20000
	Pr. 4	단위배율(Am)	◎	1(1배)
	Pr. 5	펄스출력모드	◎	1(CW/CCW모드)
	Pr. 6	회전방향설정	◎	0(정회전 펄스출력에서 현재값 증가)
	Pr. 7	기동시 바이어스 속도 (단위 : pulse/s)	○	0
	Pr. 8	속도제한값 (단위 : pulse/s)	◎	200000
	Pr. 9	가속시간 0 (단위 : ms)	◎	1000
	Pr. 10	감속시간 0 (단위 : ms)	◎	1000
	Pr. 11	백러시보정량 (단위 : pulse)	○	0
	Pr. 12	소프트웨어 스트로크 리미트 상한값 (단위 : pulse)	○	2147483647
	Pr. 13	소프트웨어 스트로크 리미트 하한값 (단위 : pulse)	○	−2147483648
	Pr. 14	소프트웨어 스트로크 리미트 선택	○	0(이송 현재값)
	Pr. 15	소프트웨어 스트로크 리미트 선택	○	0(유효)
	Pr. 17	토크 제한 설정값 (단위 : %)	○	300
	Pr. 23	출력신호 논리 선택	○	0(펄스출력은 부논리)
	Pr. 25	가속시간 1(단위 : ms)	○	1000
	Pr. 26	가속시간 2(단위 : ms)	○	1000
	Pr. 27	가속시간 3(단위 : ms)	○	1000
	Pr. 28	감속시간 1(단위 : ms)	○	1000
	Pr. 29	감속시간 2(단위 : ms)	○	1000

설정항목			설정여부	설정내용
위치결정용파라미터	Pr. 30	감속시간 3(단위 : ms)	○	1000
	Pr. 31	JOG속도제한값(단위 : pulse/s)	◎	20000
	Pr. 32	JOG운전가속시간선택	◎	0(가속시간 0)
	Pr. 33	JOG운전감속시간선택	◎	0(감속시간 0)
	Pr. 34	가감속처리선택	○	0(자동사다리꼴 가감속 처리)
	Pr. 35	S자비율(단위 : %)	○	100
	Pr. 36	급정지 감속시간(단위 : ms)	○	1000
	Pr. 37	정지그룹 1급 정지선택	○	0(감속정지)
	Pr. 38	정지그룹 2급 정지선택	○	0(감속정지)
	Pr. 39	정지그룹 3급 정지선택	○	0(감속정지)

(a) JOG 운전용 프로그램 사용 데이터

JOG 운전을 하기 위해서는 JOG 운전에 필요한 PLC 프로그램 작성이 필요하며 프로그램 작성은 제어 데이터, 기동 조건, 기동용 타임 챠트를 참조로 작성한다.

(b) 제어 데이터

JOG 운전을 하려면 다음의 제어 데이터를 설정하여야 하며 위치 결정 장치 QD75의 버퍼 메모리 1517번지의 Cd.16 인칭 이동량을 반드시 0으로 설정해야 한다.

설정항목		설정값	설정내용	버퍼 메모리 어드레스			
				축1	축2	축3	축4
Cd. 16	인칭 이동량	0	· 0을 설정한다.	1517	1617	1717	1817
Cd. 17	JOG 속도	10000	· 설정값에는 "Pr. 7 기동시 바이어스 속도"이상. "Pr. 31 JOG 속도 제한값"이하의 값을 설정한다.	1518 1519	1618 1619	1718 1719	1818 1819

(c) 기동 조건

JOG 기동시는 다음의 조건을 충족 하여야 하며 조건 만족이 되어야 기동되는 PLC 프로그램을 작성한다.

<table>
<tr><th colspan="2" rowspan="2">신호명</th><th colspan="2" rowspan="2">신호상태</th><th colspan="4">디바이스</th></tr>
<tr><th>축1</th><th>축2</th><th>축3</th><th>축4</th></tr>
<tr><td rowspan="8">인터페이스신호</td><td>PLC Ready 신호</td><td>ON</td><td>PLC CPU 준비완료</td><td colspan="4">Y0</td></tr>
<tr><td>QD75준비완료 신호</td><td>ON</td><td>QD75 준비완료</td><td colspan="4">X0</td></tr>
<tr><td>동기용 플래그</td><td>ON</td><td>QD75 버퍼메모리
엑세스 가능</td><td colspan="4">X1</td></tr>
<tr><td>축정지신호</td><td>OFF</td><td>축정지신호 OFF중</td><td>Y4</td><td>Y5</td><td>Y6</td><td>Y7</td></tr>
<tr><td>기동완료신호</td><td>OFF</td><td>기동완료신호 OFF중</td><td>X10</td><td>X11</td><td>X12</td><td>X13</td></tr>
<tr><td>BUSY신호</td><td>OFF</td><td>QD75 비 가동중</td><td>XC</td><td>XD</td><td>XE</td><td>XF</td></tr>
<tr><td>에러검출신호</td><td>OFF</td><td>에러없음</td><td>X8</td><td>X9</td><td>XA</td><td>XB</td></tr>
<tr><td>M코드 ON신호</td><td>OFF</td><td>M코드 ON신호 OFF중</td><td>X4</td><td>X5</td><td>X6</td><td>X7</td></tr>
<tr><td rowspan="4">외부신호</td><td>드라이브 모듈 Ready 신호</td><td>ON</td><td>드라이브 모듈 준비 완료</td><td colspan="4">-</td></tr>
<tr><td>정지신호</td><td>OFF</td><td>정지신호 OFF중</td><td colspan="4">-</td></tr>
<tr><td>상한 리미트(FLS)</td><td>ON</td><td>리미트 범위내</td><td colspan="4">-</td></tr>
<tr><td>하한 리미트(FLS)</td><td>ON</td><td>리미트 범위내</td><td colspan="4">-</td></tr>
</table>

(d) 기동용 타임챠트

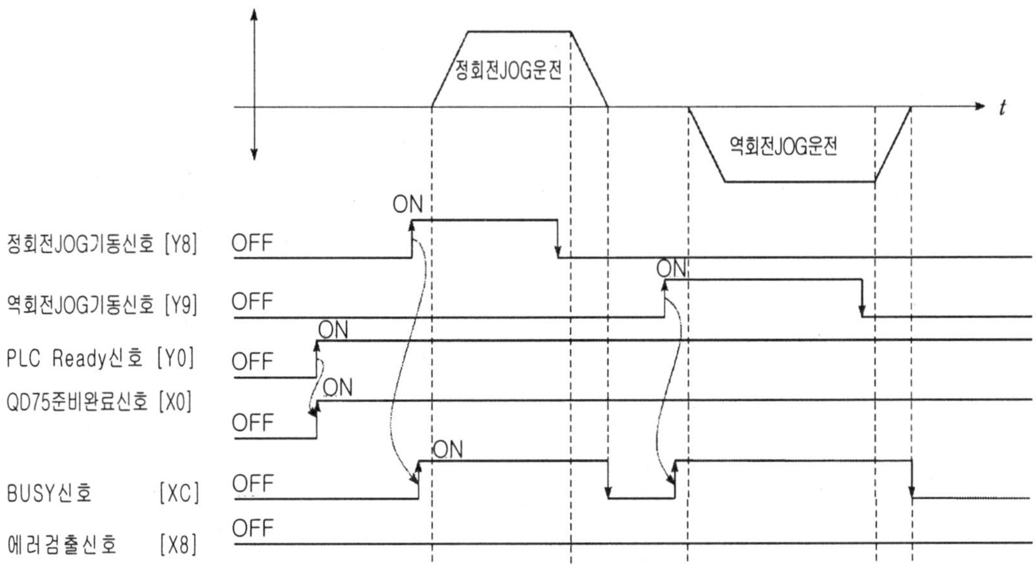

그림 3-46 JOG 기동용 타임챠트

QD75의 버퍼 메모리 엑세스 방법으로 위치 결정 장치와 버퍼 메모리의 데이터를 PLC 프로그램에서 읽고 쓰기 위해서는 FROM/TO 명령어 사용법과 인텔리전트 기능 모듈 디바이스 명령어 사용과 전용 명령어를 사용하여 교신한다.

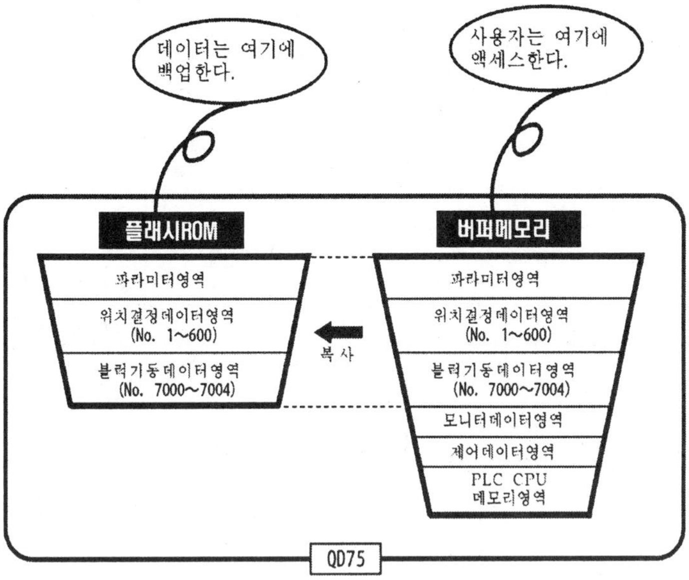

QD75의 메모리 구성

그림 3-47 버퍼 메모리의 구성 번지 내용

표 3-3 버퍼 메모리 영역구성과 어드레스

버퍼메모리영역구성		버퍼메모리어드레스				입력 가능여부
		축 1	축 2	축 3	축 4	
파라미터 영역	기본파라미터영역	0~15	150~165	300~315	450~465	가능
	상세파라미터영역	17~62	167~212	317~362	467~512	
	원점복귀기본파라미터영역	70~78	220~228	370~378	520~528	
	원점복귀상세파라미터영역	79~89	229~239	379~389	529~539	
모니터데이터 영역	시스템모니터영역	1200~1425				불가능
	축모니터영역	800~899	900~999	1000~1099	1100~1199	
제어데이터 영역	시스템제어데이터영역	1900~1905				가능
	축제어데이터영역	1500~1599	1600~1699	1700~1799	1800~1899	
위치결정데이터 영역 (No. 1~600)	위치결정데이터영역	2000~7999	8000~13999	14000~19999	20000~25999	
블럭기동데이터 영역 (블럭No. 7000)	블럭기동데이터영역	26000~26049	27000~27049	28000~28049	29000~29049	
		26050~26099	27050~27099	28050~28099	29050~29099	
	조건데이터영역	26100~26199	27100~27199	28100~28199	29100~29199	

블럭기동데이터 영역 (블럭No. 7001)	블럭기동데이터영역	26200~26249	27200~27249	28200~28249	29200~29249	
		26250~26299	27250~27299	28250~28299	29250~29299	
	조건데이터영역	26300~26399	27300~27399	28300~28399	29300~29399	
블럭기동데이터 영역 (블럭No. 7002)	블럭기동데이터영역	26400~26449	27400~27449	28400~28449	29400~29449	가능
		26450~26499	27450~27499	28450~28499	29450~29499	
	조건데이터영역	26500~26599	27500~27599	28500~28599	29500~29599	
블럭기동데이터 영역 (블럭No. 7003)	블럭기동데이터영역	26600~26649	27600~27649	28600~28649	29600~29649	
		26650~26699	27650~27699	28650~28699	29650~29699	
	조건데이터영역	26700~26799	27700~27799	28700~28799	29700~29799	
블럭기동데이터 영역 (블럭No. 7004)	블럭기동데이터영역	26800~26849	27800~27849	28800~28849	29800~29849	
		26850~26899	27850~27899	28850~28899	29850~29899	
	조건데이터영역	26900~26999	27900~27999	28900~28999	29900~29999	
PLC CPU 메모영역	PLC CPU 메모영역	30000~30099				가능

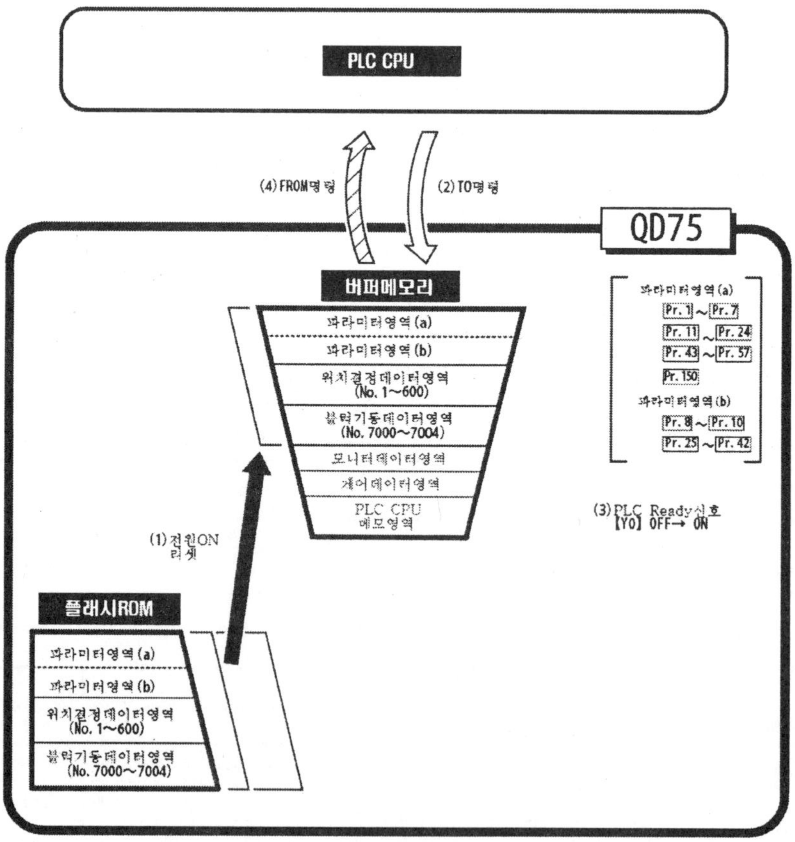

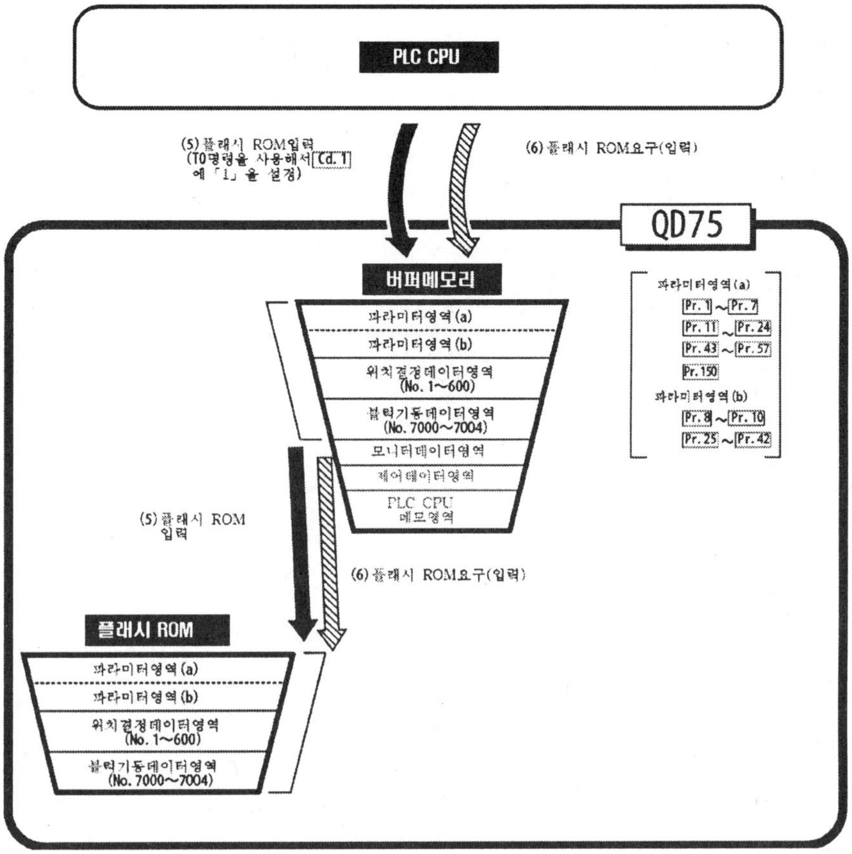

그림 3-48 PLC CPU와 QD75의 메모리 억세서

FROM/TO 명령어는 버퍼 메모리 엑세서 명령어로 인텔리젼트 기능 모듈/특수기능 모듈에서 데이터를 읽거나 쓰는 명령어이다.

FROM 명령은 인텔리젼트/특수기능 모듈에서 1워드, 2워드 데이터를 읽기 위한 명령으로 FROM, DFROM, FROMP, DFROP가 있다.

TO 명령은 인텔리젼트/특수기능 모듈에 1워드, 2워드 데이터를 쓰기 위한 명령으로 TO, DTO, TOP, DTOP가 있으며 버퍼 메모리를 거쳐서 동작이 발생된다.

JOG 운전을 하기 위해서는 위치 결정 장치의 버퍼 메모리 인칭 이동량 설정 버퍼 메모리 1517번지에 0, JOG 속도를 버퍼 메모리 1518, 1519번지에 설정한 후 JOG 정,역회전 기동한다.

분 류	명령 기호	심 볼	처 리 내 용	실행 조건	기본 스텝	서브 세트
데이터 읽기	FROM	FROM n1 n2 D n3	• 특수 기능 모듈에서 16비트 단위로 데이터를 읽기한다.		5	
	FROMP	FROMP n1 n2 D n3				
	DFRO	DFRO n1 n2 D n3	• 특수 기능 모듈에서 32비트 단위로 데이터를 읽기한다.		5	
	DFROP	DFROP n1 n2 D n3				
데이터 쓰기	TO	TO n1 n2 S n3	• 특수 기능 모듈에 16비트 단위로 데이터를 쓰기한다.		5	
	TOP	TOP n1 n2 S n3				
	DTO	DTO n1 n2 S n3	• 특수 기능 모듈에 32비트 단위로 데이터를 쓰기한다.		5	
	DTOP	DTOP n1 n2 S n3				

FROM 명령에서 n1은 인텔리젼트/특수 모듈의 선두 입출력 번호, n2는 읽을 데이터의 선두 어드레스, D는 읽을 데이터를 저장하는 디바이스 선두 어드레스, n3은 읽기 데이터 수이다.

TO 명령에서 n1은 인텔리젼트/특수 모듈의 선두 입출력 번호, n2는 쓰기 데이터의 선두 어드레스, S는 쓰기 데이터를 저장하는 디바이스의 선두번호, n3은 쓰기 데이터 수이다.

GX-Developer에서 PLC 파라미터를 클릭하여 I/O할당 탭을 선택하면 다음의 화면이 되며 인텔리젼트 모듈 위치 결정 유닛의 주소(60)를 기입한다.

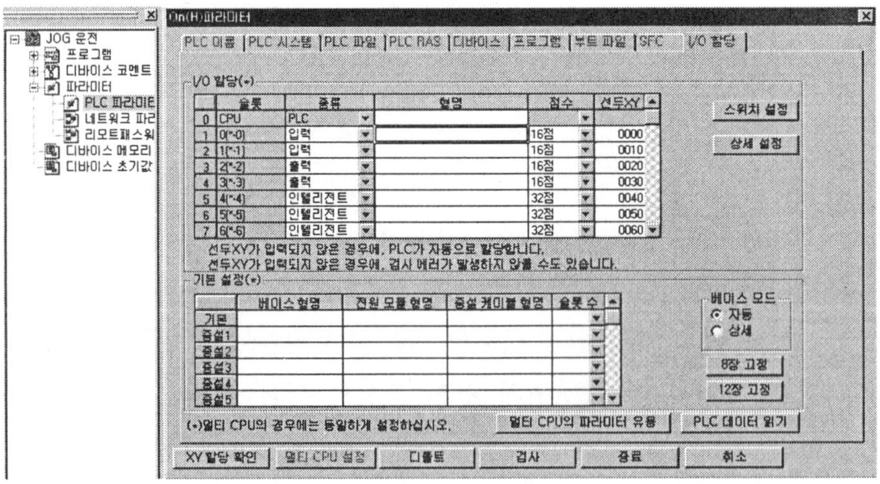

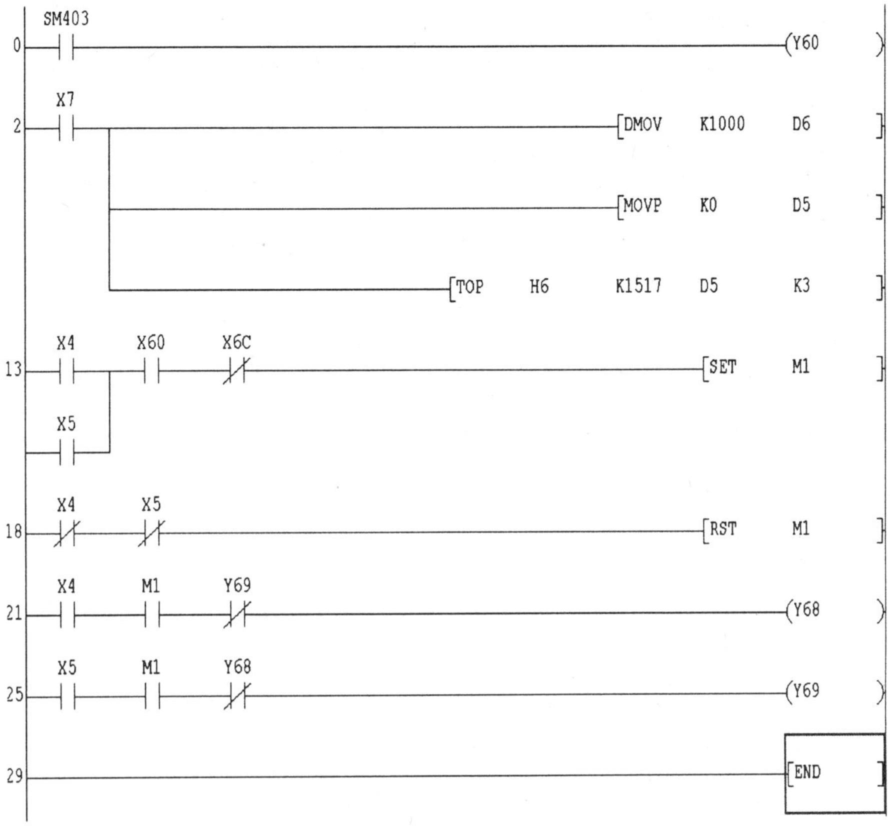

PLC가 정상적으로 동작하면 위치 결정 장치의 PLC READY 신호(Y60)를 ON하며 PLC CPU가 정상 동작하고 있음을 위치 결정 장치 QD75에 알려준다.

이 신호로 QD75는 접점 입력 X60(QD75 준비 완료)를 ON하여 QD75의 동작 준비가 완료됨을 CPU에 알려준다.

JOG 운전 속도 설정(X07)이 ON되면 D6, D7에 더블 워드(32 비트) 레지스터에 JOG 운전 속도값(1,000[μm/min])을 저장한다.

인칭 이동량 설정 버퍼 메모리에 JOG 운전을 위해서 D5에 0을 저장한다.

60번지의 I/O에 D5, D6, D7의 내용을 버퍼 어드레스 1517, 1518, 1519에 쓰기를 한다.

정회전 또는 역회전 JOG 기동(X04, X05) 버튼이 ON될 경우 위치 결정 장치의 준비 완료 신호가 ON(X60)되고 위치 결정 장치의 BUSY 신호 입력(X6C)이 OFF라면 M1을 1로 셋하며 JOG 운전을 시작한다.

정회전 또는 역회전 JOG 기동(X04, X05) 버튼이 모두 OFF이면 M1을 1로 리셋하며 JOG 운전을 종료한다.

정회전 JOG 기동 입력 스위치가 ON일 때 비트 메모리 M1이 ON이고 역회전 JOG 기동중이 아닌 경우 정회전 JOG 기동(Y68)을 ON시켜 정회전 JOG 운전을 시작한다.

역회전 JOG 기동 입력 스위치가 ON일 때 비트 메모리 M1이 ON이고 역회전 JOG 기동중이 아닌 경우 역회전 JOG 기동(Y69)를 ON시켜 역회전 JOG 운전을 시작한다.

인텔리젼트 기능 모듈 디바이스는 인텔리젼트 기능 모듈/특수 기능 모듈의 입출력 번호와 버퍼 메모리 어드레스로 지정한다.

전용 명령어인 U6\G1517에서 U6은 위치 결정 모듈 I/O 어드레스이고 G1517은 버퍼 어드레스이다.

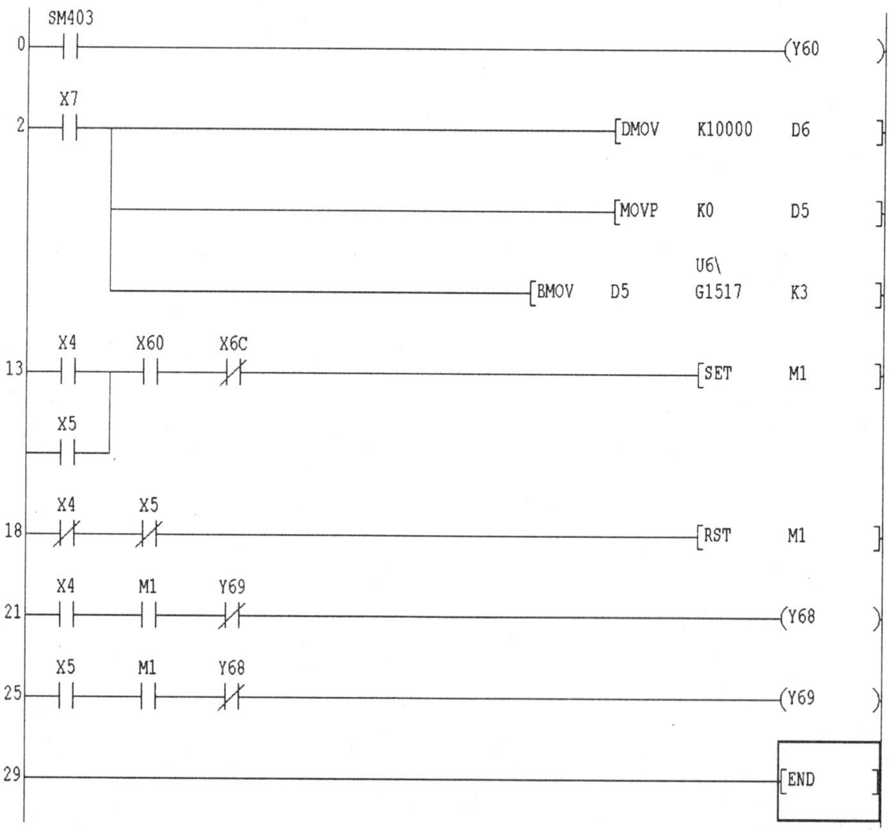

블록 전송 명령어를 사용하여 D5~D7까지의 저장된 데이터의 값을 인텔리젼트 기능 모듈인 위치 제어 장치의 버퍼 메모리 1517~1519까지의 3개 워드 데이터를

전송한다.

1517번지에 D5(0)쓰기로 인칭 이동량 0 즉 JOG 모드로 설정하며 1518, 1519번지에 2워드로 D6, D7(10000) 쓰기로 JOG 속도를 설정한다.

FROM/TO 명령어와 인텔리젠트 기능 모듈 디바이스를 사용한 명령어가 고속 처리된다.

(나) 인칭 운전

인칭 운전은 JOG 운전과는 달리 정해진 시간[ms] 동안의 지정한 이동량으로 동작한다.

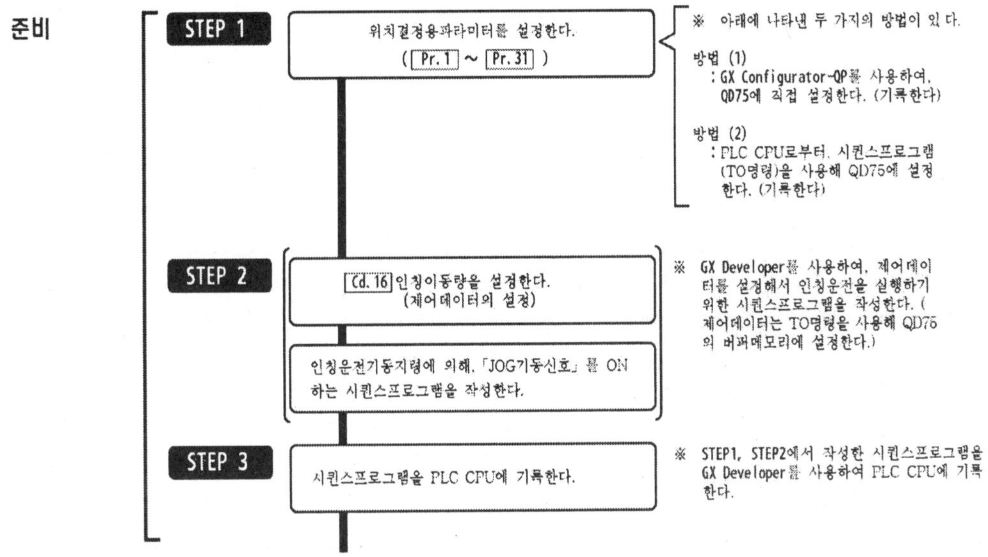

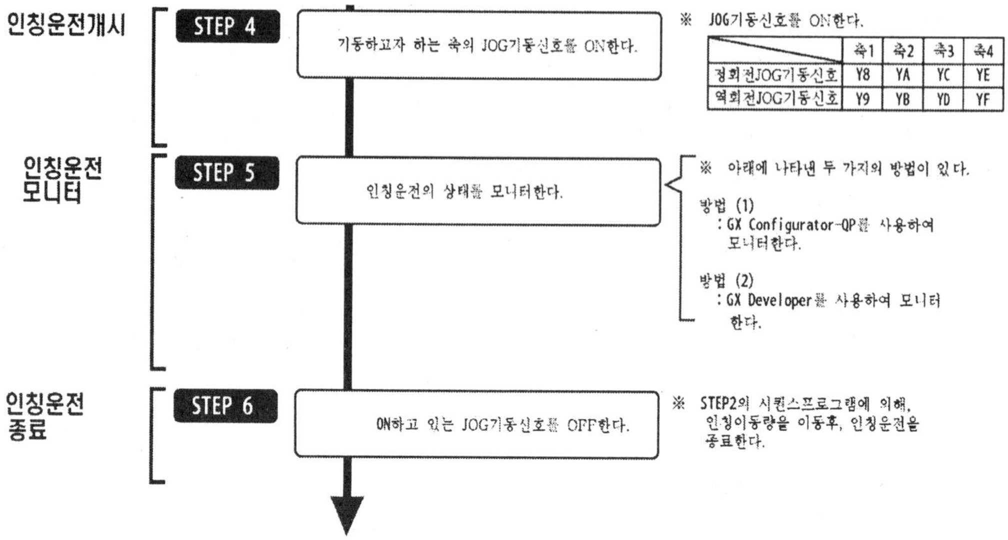

인칭 운전은 위치 결정용 파라미터를 설정할 필요가 있으며 인칭 운전만 실행하는 경우는 다음 파라미터 이외는 설정할 필요없다.

설정항목			설정여부	설정내용
위치결정용파라미터	Pr.1	단위설정	◎	3 (pulse)
	Pr.2	1회전당 펄스수 (Ap) (단위 : pulse)	◎	20000
	Pr.3	1회전당 이동량 (Al) (단위 : pulse)	◎	20000
	Pr.4	단위배율 (Am)	◎	1 (1배)
	Pr.5	펄스출력모드	◎	1 (CW/CCW 모드)
	Pr.6	회전방향설정	◎	0 (정회전펄스출력에서 현재값증가)
	Pr.11	백러시보정량 (단위 : pulse)	○	0
	Pr.12	소프트웨어스트로크리미트상한값 (단위 : pulse)	○	2147483647
	Pr.13	소프트웨어스트로크리미트하한값 (단위 : pulse)	○	-2147483648
	Pr.14	소프트웨어스트로크리미트선택	○	0 (이송현재값)
	Pr.15	소프트웨어스트로크리미트유효/무효설정	○	0 (유효)
	Pr.17	토오크제한설정값 (단위 : %)	○	300
	Pr.23	출력신호논리선택	○	0 (펄스출력은 부논리)
	Pr.31	JOG 속도제한값 (단위 : pulse/s)	◎	20000

인칭 운전을 실행하기 위해서는 다음의 제어 데이터를 설정할 필요가 있으며 시퀀스 프로그램으로 설정한다.

설정항목		설정값	설정내용	버퍼메모리어드레스			
				축 1	축 2	축 3	축 4
Cd. 16	인칭이동량	100	• 설정값은, 지령펄스가 최대출력펄스보다 크지 않게 설정한다. <최대출력펄스는 1Mpps (QD75D□ : 차동드라이버출력타입), 200kpps (QD75P□ : 오픈컬렉터출력타입)>	1517	1617	1717	1817

기동시에는 다음과 같은 조건이 필요하며 시퀀스 프로그램으로 조건이 충족되지 않을 경우는 기동되지 않게 구성한다.

신호명		신호상태		디바이스			
				축 1	축 2	축 3	축 4
인터페이스신호	PLC Ready신호	ON	PLC CPU준비완료	Y0			
	QD75 준비완료신호	ON	QD75 준비완료	X0			
	동기용플래그 *1	ON	QD75 버퍼메모리 액세스 가능	X1			
	축정지신호	OFF	축정지신호 OFF중	Y4	Y5	Y6	Y7
	기동완료신호	OFF	기동완료신호 OFF중	X10	X11	X12	X13
	BUSY 신호	OFF	QD75 비가동중	XC	XD	XE	XF
	위치결정완료신호	OFF	위치결정완료신호OFF중	X14	X15	X16	X17
	에러검출신호	OFF	에러없음	X8	X9	XA	XB
	M 코드ON신호	OFF	M 코드ON신호OFF중	X4	X5	X6	X7
외부신호	드라이브모듈 Ready신	ON	드라이브모듈준비완료	-			
	정지신호	OFF	정지신호OFF중	-			
	상한리미트 (FLS) *2	ON	리미트범위내	-			
	하한리미트 (RLS) *2	ON	리미트범위내	-			

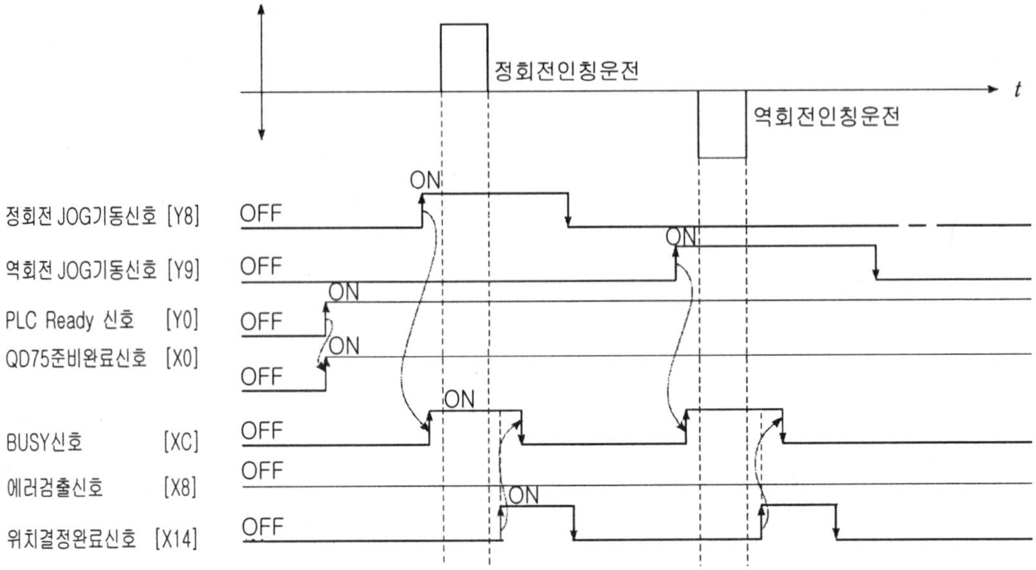

그림 3-49 인칭 운전 예제

다음 인칭 프로그램에서 인칭운전 설정 스위치(X06)가 ON되면 버퍼 메모리에 TO 명령으로 인칭 속도를 쓴다. 버퍼 메모리 어드레스 1517번에 인칭 이동량을 쓰기 D5(1000)한다. 인칭 이동량은 1000[μm/min]이다.

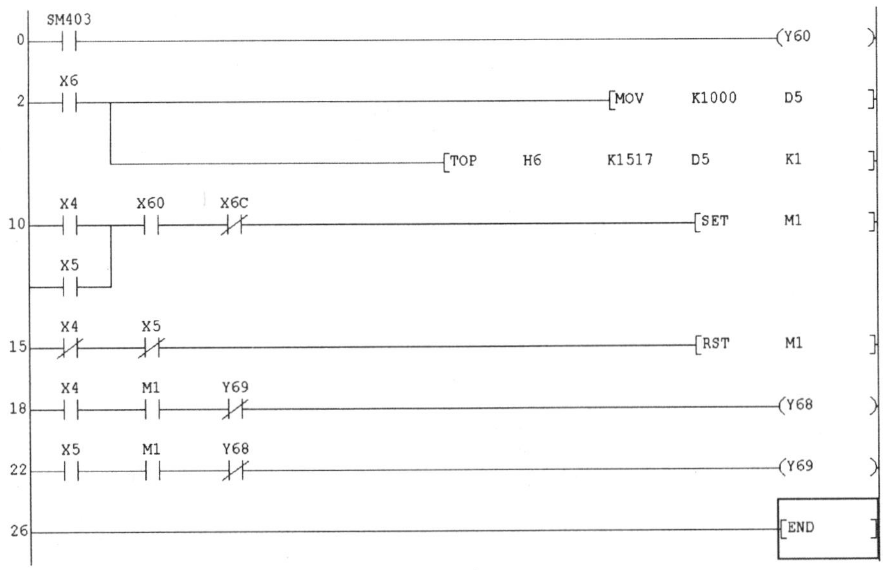

(다) 수동 펄스 운전

수동 펄스 운전은 수동 펄스 발생기로부터 QD75 입력 펄스를 입력하고 입력된 펄스수 만큼 서보 드라이버에 펄스를 출력하여 지정한 방향으로 워크를 이동한다.

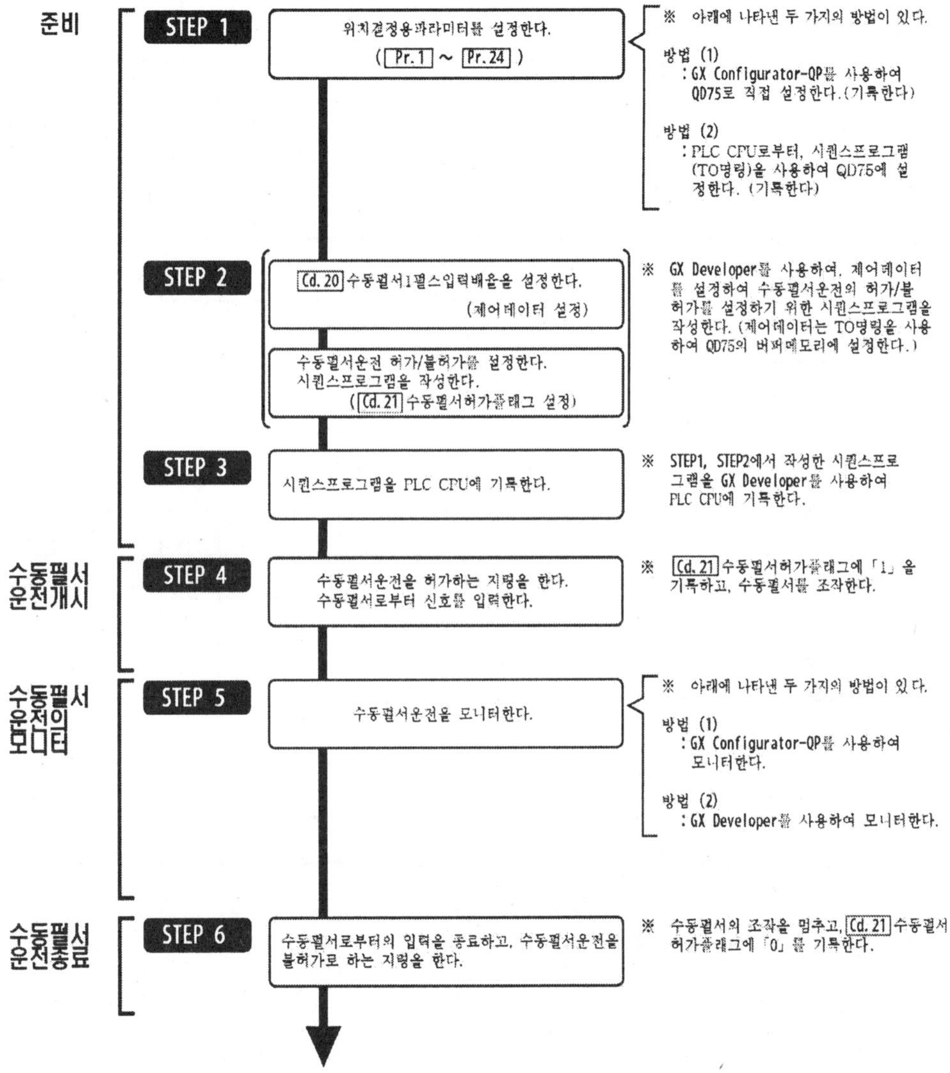

수동 펄스 운전을 하기 위한 제어 데이터는 다음과 같고 설정은 PLC 프로그램으로 할 수 있다.

설정항목		설정값	설정내용	버퍼메모리어드레스			
				축1	축2	축3	축4
Cd. 20	수동펄서 1펄스입력배율	1	수동펄서1펄스의 입력배율을 설정한다.	1522 1523	1622 1623	1722 1723	1822 1823
Cd. 21	수동펄서 허가플래그	1(0)	「1 : 수동펄서운전을 허가한다」를 설정한다. (수동펄서운전을 실행하지 않을 때는「0:수동펄서운전을 불허가로 한다」를 설정한다.)	1524	1624	1724	1824

기동 조건은 다음과 같으며 기본 조건이 충족되지 않을 경우는 기동되지 않도록 PLC 프로그램을 작성하여야 한다.

신호명		신호상태		디바이스			
				축1	축2	축3	축4
인터페이스신호	PLC Ready신호	ON	PLC CPU준비완료	Y0			
	QD75 준비완료신호	ON	QD75 준비완료	X0			
	동기용플래그 *1	ON	QD75 버퍼메모리엑세스 가능	X1			
	축정지신호	OFF	축정지신호OFF중	Y4	Y5	Y6	Y7
	기동완료신호	OFF	기동완료신호OFF중	X10	X11	X12	X13
	BUSY 신호	OFF	QD75 비가동중	XC	XD	XE	XF
	에러검출신호	OFF	에러없음	X8	X9	XA	XB
	M 코드ON신호	OFF	M 코드ON신호OFF중	X4	X5	X6	X7
외부신호	드라이브모듈 Ready신호	ON	드라이브모듈준비완료	-			
	정지신호	OFF	정지신호OFF중	-			
	상한리미트 (FLS) *2	ON	리미트범위내	-			
	하한리미트 (RLS) *2	ON	리미트범위내	-			

(a) 수동펄스에 의한 위치제어 계산법

수동 펄스에 운전에는 1펄스에서 수동 펄스 1펄스 이동량 만큼 이동한다. 수동 펄스 운전에 의한 위치 결정 제어시 이송 현재값은 다음과 같다.

이송 현재값=입력 펄스수×Cd.20 수동 펄스 1펄스 입력 배율
×수동 1펄스 이동량

Pr. 1 단위설정	mm	inch	degree	pulse
수동펄서1펄스이동량	0.1 μm	0.00001inch	0.00001degree	1pulse

Pr.1 단위 설정이 [μm]이고 Cd.20 수동펄스 1펄스 입력 배율이 2일 경우 100 펄스가 입력되면 현재 이송값은 다음과 같다.

100(수동 펄스 입력수)×2(Cd.20 설정값)×0.1(Pr.1 단위 설정)=20[μm]

수동 펄스운전에 의한 위치 결정 제어시 속도는 단위 시간당 입력 펄스수에 다른 속도가 되며 지령 주파수=입력 주파수×Cd. 20 수동펄스 1펄스 입력 배율이다.

수동 펄스 운전은 위치 결정용 파라미터를 설정할 필요가 있으며 인칭 운전만 실행하는 경우는 다음 파라미터 이외는 설정할 필요가 없다.

설정항목			설정여부	설정내용
위치결정용파라미터	Pr.1	단위설정	◎	3 (pulse)
	Pr.2	1회전당 펄스수 (Ap) (단위 : pulse)	◎	20000
	Pr.3	1회전당 이동량 (Al) (단위 : pulse)	◎	20000
	Pr.4	단위배율 (Am)	◎	1 (1배)
	Pr.5	펄스출력모드	◎	1 (CW/CCW 모드)
	Pr.6	회전방향설정	◎	0 (정회전펄스출력에서 현재값증가)
	Pr.8	속도제한값 (단위 : pulse/s)	◎	200000
	Pr.11	백러시보정량 (단위 : pulse)	○	0
	Pr.12	소프트웨어 스트로크 리미트상한값 (단위 : pulse)	○	2147483647
	Pr.13	소프트웨어 스트로크 리미트하한값 (단위 : pulse)	○	-2147483648
	Pr.14	소프트웨어 스트로크 리미트선택	○	0 (이송현재값)
	Pr.15	소프트웨어 스트로크 리미트유효/무효 설정	○	0 (유효)
	Pr.17	토오크제한설정값 (단위 : %)	○	300
	Pr.22	입력신호논리선택	○	0 (수동펄서입력은 부논리)
	Pr.23	출력신호논리선택	○	0 (펄스출력은 부논리)
	Pr.24	수동펄서입력선택	○	0 (A상/B상 4체배)

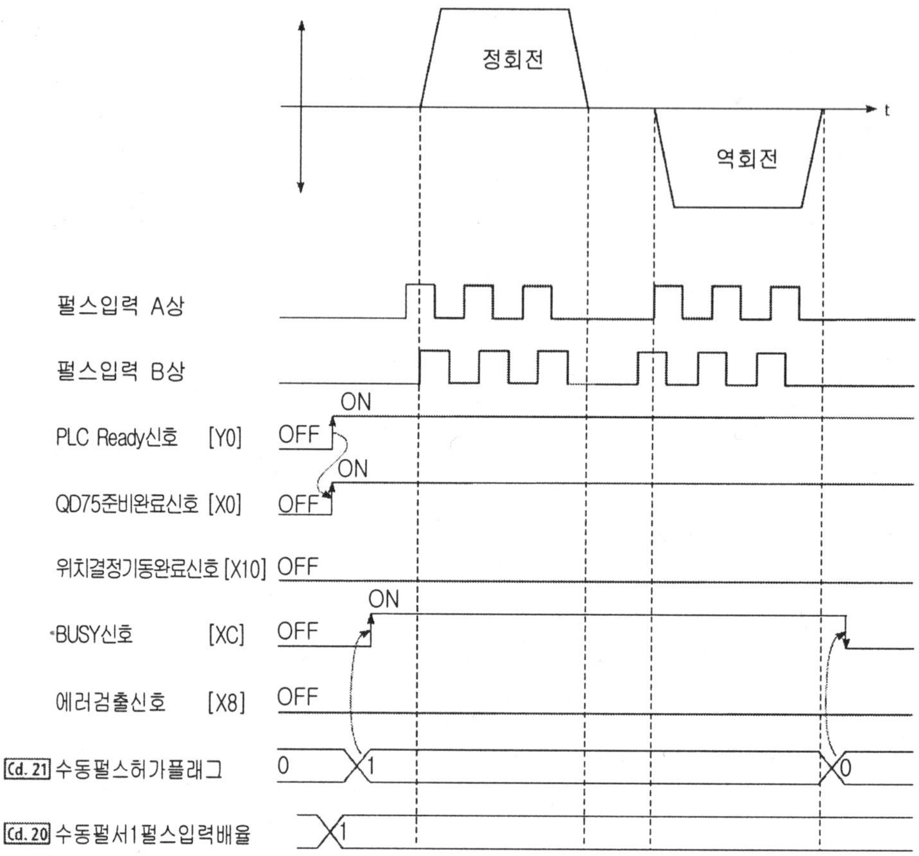

그림 3-50 수동 펄스 운전 예제

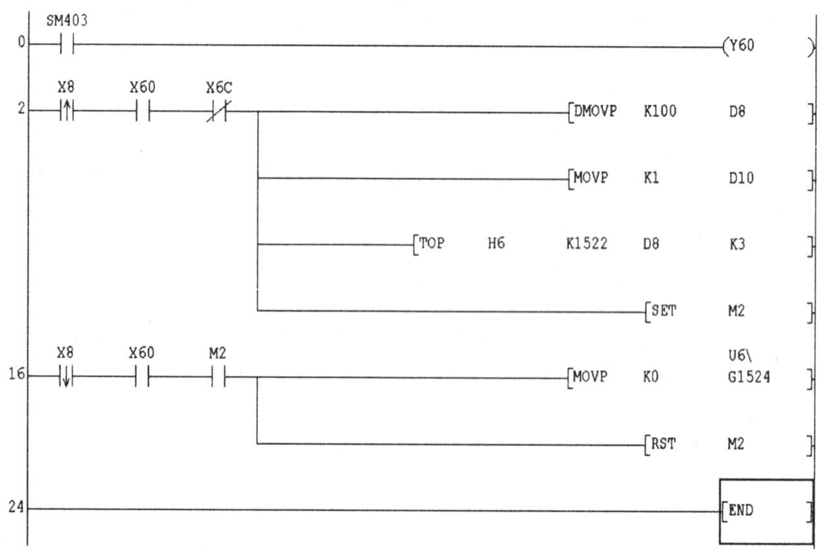

PLC가 정상적으로 동작하면 위치 결정 장치의 PLC READY 신호(Y60)를 ON 하며 PLC CPU가 정상 동작하고 있음을 위치 결정 장치 QD75에 알려준다.

이 신호로 QD75는 접점 입력 X60(QD75 준비 완료)를 ON하여 QD75의 동작 준비가 완료됨을 CPU에 알려준다.

수동 펄스 운전 스위치 (X8)이 ON되고 X60(QD75 준비 완료)가 ON되고 BUSY 상태가 아니면 D8, D9에 더블 워드(32비트) 레지스터에 수동 펄스 입력 배율을 100으로 설정한다.

D10의 16비트 레지스터에 수동 펄스 운전 허가를 설정하기 위하여 1을 설정한다.

D8, D9, D10의 데이터 레지스터에 설정한 값을 QD75의 버퍼 메모리 K1522, K1523, K1524에 보내어 수동 펄스 운전 모드가 설정된다.

SET M2로 수동 펄스 모드로 동작하며 수동 펄스 운전 스위치 (X8)이 OFF되면 수동 펄스 운전 모드를 해제시키며 QD75의 버퍼 메모리 1524번지에 0을 입력(MOVP K0 U6\G1524)하며 RST M2로 수동 펄스 운전 상태 모드를 해제한다.

(2) 위치 결정

원점 복귀 제어, 고속 원점 복귀 제어, 주요 위치 결정 제어 고도의 위치를 위치 결정 기동이라고 하며 서보 모터를 사용자가 설정한 위치로 동작시키는 것을 위치 결정 기동이라고 한다. 명령어로 FROM/TO 명령과 인텔리전트 전용 명령을 사용한다.

(가) 원점 복귀 제어

원점 복귀 제어는 위치 결정 제어를 할 경우 기점이 되는 위치(원점)을 확보하기 위한 제어이며 전원 투입시 또는 QD75가 원점 복귀를 요구 했을 경우나 워크를 원점으로 복귀 시키는 경우에 사용하며 다음과 같은 2개의 원점 복귀가 있다.

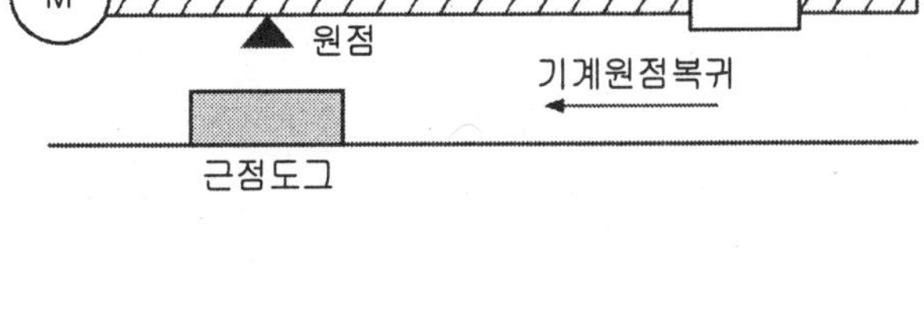

· 기계 원점 복귀 : 위치 결정 제어의 원점 확립(위치 결정 기동 No.9001)
· 고속 원점 복귀 : 원점으로 위치 결정(위치 결정 기동 No.9002)

(a) 기계 원점 복귀

근접 도그나 영점 신호 등을 이용해서 기계 원점을 확립하는 동작을 의미한다.

기계 원점 복귀후에 기계적으로 확립한 위치를 위치 결정 제어에서 원점으로 사용하며 원점 확립에는 근점 도그식, 스토퍼 정지식, 카운터식 등 6가지 방법이 있으며 서보 모터를 사용하는 경우에는 근점 도그 방식을 많이 사용한다.

원점 복귀용 파라미터는 Pr.43~Pr.57를 참고하며 원점 복귀 기동은 Cd.3 위치 결정 기동 번호 버퍼 메모리에 9001을 기입하면 원점 복귀 기능이 된다.

위치 결정 기동용 QD75의 전용 명령어에는 다음과 같다.

용 도	전용 명령어	기능 개요
절대 위치 복원용	ABRST 1	QD75의 지정축 절대 위치 복원
	ABRST 2	
	ABRST 3	
	ABRST 4	
위치 결정 복원용	PSTRT 1	QD75의 지정축 위치 결정제어 복원
	PSTRT 2	
	PSTRT 3	
	PSTRT 4	
티 칭 용	TEACH 1	QD75의 지정축 티칭
	TEACH 2	
	TEACH 3	
	TEACH 4	
플래시 ROM 기록	PFWRT	QD75의 데이터 ROM에 기록
파라미터 초기화용	PINIT	파라미터 초기화

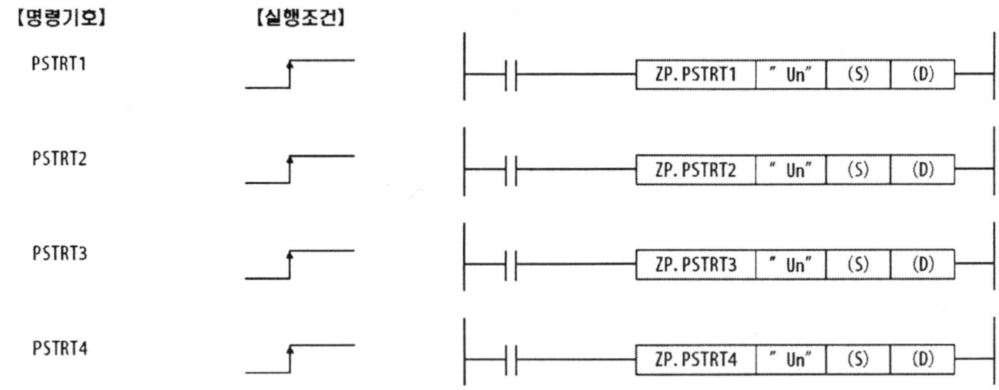

디바이스	항 목	설정데이터	설정범위	세트측(*1)
(S)+0	시스템영역	–	–	–
(S)+1	완료상태	완료시의 상태가 저장된다. • 0 : 정상종료 • 0 이외 : 이상완료 (에러코드) (*2)	–	시스템
(S)+2	기동번호	PSTRT□명령으로 기동을 할 아래의 데이터 No.를 지정한다. • 위치결정데이터No. : 1~600 • 블럭기동 : 7000~7004 • 기계원점복귀 : 9001 • 고속원점복귀 : 9002 • 현재값변경 : 9003 • 복수축동시기동 : 9004	1~600 7000~7004 9000~9004	사용자

위치 결정용 전용 명령어는 3개의 16비트 데이터 레지스터의 2개의 비트 메모리가 필요하다.

ZP.PSTRT1 Un(S)(D)에서 ZP.PSTRT1은 QD75의 위치 결정 기동용 전용 명령어를 의미하며 Un은 QD75의 선두 번지를 설정하는 부분이고 (S)는 위치 결정용 데이터 설정 부분으로 Sn : 시스템 영역, Sn+1 : 완료 상태, Sn+2 : 기동 번호의 3개의 16비트 데이터 레지스터로 구성된다.

(S)는 컨트롤 데이터를 설정하는 부분으로 제일 처음의 16비트 데이터 Sn은 PLC CPU가 사용하는 부분으로 유저는 사용 불가한 영역이다.

(Sn+1)부분은 위치 결정 기동을 수행한후 정상 종료되면 PLC CPU가 0을 설정하고 기동이 정상 종료되지 않으면 이부분의 에러 코드 번호를 저장한다. 사용자는 위치 결정 전용 명령어를 이용하여 ZP.PSTRT1 위치 결정 기동의 정상 종료 여부를 판단할 경우 (Sn+1) 부분의 결과 값으로 판단한다.

(Sn+2)은 사용자의 위치 결정 기동선택을 설정하며 위치 결정 기동 종류를 기

계 원점 복귀, 현재값 변경 기동, 복수축 동시 기동블록 기동, 위치 결정 데이터 No에 의한 기동 등이 있으며 사용자는 기동 번호를 이 부분에 입력한다.

(D)는 위치 결정 기동의 정상 종료 여부를 나타내는 비트 메모리를 나타낸다.

비트 메모리의 Dn부분은 위치 결정 기동이 정상 종료될 경우 1스캔 이동 시간 ON되는 비트이며 위치 결정기동이 비정상으로 종료되면 Dn+1도 ON된다.

현재의 위치 결정이 정상적으로 종료되면 다음 위치 결정의 기동 시작신호로 사용된다.

(Dn+1)비트가 ON되면 Sn+1비트의 에러 번호를 확인하면 위치 결정 기동이 비정상적으로 종료된 원인을 분석할 수 있다.

원점 복귀 기동에는 Cd.3 위치 결정 기동 번호 버퍼 메모리에 9001을 쓰면 원점 복귀 기동을 한다.

전용 명령어를 사용한 원점 복귀 기동 프로그램에로 원점 복귀기동은 인텔리전트 명령어와 전용 명령어를 사용하는 방법이 있으며 전용 명령어를 사용하여 원점 복귀 기동을 하기 위해서는 컨트롤 데이터의 Sn+2에 9001을 입력한 후 ZP.PSTRT1을 실행한다.

원점 복귀는 서보 드라이버의 서보 ON 신호를 OFF하고 워크를 이동하여 하한과 상한 LS 사이에 두고 서보 ON 신호를 ON하고 원점 복귀 동작 (X0)를 작동시킨다.

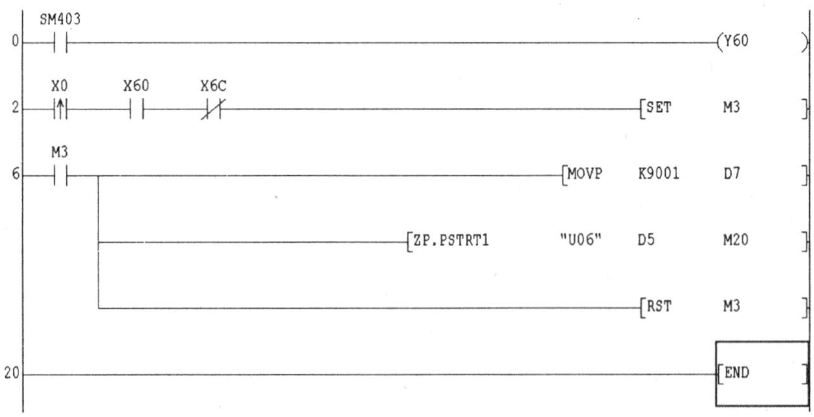

QD75의 위치 결정 기동전용 명령어를 사용한 원점 복귀동작은 16비트 데이터 레지스터 D5, D6, D7과 비트 메모리 M20, M21을 사용한다.

원점 복귀 16비트 데이터 레지스터 D5, D6은 PLC CPU가 사용하며 사용자는

D7에 9001을 입력하여 기계 원점 복귀 기동용 설정값을 입력한다.

전용 명령어를 사용하기 위해서는 기계 원점 복귀 동작이 이루어지며 원점 복귀가 완료되면 사용자가 지정한 비트 메모리 M20비트는 ON, M11비트는 OFF가 된다.

전용 명령어를 사용하지 않는 명령어는 TO 명령어 또는 인텔리전트 디바이스를 사용하여 QD75의 버퍼 메모리 1500번지에 9001의 값을 기록한 아래의 도표와 같이 QD75의 위치 결정 기동 신호인 Y70을 ON한다.

디바이스 명칭		디바이스 1축	용 도	ON일 때 내용
QD75의 입출력	입력	X60	QD75의 준비완료 신호	준비 완료
		X61	동기용 플랙	QD75의 버퍼 메모리 억세스
		X64	M코드 ON 신호	M 코드 출력중
		X68	에러 검출 신호	에러 검출
		X6C	BUSY 신호	BUSY(운전중)
		X70	기동 완료 신호	기동 완료
		X74	위치 결정 완료	위치 결정 완료
	출력	Y60	PLC Ready 신호	PLC CPU 준비완료
		Y64	축정지 신호	정지 요구중
		Y68	정회전 JOG 기동신호	정회전 JOG 기동중
		Y69	역회전 JOG 기동신호	역회전 JOG 기동중
		Y70	위치 결정 기동 신호	기동 요구중

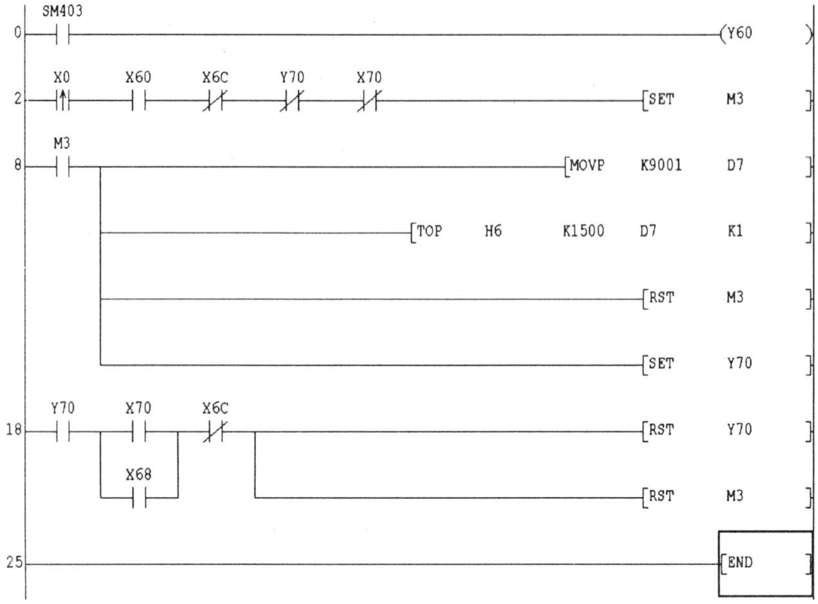

원점 복귀 요구 버튼 (X0)가 ON되면 QD75의 준비완료 신호(X60), BUSY 신호 OFF(X6C), 위치 결정 기동이 아닐 경우(Y70), 기동완료가 되지 않았을 경우(X70)에 한하여 내부 메모리 M3을 ON(원점 기동 개시)한다.

M3비트가 ON되면 데이터 레지스터 D5에 원점 복귀용 값 9001을 기록한 후 QD75의 버퍼 메모리 1500번지에 TO 명령을 사용하여 기입한 후 위치 결정 신호(Y70)을 ON하면 원점 복귀 기동이 된다.

위치 결정 기동 신호(Y70) ON에 의해서 원점 복귀 기동중에 기동 완료 신호(X70)이 ON되거나 에러 검출 신호(X68)가 ON될 때 BUSY 신호(X6C)를 다시 읽어서 OFF 상태이면 원점 복귀를 완료한 것으로 위치 결정 기동 신호(Y70)를 OFF한다.

QD75의 버퍼 메모리 817번지 즉 Md.31 스테이터스의 원점 복귀 요구 플랙은 전원투입시 드라이버 모듈 ready 신호 OFF시 PLC READY 플랙 ON시 원점 복귀 기동시에 ON되고 원점 복귀가 완료되면 OFF되는 플랙이다.

Md.31 스테이터스의 플랙 상태는 다음과 같다.

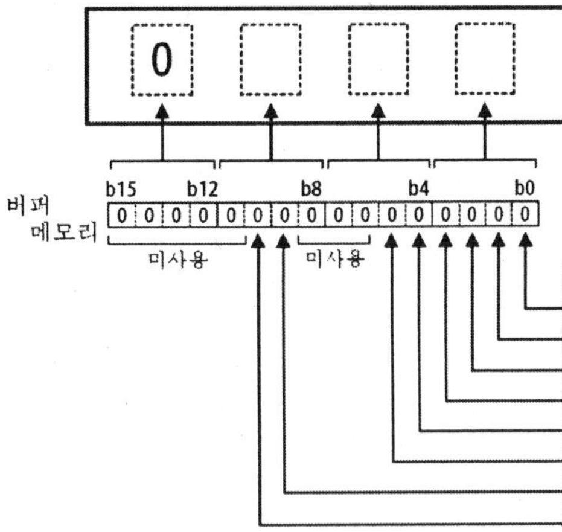

	저장항목	초기값	의미
b0	속도제어중 플래그	0	0: OFF 1: ON
b1	속도 · 위치전환래치플래그	0	
b2	지령인포지션플래그	0	
b3	원점복귀요구플래그	0	
b4	원점복귀완료플래그	0	
b5	위치 · 속도전환래치플래그	0	
b9	축경고검출	0	
b10	속도변경0경고	0	

원점 복귀 요구 플래그을 이용하면 전원 투입시 기계장치의 기계 원점 복귀가 자동으로 되며 전원이 투입되면 Md.31 스테이터스의 원점 요구 플래그은 ON이 된다.

이 플래그을 읽어서 1이면 원점 복귀 기동이 되며 이 플래그을 읽기 위해서는 버퍼 메모리 억세서 명령인 FROM 명령어를 사용한다.

FROM 명령어는 인텔리젼트 모듈의 버퍼 메모리의 내용을 PLC CPU로 일어올 경우 사용하는 명령어이며 읽고자 하는 버퍼 메모리와 버퍼 메모리의 내용을 저장할 워드, 더블 워드 데이터를 지정해야 한다.

FROM H6 K817 D1 K2는 선두 어드레스 60대의 위치 결정 모듈의 버퍼 어드레스 817번지의 내용을 D1에 818번지의 내용을 D2에 총2개를 읽어오는 명령이다.

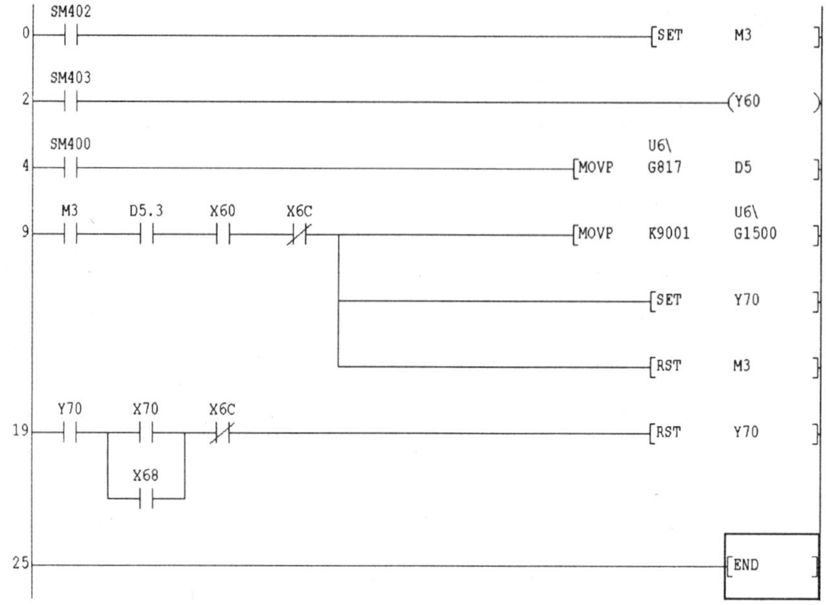

SM402는 전원 투입후 1스캔만 ON하여 전원 투입 시점을 확인할 수 있으며 인텔리전 디바이스를 이용하여 QD75의 버퍼 메모리 817번지의 데이터 내용(Md.31 스테이터스)을 D5로 읽어 오게 된다.

전원이 투입된 시점에서 원점 요구 플랙 D5.3이 ON하면 원점 복귀 기동 작업을 위한 QD75의 버퍼 메모리 1500번지에 9001을 기록한 후 위치 결정 기동신호(Y70)을 ON하면 원점복귀를 하게 되며 정상적인 동작이 이루어지면 Y70을 리셋한다.

(b) 위치 결정 프로그램 작성

위치 결정용 PLC 프로그램은 위치 결정 장치 QD75를 이용하여 미리 정해진 위치로 워크를 이동시키는 프로그램이며 대부분의 위치 결정 장치는 작업 좌표값을 GX-Config urator-QP에 위치 데이터 No를 지정한 다음 QD75의 위치 결정 기동 (Y70)을 ON하면 정해진 위치로 결정기동을 한다.

먼저 QD75의 위치 결정 데이터를 GX-Configurator-QP를 사용하여 편집하고 QD75의 플래시 ROM에 기입한다.

No.	Pattern	CTRL method	SLV axis	ACC(ms)	DEC(ms)	Positioning address [um]	Arc Address [um]	Command speed [mm/min]	Dwell time [ms]	M code	
1	0:END	1:ABS line1	-	0;1000	0;1000	10000.0	0.0	3000.00	0	0	
2	0:END	1:ABS line1	-	0;1000	0;1000	20000.0	0.0	2000.00	0	0	
3	0:END	1:ABS line1	-	0;1000	0;1000	30000.0	0.0	3000.00	0	0	
4	0:END	1:ABS line1	-	0;1000	0;1000	40000.0	0.0	2000.00	0	0	
5	0:END	1:ABS line1	-	0;1000	0;1000	50000.0	0.0	3000.00	0	0	
6	0:END	1:ABS line1	-	0;100	0;1000	1000.0	0.0	2000.00	0	0	

위의 동작 패턴을 나타내면 다음과 같다.

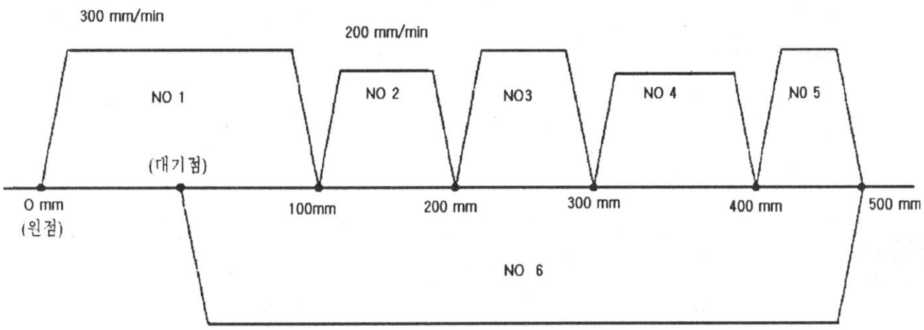

그림 3-51 위치 결정 동작 패턴 예

Online메뉴의 Connection setup을 선택하여 다음과 같이 설정하고 OK를 클릭한다.

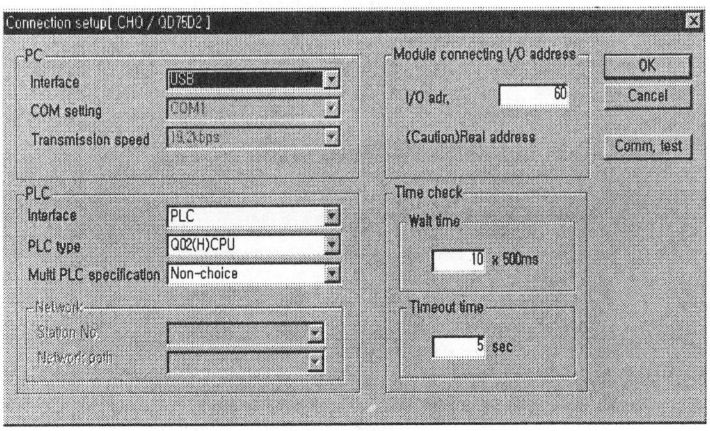

Online메뉴의 Write to module을 선택후 클릭한다.(PLC CPU STOP상태)

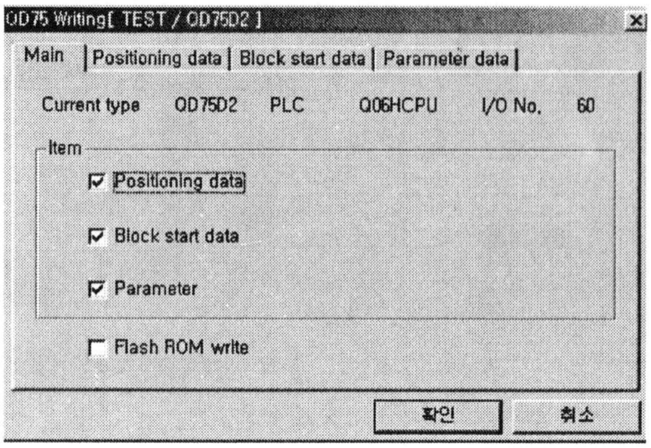

Positioning data 탭을 클릭하여 데이터를 1~100번 까지 로딩하여 확인 버튼을 클릭한다.

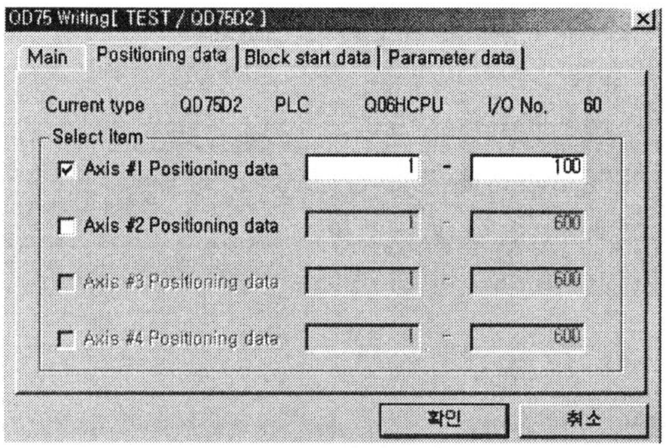

Parameter data 탭을 클릭하여 1축 파라미터 데이터를 선택하고 확인을 클릭한다.

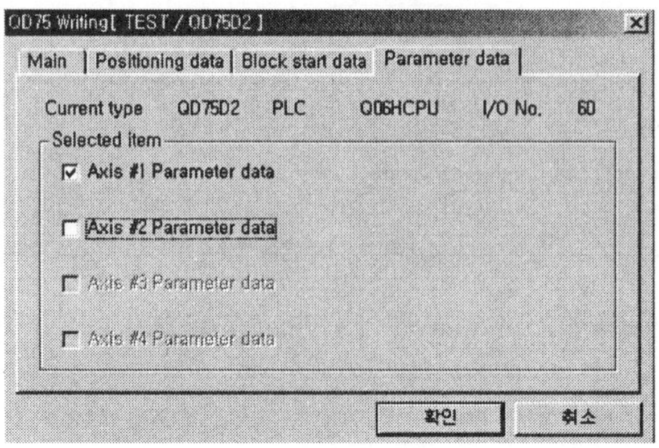

No.	Pattern	CTRL method	SLV axis	ACC(ms)	DEC(ms)	Positioning address [um]	Arc Address [um]	Command speed [mm/min]	Dwell time [ms]	M code
1	0:END	1:ABS line1	-	0;1000	0;1000	10000.0	0.0	2000.00	0	0
2	0:END	1:ABS line1	-	0;1000	0;1000	20000.0	0.0	2000.00	0	0
3	0:END	1:ABS line1	-	0;1000	0;1000	30000.0	0.0	2000.00	0	0
4	0:END	1:ABS line1	-	0;1000	0;1000	40000.0	0.0	2000.00	0	0
5	0:END	1:ABS line1	-	0;1000	0;1000	50000.0	0.0	2000.00	0	0
6	0:END	1:ABS line1	-	0;1000	0;1000	1000.0	0.0	2000.00	0	0

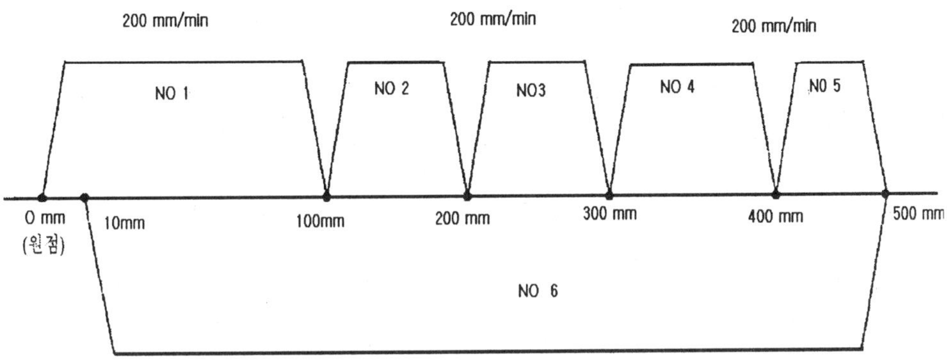

그림 3-52 위치 결정 동작 패턴 예

데이터 레지스터 D10은 GX-Configurator-QP를 사용하여 QD75에 저장한 위치 데이터 번호를 저장하며 No1에서 No 600까지 지정할 수 있지만 위치 데이터 No 설정 부분을 100까지로 한정시킨 관계로 1~100까지 설정할 수 있다.

6번 스텝에서 PLC가 동작하는 동안 항상 QD75가 버퍼 메모리 817번 Md.31 스테이터스의 상태를 16비트 데이터 레지스터 D5에 저장하고 원점 복귀 요구 플랙 D5.3의 상태가 1이고 PLC의 전원이 투입된 상태라면 원점 복귀가 실행된다.

버퍼 메모리 1500번지에 원점 복귀 데이터 9001을 입력한다.

21번 스텝에서 수동으로 원점복귀 버튼(X00)을 누른 경우 기계 원점 복귀하며 위치 결정 데이터 No에 의하여 위치 결정이 실행되며 위치 결정 기동 지령(X03)이 ON되면 M5가 셋되어 D10의 데이터 레지스터에 저장된 위치 데이터의 No에 해당되는 위치로 워크를 위치 결정한다.

QD75의 버퍼 메모리 1500번지에 값 설정에 따라 위치 결정 기동이 달라지며 D10의 데이터 레지스터에 저장된 값을 변경하면 QD75에 저장된 위치 데이터 번호에 해당하는 위치로 워크를 이송할 수 있다.

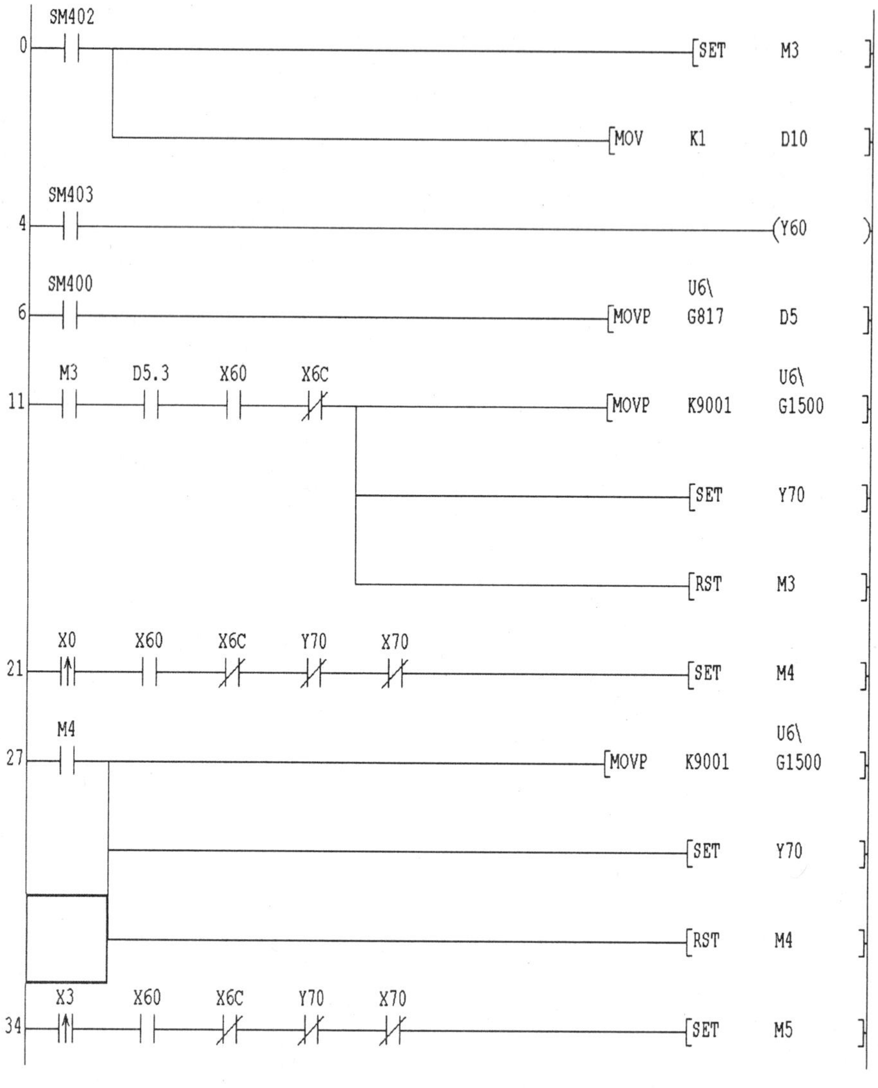

SM402
0
SET M3
MOV K1 D10
SM403
4
Y60
SM400
6
MOVP U6\ G817 D5
M3 D5.3 X60 X6C
11
MOVP K9001 U6\ G1500
SET Y70
RST M3
X0 X60 X6C Y70 X70
21
SET M4
M4
27
MOVP K9001 U6\ G1500
SET Y70
RST M4
X3 X60 X6C Y70 X70
34
SET M5

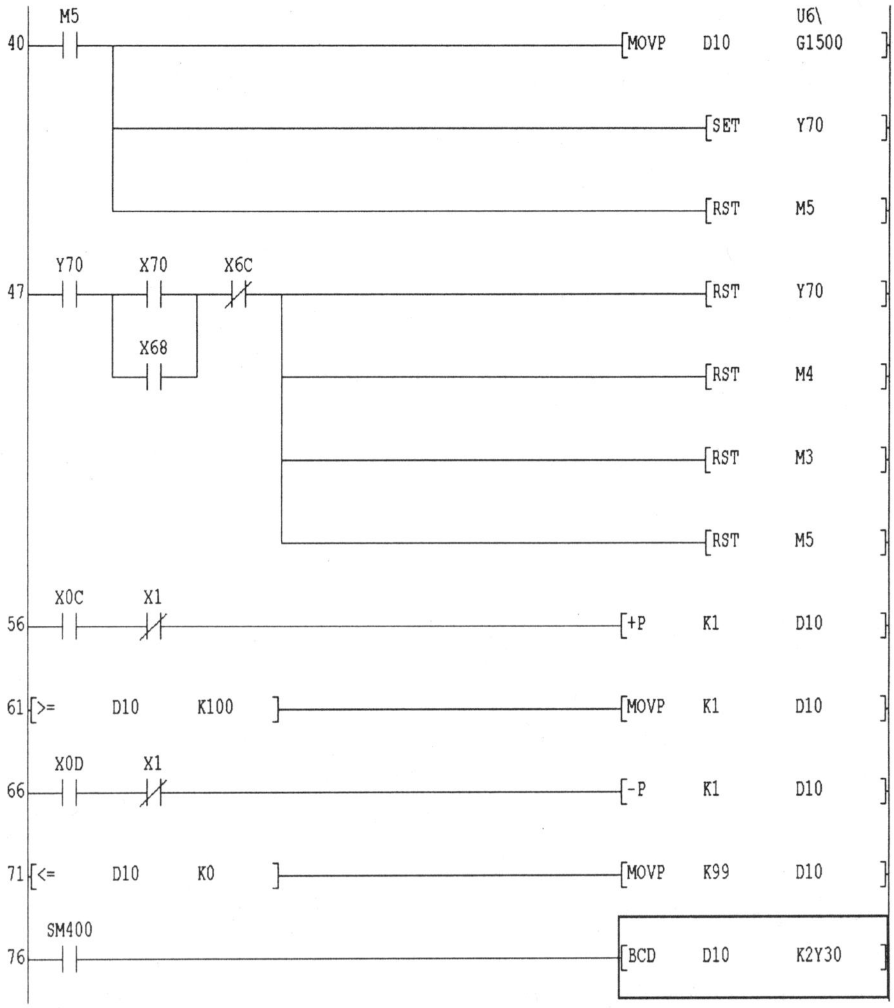

위치 결정이 완료되면 위치 결정 기동을 정지 시키며 전원 투입시 기계 원점 복귀 기동, 수동 조작에 의한 기계 원점 복귀, 위치 결정 데이터 No에 의한 위치 결정 기동이 정상 정지 또는 에러에 의한 위치 결정 기동을 정지한다.

위치 결정 데이터 No 지정(X0C)을 누를때 마다 D10값을 1 증가시키고 비교해서 D10의 값이 100보다 크면 D10을 1로 설정한다.

또한 위치 결정 데이터 No 지정(X0D)을 누를때 마다 D10값을 1 감소시키고 비교해서 D10의 값이 0보다 작거나 같으면 D10을 99로 설정한다.

위치 결정 데이터 No를 기억하고 있는 D10 데이터 레지스터의 내용을 FND에 디스플레이 시킨다.

(c) 고속 원점 복귀

고속 원점 복귀는 기계 원점 복귀에 의해서 QD75에 저장된 Md.21 이송 기계값으로 위치 결정하는 기능이며 원점 복귀로 원점의 좌표값을 기억해두고 좌표값을 이용해서 원점 복귀하는 방식이다.

따라서 고속 원점 복귀에는 반드시 기계 원점 복귀 원점의 좌표가 정해져야 한다.

고속 원점 복귀는 버퍼 메모리 1500번지의 Cd.3 위치 결정 이동 번호에 9002의 값을 저장하고 위치 결정 기동을 하면 고속 원점 복귀한다.

만약 원점 복귀 요구 플랙 Md.31 스테이터스의 b3이 ON일 경우 고속 원점 복귀 기동을 실행한 경우 에러가 발생된다.

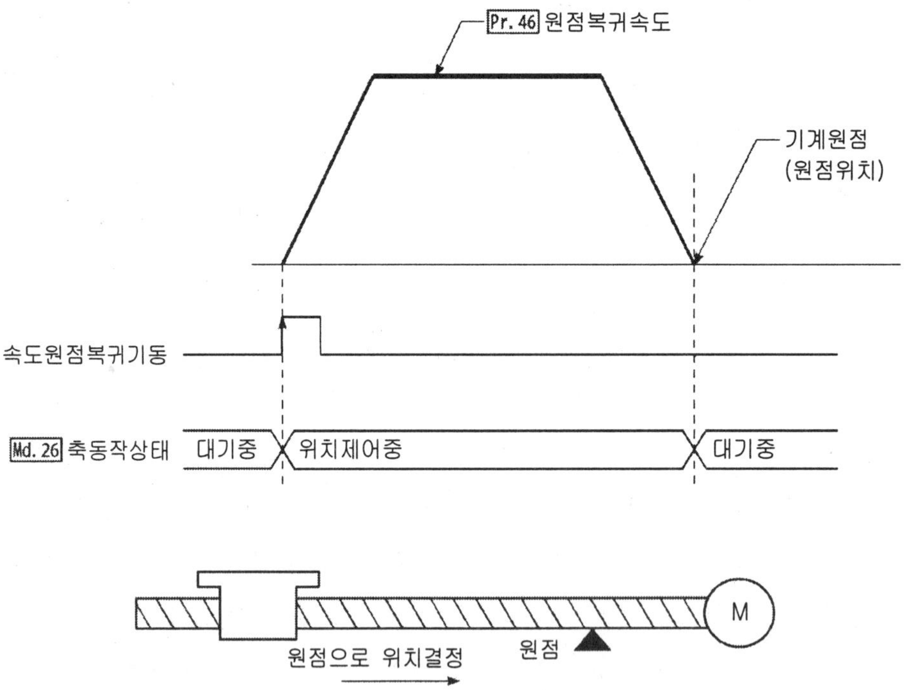

그림 3-53 고속 원점 복귀

고속 원점 복귀 프로그램 예는 다음과 같으며 기계 원점 복귀의 위치값을 QD75의 메모리에 미리 저장해 두었다가 고속 원점 복귀시 원점 센서에 의한 검출이 아닌 원점 복귀 펄스를 출력하여 복귀시키는 방법이다.

이런 이유로 기계적인 문제로 서보 모터가 탈조하면 정확한 원점 복귀를 할 수 없다.

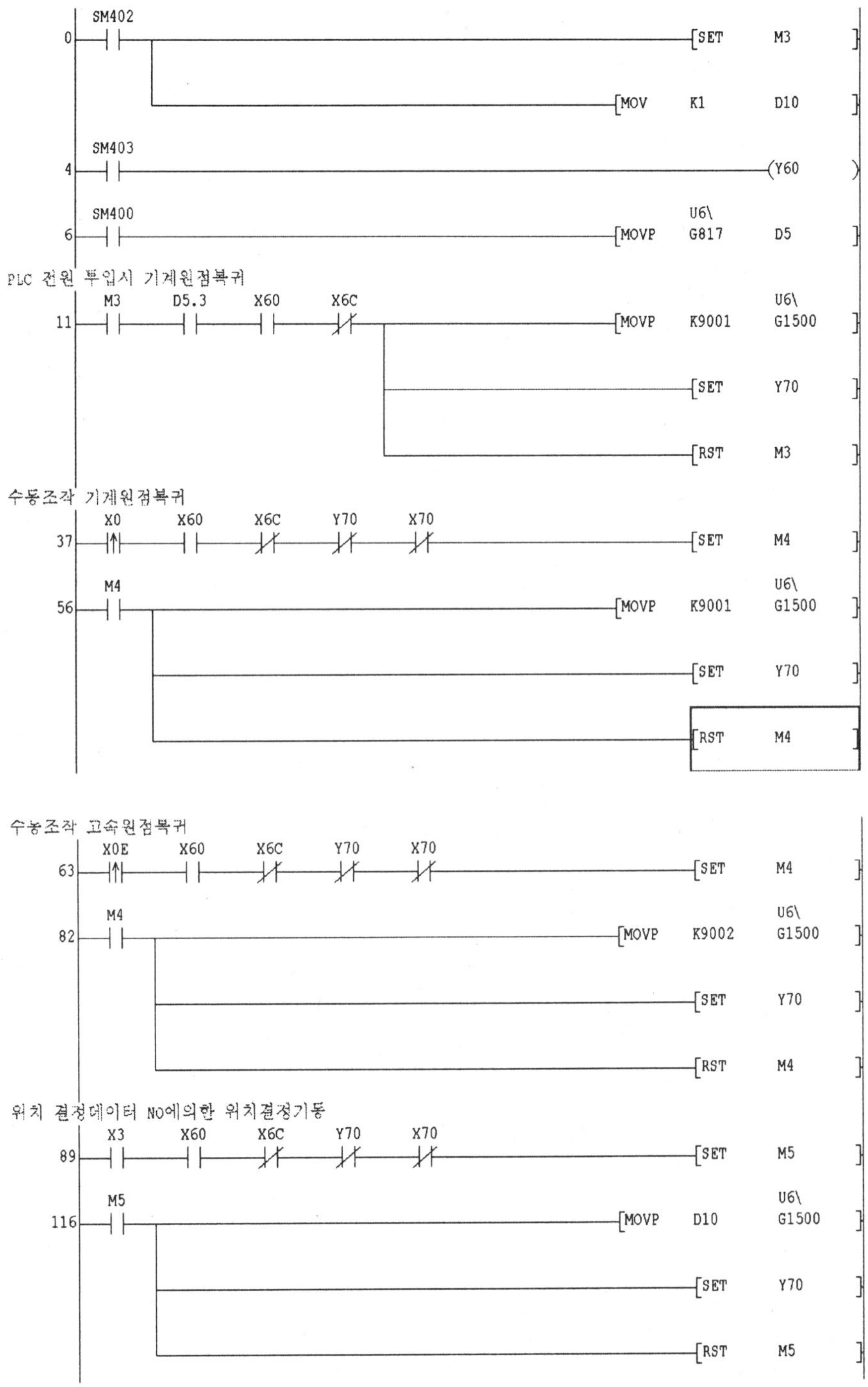

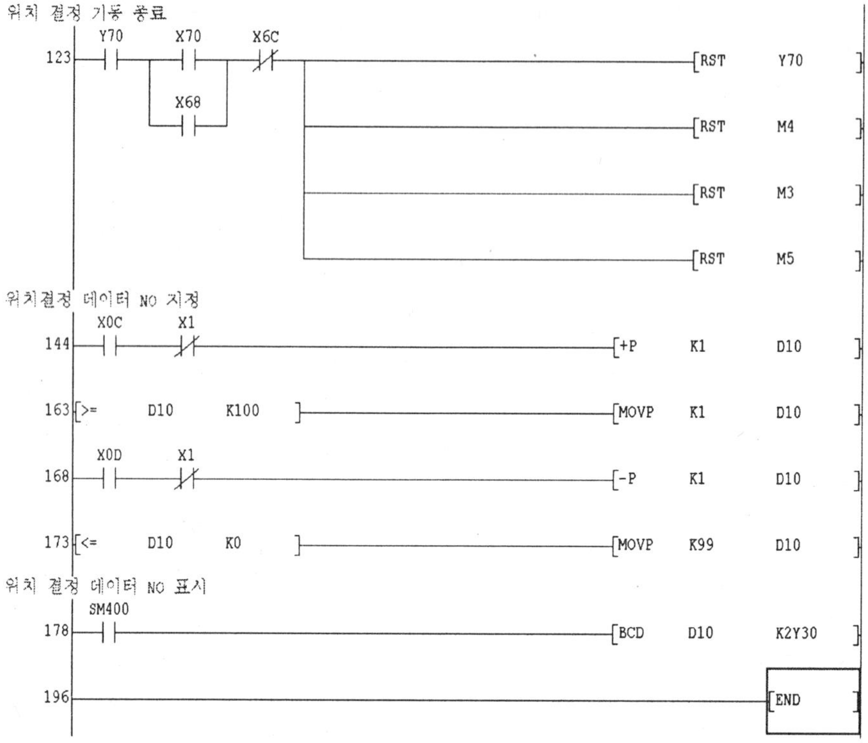

(나) 에러와 경고

QD75가 검출하는 에러는 파라미터 설정 범위 에러와 운전 기동시/운전중 에러가 있다.

PLC Ready신호(Y60)의 기동시 파라미터를 검사하여 설정내용이 오류가 있을 경우 에러가 발생한다. 에러가 발생하였을 경우는 QD75의 준비 완료 신호가 ON 되지 않는다.

(a) 위치 결정 제어/운전중 에러

위치 결정 제어, JOG 운전, 인칭 운전시 등의 운전 기동시/운전중에 발생하는 에러로 다음 도표와 같이 구분된다.

에러코드	에러 구분
001~009	치명적 에러
100~199	공통적 에러
200~299	원점 복귀시, 절대위치 복원시 에러
300~399	JOG 운전시, 인칭 운전시 에러
500~599	위치 결정 운전시 에러
800~899	I/F(인터페이스) 에러
900~999	파라미터 설정 범위 체크시 에러

(b) 에러의 저장

에러가 발생하면 에러 검출용 입력 신호가 ON하고 축 에러를 기억하는 QD75의 버퍼 메모리 806번지(Md.33 축에러 번호)에 에러 내용에 대응한 에러 코드가 저장된다.

에러 검출용 입력 신호가 ON한 후 에러 코드가 저장될 때까지 최대 1.8[ms] 시간지연이 발생한다.

축 번호	에러 검출용 입력신호	버퍼 메모리 어드레스
1	X68	806
2	X69	906
3	X6A	1006
4	X6B	1106

에러 검출용 입력 신호는 QD75가 X60/Y60인 경우이며 축에러 저장용 버퍼 메모리 806번지(Md.23 축 에러번호)에는 에러가 발생 할 때마다 최신 에러 코드가 저장된다.

경고 종류는 시스템 경고와 축 경고가 있으며 시스템 에러에는 시스템 제어 데이터 설정 경고 : 축1의 축 경고와 위치 데이터의 설정 경고 : 각축의 축 경고이다.

위치 결정 운전 등의 축 경고가 발생하였을 경우 스테이터스 기억용인 QD75의 버퍼 메모리 817번지(Md.31 스테이터스)의 비트 9에 1이 셋된다.

축 번호	버퍼 메모리 어드레스
1	817
2	917
3	1017
4	1117

축 에러 리셋용 QD75의 버퍼 메모리 1502번지(Cd.5 축 에러 리셋)에 1을 셋하면 다음 처리를 한 후 에러/경고 상태를 해제한다.

축 에러 신호 OFF, Md.23 축 에러 번호 클리어, Md.24 축 경고 번호 클리어, Md.26 축 동작상태가 에러 발생중에서 대기중으로 이행, Md.31 축 경고 검출(비트 0)이 OFF된다.

축 번호	버퍼 메모리 어드레스
1	1502
2	1602
3	1702
4	1802

다음 프로그램은 에러 발생시 에러코드의 발생 표시와 에러 발생을 확인하고 조치후 리셋(X0B)가 OFF하면 버퍼 메모리 어드레스 806번지에 1을 입력하여 에러 리셋을 요구한다.

위치 결정 기동 PLC 프로그램에 에러 발생시 에러표시 램프 점등과 에러를 표시하는 부분 에러 및 경고를 해제하는 부분을 추가하는 프로그램이다.

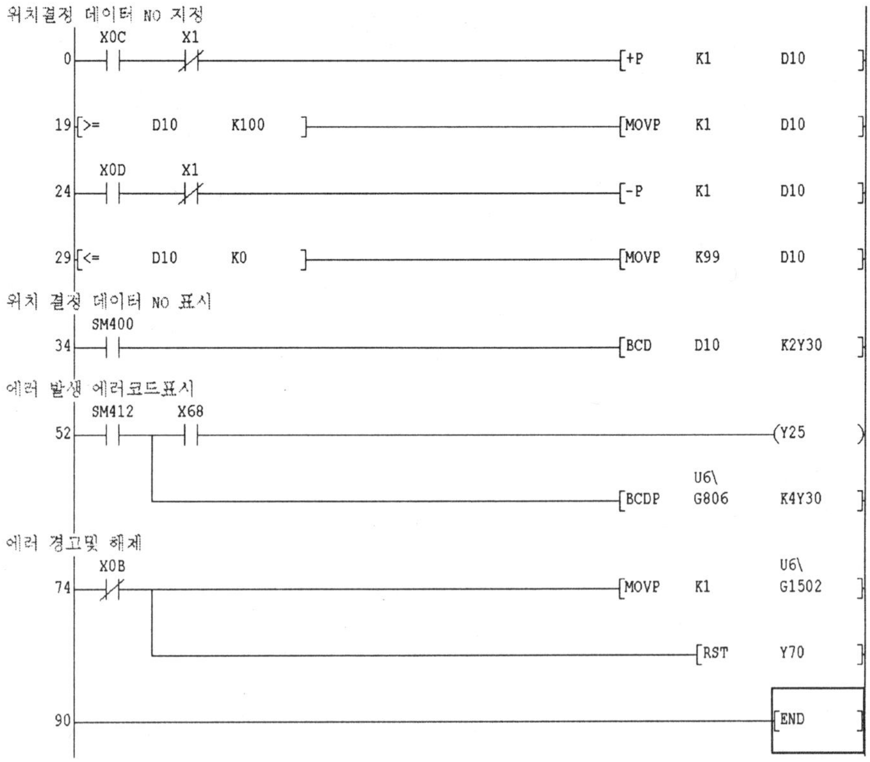

(다) 다점 연속 위치 결정 제어 1(1 : CONT)

(a) 다점 연속 위치 결정 제어 1(1 : CONT)

하나의 위치 결정 데이터를 기동하면 원하는 다점을 연속으로 위치 결정하고자 하면 위치 결정 데이터 패턴을 1(연속 위치 결정 제어)로 한다.

GX-Configurator-QP를 사용하여 위치 결정 데이터를 다음과 같이 하면 No 11에서 16까지 추가하여 QD75의 플래시 ROM에 기입한다.

10										
11	1:CONT	1:ABS line1	-	0;1000	0;1000	50000.0	0.0	2000.00	0	0
12	1:CONT	1:ABS line1	-	0;1000	0;1000	75000.0	0.0	1000.00	0	0
13	1:CONT	1:ABS line1	-	0;1000	0;1000	100000.0	0.0	4000.00	0	0
14	1:CONT	1:ABS line1	-	0;1000	0;1000	130000.0	0.0	3000.00	0	0
15	1:CONT	1:ABS line1	-	0;1000	0;1000	150000.0	0.0	4000.00	0	0
16	0:END	1:ABS line1	-	0;1000	0;1000	10000.0	0.0	2000.00	0	0

위치 결정 데이터의 Positioning address(μm), Command Speed[mm/min]를 설정할 경우 워크의 이동량을 검토한 후 설정한다.

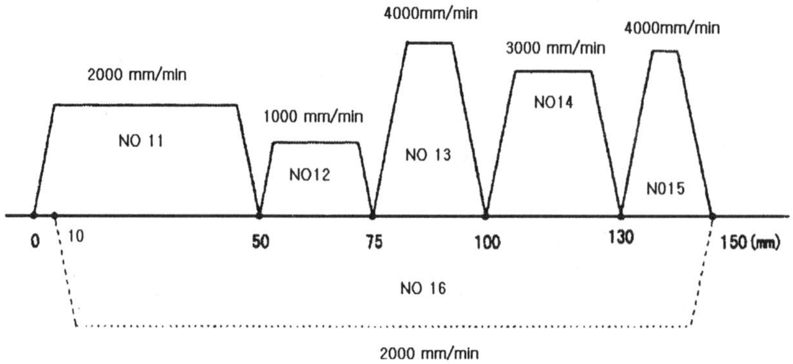

그림 3-54 다점 연속 위치 결정 예

GX-Configurator-QP를 사용하여 설정하고 위치 결정 데이터 No 지정(X0C, X0D) 버튼을 눌러 위치 결정 데이터 No. 11으로 설정한 후 위치 결정 기동 정지 버튼(X03)을 ON하여 위치 결정 동작이 지정 패턴과 같이 나타남을 확인한다.

(b) 다점 전환 연속 위치 결정 2 : LOCUS

하나의 위치 결정 데이터를 기동하면 원하는 어드레스에 자동으로 속도를 변경하고 다점을 연속으로 이동 하고자 할 경우 위치 결정 데이터의 패턴 2(연속 궤적 제어로 한다.)

GX-Configurator-QP를 사용하여 위치 결정 데이터를 다음과 같이 하면 No 21에서 26까지 추가하여 QD75의 플래시 ROM에 기입한다.

21	1:CONT	1:ABS line1	-	0;1000	0;1000	50000.0	0.0	20000.00	0	0
22	2:LOCUS	1:ABS line1	-	0;1000	0;1000	75000.0	0.0	10000.00	0	0
23	2:LOCUS	1:ABS line1	-	0;1000	0;1000	100000.0	0.0	45000.00	0	0
24	2:LOCUS	1:ABS line1	-	0;1000	0;1000	130000.0	0.0	30000.00	0	0
25	2:LOCUS	1:ABS line1	-	0;1000	0;1000	150000.0	0.0	40000.00	0	0
26	0:END	1:ABS line1	-	0;1000	0;1000	25000.0	0.0	20000.00	0	0

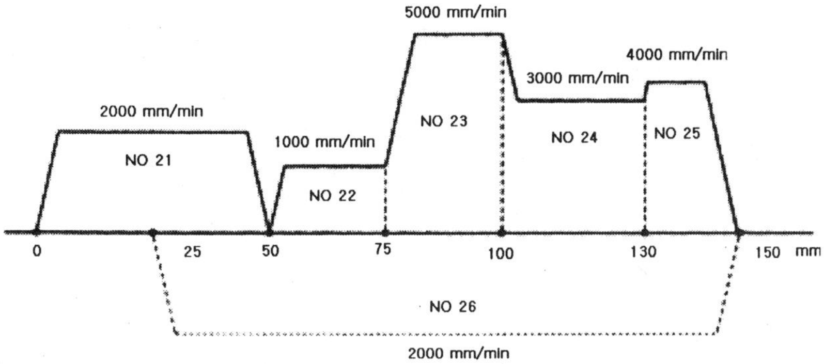

그림 3-55 다점 연속 위치 결정 예

GX-Configurator-QP를 사용하여 설정하고 위치 결정 데이터 No 지정 증가/감소(X0C, X0D) 버튼을 눌러 위치 결정 데이터 No. 21로 설정한 후 위치 결정기동 정지버튼(X03)을 ON하여 위치 결정 동작이 지정 패턴과 같이 나타남을 확인한다.

(라) 동작중의 정지 및 재기동

QD75의 동작중 임의의 위치에 임시 정지 시킬 경우는 QD75의 출력 접점인 축정지 (Y64)출력을 ON한다.

축정지 후 재기동하기 위하여 QD75의 버퍼 메모리 1503번 Cd.6 재기동 명령에 1을 설정한다.

Cd.6 재기동 명령은 위치 결정 도중에 정지 하였을 경우 정지 위치에서 정지한 위치 결정 데이터를 종점으로 재위치 결정할 경우에 사용한다.

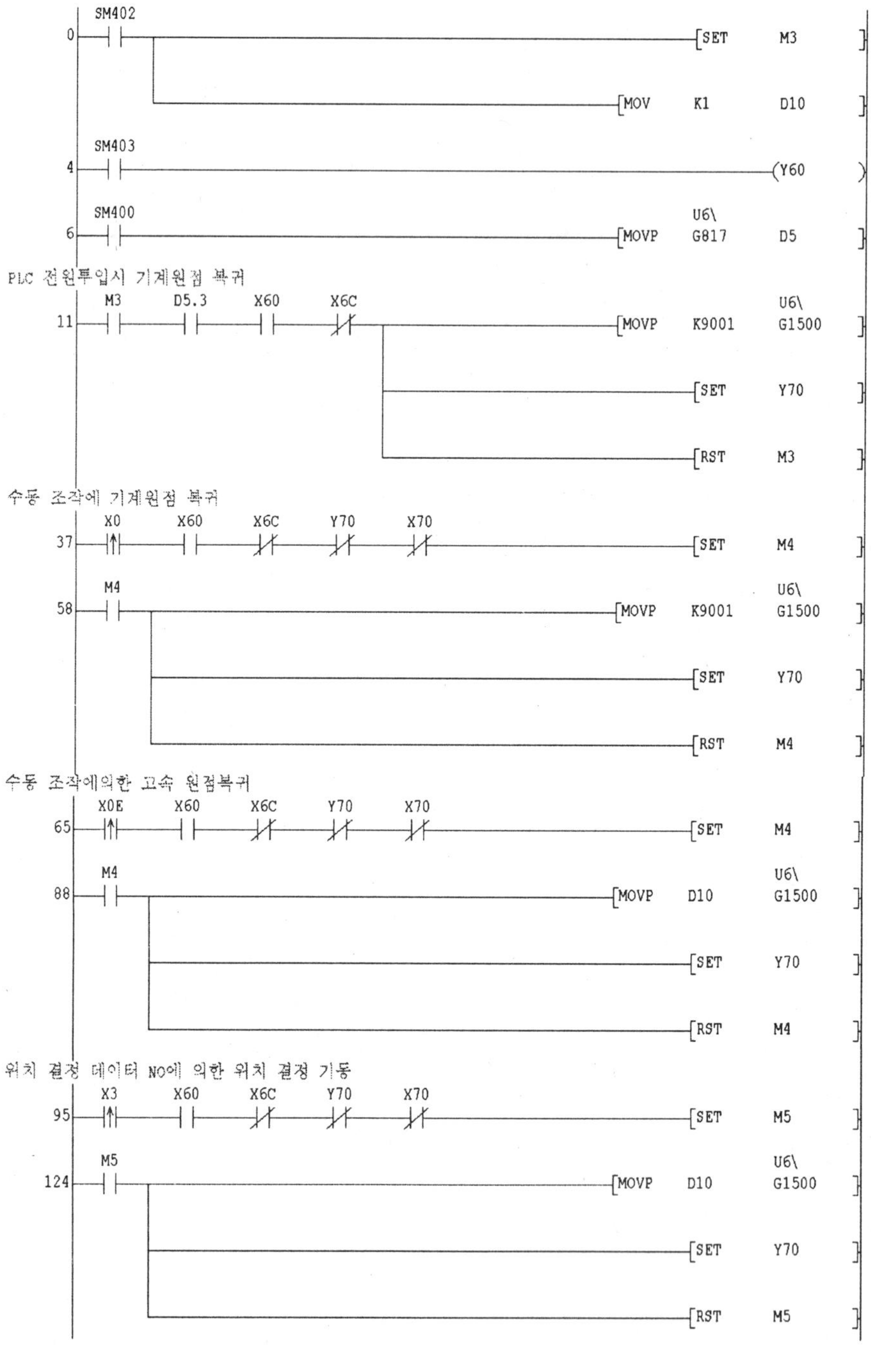
SM402
0
SET M3
MOV K1 D10
SM403
4
Y60
SM400
6
MOVP U6\G817 D5
PLC 전원투입시 기계원점 복귀
M3 D5.3 X60 X6C
11
MOVP K9001 U6\G1500
SET Y70
RST M3
수동 조작에 기계원점 복귀
X0 X60 X6C Y70 X70
37
SET M4
M4
58
MOVP K9001 U6\G1500
SET Y70
RST M4
수동 조작에의한 고속 원점복귀
X0E X60 X6C Y70 X70
65
SET M4
M4
88
MOVP D10 U6\G1500
SET Y70
RST M4
위치 결정 데이터 NO에 의한 위치 결정 기동
X3 X60 X6C Y70 X70
95
SET M5
M5
124
MOVP D10 U6\G1500
SET Y70
RST M5

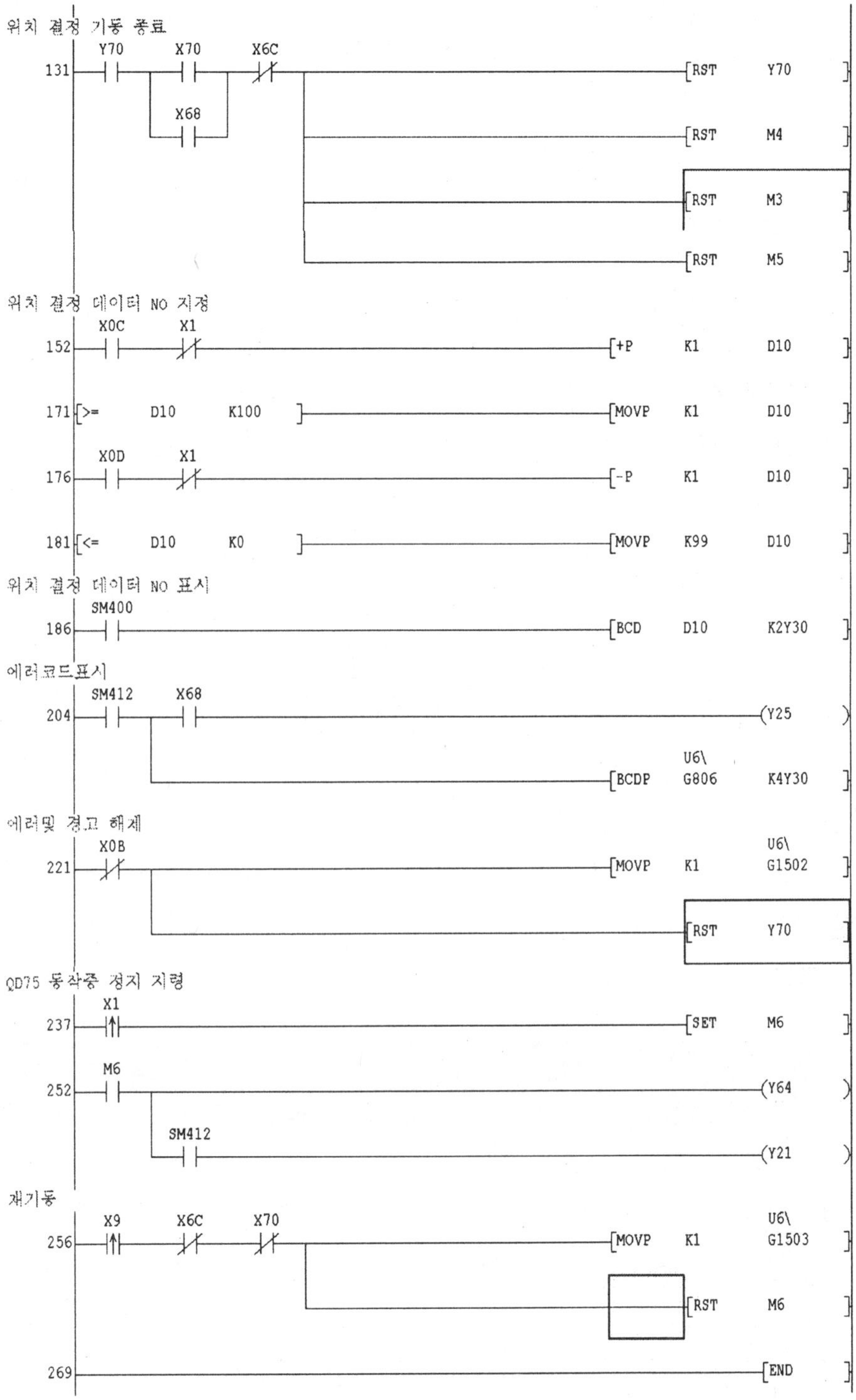

위치 결정 동작중 정지 및 재기동 프로그램은 정지 버튼(X1)이 ON되면 위치

결정 동작을 정지하고 QD75의 1축 정지(Y64)접점이 ON하면 되고 이 경우 정지 램프(Y21)이 점멸한다.

정지 지령에 의해 정지된 위치 결정 기동을 다시 기동시키기 위해서 재기동(X09) 버튼을 ON하면 재기동한다.

(마) 디지털 섬휠 스위치 위치 결정 어드레스 변경

위치 결정 장치를 운전중 위치 결정 데이터의 내용 중 위치 결정 어드레스를 변경해야 하는 경우가 발생한다.

이런 경우 외부에서 디지털 섬휠 스위치로 어드레스를 변경할 수 있으며 GX-Configurator-QP를 사용하여 위치 결정 데이터를 다음과 같이 하면 No 31에서 34까지 추가하여 QD75의 플래시 ROM에 기입한다.

No.	Pattern	CTRL method	SLV axis	ACC(ms)	DEC(ms)	Positioning address [um]	Arc Address [um]	Command speed [mm/min]	Dwell time [ms]	M code
31	0:END	1:ABS line1	-	0;1000	0;1000	0.0	0.0	10000.00	0	0
32	0:END	1:ABS line1	-	0;1000	0;1000	0.0	0.0	10000.00	0	0
33	0:END	1:ABS line1	-	0;1000	0;1000	0.0	0.0	20000.00	0	0
34	0:END	1:ABS line1	-	0;1000	0;1000	0.0	0.0	5000.00	0	0

위치 결정용 어드레스 설정 디지털 섬휠 스위치는 입력 X10~X1F에 연결되어 있다.

QD75의 위치 결정 데이터 No의 위치 결정 어드레스 버퍼 메모리 번지는 다음과 같고 QD75에 설정되는 데이터는 반드시 QD75의 해당 버퍼 메모리에 기억되어 있다.

데이터 No.	위치결정 식별자	M 코드	드웰 타임	지령속도		위치 결정 어드레스		원호 데이터	
				하위	상위	하위	상위	하위	상위
31	2300	2301	2302	2304	2305	2306	2307	2308	2309
32	2310	2311	2312	2314	2315	2316	2317	2318	2319
33	2320	2321	2322	2324	2325	2326	2327	2328	2329
34	2330	2331	2332	2334	2335	2336	2337	2338	2339
35	2340	2341	2342	2344	2345	2346	2347	2348	2349

위치 결정 어드레스의 해당 버퍼 메모리 번지에 디지털 섬휠 스위치에서 설정한 값을 인텔리젼트 명령어 또는 TO 명령어를 사용하여 설정한다.

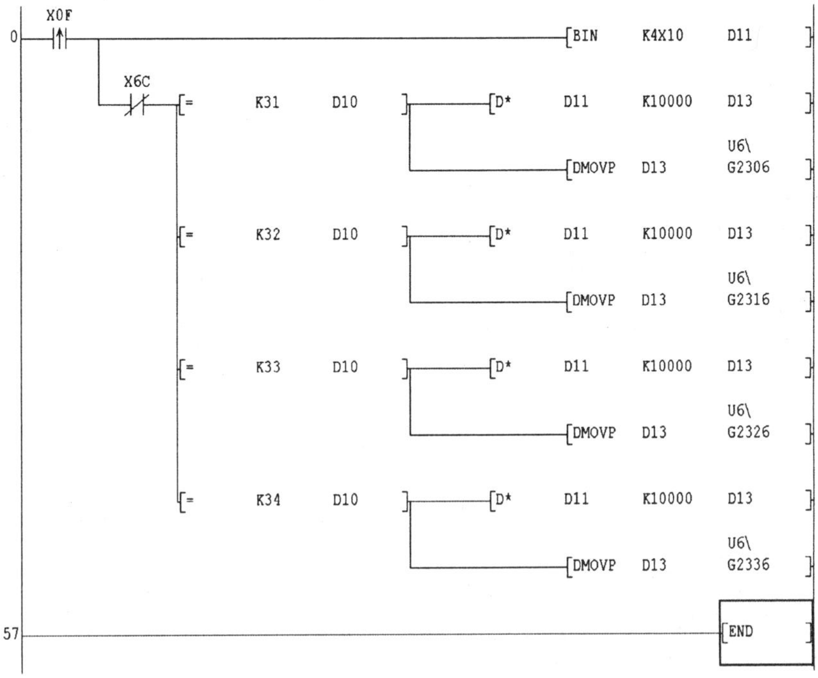

디지털 섬휠 스위치에서 설정값으로 위치 결정 데이터 No. 31~No. 34의 위치 결정 어드레스[μm]를 변경하는 프로그램으로 이전 프로그램에 추가한다.

위치 결정 데이터 No 지정 증가(X0C), 감소(X0D)를 누를때 마다 위치 결정 데이터 No. 31의 위치 결정 데이터 No. 31의 위치 결정 어드레스에 설정값을 디지털 섬휠 스위치로 설정한 후 설정 데이터 등록 버튼(X0F)를 누른다.

위와 같이 위치 결정 데이터 No. 31~34까지의 위치 결정 데이터의 위치 결정 어드레스에 설정값을 디지털 섬휠 스위치로 설정한 후 설정 데이터 등록 버튼(X0F)으로 설정한다.

디지털 섬휠 스위치에 10,000을 곱한 것은 설정 단위를 [mm]로 설정하며 위치 결정 어드레스는 0.1[μm] 단위로 설정되며 0.1[μm]×10,000=1[mm]로 지정된다.

디지털 섬휠 스위치의 입력값이 D11로 저장되고 D10에 저장된 위치 결정 데이터 No의 값이 31이면 D11에 저장한 값에 10,000을 곱하고 32비트 데이터 레지스터 D13, D14에 결과값을 저장하고 위치 결정 데이터 No. 31의 위치 결정 어드레스 버퍼 메모리의 2306번지에 D13, D14값을 기록한다.

(바) 티칭 기능을 이용한 위치 결정

티칭 기능은 수동제어(JOG 운전, 인칭 운전, 수동펄스 운전)을 사용하여 위치 어드레스(Da.6 위치 결정 어드레스/이동량, Da.7 원호 어드레스)를 지정한 위치 설정 데이터 No에 설정하는 기능이다.

시운전시 기계 장치의 정확한 위치를 결정하기 위해서는 여러 번 수정 작업을 하여야 하며 기계 장치가 위치 해야 할 근사 위치값을 위치 결정 데이터 No에 설정한 후 위치 기동을 해서 정확한 위치는 티칭 기능을 이용하여 설정하면 정확한 위치 결정 데이터를 설정할 수 있으며 티칭 타이밍은 QD75가 BUSY 신호가 OFF일때 사용할 수 있다.

티칭 가능한 어드레스는 원점을 기준으로 한 Md.20(이송 현재값)이며 위치 결정 데이터의 Da.6 위치 결정 어드레스/이동량 또는 Da.7 원호 어드레스에 설정할 수 있다.

티칭 전용 명령어 TEACH를 사용할 수 있고 티칭하기전에 기계 원점 복귀를 실행하고 원점을 확립해 두어야하며 수동 제어로 기동할 수 없는 위치는 티칭할 수 없다.

Da.6 위치 결정 어드레스/이동량을 적용한 티칭 순서는 다음 순서도와 같다.

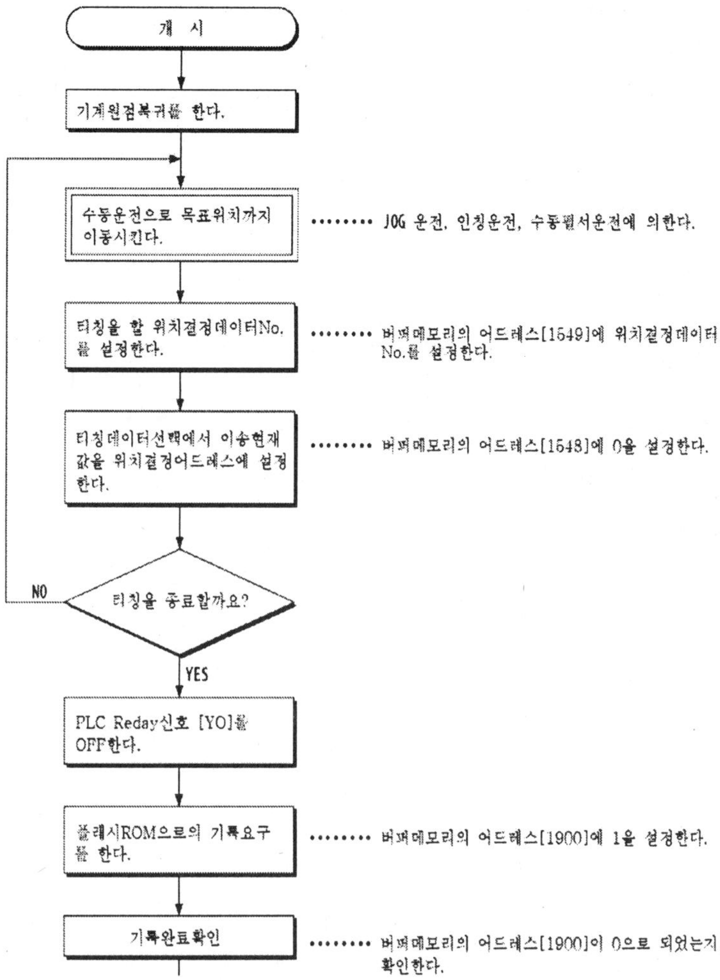

티칭에는 다음의 제어 데이터를 사용한다.

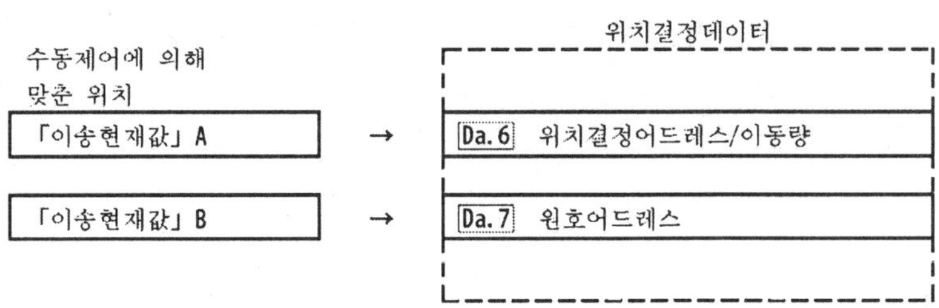

	설정항목	설정값	설정내용	버퍼메모리 어드레스			
				축1	축2	축3	축4
Cd. 1	플래시ROM 기록요구	1	설정한 내용을 플래시ROM에 기록한다. (변경한 데이터를 백업한다.)	1900			
Cd. 38	티칭데이터 선택	→	「이송현재값」을 어느쪽에 기록할지를 설정한다. 0 : "Da. 6위치결정어드레스"에 기록한다. 1 : "Da. 7원호어드레스"에 기록한다.	1548	1648	1748	1848
Cd. 39	티칭위치결정 데이터No.	→	티칭할 데이터를 지정한다. (설정값이 1~600일 때 티칭을 한다.) QD75이니셜시, 티칭완료로 0클리어 한다.	1549	1649	1749	1849

티칭 프로그램 실행은 수동 펄스 운전(또는 JOG 운전, 인칭운전)을 이용하여 원하는 목적지까지 워크를 이동하고 수동 펄스 운전(또는 JOG 운전, 인칭운전)을 종료한 다음(BUSY 신호 OFF) 원하는 위치 데이터 No에 티칭한다.

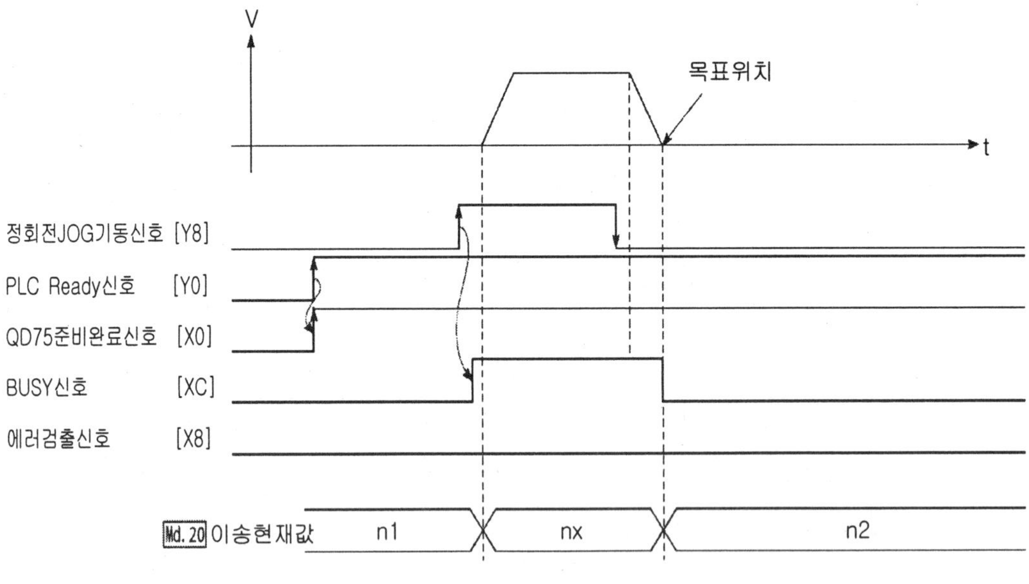

그림 3-56 티칭 실행

전용 명령어 TEACH는 다음과 같다.

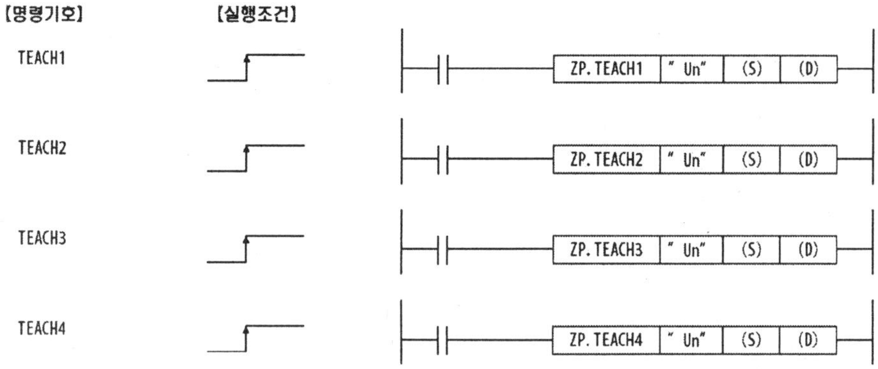

설정 데이터 "Un"은 QD75의 선두 입출력 번호(00~FE : 입출력 번호를 3자리로 표현했을 경우의 상위 2자리)이며 사용자 BIN16비트 데이터형이며 (S)는 컨트롤 데이터가 저장된 워드 디바이스의 선두 번호이며 워드 데이터 형이며 (D)는 명령 완료로써 1스캔 ON시키는 비트 디바이스의 선두 번호이며 이상 완료시에는 ((D)+1)도 1스캔 ON한다.

컨트롤 데이터의 (S+0)은 시스템 영역이며 (S+1)은 완료 스테이터스로 완료시의 상태가 저장되며 0 : 정상 종료, 0 이외 : 이상 완료(에러 코드)로 시스템 사용 영역이다.

(S+2)는 티칭 데이터 선택으로 이송 현재값을 기록하는 어드레스(위치 결정 어드레스/원호 어드레스)를 설정하며 0 : 이송 현재값을 위치 결정 어드레스에 기록, 1 : 이송 현재값을 원호 어드레스에 기록, 설정 범위는 0.1이며 사용자 사용 영역이다.

(S+3)은 위치 결정 데이터 No.이며 티칭을 실시하는 위치 결정 데이터 No.를 설정하며 설정 범위는 1~600이며 사용자 영역이다.

GX-Configurator-QP를 사용하여 위치 결정 데이터를 다음과 같이 No 41에서 44까지 추가하여 QD75의 플래시 ROM에 기입한다.

No.	Pattern	CTRL method	SLV axis	ACC(ms)	DEC(ms)	Positioning address [um]	Arc Address [um]	Command speed [mm/min]	Dwell time [ms]	M code
41	0:END	1:ABS line1	-	0;1000	0;1000	0.0	0.0	10000.00	0	0
42	0:END	1:ABS line1	-	0;1000	0;1000	0.0	0.0	10000.00	0	0
43	0:END	1:ABS line1	-	0;1000	0;1000	0.0	0.0	20000.00	0	0
44	0:END	1:ABS line1	-	0;1000	0;1000	0.0	0.0	5000.00	0	0

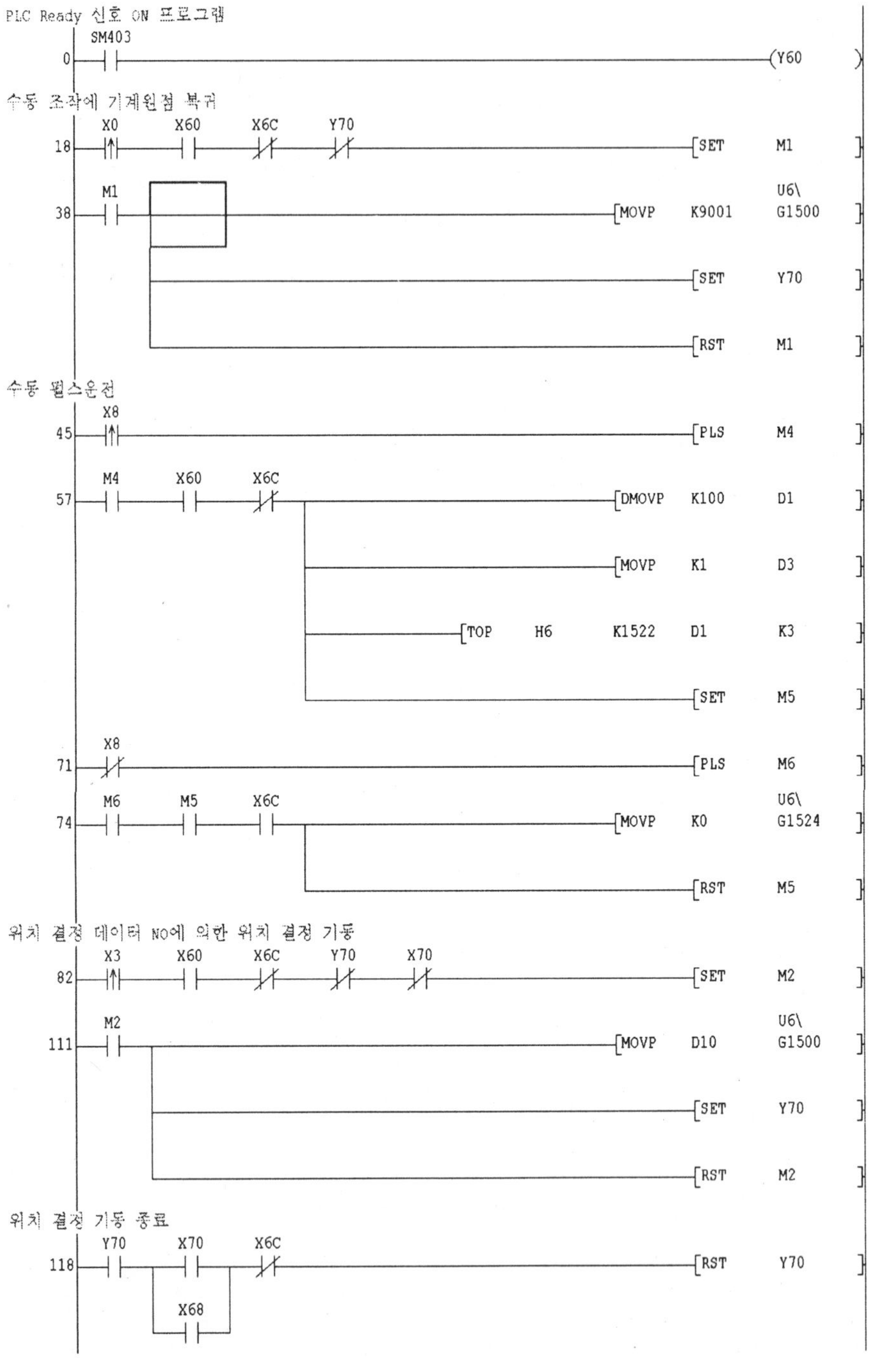
PLC Ready 신호 ON 프로그램
SM403
0
Y60
수동 조작에 기계원점 복귀
X0 X60 X6C Y70
18
SET M1
M1
38
MOVP K9001 U6\ G1500
SET Y70
RST M1
수동 펄스운전
X8
45
PLS M4
M4 X60 X6C
57
DMOVP K100 D1
MOVP K1 D3
TOP H6 K1522 D1 K3
SET M5
X8
71
PLS M6
M6 M5 X6C
74
MOVP K0 U6\ G1524
RST M5
위치 결정 데이터 NO에 의한 위치 결정 기동
X3 X60 X6C Y70 X70
82
SET M2
M2
111
MOVP D10 U6\ G1500
SET Y70
RST M2
위치 결정 기동 종료
Y70 X70 X6C
118
RST Y70
X68

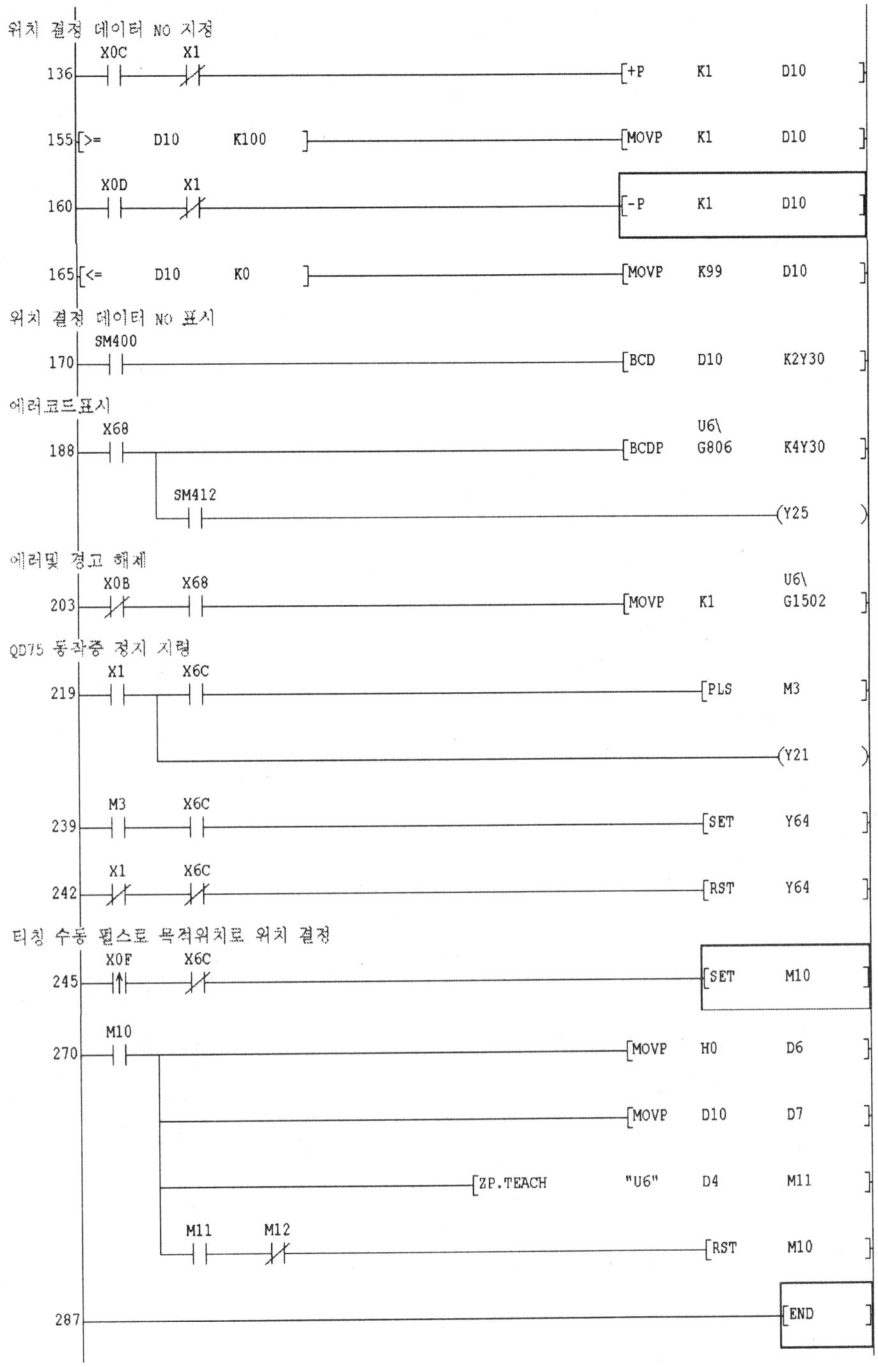

위치 결정 번호 증가/감소(XOC/XOD) 버튼을 눌러서 위치 결정 데이터 No. 31 을 설정한 다음 45번 스텝에서 수동 펄스 운전(X08)을 선택하여 1522, 1523(D1 :

100), 1524(D3 : 1) 번지에 값을 이동한다. 수동 펄스 발생기를 이용하여 목적지까지 티칭한다.

수동 펄스 운전 모드(X8)을 해제한 다음 설정 데이터 등록(X0F) 버튼을 누르면 현재의 워크 위치 어드레스가 위치 데이터 No. 31에 저장된다.

위와 같은 방법으로 위치 데이터 No. 31까지의 위치 어드레스를 설정한다.

위치 데이터의 설정이 끝나면 위치 결정 번호 증가/감소(X0C/X0D) 버튼을 눌러 위치 데이터 No. 31을 재설정한다.

위치 결정 번호 기동(X03) 버튼을 눌러서 티칭 모드를 사용해서 티칭한 위치로 워크가 이동 하는지 확인한다.

티칭은 수동 펄스 운전(JOG 운전, 인칭 운전)을 이용하여 위치 결정 어드레스를 설정한 다음 정해진 위치 데이터 No에 위치 결정 어드레스를 기입하는 과정이며 설정 등록 번호 증가/감소(XOC/XOD) 버튼을 이용하여 설정한 위치 데이터 No를 D7에 저장한 후 티칭 전용 명령어인 ZP.TEACH1을 실행하면 지정된 위치 데이터 No에 어드레스가 설정된다.

티칭 전용 명령어를 사용하지 않을 경우는 QD75의 티칭 해당 버퍼 메모리의 설정값을 셋팅하여 티칭할 수 있다.

QD75의 버퍼 메모리 1548번지에 0을 설정하고 버퍼 메모리 1549번지에 티칭 위치 결정 데이터 No를 기입하면 해당 위치 결정 데이터 No에 위치 결정 어드레스가 설정된다.

또한 정상적으로 티칭이 종료된 것을 확인하기 위하여 QD75의 버퍼 메모리 1549의 설정값이 0인지를 확인하며 티칭 작업이 정상적으로 종료되면 버퍼 메모리 1549번지에 0이 설정된다. 다음은 일반 명령어를 사용한 티칭 프로그램이다.

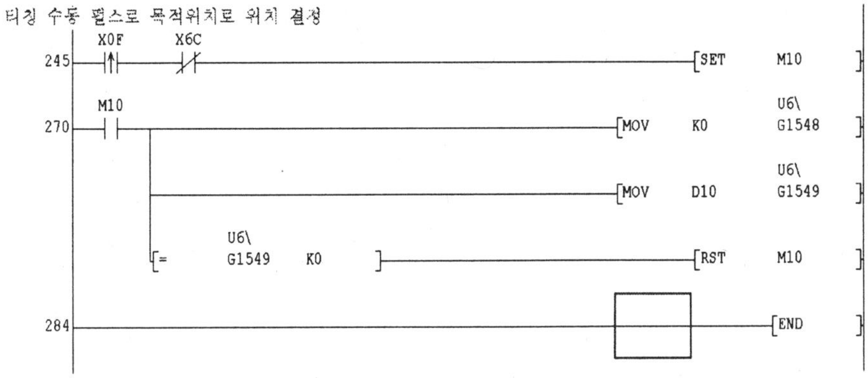

1548 어드레스는 Cd.38 티칭 데이터 선택에서 Da.6(위치 결정 어드레스에 기록)의 티칭 데이터를 사용하며 티칭이 정상적으로 완료되면 1549 어드레스 Cd.39로 티칭 위치 결정 데이터 No에 0이 설정된다.

(a) 실행 데이터 백업

PLC CPU로부터 QD75의 버퍼 메모리의 내용을 변경 기록한 경우 QD75의 플래시 ROM에 백업되어 있는 데이터와 제어에 사용하고 있는 실행 데이터가 서로 다른 경우 PLC 전원을 OFF하면 실행 데이터가 삭제된다.

이전에 티칭한 위치 데이터 프로그램은 PLC 전원을 OFF하면 실행 데이터가 삭제된다.

따라서 티칭 또는 이와 유사한 방법으로 QD75의 버퍼 메모리의 내용을 변경하고 이 데이터를 사용할 경우에는 QD75의 플래시 ROM에 백업 하여야 한다.

실행 데이터 백업 기능은 QD75의 버퍼 메모리의 파라미터 위치 결정 데이터, 블록 기동 데이터를 플래시 ROM에 저장한다.

플래시 ROM으로 기록은 위치 결정 제어를 하지 않을 경우(PLC Ready 신호: Y60 OFF시에 플래시 ROM으로 저장하며 회수는 10만회이고 실행 데이터를 플래시 ROM으로 백업하는 도중 PLC 전원의 ON/OFF 조작), PLC CPU를 리셋하지 않는다.

PLC 리셋후 프로그램에서 플래시 ROM으로 데이터의 기록횟수는 최대 25회로 제한되어 있다. 25회 초과하면 플래시 ROM 기록횟수 에러가 발생하며 PLC를 리셋하면 다시 25회 기록할 수 있다.

실행 데이터 백업에 사용하는 데이터는 Cd.1이며 플래시 ROM으로 기록이 완료되면 자동적으로 0이 설정된다. 실행 데이터 백업전용 명령어는 PFWRT이다.

【명령기호】 【실행조건】

PFWRT

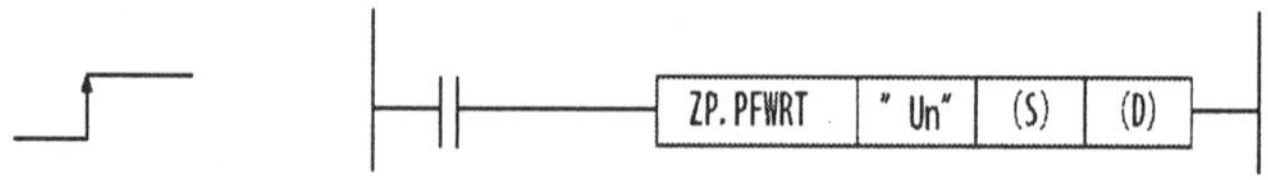

설정 데이터에서 “Un”은 QD75의 선두 입출력 번호이며 (00~FE : 입출력 번호를 3자리로 표현했을 경우의 상위 2자리) 사용자 영역, BIN16비트 데이터를 사용하며 (S)는 컨트롤 데이터가 저장된 워드 디바이스의 선두 번호이다.

(D)는 명령 완료로써 1스캔 ON시키는 비트 디바이스의 선두 번호이며 이상 완료시에는 ((D)+1)도 1스캔 ON하며 시스템 영역의 비트 데이터 형이다.

컨트롤 데이터는 (S)+0 시스템 영역이고 (S)+1은 완료 스테이터스로 완료시의 상태가 저장된다. 0은 정상 종료, 0 이외는 이상 완료(에러 코드)가 발생되며 시스템 영역이다.

PFWRT 명령 완료의 확인은 완료 디바이스((D)+0) 및 ((D)+1)에서 실시할 수 있다.

완료 디바이스((D)+0) PFWRT 명령이 완료한 스캔의 END 처리시에 ON하고 다음의 END 처리시에 OFF한다.

완료시의 상태표시 디바이스((D)+1) PFWRT 명령이 완료했을 때의 상태에 따라 ON/OFF한다.

정상 완료시에는 OFF인 상태로 변화하지 않으며 이상 완료시에는 PFWRT 명령이 완료된 스캔의 END 처리시에 ON하고, 다음의 END 처리시에 OFF한다.(완료 디바이스와 동일한 ON/OFF 동작 실행.)

실행 데이터 작업용 전용 명령어 PFWRT는 QD75의 준비 완료 신호가 OFF일 경우만 실행할 수 있고 PFWRT 명령어를 실행하기 전에 QD75의 PLC Ready 신호(Y60)을 OFF하고 QD75의 준비 완료 신호(X60)도 OFF한 후 실행 데이터 백업 전용명령어를 사용하여야 한다.

티칭 작업으로 위치 결정 데이터의 위치 결정 어드레스값을 변경한 다음 실행 데이터의 백업 전용명령어를 사용하여 QD75의 플래시 ROM에 저장하면 PLC 전원을 ON/OFF한 후에도 설정한 데이터를 사용할 수 있다.

실행 데이터 백업 프로그램을 상기 이전 티칭 프로그램에서 수정된 부분만 나타낸다.

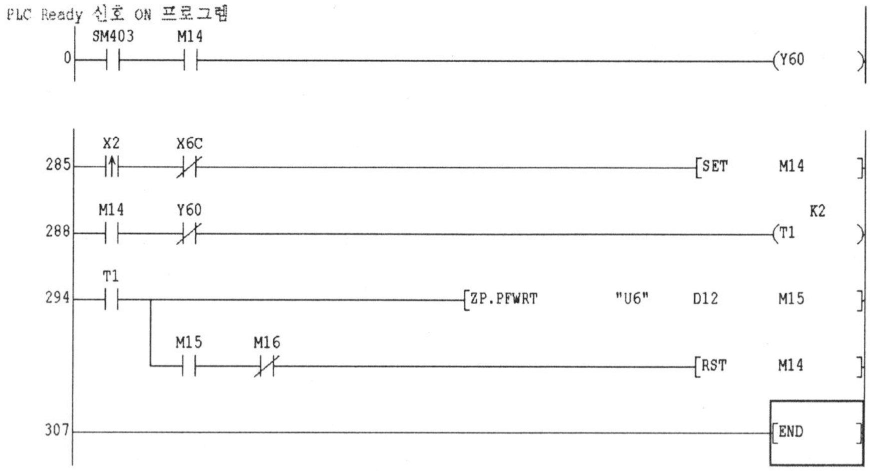

티칭 과제에서 위치 결정 데이터 No.41~44로 위치 결정 어드레스로 설정한 다음 PLC를 리셋시킨 후 위치 결정 데이터로 실행하면 QD75의 플래시 ROM에 기록이 되지 않은 관계로 위치 결정 기동이 되지 않는다.

반면 티칭 과제에서 위치 결정 데이터 No.41~44로 위치 결정 어드레스로 설정한 다음 데이터 백업 버튼(X02)를 누른 후 약 10초간 PLC를 리셋시킨 후 위치 결정 데이터로 실행하면 QD75의 플래시 ROM에 기록이 되어 있어 위치 결정 기동이 된다.

실행 백업 전용 명령어인 PFWRT는 QD75의 PLC Ready 신호(Y60) OFF시에만 수행되는 명령어 이며 실행 데이터 백업 버튼 (X02)를 누르면 M14 내부 접점이 ON되어 강제로 PLC Ready 신호(Y60)가 OFF되기 위한 200[ms] 시간이 주어지고 200[ms] 시간 이후 실행 데이터 백업 전용 명령어를 사용하여 위치 결정 데이터 QD75의 플래시 ROM에 기록한다.

실행 데이터 백업 전용 명령어를 사용하지 않는 방법은 QD75의 버퍼 메모리 1900번지에 1을 설정하면 실행 데이터가 백업이 되고 백업이 완료되면 버퍼 메모리 1900번지에 데이터 내용이 0으로 설정된다.

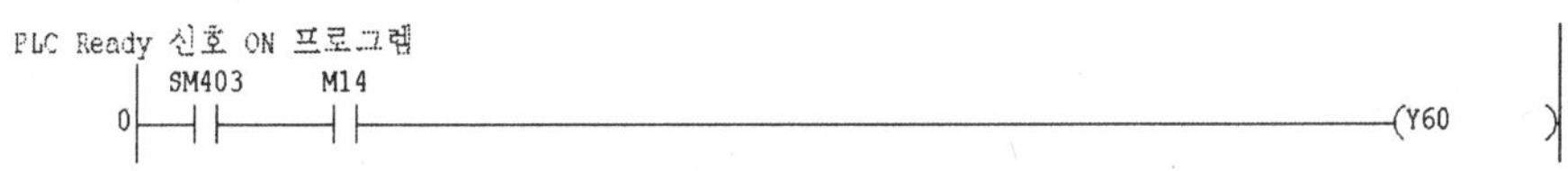

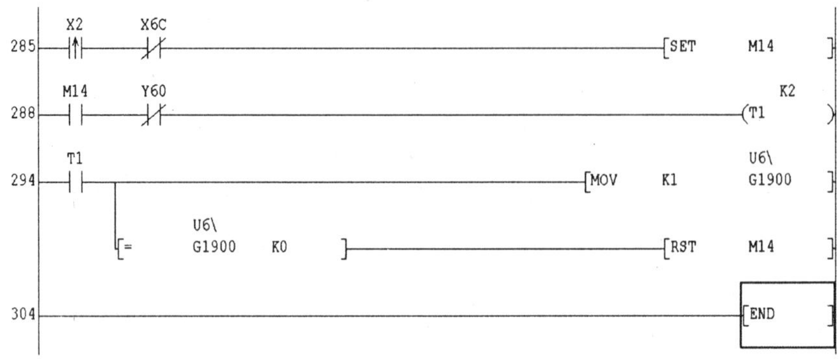

PFWRT 명령은 QD75 준비 완료 신호(X0)가 OFF일 때 실행할 수 있으며 QD75 준비 완료 신호가 ON일 때는 PFWRT 명령을 실행하지 않는다.

PFWRT 명령을 실행하기 전에 PLC Ready(Y60)를 OFF하고, QD75 준비 완료 신호를 OFF 한다.

(b) 치수 이송

인크리먼트로 일정량 이송하여 “절단”이나 “구멍 뚫기”를 실행한 다음 다시 이송한다.

일정길이를 이송하여 작업하는 제어 방식을 치수 이송으로 설정하면 정하여진 위치로 이송 하는 위치 제어 방식이다. 서보 모터의 회전을 이용하여 이송하는 관계로 기계 장치와는 달리 원점 복귀할 필요가 없다. 따라서 QD75에서 발생된 원점 복귀요구를 OFF하여야 한다.

QD75는 서보 드라이버의 READY 신호 OFF시, PLC READY 플랙 ON시에 Md. 31 스테이터스의 원점 복귀 요구 플랙이 ON되어 원점 복귀하게 된다.

Md. 31 스테이터스의 원점 복귀 요구 플랙을 강제적으로 OFF시키기 위하여 Cd.19 원점 복귀 요구 플랙 OFF요구의 파라미터를 1로 설정한다.

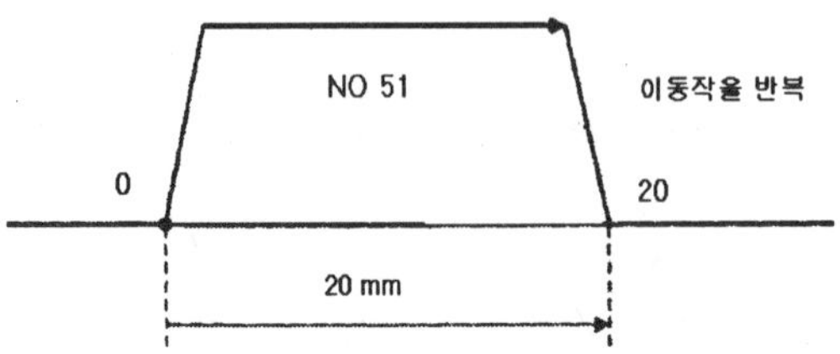

그림 3-57 치수 이송

No.	Pattern	CTRL method	SLV axis	ACC(ms)	DEC(ms)	Positioning address [um]	Arc Address [um]	Command speed [mm/min]	Dwell time [ms]	M code
50										
51	0:END	3:Feed1	-	0;1000	0;1000	20000.0	0.0	3000.00	0	0

기동 데이터 설정 버튼을 ON하여 위치 결정 데이터를 No. 51로 하고 PLC READY 신호(Y60)가 ON되면 원점 복귀 요구 OFF 동작을 하여 원점 요구 플랙을 OFF하고 Md. 31 스테이터스 b3의 원점 복귀 요구 플랙을 OFF하고 위치 결정 동작 상태를 확인한다.

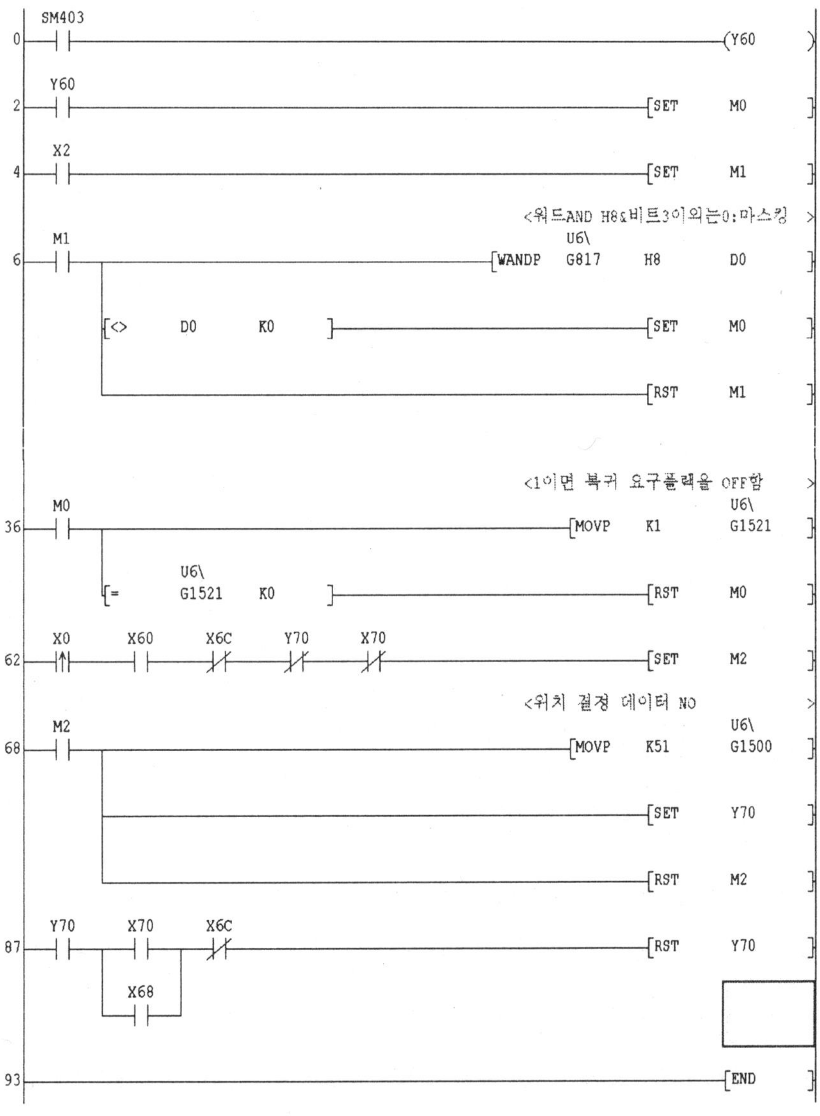

(사) 속도 제어

속도 제어는 동일한 방향으로 엔드리스 동작을 시킬 경우(컨베어, 반송기 등)의 제어에 사용하는 제어 방식이다.

일반적으로 속도 제어는 정회전해도 역회전해도 현재값이 변하지 않고 일정한 속도로 회전하며 정지 지령이 있을 때까지 정지할 수 없다.

다만 상세 파라미터(1)의 이송 현재값 갱신요구 지령(버퍼 메모리 어드레스 30/180/330/480)에 1을 설정하면 현재값이 증감되도록 할 수 있다.

일반 실습기에는 상한, 하한 리미트 스위치가 설치되어 있어 그 위치에서 자동적으로 정지한다.

No.	Pattern	CTRL method	SLV axis	ACC(ms)	DEC(ms)	Positioning address [um]	Arc Address [um]	Command speed [mm/min]	Dwell time [ms]	M code
56										
57										
58										
59										
60										
61	0:END	4:FWD V1	-	0;1000	0;1000	0.0	0.0	500.00	0	0
62	0:END	5:RVS V1	-	0;1000	0;1000	0.0	0.0	500.00	0	0

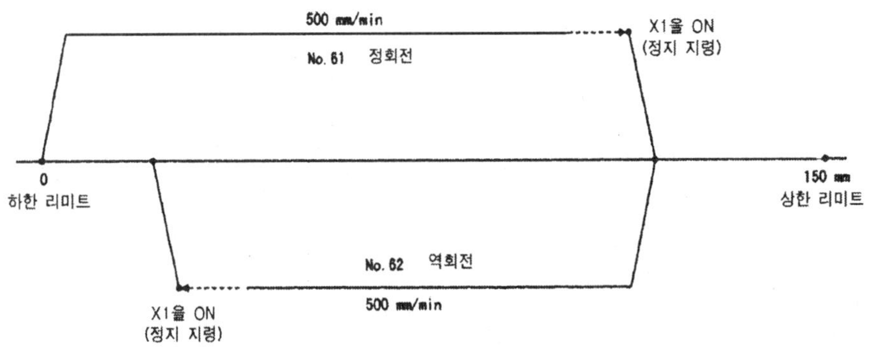

그림 3-58 속도 제어

기동 데이터 설정 버튼(X07)을 ON하여 위치 결정 데이터를 No. 61로 설정한 후 위치 결정 지령 버튼 (X03)을 ON하여 속도제어 위치 결정 동작을 확인한다.

(a) 외부 지령 신호 속도 위치 전환 제어

위치 결정 데이터를 작성하고 기동 데이터 No.를 버퍼 메모리 1500으로 쓴 다음 외부 지령 신호의 입력으로 기동시킬 경우는 외부 지령 신호 기능 선택(버퍼 메모리 어드레스 62)에 0, 외부 지령 신호 유효(버퍼 메모리 어드레스 1505)에 1을 쓸 필요가 있다.

외부 지령 신호는 상세 파라미터 2의 외부 지령 신호 기능 선택에 의해 외부기동 요구, 외부 속도 전환 요구, 속도 위치/위치속도 제한 전환 요구, 스킵 요구의 용도로 사용할 수 있다.

속도 제어 중에 외부의 전환 신호(CHG 신호)를 입력하면 설정되는 이동량 만큼의 위치 결정을 실행할 수 있다.

위치 결정 데이터 No.71, No.72를 기동시키는 프로그램과 외부 지령 신호(CHG)를 속도위치 전환에 사용하기 위해 다음의 프로그램이 필요하다.

상세 파라미터 2의「외부지령 신호 기능선택」(1축 버퍼 메모리 어드레스 62)에 2를 쓰고「외부 지령 유효」(1축 버퍼 메모리 어드레스 1505)에 1을 쓴다.

「속도 위치 전환 허가 플랙」(1축 버퍼 메모리 어드레스 1528)에 1을 쓴다.

71	0:END	6:FWD V/P	-	0;1000	0;1000	50000.0	0.0	1000.00	0	0
72	0:END	7:RVS V/P	-	0;1000	0;1000	50000.0	0.0	1000.00	0	0

원점 복귀(X0)을 ON하여 원점으로 복귀하고 디지털 입력 섬휠 스위치를 위치 결정 데이터 No.71로 설정한다.

설정 데이터 등록(X7)을 ON하여 데이터 No.71을 읽어 지정 위치 결정 데이터 No. 기동(X3)을 ON하여 정회전 한다. 도중에 CHG(외부지령 : 1A5) 스위치를 ON하면 50[mm] 이동하여 정지한다. 도중에 정지 지령(X1)을 ON하면 정지한다.

디지털 입력 섬휠 스위치를 위치 결정 데이터 72로 변경하고 X7을 ON하여 데이터 No.72를 읽고 X3을 ON하면 역회전하고 CHG 스위치를 ON하면 50[mm] 이동하여 정지한다. 부분 프로그램은 다음과 같다.

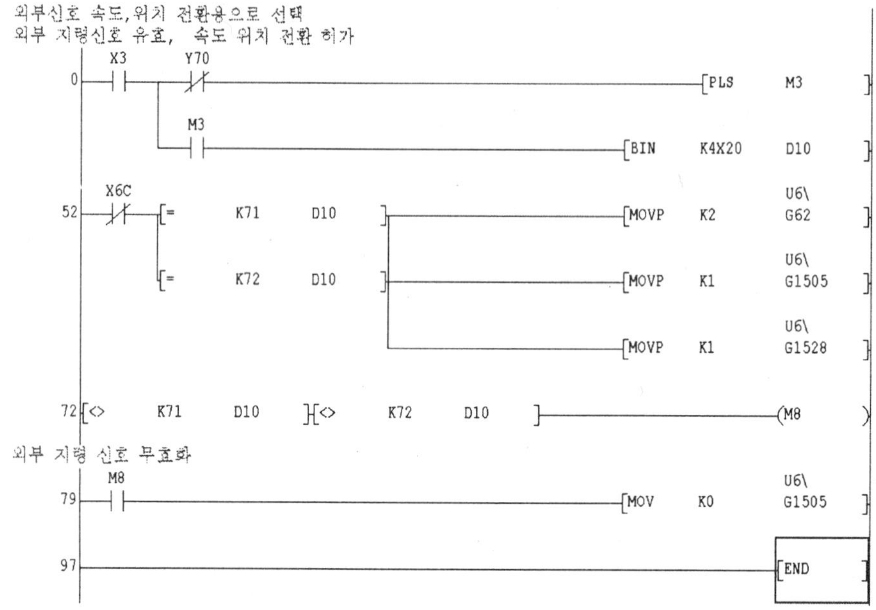

버퍼 메모리 1528은 속도 위치 전환 허가 플랙이다.

(b) 디지털 스위치로 속도/이동량 지정

앱솔루트와 인클리멘트의 위치 결정을 조합하여 인크리먼트 부분을 디지털 스위치로 속도와 이동량을 지정하고 X2를 ON하여 대기점 25[mm]으로 복귀한다.

디지털 입력 스위치를 설정하여 X7에서 버퍼 메모리로 속도 V를 입력한다.

디지털 입력 스위치를 설정하고 X8과 X7로 버퍼 메모리에 어드레스 P를 입력한다.

스트로크 리미트 상한 오버가 될 가능성이 있는 관계로 이동량은 100[mm]보다 적은 값으로 한다.

X8을 OFF X7을 ON하여 속도 V(2414, 2415) 0044~9999의 범위에서 설정 위치 결정 데이터 No.의 설정 81번을 설정한다.

X8을 ON X7을 ON하여 이동량 P(2416, 2417) 0001~0100의 범위에서 설정 위치 결정 데이터 No.를 설정한다.

X3을 ON하여 데이터 No.81의 어드레스 50[mm] 데이터+No.82의 이동량=종점을 반복한다.

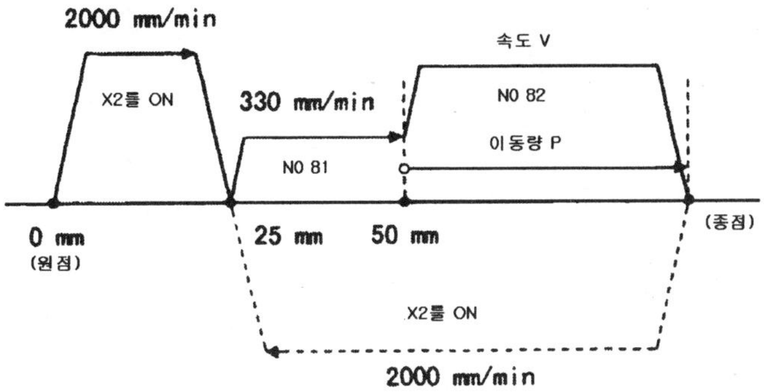

그림 3-59 속도 제어

81	2:LOCUS	1:ABS line1	-	0;1000	0;1000	50000.0	0.0	2000.00	0	0
82	0:END	2:INC line1	-	0;1000	0;1000	0.0	0.0	1.00	0	0

어드레스 P설정　　속도 V 설정

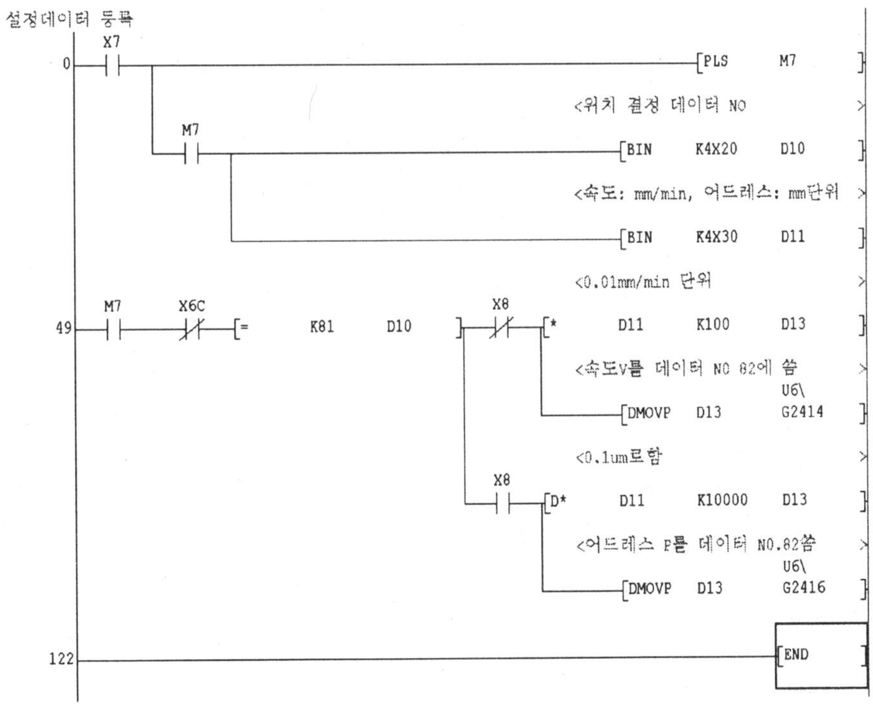

(c) M코드 출력 기능 위치 결정

M코드는 축별로 0~65535의 번호를 사용하여 위치 결정 데이터에 부가하며 Cd.18 상세 파라미터(1)의 「M코드 ON 신호 출력 타이밍」 버퍼 메모리 (27/177)

에서 WITH 모드[0] 기동시의 검출인지 AFTER 모드[1]완료시의 검출인지를 설정한다.

여기에서는 파라미터에서 AFTER 모드[1]로 변경하고 시퀀스 프로그램 중에 M코드 검출 신호(X64/X65)가 ON했다면 QD75의 버퍼 메모리에서 유효 코드(버퍼 메모리 808/908)를 읽고 M코드 번호에 대응하는 시퀀스 작업을 실행한 후 QD75의 버퍼 메모리 1504번지의 Cd.7 M코드 OFF 요구에 1을 입력하여야 다음 작업을 수행할 수 있다.

또한 M코드 1~50에는 코멘트(반각 32문자)를 사용하여 주변기기에서 검출중인 M코드 코멘트(작업 내용)를 모니터할 수 있다.

다음의 데이터 No. 실행시에 M코드를 검출하고 M코드에 대응하는 작업을 실시한다.

No.91, 93 M코드 1은 코멘트 6초 용접, No.92, 94, 95 M코드 3은 코멘트 4.4초 용접 No.96 M코드 5은 코멘트 가공 완료 제품 교체이며 다음 그림과 같이 AFTER 모드를 설정한다.

Extended parameter 1	M code ON output	1:AFTER mode	0:WITH mode
	Speed switching mode	0:Change speed from specified address	0:Change speed from specified address
	Interpolation speed mode	0:Composed speed	0:Composed speed
	Address update in V-control	0:No address update in velocity control	0:No address update in velocity control
	Lower limit	0:Negative	0:Negative

M코드 ON신호 출력 타이밍은 상세 파라미터가 아닌 QD75의 버퍼 메모리를 사용하여 설정할 수 있으며 Pr.18의 M코드 ON 신호 출력 타이밍 파라미터를 버퍼 메모리 27/177에 0은 WITH 모드, 1은 AFTER 모드이다.

위치 결정 완료시 M코드 ON 신호(X6C)를 ON하고 M코드를 QD75의 버퍼 메모리 808번지에 Md.25 유효 M코드에 저장한다.

M코드 OFF 요구는 M코드를 이용하여 다른 작업용 PLC 프로그램을 작성하기 위하여 M코드 ON 신호(X64)가 ON하면 QD75의 버퍼 메모리 808/908번지를 읽고 M코드 번호에 대응하는 PLC 작업을 수행한 후 버퍼 메모리의 1504번지 Cd.7 코드 OFF 요구에 반드시 1을 입력하여야 다음 작업을 수행할 수 있다.

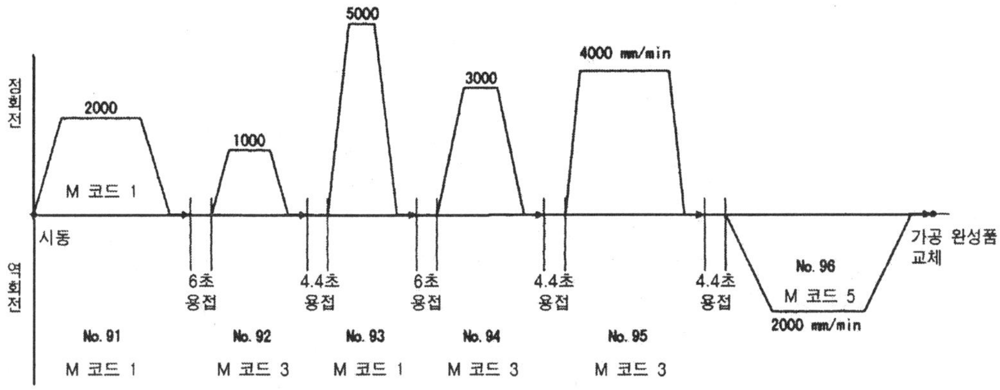

그림 3-60 M코드

91	1:CONT	1:ABS line1	-	0;1000	0;1000	0.0	50000.0	2000.00	0	1
92	1:CONT	1:ABS line1	-	0;1000	0;1000	0.0	75000.0	1000.00	0	3
93	1:CONT	1:ABS line1	-	0;1000	0;1000	0.0	100000.0	4500.00	0	1
94	1:CONT	1:ABS line1	-	0;1000	0;1000	0.0	130000.0	3000.00	0	3
95	1:CONT	1:ABS line1	-	0;1000	0;1000	0.0	150000.0	4000.00	0	3
96	0:END	1:ABS line1	-	0;1000	0;1000	0.0	1000.0	2000.00	0	5

Edit 메뉴중 M code comment를 클릭하면 다음과 같이 코멘트를 편집할 수 있다.

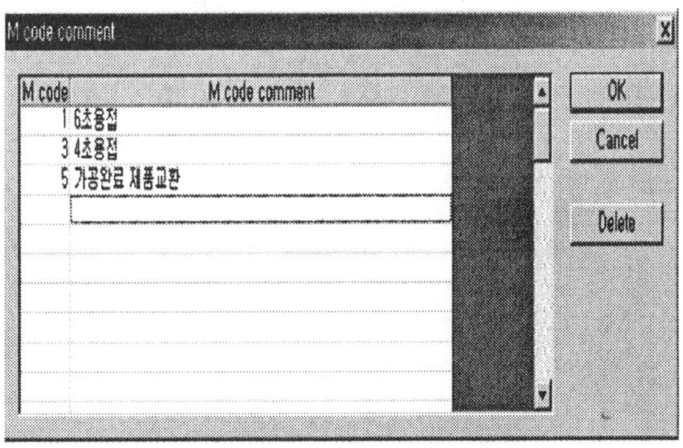

위치 결정 번호 증가/감소(X0C/X0D) 버튼을 이용하여 위치 결정 데이터 No.91번을 선택한 후 위치 결정 기동 버튼(X03)을 ON하면 No.91번에 설정된 위치로 이동한 후 M코드 ON 신호(X64)가 ON된다.

이 신호를 이용하여 QD75의 버퍼 메모리 808번지를 읽어서 M코드에 적합한 작업을 수행하고 QD75의 버퍼 메모리 1504번지에 1을 설정한다.

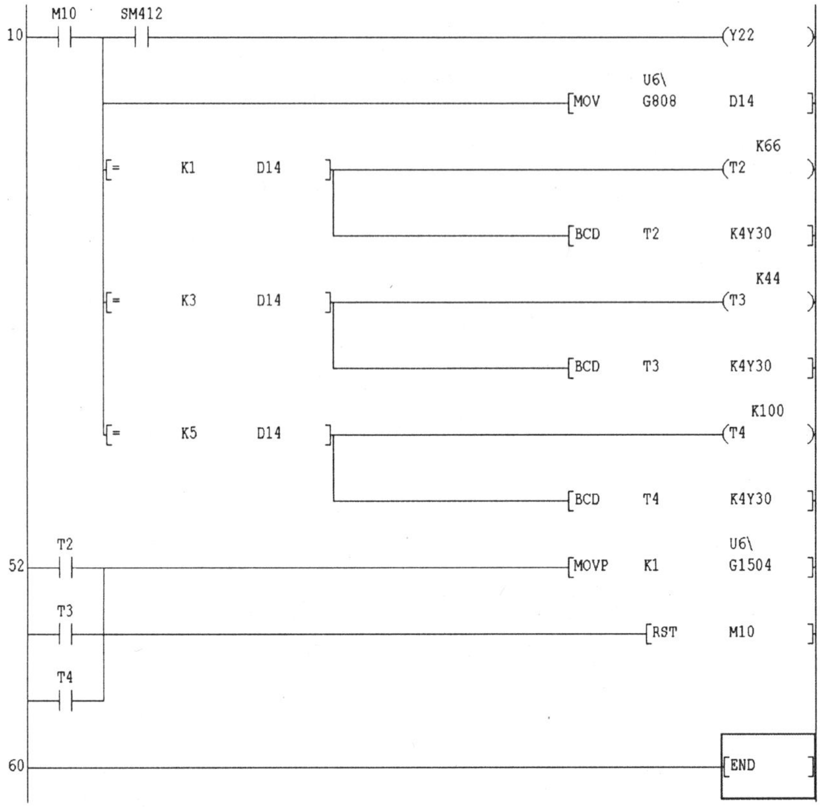

M코드의 모니터링은 GX-Configurator-QP를 실행한 후 Monitor Start, Comment를 선택하면 M코드를 모니터링 할 수 있다.

(아) 위치 결정 데이터의 구성

위치 결정 데이터는 위치 결정 운전(원점 복귀, JOG 운전, 수동 펄스 발생기 운전을 제외)을 실시할 경우에 사용하는 데이터로 다음의 종류가 있으며 PLC Ready 중에 변경 가능하다.

2축 직선 보간, 2축 직선 치수 이송, 2축 원호 보간 등 2축의 보간 제어를 실시할 때는 축1~축4 내에서 기준축과 보간 상대축을 결정한다.

기준축에는 운전 패턴, 제어 방식 등 모든 위치 결정 데이터를 설정하고 보간 상대축에는 보간에 필요한 위치 결정 어드레스/이동량만 설정한다.

위치 결정 데이터의 각 설정값의 범위 체크는 각 위치 결정 실행시에 실시한다.

위치 결정 데이터 설정 항목 Da1~Da no로 구성되며 다음 그림과 같은 구조로 구성되며 버퍼 메모리 어드레스에 축마다 600개의 데이터를 저장할 수 있으며 하나의 위치 결정 데이터는 1페이지로 구성된다.

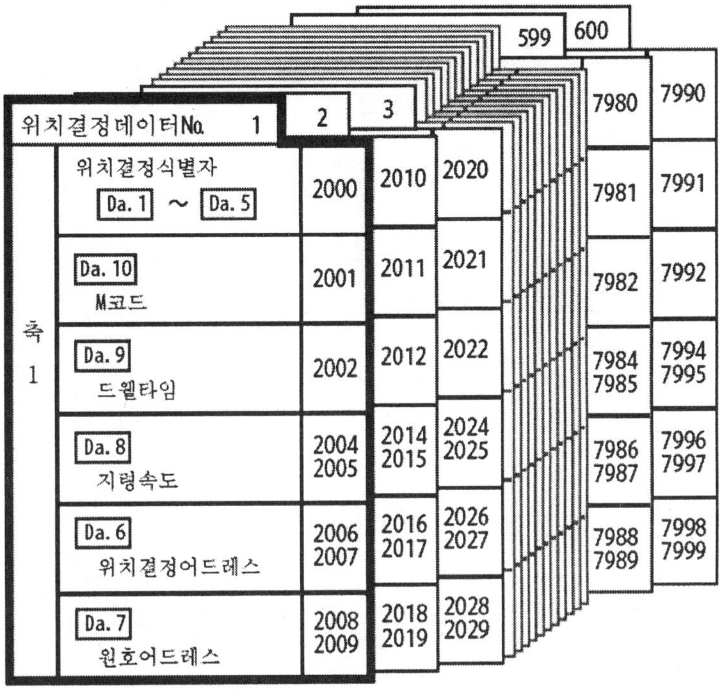

그림 3-61 위치 결정 데이터의 구성

(a) MELSERVO 종류 및 특징

종류 / 항목	MR-H-□AN/□AN4 MR-H-□BN/□BN4 MR-H-□ACN/□ACN4 MR-H-□TN시리즈	MR-J2S-□A MR-J2S-□A1 MR-J2S-□B MR-J2S-□B1	MR-C□A MR-C□A1	MR-J2-03A5 MR-J2-03B5 MR-J2-03C5
외 관				
특 징	· 고성능 유형 · 모터의 변화가 풍부 · 셋업 소프트 있음 (MRZJW3-SETUP61이후) · 버스 결합 MR-H-□ · 1축 컨트롤러 내장 있음 (MR-H-ACN)	· 차세대 서보 · MR-J2의 치환 · 서보 모터는 ABS 표준장비 · 셋업 소프트 있음 (MRZJW3-SETUP111 이후)	· 스테핑에서의 치환 · 초소형 · 모터 판변기능 · 셋업 소프트 있음 (MRZJW3-SETUP61 이후)	· 초소형 소용량 서보 · MR-J시리즈 DC 24[V] 대응 · 셋업 소프트 있음 (MRZJW3-SETUP71이후) · DIN 레일 부착가능 · 32축 멀티드롭 가능
적응 모터 용량	50[W]-55[kW]	50[W]-7[kW]	30[W]-400[W]	10[W]-30[W]
브레이크 · 감속기	있음	있음	있음(단 30[W] 감속기 부착은 제외)	있음
인코더 신호	시리얼 통신	시리얼 통신	시리얼 통신	시리얼 통신
위치 분해능	8192/16384[p/rev]	131072[p/rev]	4000[p/rev]	8192[p/rev]
검출방식	INC/ABS	INC/ABS	INC	INC
회전속도 [r/min] 정격회전 속도	2000/3000	1000/2000/3000	3000	3000
회전속도 [r/min] 최대회전 속도	2000/2500/3000/4500	1200/1500/2500/3000/4500	4500	10[W]-20[W] : 5000 30[W] : 4500
최대 토크[%] (정격 토크 &비율)	300[%]	300[%]	100[W] 이하 400[%] 기타 300[%]	300[%]
제어 모드	위치/속도/토크	위치/속도/토크	위치/속도 (내부 2속)	위치/속도/토크
주파수 응답	200[Hz]	550[Hz]	200[Hz]	250[Hz]
제어이론	모델 적응제어	모델 적응제어	모델 적응제어	모델 적응제어
오토 튜닝	리얼 타임	리얼 타임	리얼 타임	리얼 타임
컴퓨터 I/F	표준장비	표준장비	옵션	표준장비

항 목 \ 종 류	MR-H-□AN/□AN4 MR-H-□BN/□BN4 MR-H-□ACN/□ACN4 MR-H-□TN시리즈	MR-J2S-□A MR-J2S-□A1 MR-J2S-□B MR-J2S-□B1	MR-C□A MR-C□A1	MR-J2-03A5 MR-J2-03B5 MR-J2-03C5
내장 카드 옵션	유	무	무	무
속도 제어범위	1 : 5000	1 : 5000	-	1 : 1000
I/F용 외부전원	불필요	불필요	CD24[V] 요	DC24[V] 요
회생 브레이크 저항	내장	내장	외부 부착 옵션	무
다이나믹 브레이크	내장	내장	없음	내장
표시 (본체)	4행 표시	5행 표시	3행 표시	4행 표시
설정 키 기타	파라미터 유닛	4개 설정 버튼	4개 설정 버튼	4개 설정 버튼
아날로그 모니터	2CH(12[bit])	2CH(8[bit])	없음	없음
펄스 분주 출력	A, B, Z상	A, B, Z상	Z상	A, B, Z상
테스트 모드 운전	가능	가능	가능	가능
모터 없이 운전	가능	가능	불가	가능
EN대응	취득(-UE)	취득	취득	취득
UL · cUL 규격대응	취득(-UE)	취득	취득	취득
대응 모터	· HC-MF, · HC-KF · HA-FF, · HC-SF · HC-RF, · HC-UF · HA-LH□K시리즈 · HA-LF□K시리즈	· HA-MFS시리즈 · HC-KFS시리즈 · HC-SFS시리즈 · HC-RFS시리즈 · HC-UFS시리즈	· HC-PQ시리즈	· HC-AQ 시리즈

부 록

부록 1 용어 설명

부록 2 QD75 버퍼 메모리

부록 3 서보 앰프핀 설명

부록 4 서보 앰프 상세 파라미터

부록 1 용어 설명

· AFTER 모드(After mode) : M코드 출력을 위치 결정 종료 후 나타나는 모드 클램프 드릴 교환 등을 선택 할 수 있다.

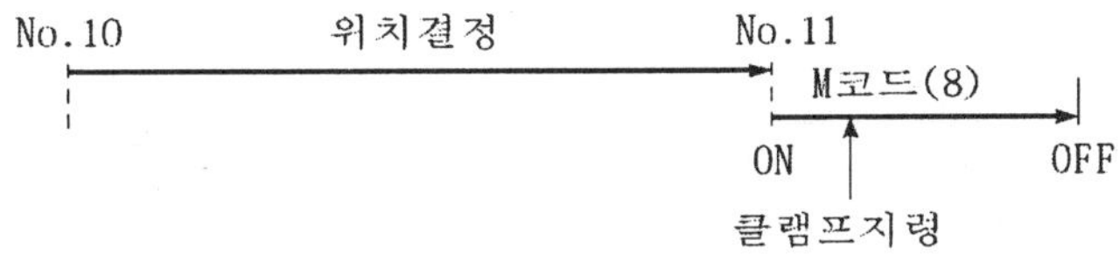

· BCD(Binary Coded Decimal) : 2진화 10진수의 약칭, 계산기 PLC 등 ON/OFF로 나타내는 2진수를 10진수로 표현한 수로 디지털 표시기에 사용되며 BCD 명령은 PLC에서 디지털 출력기로 표시하기 위해 사용된다. 16비트의 경우를 그림으로 나타내면 다음과 같다.

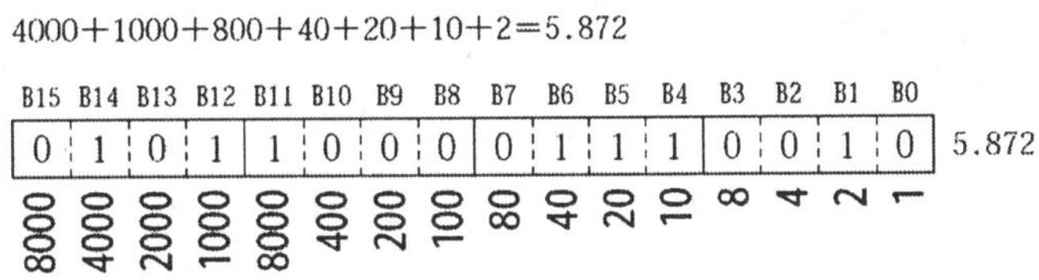

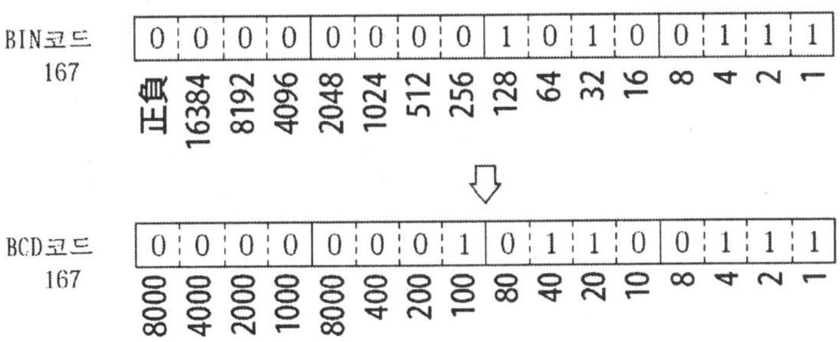

· BIN(Binary) : 2진수 최상위 비트가 사인비트로 0이면 +, 1이면 −가 된다.
BIN 명령은 디지털 입력 스위치의 데이터를 PLC로 입력하는 경우에 사용하며 16비트의 경우는 다음과 같다.

128+32+4+2+1=167

B15	B14	B13	B12	B11	B10	B9	B8	B7	B6	B5	B4	B3	B2	B1	B0	
0	0	0	0	0	0	0	0	1	0	1	0	0	1	1	1	167
2^{15}	2^{14}	2^{13}	2^{12}	2^{11}	2^{10}	2^{9}	2^{8}	2^{7}	2^{6}	2^{5}	2^{4}	2^{3}	2^{2}	2^{1}	2^{0}	
32768=	16384=	8192=	4096=	2048=	1024=	512=	256=	128=	64=	32=	16=	8=	4=	2=	1=	

BCD코드 167	0	0	0	0	0	0	0	1	0	1	1	0	0	1	1	1
	8000	4000	2000	1000	800	400	200	100	80	40	20	10	8	4	2	1

⇩

BIN코드 167	0	0	0	0	0	0	0	0	1	0	1	0	0	1	1	1
	正負	16384	8192	4096	2048	1024	512	256	128	64	32	16	8	4	2	1

- BUSY : 작업중 위치 결정과 드웰 타임(dwell time) 중
- CCW(Counter Clock Wise) : 반시계 방향
- CW(Clock Wise) : 시계방향
- CHANGE 신호(Change signal) : 체인지 신호는 속도 위치 제어로 속도 제어를 실행중에 위치 제어로 진행하기 위한 외부 신호
- CP 제어(Continious Pass) : 등속 제어 등 진로를 변경하지 않고 경로를 따라 이동하는 제어
- D/A 변환기(Digital to analog converter) : 디지털 값인 펄스수를 아날로그 값인 전압, 전류로 변환하는 장치이다.
- DOG 신호(Dog signal) : 원점 복귀의 근점
- FLS 신호(Forward limit switch) : 위치 결정 제어를 구성하는 이동 범위의 외부 상한 리미트(b접점 구성 통상 통전 상태)가 동작한 것을 알리는 입력 신호이다.
- GD^2 : 관성 모멘트 물체를 구성하는 각 미소 부분의 질량 dm과 어느 부분의 일정 직선으로부터의 거리 r의 2승과 곱.

· G 코드 : NC 장치축의 제어기능을 지정하는 규격 코드화 되어 있는 2자리수 00 ~99 까지의 수치로 G 기능이라고 한다.
G01 : 직선 보간, G02 : 원호 보간(CCW), G04 : 드웰, G28 : 원점 복귀,
G50 : 주축 최고 회전수 설정

· JOG(조그, 촌동, 인칭) : 조금씩 움직이는 동작으로 JOG 동작을 하려면 파라미터를 설정할 필요가 있으며 장시간 ON에서는 스트로크 리미트 상한값에서 OFF된다.

· KPPS(Kilopulse per pulse) : 1초당 펄스수. 80[kpps]는 1초당 8만 펄스

· M코드(Machine code) : 위치 결정과 연동시키는 예로 드릴 교환 클램프 조임, 풀기, 용접전극의 상하 이동, 각종 표시 등의 보조기능. ON하는 타이밍으로 AFTER와 WITH가 있다. ON에서는 다음 위치 결정으로 옮기지 않으며 시퀀스 프로그램으로 OFF한다.

· PTP(Point to point) : 위치 결정 제어 경로상의 통과점이 점과 점으로 지정된 제어로 위치 결정에 도달하는 점이 중요하며 경로상의 제한 사항은 없다.

· P 레이트 : 모터축 1회전당 피드백 펄스를 2배, 3배, 1/2, 1/3 하는 계수 피드 펄스와 피드백 펄스의 비이며 예로 1회전당 2400펄스인 경우 P레이트를 2로 하면 1200펄스가 되며 0.3도 분해능으로 동작하고 P레이트를 크게 하면 위치 정밀도는 저하된다.

· READY : 준비완료

· RLS 신호(Reverse limit switch) : 위치 결정 제어를 구성하는 이동 범위의 외부 하한 리미트(b접점 구성 통상 통전 상태)가 동작한 것을 알리는 입력 신호.

· SFC(Sequential function chart) : 시퀀스 및 기계 장치에서 순서대로 운전 제어하는 방식으로 구조화된 프로그래밍 방식

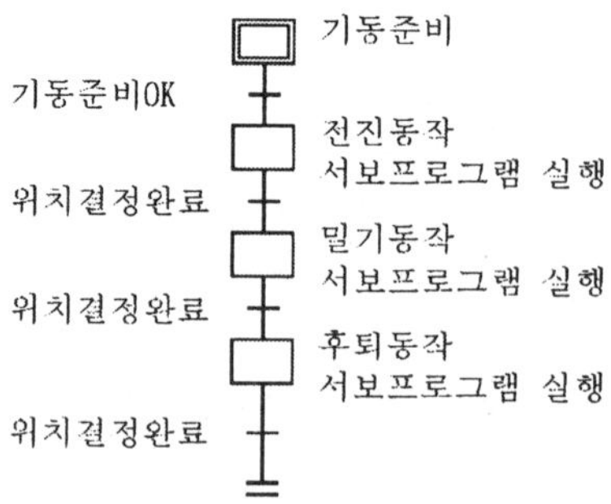

· STOP 신호 : 위치 결정 제어 동작중 외부에서 직접 정지시키는 입력 신호 외부 STOP 신호(a 접접)가 ON에서 정지한다.

· S자 가감속 : 가속과 감속을 S자 곡선으로 동작시키며 완만하고 부드러운 동작이 되며 비율은 0~100[%]로 설정할 수 있다.

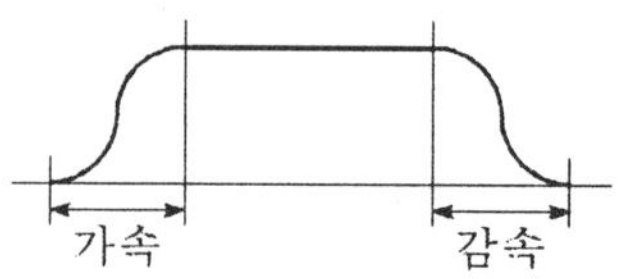

· WITH 모드 : M코드 출력을 위치 결정 기동시에 적용하며 START와 함께 ON이 되도록 용접 전극에 전압을 인가하거나 위치 결정 속도를 나타낼 수 있다.

· Z상(Z phase) : PG 제로라고도 하며 영점의 위치. 엔코드 1회전마다 발생한다.

· 앱솔루트 방식(Absolute system) : 위치 결정의 어드레스를 나타내는 방법이며 절대 번지 방식 : 0을 기준으로 하여 거리를 나타내는 방식으로 방향은 지정하지 않아도 자동적으로 결정된다.

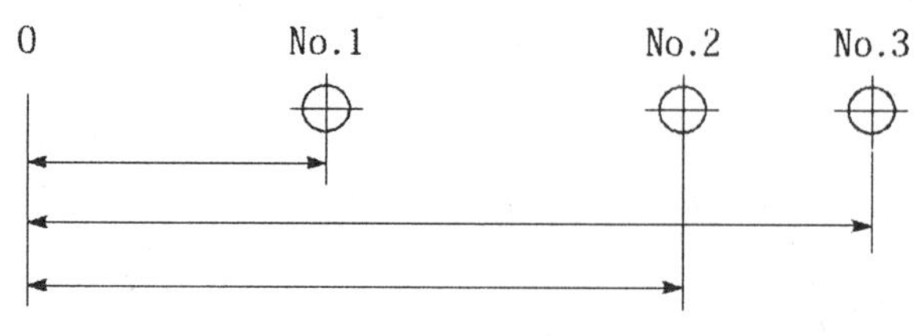

· 게인(Gain) : 두 개의 값이 비례관계에 있을 경우 비율을 변경하는 것으로 그래

프의 특성 기울기를 변경하는 것이며 입력에 따라 출력의 값을 변경할 수 있다.

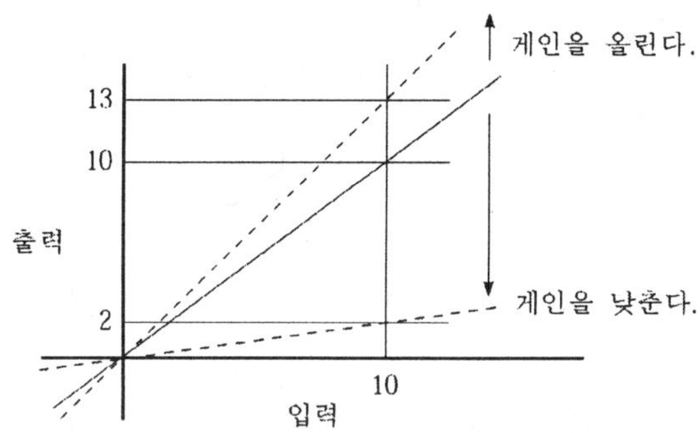

· **앱솔루트 엔코더(Absolute encoder)** : 모터 1회전 내의 각도 데이터를 외부로 출력할 수 있도록 하는 검출기로, 360도를 8~12비트로 취급하는 것이 일반적이다. 인클리멘탈 엔코더는 정전되었을 때 축의 위치가 불분명해지는 결점이 있지만 앱솔루트 엔코더는 정전이 되어도 축의 위치를 기억하고 있으며 출력에 따라 2진 코드, BCD 코드 등의 종류가 있다.
인클리멘탈 엔코더에 비해 고가이고 고정밀도인 동시에 대형이다.

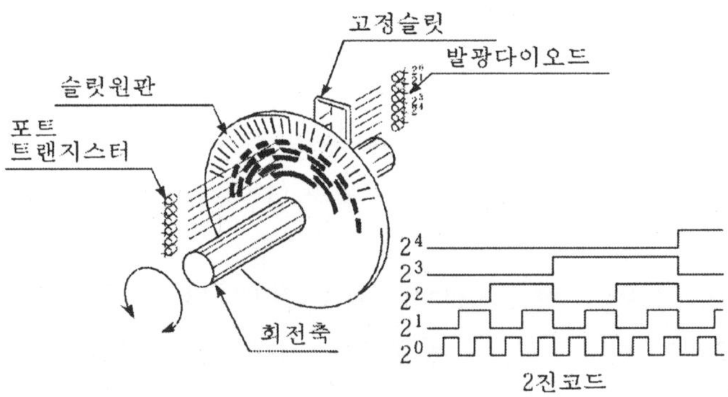

· **리졸버(Resolver)** : 각도 검출을 아날로그의 2전압으로 분해하려는 2상 싱크로라고도 하며 1상 전압 입력에 대하여 축의 회전 각도인 2상 전압(아날로그 전압)으로 변환하여 출력한다.

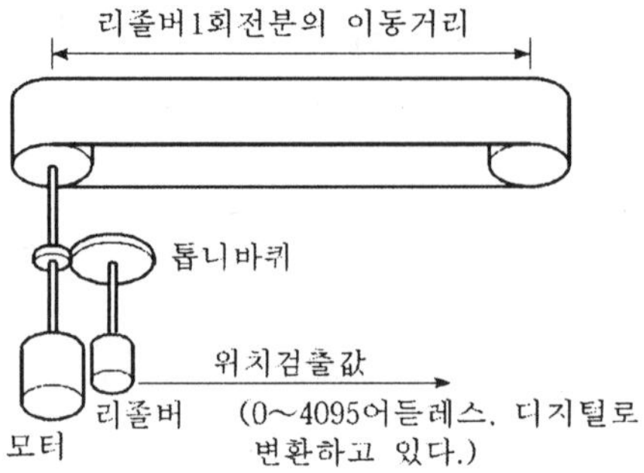

· 바이폴라 구동 정전류 방식(Bipolar drive constant current system) : 스테핑 모터 구동 방식으로 고정자 권선에 흐르는 전류 방향이 반전하는 방식으로 여자 전류의 방향은 +, − 방향으로 모터 권선에 일정 전류가 흐르며 저속으로 큰 토크를 얻을 수 있다.

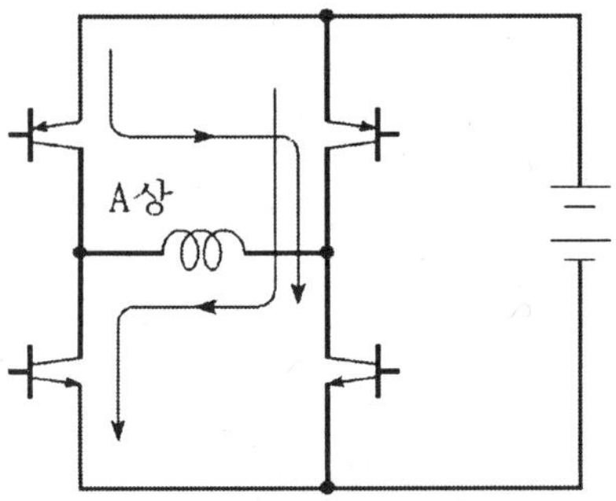

바이폴러구동의 기본회로(브릿지방식)

· 백래쉬 보정(Backlash compensation) : 톱니 바퀴 맞물림에서 정회전을 역회전으로 전환하는 경우 위치 이동이 발생하며 기구적인 맞물림 공백으로 인한 치수 보정이 필요하다.

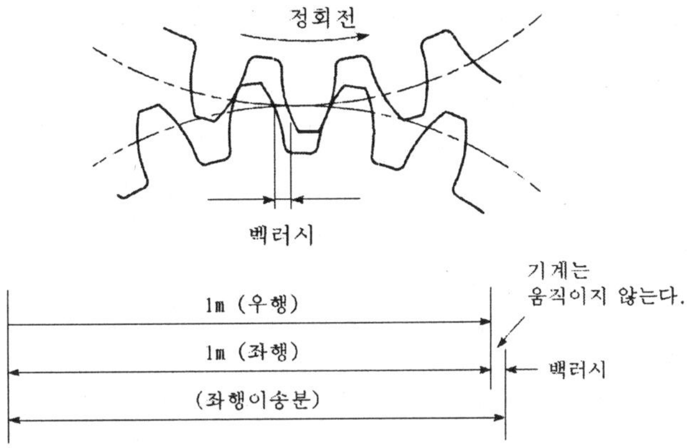

· 버퍼 메모리(Bufffer memory) : 데이터 기억 메모리로 PLC, CPU의 데이터 메모리에 입력하기 전에 외부 데이터를 기억하고 프로그램 연산에 이용하며 최신 데이터 기록, 읽기로 위치 결정모듈로 사용한다.

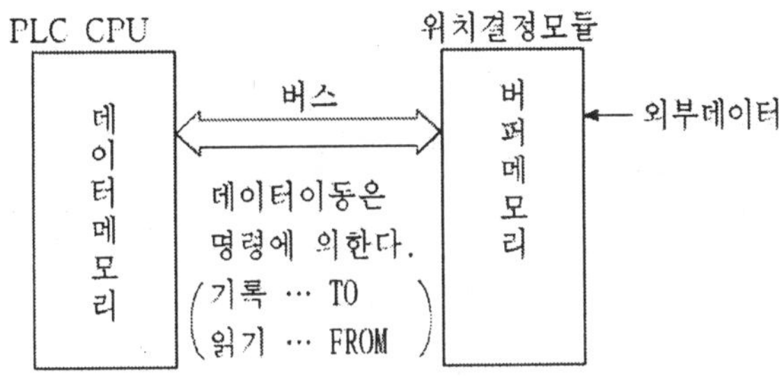

· 펄스 출력 모드 : 서보 모터에 지령을 줄 경우 정회전, 역회전, 지령 방식의 2종류가 있고 A타입은 각자 단자에서 정·역회전 펄스가 출력되며 B타입은 펄스 출력은 1개 단자에서 다른 단자에서는 정·역 회전 시그널이 출력된다.

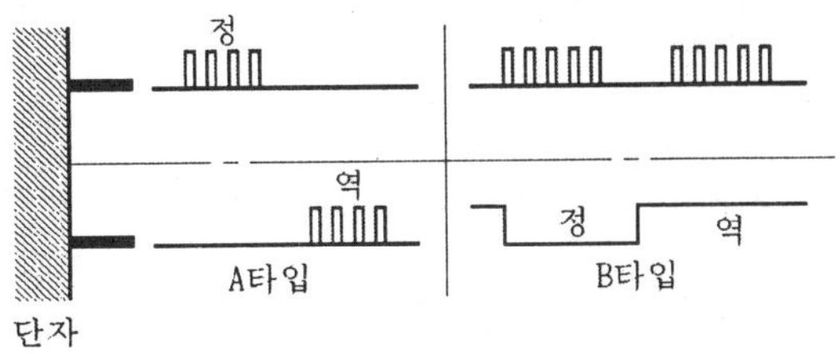

· 편차 카운터 : QD75에서 지령 펄스를 카운터하여 D/A 변환기로 보내며 지령 펄스에서 피드백 펄스를 감산하여 지령 펄스와 피드백 펄스의 편차값(드룹 펄

스)로 모터를 운전하고 지령 펄스 0이 될 때까지 모터를 운전한다.

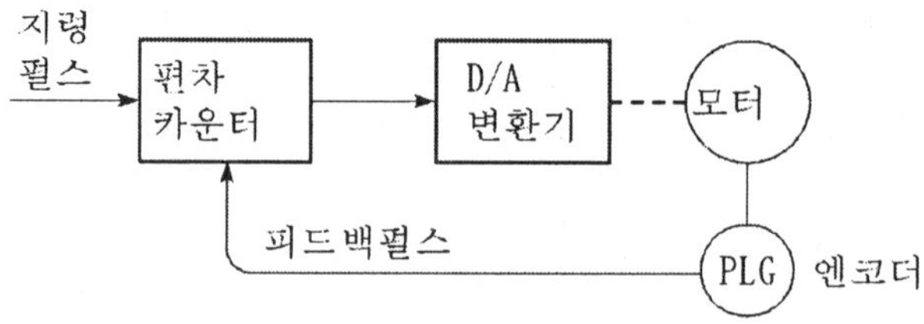

· 직선 보간(Linear interpolation) : 가로 방향 이송(X)과 세로 방향 이송(Y)의 2대의 전동기를 동시에 운전하여 위치 결정을 할 경우 경사 직선 자동 운전 3대, 4대의 전동기를 동시에 운전하는 경우도 있다. QD75에서는 축 1~4의 조합으로 보간할 수 있지만 동일 위치 결정 데이터 No을 이용한다.

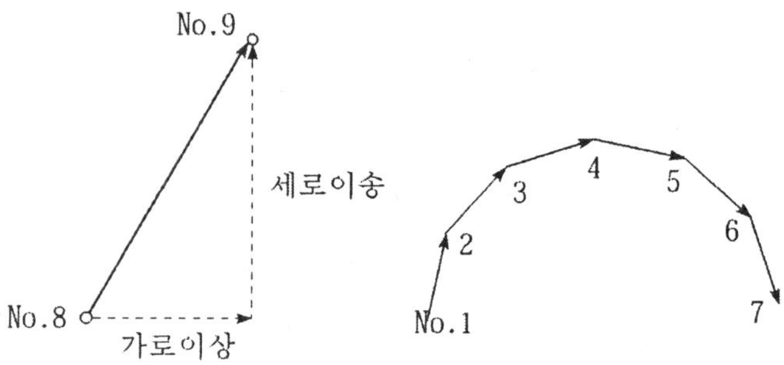

· 다상 펄스(Multi-phase pulse) : 2상의 위상이 서로 다른 펄스의 조합

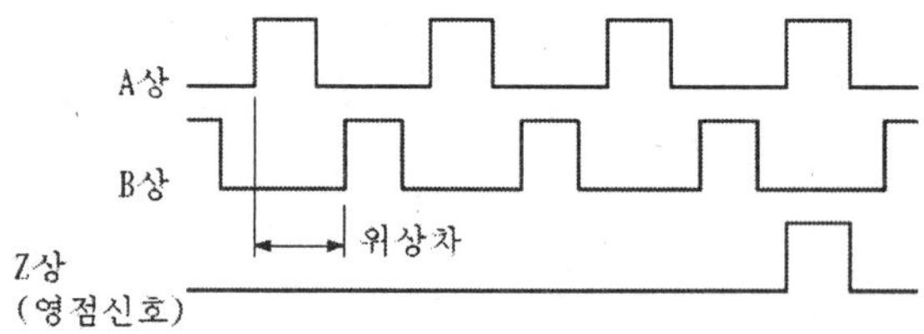

· 위치 결정 완료 : 위치 결정이 종료되었을 때 발생하는 신호이며 이 시점에서 미리 설정한 타이머가 기동하여 그 시간내에 정지하고 이 신호로 위치 결정 기동 신호를 OFF 시킨다.

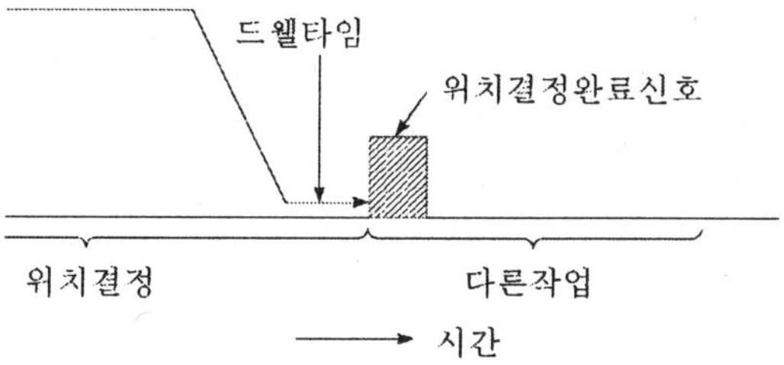

· 위치 결정(Positioning) : 어떤 점에서 예정된 점까지 정확하게 이동시키는 것이며 거리, 방향, 속도 등을 지정한다.
예를 들어 시트의 절단, 판에 구멍 뚫기, 프린트 기판에 제품 장착, 용접 등이 있다. 로봇도 위치 결정을 실행한다.

· 위치 결정 데이터(Positioning data) : 사용자가 위치 결정하기 위한 데이터. 파라미터를 기본으로 하여 위치 결정하는 수만큼(어드레스의 수) 지정한다. 최대 600점이 있으며 위치 결정 중에 프로그램으로 데이터의 쓰기(변경)도 할 수 있다.

· 위치 결정용 파라미터(Positioning parameter) : 위치 결정 제어를 실행하기 위해 기본이 되는 데이터로, 제어 단위, 1회전당 이동량, 속도 제한값, 스트로크 리미트의 상하한값, 가감속 시간, 위치 결정 방식 등 각종의 데이터가 있다. 파라미터는 초기값이 있어 제한 조건에 맞추어서 변경한다.

· 위치 제어(Position control) : 치수 이송, 위치 결정, 이동량 제어 등 위치나 이동량을 주로 한 제어로 항상 피드 펄스로 제어한다.

· 인클리멘탈 엔코더(Increamental encoder) : 축의 회전에 따라 단순하게 ON/OFF의 펄스를 내는 장치이며 1상식은 A만의 펄스이며 축의 회전 방향을 알 수 없다. 2상식은 A와 B의 2열 펄스가 있으며 A가 ON일 때 B가 ON이라면 정회전, B가 ON일 때 A가 ON이라면 역회전이라고 판단할 수 있다. 영점 신호도 있으며 축 1회전당 100~1만 펄스 정도가 있으며 많이 사용되고 있다.

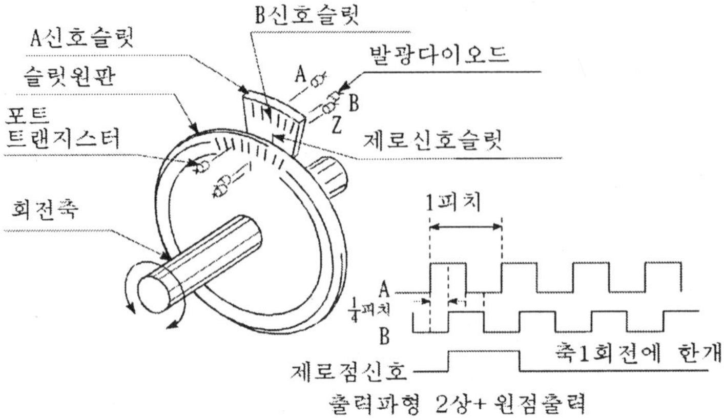

· 인클리멘트 방식(Increment system) : 현재값을 0으로 하여 지정된 방향과 이동거리에 따라 위치를 나타내는 방식. 상대 번지 방식이며 치수 이송 등에 사용된다.

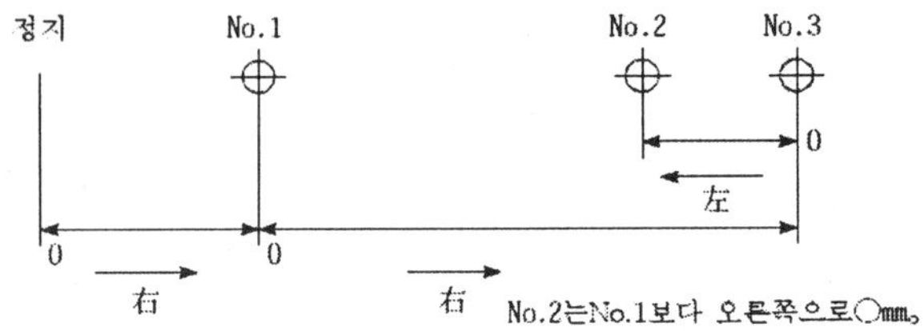

· 인터록(Interlock) : 진행중인 동작이 종료될 때까지 다음 동작으로 이동하지 않도록 블로킹하는 동작으로 장치의 파손이나 폭주를 방지하기 위해서 사용된다.

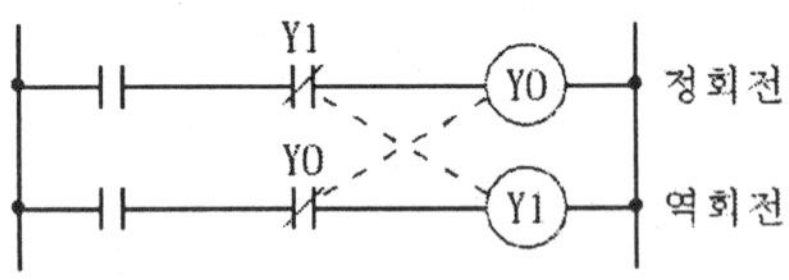

· 1-2상 여자 방식 : 스테핑 모터의 각 권선에는 정해진 순서로 여자하는 방식으로 한 개의 상과 2개의 상이 서로 번갈아 가면서 여자되는 방식이다.

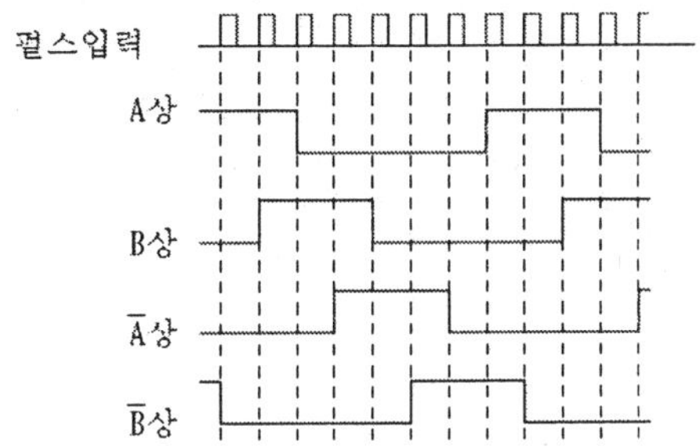

· 2상 펄스 : A상, B상의 펄스, 2상간의 위상차로 가산과 감산이 자동적으로 연산되고 위상차는 전기각 90도가 표준이다.

정회전인 경우 A상보다 B상이 늦어지며 역회전인 경우 B상보다 A상이 늦어져 정역회전(가감산)을 자동적으로 검출할 수 있다.

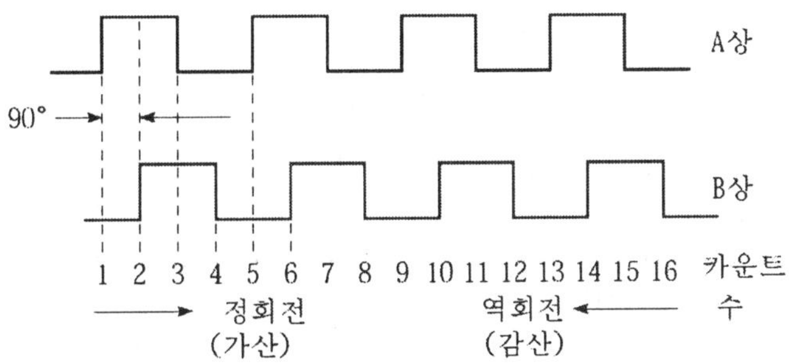

· 2상 여자 방식(2 Phase excitation system) : 스테핑 모터의 각 권선 여자 방식으로 항상 2개의 상에 전류를 흐르게 하는 방식이다.

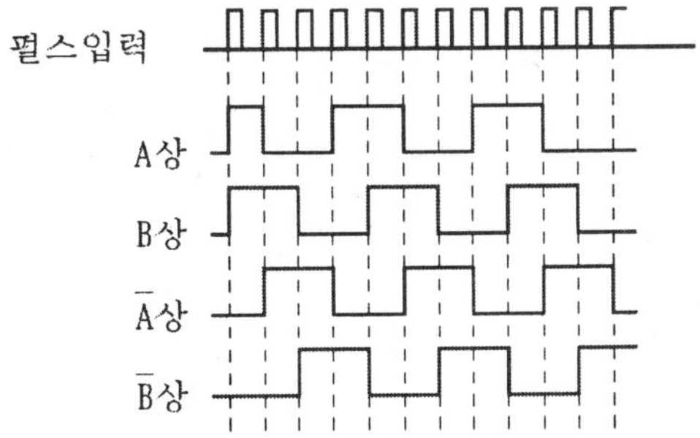

· 1펄스당 이동량(Trevel per pulse) : 단위를 [mm], [inch] 또는 각도록 했을 경우 모터축이 1펄스당 어느 정도 움직이는가를 계산해서 출력하는 데이터 위치 검

출 단위 이상의 분해능은 없고 모터축이 통상 축 1회전당 이동량을 기준으로 설계한다.

· 위치 루프게인 : 편차 카운터의 드롭펄스에 대한 지령 펄스 주파수의 비이며 위치 루프게인={지령 펄스 주파수(1/s)}/s 이다.
드라이버 모듈에서 설정할 수 있으며 정지 정밀도를 향상 시킬 경우에는 게인을 상향시키며 과대하게 상향하면 오버 슛이 발생하여 불안정해지며 값을 내리면 정지는 원활해지지만 정지 오차가 커진다.

· 위치 루프 모드 : 위치 결정에서 서보 제어 모드의 일종으로 위치 제어용 모드, 속도 제어용 속도 제어 루프 모드, 토크 제어(전류 제어)하는 토크 제어 모드가 있다.

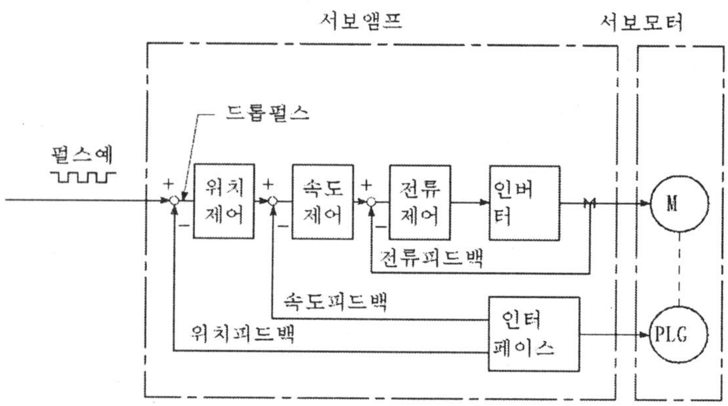

· 이송 기계값(Machine feed value) : 원점 복귀 완료시는 원점 어드레스를 저장하고 원점 어드레스를 기준으로 한 기계에 따라 정기계좌표 현재의 위치를 저장. 현재값을 변경해도 변화하지 않는다.

· 이송 현재값(Current feed value) : 원점 복귀 완료시는 원점 어드레스를 저장 현재 실행 중인 위치를 저장한다. 현재값을 변경하면 변경된다.

· 엔코더(Encoder) : 입력된 데이터를 ON, OFF 2진화하는 장치이며 부호화하여 모터축의 회전량을 검출하는 소자로 사용된다.

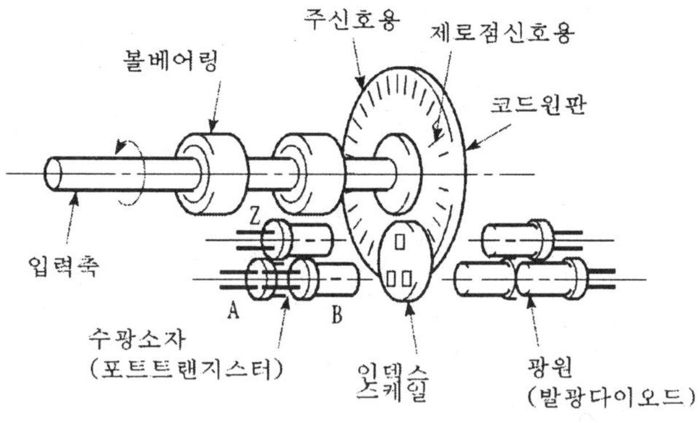

로터리 엔코더

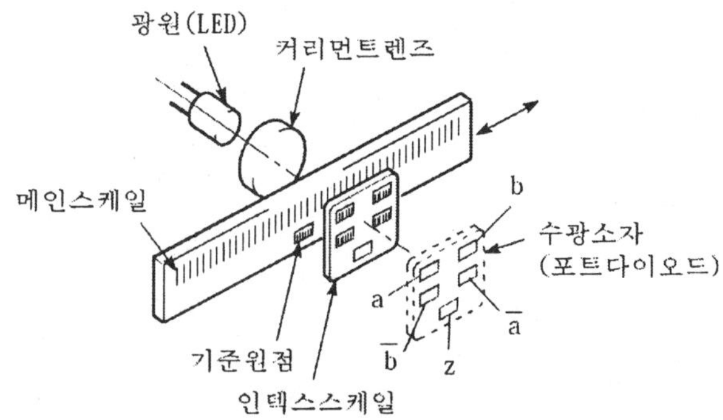

리니어 엔코더

· 원호 보간 : 가로 이송 방향과 세로 이송 방향의 2대의 모터를 동시에 운반하여 위치 결정할 경우 원호를 그리도록 자동 운전하는 것이며 90도 단위로 하며 원형을 만들거나 장애물이 있는 경우 충돌을 피할 수 있다.

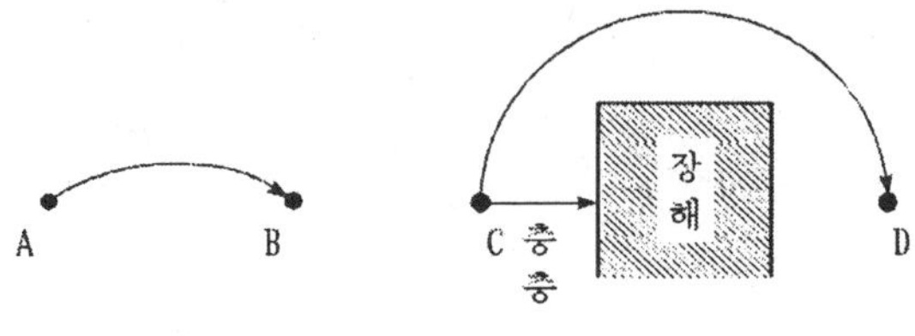

· 오토 튜닝(Auto tuning) : 서보 모터에서 구동하는 기계 응답성이나 안정성은 기계 부하 변동 등에 의한 관성 모멘트나 강성이 변화에 좌우된다.

기계의 상태를 최고 상태로 유지하기 위하여 기계 상태에 최적인 속도 루프, 게인과 위치 루프 게인을 자동적으로 조정하는 기능이며 부하 변동이 클 경우 실시간 오토 튜닝은 유용한 기능이다.

· 원점 시프트 기능(OP parameter) : 원점 복귀를 실행하고 원점 복귀 완료 위치에 시프트량을 결정하여 플러스 방향, 마이너스 방향으로 원점위치를 시프트 할 수 있다. 영점 스위치 外, 도그 스위치 外를 원점으로 할 수 있다.

· 원점 복귀 파라미터(OPR parameter) : 원점으로 복귀할 경우 필요한 파라미터이며 기계측 설계에서 필요한 것으로 원점은 위치 설정의 기준이 되는 점으로 위치 결정중 정전이 되는 경우 전원 재투입시 원점 복귀가 필요하다. 원점 복귀가 필요하면 현재 위치를 무시하고 근점 도그를 탐색하여 이동하고 원점에서 정지하게 된다.
이 경우 현재값을 원점 어드레스로 변경하며 위치 결정 중의 데이터 기록은 알 수 없다.

· 원점 복귀 방법(OPR method) : 원점 복귀는 파라미터 및 원점 복귀 데이터를 기록 할 수 있으며 근접 도그식, 스토퍼 정지식, 카운터식이 있다.

· 원점 복귀 요구(OPR method) : QD75에 이상이 발생하여 다음과 같은 경우 ON 되는 신호 전원 투입시, 위치 결정 중에 정지 요구시, PLC Ready가 off 하였을 경우, 파라미터, 원점 복귀 파라미터를 변경하였을 때, 원점 복귀 개시. 이 경우 원점 복귀 여부를 결정한다.

· 오버라이드 기능(Override function) : 위치 결정 운전 중의 속도(카운트 속도)를 1~300[%]에서 가변하며 지정 속도가 다른 연속된 위치 결정에도 동일한 가변율로 가변된다.

· 회생 옵션(Regenerative brake option) : 옵션 제품으로, 고빈도로 가감속할 경우에 사용한다.

· 기준축 속도(Reference axis speed) : 보간 운전시에 기준이 되는 축의 속도

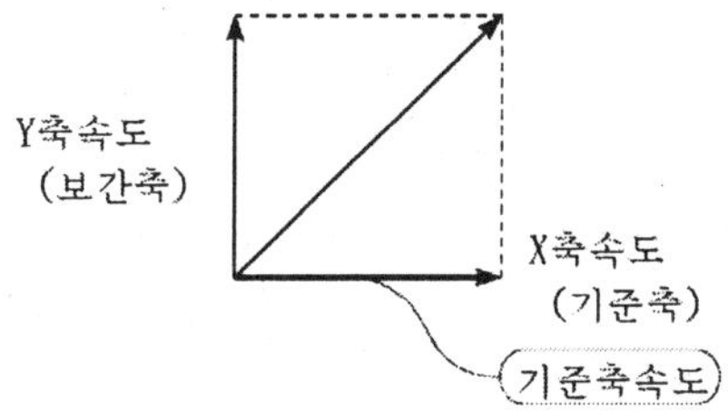

· **근점 도그**(Zeroing dog) : 원점의 앞에 두는 리미트 스위치이며 이 신호가 ON하면 전송속도는 클립 속도로 전환된다. 이 때문에 ON하는 시간은 전송 속도에서 클립 속도까지 감속하는 시간이 필요하다.

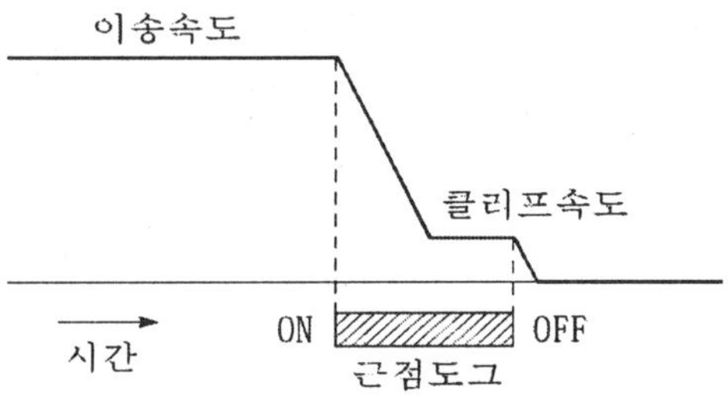

· **크리프**(Creep) **속도** : 느릿느릿 움직이는(기어가는) 속도이며 고속 주행 후 정확한 정지가 어려운 관계로 일단 크리프 속도로 전환하여 정지한다.

· **원점 시프트**(Zero shift function) : 원점 복귀를 실행하고, 원점 복귀 완료 위치에 시프트량을 결정함으로써, 플러스 방향 또는 마이너스 방향으로 원점 위치를 시프트할 수 있다. 영점 위치 이외나 DOG 스위치의 이외를 원점으로 할 수 있다.

· **합성 속도**(Composite speed) :

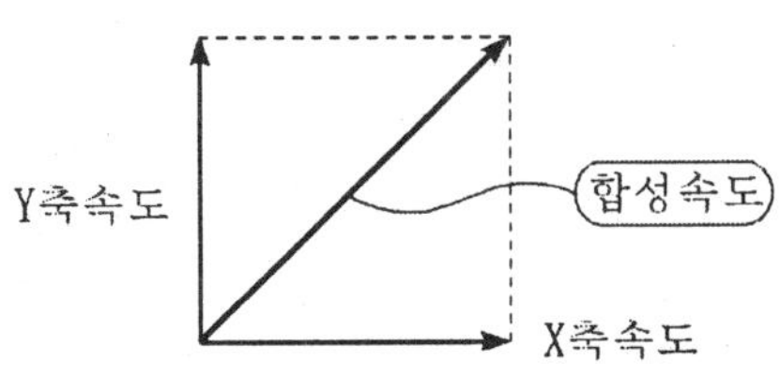

· **고속 원점 복귀**(High speed zeroing) : 근점 도그를 검출하지 않고, 원점 복귀 속도에서 기계 원점으로 복귀한다.

(근점 도그를 사용하는 원점 복귀를 반드시 1도 만큼은 실행한 후에 유효)

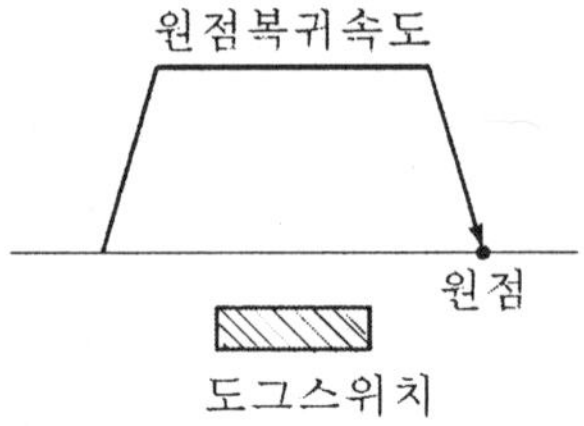

· 서보 온(Servo on) : 드라이브 모듈이 정상인 상태에서 서보 온이 ON되지 않으면 서보 모듈은 동작하지 않는다.

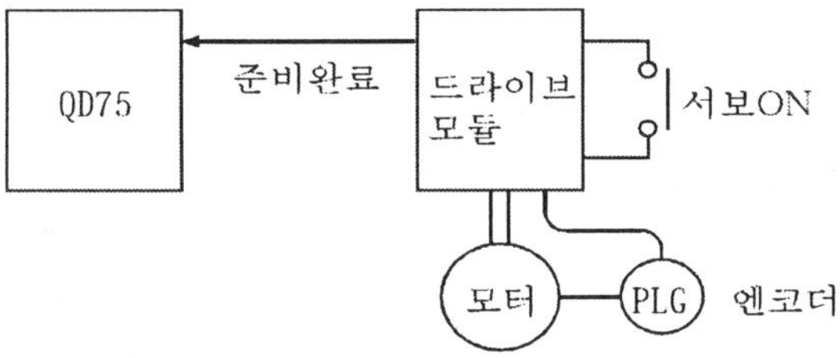

· 서보 락(Servo lock) : 서보 모터, 스테핑 모터의 위치 결정 상태를 유지하는 경우 유지력이 필요하며 이러한 상태를 서보록, 유지력을 서보록 토크라고 한다.

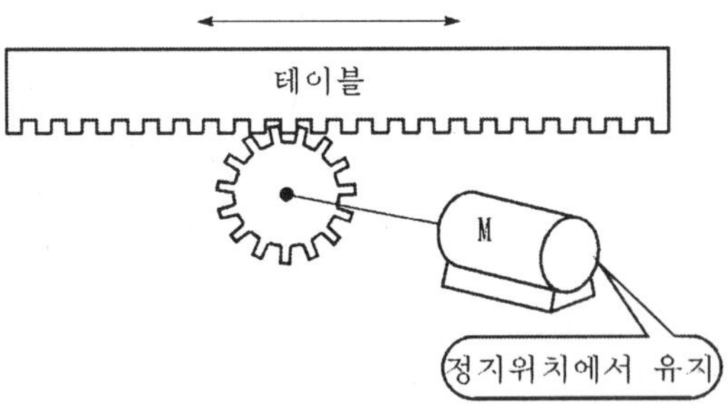

· PLC Ready : PLC CPU가 준비 완료 상태라고 하는 신호이며 이 상태에서 위치 결정이 가능하다.

· 차동 출력 타입(Differential output type) : 하나의 신호를 출력할 경우, 신호와 극성이 반전된 신호를 동시에 대응하여 출력하는 방식이며 높은 주파수의 전송이 가능하고 노이즈에 강하며 펄스열의 입출력 등 고속 신호의 전송에 이용된다.

일반적으로 발신측을 드라이버, 수신측을 리시버라고 하며 전용 IC가 사용된다.

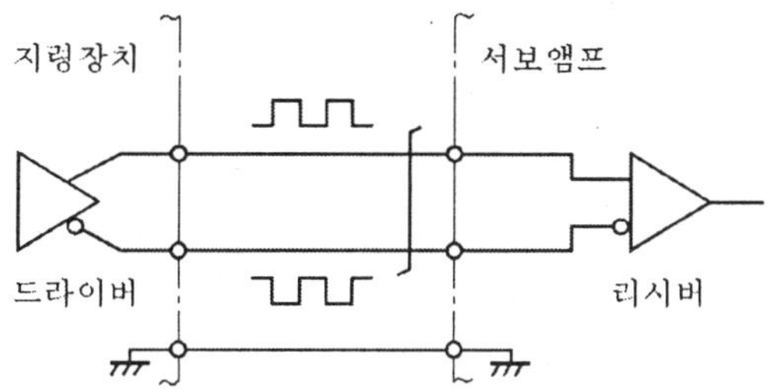

· 자동 사다리꼴 가감속(Automatic trapezoidal acceleration/deceleration) : 시간과 속도의 그래프가 사다리꼴로 되는 운전

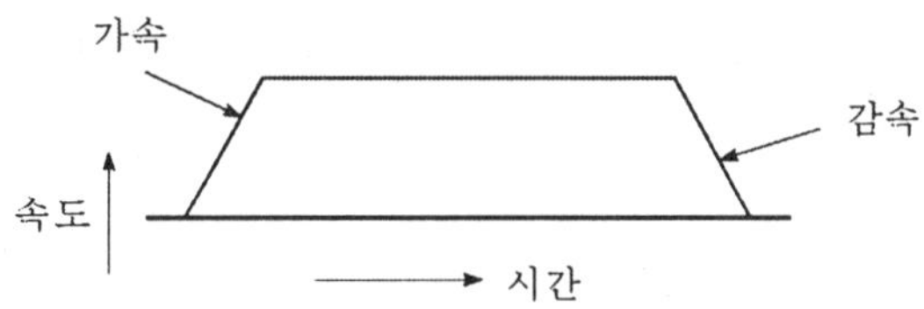

· 수동 펄스 발생기(Manual pulse generator) : 손으로 핸드를 돌려서 펄스를 발생시키는 장치이며 정밀한 위치 결정을 수동으로 실행할 때에 사용한다.

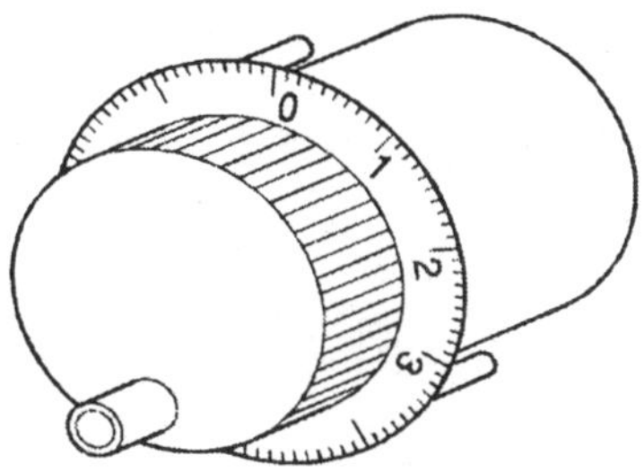

· 스킵 기능(Skip function) : 스킵 신호가 입력되면 실행 중인 위치 결정을 중단하고 감속 정지를 실행하고 자동적으로 다음의 모터 엔코더 위치 결정을 실행하는 것.

· 스텝 기능(Step function) : 복수의 위치 결정 데이터 No.를 연속 운전하도록 한 경우에 1데이터씩 시운전할 수 있는 기능.

· 스트로크 리미트(Stroke limit) : 위치 결정 운전이 가능한 범위 또는 그 이상 바깥으로 작동하면 기계가 파손하는 범위. (JOG에서는 이 범위외로 움직일 수 있다.) 이송 나사라면 나사의 길이로 정해지고, 치수 이송이라면 절단하는 최대 치수가 한다.
파라미터에서 상한값과 하한값을 설정하지만 그것과는 별도로 리미트 스위치를 설치하여 PLC 외에서 전기적으로 비상정지 회로를 구성한다.

· 절대 위치 검출 시스템(Absolute position detection system) : 위치 결정에서 기기의 기동시에 한번 원점 복귀를 하면 전원을 OFF해도 기계위치를 위치 결정 모듈이 기억하고 있어서 현재 위치를 유지하는 시스템, 기계 어긋남이 발생해도 보정된다. 전원 재투입 후의 원점 복귀는 필요가 없다. 이 시스템의 구성에는 절대 위치 검출기가 부착된 모터, 절대 위치 시스템에 대응하는 서보 앰프와 위치 결정 모듈이 필요.

· 영점 신호(Zero phase signal) : 펄스 발생기(pulse generator)의 축 1회전에 대해 1개(또는 2개) 발생하는 펄스이다.
위치 결정의 원점 복귀에 사용하는 Z신호 혹은 PGO라고 한다.

· 속도 제어(Speed control) : 서보 모터에서 이동 속도를 주로 이용하는 것으로 숫돌 회전, 용접 속도, 송신 속도 등의 용도이다.
위치 제어와 달리 현재값(어드레스) 제어는 하지 않는다.

· 속도 제한값(Speed limit value) : 위치 결정의 최고속도. 파라미터에서 이를 설정하면 다른 데이터에 잘못하여 이보다 큰 속도를 설정해도 속도 제한값으로 제한된다.

· 속도 적분 보상(Speed integral compensation) : 위치 결정 데이터의 서보 파라미터에 의존하는 1항목에서 속도 제어시의 주파수 응답과 과도 특성을 개선한다.
속도 루프 게인을 조정해도 가감속시의 오버슈트가 적어지지 않을 경우 값을 올리면 효과가 있으며 단위는 [ms]이다.

· 속도 루프 게인(Speed loop gain) : 위치 결정 데이터의 서보 파라미터에 존재하는 항목에서 속도 제어시 제어 응답의 속도를 나타낸다.

부하 관성 모멘트비가 커지면 제어계의 속도 응답이 내려가서 동작이 불안정하게 되었을 때 설정값을 업하면 동작 특성을 개선할 수 있다.
너무 올리면 가속시에 오버슈트가 커지거나 운전중이나 정지 중에 모터의 진동음이 발생하게 된다.

· 속도 변경 : 위치 결정 속도를 저속, 고속으로 변경 할 수 있고 유형 지정은 연속 9 위치까지 이송 방향은 동일 방향으로 한다. 외부 신호에 위한 속도 변경도 할 수 있고 변경 회수는 제한이 없다.

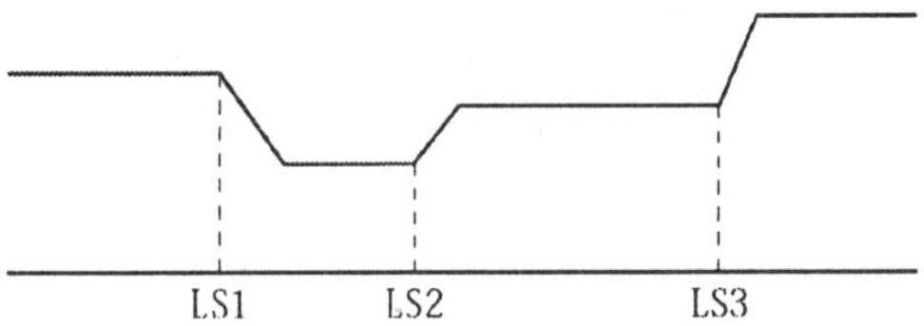

리미트스위치(외부신호)에 의한 속도변경

· 다이나믹 브레이크(Dynamic brake) : 정전이나 비상 정지(EMG 신호) 등 보호회로가 작동하였을 때 서보 모터의 단자에 저항기를 삽입하여 회전 에너지를 열로 소비시켜서 모터를 프리런하지 않고 정지시킬 때에 사용한다.
전자 브레이크는 큰 브레이크 토크를 얻을 수 있는 모터의 회전 중에만 제동력을 발생하고 정지시의 유지력은 없는 관계로 상하축의 낙하 방지에는 제조사 브레이커를 병용한다.

· 드룹 펄스(Droop pulse) : 기계에는 관성(GD2)으로 위치 결정 모듈의 속도 지령하게 되면 지연되어서 추종할 수 없다.
서보 모터의 경우는 속도 지령의 펄스를 편차 카운트에 드룹하여 지연시키는 방법을 사용한다. 정지할 경우는 편차 카운터가 전부 0으로 된다.

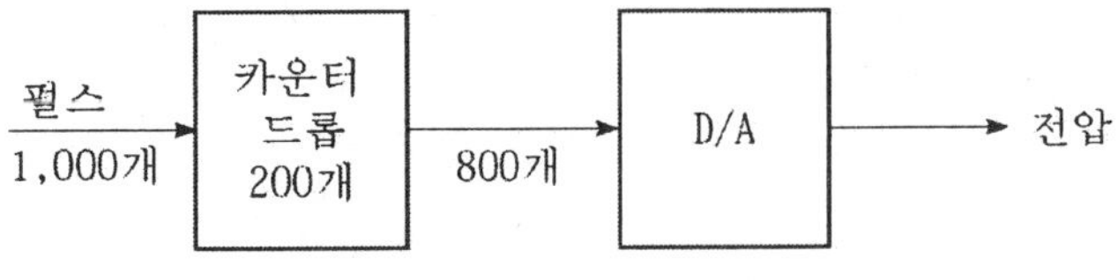

· 단위 설정(Unit setting) : 위치 결정할 실제의 어드레스 또는 이동량의 단위로 변경한 것으로 [mm], [inch], [degree], [pulse]의 단위를 분류하고 고정 파라미터

의 초기값은 [pulse]가 된다.

· 턴테이블(Turn table) : 회전하는 판. 동력으로 회전시켜 1회전 360도를 필요한 개소로 구분하여 작업할 경우 등에 사용한다. 위치 결정의 제어 단위를 [degree]로 한다.

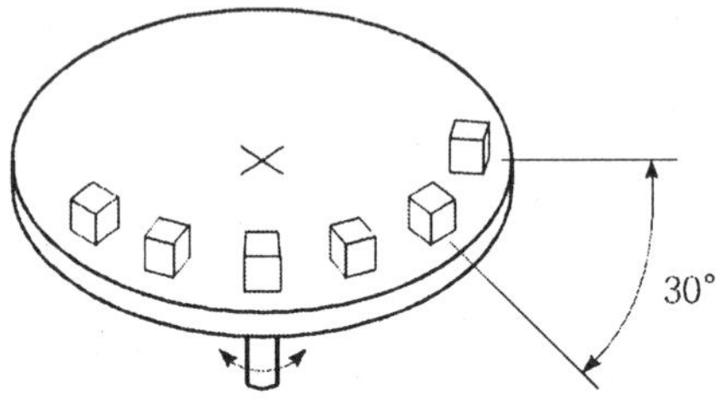

· 트래킹 기능 : 외부 엔코더에서 이동량을 입력하여 그 이동량을 서보 지령값에 추가하여 이동중인 대상물에 대하여 상대 속도로 위치 결정을 하는 기능.

· 티칭(Teaching) : 위치 결정의 어드레스가 불분명하거나 실제와 같지 않은 경우 위치를 찾아서 가르쳐 주는 기능이며 그림과 같은 복잡한 어드레스는 모델이 제시하는 위치 결정 운전을 재현할 수 있다.

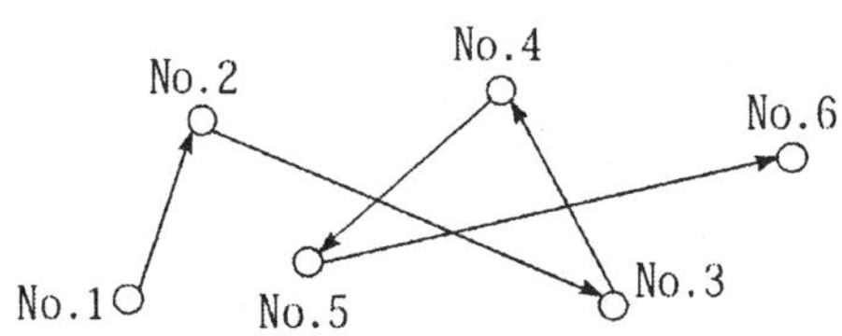

· 전자 기어(Electronic gear) : 펄스 지령 모듈에서의 지령 펄스를 서보 앰프 내에서 전기적으로 (1/50~50)배 증감하는 기능. 위치 결정 속도, 이동량은 전자 기어 배율로 제어할 수 있다.

· 드라이브 모듈 (Drive unit) : 위치 결정 모듈에서 나온 지령(펄스 등)은 저전압, 저전류이며 모터를 동작하기 위해서는 에너지가 부족하다. 이를 증폭하는 구동 장치를 서보 앰프라고 한다.

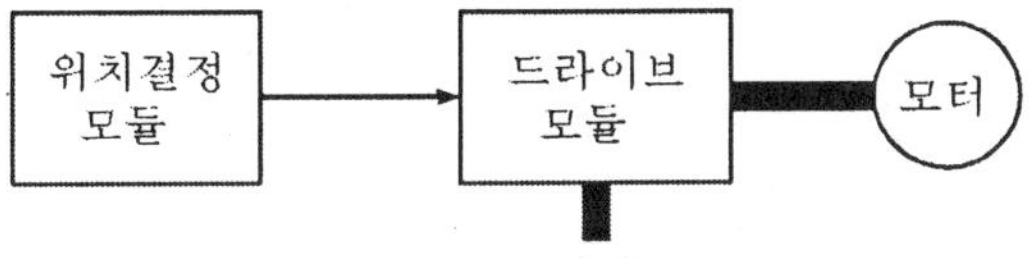

· **드라이브 모듈** Ready (Drive unit ready) : 모터용 드라이브 모듈이 준비 완료 상태에 있는 신호이며 드라이브 모듈의 전원 OFF, 고장 등인 경우에는 OFF된 상태이다.

· **토크 제어**(Torque control) : 위치 결정용 모터 토크에 한계가 있어 한계치 이상으로 토크가 인가되면 전원을 OFF 시킨다.
모터에 과대한 토크가 걸리면 전류가 급증하여 모터가 소손되거나 스트레스가 되어 수명이 단축되며 원점 복귀할 경우 토크가 급증하는 것을 이용하여 모터 정지지령으로 한다.

· **피드백 펄스**(Feed back pulse) : 자동 제어에서 지령을 주고 그 지령대로 동작 여부를 펄스열을 복귀하여 확인하는 방식이며 만일 지령대로가 아니면 수정 지령을 발생한다. 10,000펄스를 지령으로 하고 피드백 펄스가 10,000펄스 복귀하면 차가 0되는 것을 피드백 펄스라고도 한다.

· **플래시** ROM(Flash ROM) : 파라미터나 위치 결정 데이터를 저장하며 배터리 없이 백업할 수 있다.

· **편차 카운터**(Deviation counter) : 두 가지의 기능은 ① AD71, AD75에서의 지령 펄스를 카운트하고 카운트값과 D/A 변환기로 전송한다. ② 지령 펄스에서 피드백 펄스를 감산하고, 지령 펄스와 피드백 펄스의 편차값(드룹 펄스)에서 모터를 운전하고 지령 펄스를 0으로 될 때까지 모터를 운전한다.

· **마스터 축**(Master axis) : 보간 운전 할 경우 위치 결정 데이터가 우선하여 실행되는 축이며 예를 들어 위치 결정일 때 X축, Y축 중 이동 거리가 큰 쪽이 마스터 축으로 되며 슬레이브 축의 속도는 무시된다.

· XY **테이블**(XY table) : 위치 결정을 간단하게 실행할 수 있도록 테이블을 X(가로 방향)과 Y(세로 방향)의 두 방향으로 움직이는 장치이다.

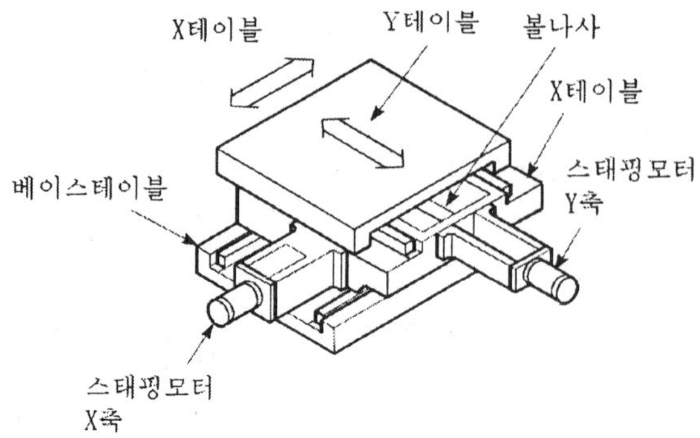
X테이블
Y테이블
볼나사
X테이블
스태핑모터
Y축
베이스테이블
스태핑모터
X축

부록 2 QD75 버퍼 메모리

QD75에는 버퍼 메모리가 0~30099까지 있으며 시퀀스 프로그램에서 읽고, 쓰기로 정밀 제어를 할 수 있으며 버퍼 메모리의 구성은 다음과 같다.

버퍼 메모리의 구성

어드레스		용도별 영역			전원 투입	기입 조건
0~	15	기본 파라미터 1·2	축1용	파라미터 영역	플래시 ROM 내의 파라미터 값을 전송한다.	항상 쓰기 가능. (1) 기본 파라미터1과 상세 파라미터 2와 원점 복귀 기본/상세 파라미터는 PLC CPU에서 쓴 데이터가 PLC Ready 신호의 기동 (OFF → ON)시에 유효합니다. (2) 기본 파라미터 2와 상세 파라미터 2는 PLC CPU에서 쓴 시점에서 유효해집니다. 단, 위치 결정 제어 중에는 쓰기를 하였을 때 실행한 위치 결정 데이터 No.에서 최대 3 데이터가 지연되어 변경됩니다.
17~	62	상세 파라미터 1·2				
70~	89	원점 복귀 파라미터				
150~	165	기본 파라미터 1·2	축2용			
167~	212	상세 파라미터 1·2				
220~	239	원점 복귀 파라미터				
300~	315	기본 파라미터 1·2	축3용			
317~	362	상세 파라미터 1·2				
370~	389	원점 복귀 파라미터				
450~	465	기본 파라미터 1·2	축4용			
467~	512	상세 파라미터 1·2				
520~	539	원점 복귀 파라미터				
800~	847	축1용 축 모니터		모니터 영역	초기화	읽기 전용
900~	947	축2용 축 모니터				
1000~	1047	축3용 축 모니터				
1100~	1147	축4용 축 모니터				
1200~	1425	시스템 모니터				
1500~	1599	축1용 축 제어 데이터		제어 데이터 영역	초기화	항상 쓰기 가능 (기동 중인 위치 결정 데이터는 불가)
1600~	1699	축2용 축 제어 데이터				
1700~	1799	축3용 축 제어 데이터				
1800~	1899	축4용 축 제어 데이터				
1900~	1901	시스템 제어 데이터				
2000~	7999	축1용 위치 결정 데이터		위치 결정 데이터 영역 (No.1~No.600)	플래시 ROM 내의 데이터를 전송한다.	
8000~	13999	축2용 위치 결정 데이터				
14000~	19999	축3용 위치 결정 데이터				
20000~	25999	축4용 위치 결정 데이터				
26000~	26999	축1용 블록 기동 데이터 (조건 데이터를 포함)		블록 기동 데이터 영역 (블록 No.7000 ~No.7004)	플래시 ROM 내의 데이터를 전송한다.	
27000~	27999	축2용 블록 기동 데이터 (조건 데이터를 포함)				
28000~	28999	축3용 블록 기동 데이터 (조건 데이터를 포함)				
29000~	29999	축4용 블록 기동 데이터 (조건 데이터를 포함)				
30000~	30099	PLC CPU 메모 영역		CPU 메모 영역	초기화	읽기/쓰기

* 상기에 기재되지 않는 결번 어드레스는 사용 금지이며 사용하면 시스템이 정상적으로 동작하지 않을 수가 있다.

부록 3 서보 앰프핀 설명

<table>
<tr><th rowspan="2">신호명칭</th><th rowspan="2">신호
약칭</th><th rowspan="2">컨넥터
핀 No.</th><th rowspan="2">기능 · 용도 설명</th><th rowspan="2">I/O
구분</th><th colspan="3">제어모드</th></tr>
<tr><th>P</th><th>S</th><th>T</th></tr>
<tr><td>서보 ON</td><td>SON</td><td>CN1B
5</td><td>SON-SG간을 단락으로 하면 베이스회로에 전원이 들어가고, 운전가능상태가 됩니다.
(서보 ON 상태)
개방으로 하면 베이스차단이 되어 서보모터는 프리런 상태가 됩니다. (서보 OFF 상태)
파라미터 No.41을 "□□□1"로 설정하면, 내부에서 자동 ON(상시 ON)으로
변경할 수 있습니다.</td><td>DI-1</td><td>○</td><td>○</td><td>○</td></tr>
<tr><td>리셋</td><td>RES</td><td>CN1B
14</td><td>RES-SG간을 50ms 이상 단락으로 하면 알람을 해제할 수 있습니다.
리셋 신호로는 해제할 수 없는 알람이 있습니다.
알람이 발생하지 않는 상태에서 RES-SG간을 단락하면 베이스 차단이 됩니다.
파라미터 No.51을 "□1□□"으로 설정하면, 베이스 차단이 되지 않습니다.</td><td>DI-1</td><td>○</td><td>○</td><td>○</td></tr>
<tr><td>정전스트로크
엔드</td><td>LSP</td><td>CN1B
16</td><td rowspan="2">운전할 경우는 LSP-SG간, LSN-SG간을 단락시켜 주십시오.
개방으로 하면 급정지 해서 서보록 됩니다.
파라미터 No.22를 "□□□1"로 설정하면 완만한 정지가 됩니다.

<table>
<tr><th colspan="2">(주) 입력신호</th><th colspan="2">운전</th></tr>
<tr><th>LSP</th><th>LSN</th><th>CCW방향</th><th>CW방향</th></tr>
<tr><td>1</td><td>1</td><td>○</td><td>○</td></tr>
<tr><td>0</td><td>1</td><td></td><td>○</td></tr>
<tr><td>1</td><td>0</td><td>○</td><td></td></tr>
<tr><td>0</td><td>0</td><td></td><td></td></tr>
</table>
(주) 0 : SG간을 OFF(개방)
1 : SG간을 ON(단락)

파라미터 No.41을 다음과 같이 설정하면 내부에서 자동 ON(상시 단락)으로
변경할 수 있습니다.
<table>
<tr><th>파라미터 No.41</th><th>자동 ON</th></tr>
<tr><td>□□1□</td><td>LSP</td></tr>
<tr><td>□1□□</td><td>LSN</td></tr>
</table>
</td><td rowspan="2">DI-1</td><td rowspan="2">○</td><td rowspan="2">○</td><td rowspan="2"></td></tr>
<tr><td>역전스트로크
엔드</td><td>LSN</td><td>CN1B
17</td></tr>
<tr><td>외부토오크
제한선택</td><td>TL</td><td>CN1B
9</td><td>TL-SG간을 단락시키면, 내부 토오크 제한1(파라미터 No.28), 단락으로 하면
아날로그 토오크 제한(TLA)이 유효가 됩니다.</td><td>DI-1</td><td>○</td><td>△</td><td></td></tr>
<tr><td>내부토오크
제한선택</td><td>TL1</td><td></td><td>이 신호를 사용할 경우, 파라미터 No.43~48의 설정으로 사용 가능하게
하십시오.</td><td>DI-1</td><td>△</td><td>△</td><td>△</td></tr>
</table>

<table>
<tr><th rowspan="2">신호명칭</th><th rowspan="2">신호
약칭</th><th rowspan="2">컨넥터
핀 No.</th><th rowspan="2">기능 · 용도 설명</th><th rowspan="2">I/O
구분</th><th colspan="3">제어모드</th></tr>
<tr><th>P</th><th>S</th><th>T</th></tr>
<tr><td>정전 시동</td><td>ST1</td><td>CN1B
8</td><td rowspan="2">서보모터를 시동합니다.
회전방향은 다음과 같습니다.
<table><tr><th colspan="2">(주) 입력신호</th><th rowspan="2">서보모터 시동방향</th></tr><tr><th>ST2</th><th>ST1</th></tr><tr><td>0</td><td>0</td><td>정지(서보 록)</td></tr><tr><td>0</td><td>1</td><td>CCW</td></tr><tr><td>1</td><td>0</td><td>CW</td></tr><tr><td>1</td><td>1</td><td>정지(서보 록)</td></tr></table>(주) 0 : SG간을 OFF(개방)
1 : SG간을 ON(단락)

운전중에 ST1와 ST2의 양쪽을 ON 또는 OFF로 하면,
파라미터 No.12의 설정값으로 감속정지하여 서보록합니다.</td><td rowspan="2">DI-1</td><td rowspan="2"></td><td rowspan="2">○</td><td rowspan="2"></td></tr>
<tr><td>역전 시동</td><td>ST2</td><td>CN1B
9</td></tr>
<tr><td>정전 선택</td><td>RS1</td><td>CN1B
9</td><td rowspan="2">서보모터의 토오크 발생 방향을 선택합니다.
토오크 발생방향은 다음과 같습니다.
<table><tr><th colspan="2">(주) 입력신호</th><th rowspan="2">토오크 발생방향</th></tr><tr><th>RS2</th><th>RS1</th></tr><tr><td>0</td><td>0</td><td>토오크를 발생하지 않습니다.</td></tr><tr><td>0</td><td>1</td><td>정전역행 · 역전 회생</td></tr><tr><td>1</td><td>0</td><td>역전역행 · 정전 회생</td></tr><tr><td>1</td><td>1</td><td>토오크를 발생하지 않습니다.</td></tr></table>(주) 0 : SG간을 OFF(개방)
1 : SG간을 ON(단락)</td><td rowspan="2">DI-1</td><td rowspan="2"></td><td rowspan="2"></td><td rowspan="2">○</td></tr>
<tr><td>역전 선택</td><td>RS2</td><td>CN1B
8</td></tr>
</table>

<table>
<tr><th rowspan="2">신호 명칭</th><th rowspan="2">신호 약칭</th><th rowspan="2">컨넥터 핀 No.</th><th rowspan="2">기능 · 용도 설명</th><th rowspan="2">I/O 구분</th><th colspan="3">제어모드</th></tr>
<tr><th>P</th><th>S</th><th>T</th></tr>
<tr><td>속도선택1</td><td>SP1</td><td>CN1A 8</td><td rowspan="3">

<속도제어 모드시>
운전시의 지령 회전속도를 선택합니다.
SP3를 사용할 경우 파라미터 No.43~48의 설정으로 사용 가능하게 해주십시오.

<table>
<tr><th rowspan="2">파라미터 No.43~48의 설정</th><th colspan="3">(주) 입력신호</th><th rowspan="2">속도지령</th></tr>
<tr><th>SP3</th><th>SP2</th><th>SP1</th></tr>
<tr><td rowspan="4">속도선택(SP3)을 사용하지 않을 경우 (초기상태)</td><td></td><td>0</td><td>0</td><td>아날로그 속도지령(VC)</td></tr>
<tr><td></td><td>0</td><td>1</td><td>내부 속도지령1(파라미터 No.8)</td></tr>
<tr><td></td><td>1</td><td>0</td><td>내부 속도지령2(파라미터 No.9)</td></tr>
<tr><td></td><td>1</td><td>1</td><td>내부 속도지령3(파라미터 No.10)</td></tr>
<tr><td rowspan="8">속도선택(SP3)을 유효하게 했을 경우 (초기상태)</td><td>0</td><td>0</td><td>0</td><td>아날로그 속도지령(VC)</td></tr>
<tr><td>0</td><td>0</td><td>1</td><td>내부 속도지령1(파라미터 No.8)</td></tr>
<tr><td>0</td><td>1</td><td>0</td><td>내부 속도지령2(파라미터 No.9)</td></tr>
<tr><td>0</td><td>1</td><td>1</td><td>내부 속도지령3(파라미터 No.10)</td></tr>
<tr><td>1</td><td>0</td><td>0</td><td>내부 속도지령4(파라미터 No.72)</td></tr>
<tr><td>1</td><td>0</td><td>1</td><td>내부 속도지령5(파라미터 No.73)</td></tr>
<tr><td>1</td><td>1</td><td>0</td><td>내부 속도지령6(파라미터 No.74)</td></tr>
<tr><td>1</td><td>1</td><td>1</td><td>내부 속도지령7(파라미터 No.75)</td></tr>
</table>

(주) 0 : SG간을 OFF(개방) 1 : SG간을 ON(단락)
<토오크제어 모드시>
운전시의 제한 회전속도를 선택합니다.
SP3를 사용할 경우 파라미터 No.43~48의 설정으로 사용 가능하게 해주십시오.

<table>
<tr><th rowspan="2">파라미터 No.43~48의 설정</th><th colspan="3">(주) 입력신호</th><th rowspan="2">속도제한</th></tr>
<tr><th>SP3</th><th>SP2</th><th>SP1</th></tr>
<tr><td rowspan="4">속도선택(SP3)을 사용하지 않을 경우 (초기상태)</td><td></td><td>0</td><td>0</td><td>아날로그 속도제한(VLA)</td></tr>
<tr><td></td><td>0</td><td>1</td><td>내부 속도제한1(파라미터 No.8)</td></tr>
<tr><td></td><td>1</td><td>0</td><td>내부 속도제한2(파라미터 No.9)</td></tr>
<tr><td></td><td>1</td><td>1</td><td>내부 속도제한3(파라미터 No.10)</td></tr>
<tr><td rowspan="8">속도선택(SP3)을 유효하게 했을 경우 (초기상태)</td><td>0</td><td>0</td><td>0</td><td>아날로그 속도제한(VLA)</td></tr>
<tr><td>0</td><td>0</td><td>1</td><td>내부 속도제한1(파라미터 No.8)</td></tr>
<tr><td>0</td><td>1</td><td>0</td><td>내부 속도제한2(파라미터 No.9)</td></tr>
<tr><td>0</td><td>1</td><td>1</td><td>내부 속도제한3(파라미터 No.10)</td></tr>
<tr><td>1</td><td>0</td><td>0</td><td>내부 속도제한4(파라미터 No.72)</td></tr>
<tr><td>1</td><td>0</td><td>1</td><td>내부 속도제한5(파라미터 No.73)</td></tr>
<tr><td>1</td><td>1</td><td>0</td><td>내부 속도제한6(파라미터 No.74)</td></tr>
<tr><td>1</td><td>1</td><td>1</td><td>내부 속도제한7(파라미터 No.75)</td></tr>
</table>

(주) 0 : SG간을 OFF(개방) 1 : SG간을 ON(단락)

</td><td>DI-1</td><td></td><td>○</td><td>○</td></tr>
<tr><td>속도선택2</td><td>SP2</td><td>CN1B 7</td><td>DI-1</td><td></td><td>○</td><td>○</td></tr>
<tr><td>속도선택3</td><td>SP3</td><td></td><td>DI-1</td><td></td><td>△</td><td>△</td></tr>
<tr><td>비례제어</td><td>PC</td><td>CN1B 8</td><td>PC-SG간을 단락시키면, 속도 앰프가 비례적분형에서 비례형으로 변환됩니다.
서보모터는 정지상태에서 외적 요인에 의해 1펄스라도 회전하게 되면 토오크를 발생시켜 어긋난 위치를 보정하려고 합니다.
이동완료(MEND) OFF후에 기계적으로 축을 록시키는 경우는 이동완료(MEND)가 OFF와 동시에 비례 제어(PC)를 ON으로 하면, 어긋난 위치를 보정하려고 하는 불필요한 토오크를 억제할 수 있습니다.
장시간 록시키는 경우는 비례 제어(PC)신호와 동시에 외부 토오크 제한 선택(TL)을 ON시켜 아날로그 토오크 제한(TLA)에서 정격 토오크 이하가 되도록 해 주십시오.</td><td>DI-1</td><td>○</td><td>△</td><td></td></tr>
</table>

<table>
<tr><th rowspan="2">신호명칭</th><th rowspan="2">신호
약칭</th><th rowspan="2">컨넥터
핀 No.</th><th rowspan="2">기능 · 용도 설명</th><th rowspan="2">I/O
구분</th><th colspan="3">제어모드</th></tr>
<tr><th>P</th><th>S</th><th>T</th></tr>
<tr><td>비상정지</td><td>EMG</td><td>CN1B
15</td><td>EMG-SG간을 개방하면 비상정지 상태가 되어 서보 OFF가 되고, 다이나믹 브레이크가 동작합니다.
비상정시 상태에서 EMG-SG을 단락하면 비상정지 상태를 해제할 수 있습니다.</td><td>DI-1</td><td>○</td><td>○</td><td>○</td></tr>
<tr><td>클리어</td><td>CR</td><td>CN1A
8</td><td>CR-SG간을 단락하면, 그 시동 에지로 위치제어 카운터의 집합 펄스를 소거합니다.
펄스폭은 10ms이상으로 하십시오.
파라미터 No.42를 "□□1□"로 설정하면, CR-SG간을 단락하고 있는 동안은 늘 소거합니다.</td><td>DI-1</td><td>○</td><td></td><td></td></tr>
<tr><td>전자기어
선택1</td><td>CM1</td><td></td><td rowspan="2">CM1 · CM2을 사용할 경우, 파라미터 No.43~48의 설정으로 사용 가능하게 하십시오.
CM1-SG간, CM2-SG간의 조합에 의해 파라미터로 설정한 4종의 전자기어 분자를 선택합니다.
절대 위치 검출시스템에서는 CM1 · CM2는 사용할 수 없습니다.
<table><tr><th colspan="2">(주) 입력신호</th><th rowspan="2">전자기어 분모</th></tr><tr><th>CM2</th><th>CM1</th></tr><tr><td>0</td><td>0</td><td>파라미터 No.3(CMX)</td></tr><tr><td>0</td><td>1</td><td>파라미터 No.69(CM2)</td></tr><tr><td>1</td><td>0</td><td>파라미터 No.70(CM3)</td></tr><tr><td>1</td><td>1</td><td>파라미터 No.71(CM4)</td></tr></table>(주) 0 : SG간을 OFF(개방) 1 : SG간을 ON(단락)</td><td>DI-1</td><td>△</td><td></td><td></td></tr>
<tr><td>전자기어
선택2</td><td>CM2</td><td></td><td>DI-1</td><td>△</td><td></td><td></td></tr>
<tr><td>게인변환</td><td>CDP</td><td></td><td>이 신호를 사용할 경우 파라미터 No.43~48의 설정으로 사용 가능하게 하십시오.
CDP-SG간을 단락하면, 부하 관성 모멘트비가 파라미터 No.61에, 각 게인의 값이 파라미터 No.62~64를 곱셈한 값으로 변환됩니다.</td><td>DI-1</td><td>△</td><td>△</td><td>△</td></tr>
<tr><td>제어변환</td><td>LOP</td><td>CN1B
7</td><td><위치/속도제어 변환모드>
위치/속도제어 변환모드일 때 제어모드의 선택에 사용합니다.
<table><tr><th>(주) LOP</th><th>제어모드</th></tr><tr><td>0</td><td>위치</td></tr><tr><td>1</td><td>속도</td></tr></table>(주) 0 : SG간을 OFF(개방) 1 : SG간을 ON(단락)

<속도/토오크제어 변환모드>
속도/토오크제어 변환모드일 때 제어모드의 선택에 사용합니다.
<table><tr><th>(주) LOP</th><th>제어모드</th></tr><tr><td>0</td><td>속도</td></tr><tr><td>1</td><td>토오크</td></tr></table>(주) 0 : SG간을 OFF(개방) 1 : SG간을 ON(단락)

<토오크/위치제어 변환모드>
토오크/위치제어 변환모드일 때 제어모드의 선택에 사용합니다.
<table><tr><th>(주) LOP</th><th>제어모드</th></tr><tr><td>0</td><td>토오크</td></tr><tr><td>1</td><td>위치</td></tr></table>(주) 0 : SG간을 OFF(개방) 1 : SG간을 ON(단락)</td><td>DI-1</td><td colspan="3">기능 · 용도
설명란 참조</td></tr>
</table>

신호명칭	신호 약칭	컨넥터 핀 No.	기능·용도 설명	I/O 구분	제어모드 P	S	T
아날로그 토오크 제한	TLA	CN1B 12	속도 제어모드에서 이 신호를 사용하려면, 파라미터 No43~48에서 TL을 사용 가능하게 하십시오. 아날로그 토오크제한 (TLA)유효시에 서보 모터 출력 토오크 전체 영역에서 토오크를 제한합니다. TLA-LG간에 DC0~+10V를 인가해 주십시오. 아날로그 토오크제한 (TLA)에 전원의+를 접속해 주십시오. +10V로 최대 토오크를 발생합니다.(3.4.1항(5) 참조) 분해능 : 10bit	아날로그 입력	○	△	
아날로그 토오크 지령	TC	CN1B 12	서보모터 출력 토오크 전체 영역에서 토오크를 제어합니다. TC-LG간에 DC0~ ±8V를 인가해 주십시오. ±8V로 최대 토오크를 발생합니다.(3.4.3항(1) 참조) 또한 ±8V 입력시의 발생 토오크는 파라미터 No26으로 변경할수 있습니다.	아날로그 입력			○
아날로그 속도 지령	VC	CN1B 2	VC-LG간에 DC0~ ±10V를 인가해 주십시오. ±10V로 파라미터 No25로 설정한 회전속도가 됩니다.(3.4.2항 (1) 참조) 분해능 : 14bit 상당	아날로그 입력		○	
아날로그 속도 제한	VLA	CN1B 2	VLA-LG간에 DC0~ ±10V를 인가해 주십시오. ±10V로 파라미터 No25로 설정한 회전속도가 됩니다.(3.4.3항 (3) 참조)	아날로그 입력			○
정전 펄스열 역전 펄스열	PP NP PG NG	CN1A 3 CN1A 2 CN1A 13 CN1A 12	지령 펄스열을 입력합니다. · 오픈 콜렉터 방식의 경우 (최대 입력 주파수 200kpps) PP-SG간에 정전 펄스열 NP-SG간에 역전 펄스열 · 차동 라인 드라이버 방식의 경우(최대 입력 주파수500kpps) PP-PP간에 정전 펄스열 NG-NP간에 역전 펄스열 지령 펄스열의 형태는 파라미터 No21로 변경할 수 있습니다.	DI-2	○		

신호명칭	신호 약칭	컨넥터 핀 No.	기능 · 용도 설명	I/O 구분	제어모드		
					P	S	T
고장	ALM	CN1B 18	전원을 OFF로 했을 때와 보호기능이 동작해서 베이스 차단이 됐을때는 ALM-SG간이 불통이 됩니다. 알람이 발생되지 않은 경우, 전원을 ON으로 한 다음 1s 이내에 ALM-SG간이 도통이 됩니다.	DO-1	○	○	○
준비완료	RD	CN1A 19	서보 ON해서 운전 가능 상태가 되면 RD-SG간이 도통이 됩니다.	DO-1	○	○	○
위치결정 완료	INP	CN1A 18	집합펄스가 설정한 인포지션 범위에 있을 때에 INP-SG간이 도통됩니다. 인포지션 범위는 파라미터 No.5로 변경할 수 있습니다. 인포지션 범위를 크게 하면, 저속회전시에 상시 도통 상태가 될 수 있습니다.	DO-1	○		
속도도달	SA		서보모터 회전속도가 설정속도 부근의 회전속도가 되있을 때 SA-SG간이 도통됩니다. 설정속도가 50r/min 이하에서는 상시 도통됩니다.	DO-1		○	
속도 제한중	VLC	CN1B 6	토오크제어 모드에서 내부 속도 제한 1~7(파라미터 No8~10, 72~75)과 아날로그 속도 제한(VLA)을 제한한 속도에 도달하였을 때에 VLC-SG간이 도통됩니다. 서보 ON(SON)이 OFF로 불통이 됩니다.	DO-1			○
토오크 제한중	TLC		토오크 발생시에 내부 토오크 제한 1~7(파라미터 No28)과 아날로그 토오크제한(TLA)로 설정한 토오크에 도달하였을 때에 TLC-SG간이 도통됩니다. 서보 ON(SON)이 OFF로 불통이 됩니다.	DO-1	○	○	
영속도 검출	ZSP	CN1B 19	서보모터 회전속도가 영속도(50r/min) 이하일 때, ZSP-SG간이 도통됩니다. 영속도는 파라미터 No24로 변경할 수 있습니다.	DO-1	○	○	○
전자 브레이크 인터록	MBR	[CN1B 19]	이 신호를 사용하려면, 파라미터 No.1을 "□□1□"로 설정하십시오. 단, ZSP는 사용할 수 없게 됩니다. 서보 OFF 혹은 알람일때, MBR-SG간이 불통이 됩니다. 알람 발생시에는 베이스 회로의 상태에 관계없이 불통이 됩니다.	DO-1	△	△	△
경고	WNG		이 신호를 사용할 경우, 파라미터 No.49로 출력하는 컨넥터 핀을 할당하십시오. 또한, 할당 전의 신호는 사용할 수 없게 됩니다. 경고가 발생했을 때, WNG-SG간이 도통이 됩니다. 경고가 발생하지 않은 경우, 전원 ON으로 1s 이내에 WNG-SG간이 불통이 됩니다.	DO-1	△	△	△
배터리 경고	BWNG		이 신호를 사용할 경우, 파라미터 No.49로 출력하는 컨넥터 핀을 할당하십시오. 또한, 할당 전의 신호는 사용할 수 없게 됩니다. 배터리 단선경고(AL.92) 또는 배터리 경고(AL.9F)가 발생했을 때, BWNG-SG간이 도통이 됩니다. 배터리 경고가 발생하지 않은 경우, 전원 ON으로 1s 이내에 BWNG-SG간이 불통이 됩니다.	DO-1	△	△	△

<table>
<tr><th rowspan="2">신호명칭</th><th rowspan="2">신호
약칭</th><th rowspan="2">컨넥터
핀 No.</th><th rowspan="2">기능 · 용도 설명</th><th rowspan="2">I/O
구분</th><th colspan="3">제어모드</th></tr>
<tr><th>P</th><th>S</th><th>T</th></tr>
<tr><td>알람 코드</td><td>ACD0

ACD1

ACD2</td><td>CN1A
19
CN1A
18
CN1B
19</td><td>이들 신호를 사용하려면 파라미터 No.49를 "□□□1"에 설정하십시오.
알람이 발생하면 이 신호를 출력합니다.
알람이 발생하지 않을 때는 각각 통상의 신호(RD · INP · SA · ZSP)를 출력 합니다.
알람 코드와 알람 명칭을 아래 표에 나타냈습니다.
<table>
<tr><th colspan="3">(주) 알람 코드</th><th rowspan="2">알람
표시</th><th rowspan="2">명칭</th></tr>
<tr><th>CN1B
19핀</th><th>CN1A
18핀</th><th>CN1A
19핀</th></tr>
<tr><td rowspan="9">0</td><td rowspan="9">0</td><td rowspan="9">0</td><td>88888</td><td>위치 도그</td></tr>
<tr><td>AL.12</td><td>메모리 이상 1</td></tr>
<tr><td>AL.13</td><td>클록 이상</td></tr>
<tr><td>AL.15</td><td>메모리 이상2</td></tr>
<tr><td>AL.17</td><td>기판 이상</td></tr>
<tr><td>AL.19</td><td>메모리 이상 3</td></tr>
<tr><td>AL.37</td><td>파라미터 이상</td></tr>
<tr><td>AL.8A</td><td>시리얼 통신 타임아웃 이상</td></tr>
<tr><td>AL.8E</td><td>시리얼 통신 이상</td></tr>
<tr><td rowspan="2">0</td><td rowspan="2">0</td><td rowspan="2">1</td><td>AL.30</td><td>회생 이상</td></tr>
<tr><td>AL.33</td><td>과전압</td></tr>
<tr><td>0</td><td>1</td><td>0</td><td>AL.10</td><td>부족 전압</td></tr>
<tr><td rowspan="4">0</td><td rowspan="4">1</td><td rowspan="4">1</td><td>AL.45</td><td>주회로 소자 과열</td></tr>
<tr><td>AL.46</td><td>서보모터 과열</td></tr>
<tr><td>AL.50</td><td>과부하1</td></tr>
<tr><td>AL.51</td><td>과부하2</td></tr>
<tr><td rowspan="2">1</td><td rowspan="2">0</td><td rowspan="2">0</td><td>AL.24</td><td>주회로 이상</td></tr>
<tr><td>AL.32</td><td>과전류</td></tr>
<tr><td rowspan="3">1</td><td rowspan="3">0</td><td rowspan="3">1</td><td>AL.31</td><td>과속도</td></tr>
<tr><td>AL.35</td><td>지령펄스 주파수 이상</td></tr>
<tr><td>AL.52</td><td>오차과대</td></tr>
<tr><td rowspan="4">1</td><td rowspan="4">1</td><td rowspan="4">0</td><td>AL.16</td><td>검출기 이상 1</td></tr>
<tr><td>AL.1A</td><td>모터 조합 이상</td></tr>
<tr><td>AL.20</td><td>검출기 이상 2</td></tr>
<tr><td>AL.25</td><td>절대위치 소실</td></tr>
</table>
(주) 0 : SG간을 OFF(개방)
1 . SG간을 ON(단락)</td><td>DO-1</td><td>△</td><td>△</td><td>△</td></tr>
<tr><td>검출기 Z상 펄스
(오픈 콜렉터)</td><td>OP</td><td>CN1A
14</td><td>검출기의 영점 신호를 출력합니다. 서보모터 1회전으로 1펄스 출력합니다.
영점 위치가 됐을 때는 OP−LG간이 도통이 됩니다.(부(−) 논리)
최소 펄스폭은 약400μs 입니다. 이 펄스를 이용한 원점복귀의 경우 클리프 속도는 100r/min 이하로 해 주십시오.</td><td>DO-2</td><td>○</td><td>○</td><td>○</td></tr>
<tr><td>검출기 A상 펄스
(차동 라인 드라이버)</td><td>LA

LAR</td><td>CN1A
6
CN1A
16</td><td rowspan="2">파라미터 No.27(검출기 출력 펄스)에서 설정한 서보모터 1회 전당 펄스를 차동라인 드라이버 방식으로 출력합니다.
서보모터 CCW방향 회전시에 검출기 B상 펄스는 검출기 A상 펄스에 비해서 π/2 만큼 위상이 지연되어 있습니다.
A상 · B상 펄스의 회전방향과 위상차의 관계는 파라미터 No.54에서 변경할 수 있습니다.</td><td rowspan="2">DO-2</td><td rowspan="2">○</td><td rowspan="2">○</td><td rowspan="2">○</td></tr>
<tr><td>검출기 B상 펄스
(차동 라인 드라이버)</td><td>LB

LBR</td><td>CN1A
7
CN1A
17</td></tr>
</table>

신호명칭	신호약칭	컨넥터 핀 No.	기능 · 용도 설명	I/O 구분	제어모드		
					P	S	T
검출기 Z상 펄스 (차동라인 드라이버)	LZ LZR	CN1A 5 CN1A 15	OP와 같은 신호를 차동라인 드라이버 방식으로 출력합니다.	DO-2	○	○	○
아날로그 모니터 1	MO1	CN3 4	파라미터 No.17에서 설정된 데이터를 MO1-LG간에 전압으로 출력합니다. 분해능 : 10bit	아날로그 출력	○	○	○
아날로그 모니터 2	MO2	CN3 14	파라미터 No.17에서 설정된 데이터를 MO2-LG간에 전압으로 출력합니다. 분해능 : 10bit	아날로그 출력	○	○	○

신호명칭	신호약칭	컨넥터 핀 No.	기능 · 용도 설명	I/O 구분	제어모드		
					P	S	T
RS-422 I/F	SDP SDN RDP RDN	CN3 9 CN3 19 CN3 5 CN3 15	RS-422통신 기능과 RS-232C 통신 기능을 동시에는 사용할 수 있습니다. 둘중 하나를 파라미터 No.16에서 선택해 주십시오.		○	○	○
RS-422 종단	TRE	CN3 10	RS-422 I/F의 종단 저항 접속 단자입니다. 서보앰프가 종단축인 경우는 RDN(CN3-15)와 접속해 주십시오.		○	○	○
RS-232C I/F	TXD RXD	CN3 2 CN3 12	RS-422 통신 기능과 RS-232C 통신 기능을 동시에는 사용할 수 없습니다. 둘중 하나를 파라미터 No.16에서 선택해 주십시오.		○	○	○

신호 명칭	신호 약칭	컨넥터 핀 No.	기능·용도 설명	I/O 구분	제어모드		
					P	S	T
I/F용 내부 전원출력	VDD	CN1B 3	VDD-SG간에 +24V±10%를 출력합니다. 디지털 인터페이스용으로서 이 전원을 사용할 경우, COM과 접속해 주십시오. 허용전류 : 80mA		○	○	○
디지털 I/F용 전원입력	COM	CN1A 9 CN1B 13	입력 인터페이스용 DC24V(200mA 이상)을 입력합니다. DC24V 외부 전원의 ⊕를 접속해 주십시오. DC24V±10%		○	○	○
오픈 콜렉터 전원입력	OPC	CN1A 11	수동 펄스 발생기를 사용할 경우, 이 단자에 DC24V의 ⊕를 공급해 주십시오.		○	○	○
디지털 I/F용 커몬 (COMMON)	SG	CN1A 10 20 CN1B 10 20	SON·EMG등의 입력 신호 커몬 단자입니다. 각 핀은 내부에서 접속합니다. LG와는 분해되어 있습니다.		○	○	○
DC15V 전원출력	P15R	CN1A 4 CN1B 11	P15R-LG간에 DC15V를 출력합니다. TC·TLA·VC·VLA용 전원으로서 사용할 수 있습니다. 허용전류 : 30mA		○	○	○
제어 커몬 (COMMON)	LG	CN1A 1 CN1B 1 CN3 1, 11 3, 13	TLA·TC·VC·VLA·FPA·FPB·OP·MO1·MO2·P15R의 커몬 단자입니다. 각 핀은 내부에서 접속합니다.		○	○	○
실드	SD	플레이트	실드선의 외부 도체를 접속합니다.		○	○	○

부록 4 서보 앰프 상세 파라미터

구분	No.	약칭	명칭과 기능	초기값	단위	설정 범위	제어 모드
기본 파라미터	0	*STY	제어모드 · 회생 옵션선택 지령 방식과 회생 옵션을 선택합니다. [0][ ][0][ ] 제어모드의 선택 0 : 위치 1 : 위치와 속도 2 : 속도 3 : 속도와 토오크 4 : 토오크 5 : 토오크와 위치 회생 옵션의 선택 0 : 사용안함 1 : FR-RC, FR-BU 2 : MR-RB032 3 : MR-RB12 4 : MR-RB32 5 : MR-RB30 6 : MR-RB50 8 : MR-RB31 9 : MR-RB51 **포인트** ● 설정을 잘못하면 회생 옵션을 소손하는 경우가 있습니다. ● 서보앰프와 조합하지 않은 회생 옵션을 선택하면 파라미터 이상 (AL.37)이 됩니다.	0000		명칭과 기능란 참조	P·S·T
	1	*OP1	기능 선택1 입력필터 · CN1B-19핀 기능 및 절대위치 검출 시스템을 선택합니다. [ ][0][ ][ ] 입력 필터 외부 입력신호가 노이즈등에 의해 채털링을 발생한 경우에, 입력 필터를 사용하여 억제합니다. 0 : 없음 1 : 1.777[ms] 2 : 3.555[ms] 3 : 5.333[ms] CN1B-19핀의 기능 선택 0 : 영속도 검출 신호 1 : 전자 브레이크 인터록 신호 절대위치 검출 시스템의 선택 0 : 인크리멘털 시스템으로 사용한다. 1 : 절대위치 검출 시스템으로 사용한다.	0002		명칭과 기능란 참조	P·S·T

<table>
<tr><th>구분</th><th>No.</th><th>약칭</th><th>명칭과 기능</th><th>초기값</th><th>단위</th><th>설정 범위</th><th>제어 모드</th></tr>
<tr><td rowspan="3">기본 파라미터</td><td>2</td><td>AUT</td><td>
오토튜닝
오토튜닝을 실행할 때 응답성 등을 선택합니다.

0 □ 0 □

오토튜닝 응답성 설정
<table>
<tr><th>설정값</th><th>응답성</th><th>기계공진 주파수의 기준</th></tr>
<tr><td>1</td><td rowspan="2">저응답</td><td>15Hz</td></tr>
<tr><td>2</td><td>20Hz</td></tr>
<tr><td>3</td><td></td><td>25Hz</td></tr>
<tr><td>4</td><td></td><td>30Hz</td></tr>
<tr><td>5</td><td></td><td>35Hz</td></tr>
<tr><td>6</td><td></td><td>45Hz</td></tr>
<tr><td>7</td><td></td><td>55Hz</td></tr>
<tr><td>8</td><td>중응답</td><td>70Hz</td></tr>
<tr><td>9</td><td></td><td>85Hz</td></tr>
<tr><td>A</td><td></td><td>105Hz</td></tr>
<tr><td>B</td><td></td><td>130Hz</td></tr>
<tr><td>C</td><td></td><td>160Hz</td></tr>
<tr><td>D</td><td></td><td>200Hz</td></tr>
<tr><td>E</td><td rowspan="2">고응답</td><td>240Hz</td></tr>
<tr><td>F</td><td>300Hz</td></tr>
</table>
· 기계가 헌팅을 일으키거나 기어 소리가 클 경우에는 설정값을 작게 하십시오.
· 정지 정정시간을 단축하거나, 성능을 향상시킬 경우에는 설정값을 크게 하십시오

게인 조정모드 선택
<table>
<tr><th>설정값</th><th>게인 조정 모드</th><th>조정 내용</th></tr>
<tr><td>0</td><td>보간모드</td><td>위치제어 게인1(파라미터No.6)을 고정으로 합니다.</td></tr>
<tr><td>1</td><td>오토튜닝 모드1</td><td>통상의 오토튜닝입니다.</td></tr>
<tr><td>2</td><td>오토튜닝 모드2</td><td>파라미터No.34로 설정한 부하관성 모멘트 비율로 고정합니다.
응답성 설정은 변경할 수 있습니다.</td></tr>
<tr><td>3</td><td>매뉴얼 모드1</td><td>간이적으로 매뉴얼로 조정합니다.</td></tr>
<tr><td>4</td><td>매뉴얼 모드2</td><td>모든 게인을 매뉴얼로 조정합니다.</td></tr>
</table>
</td><td>0105</td><td></td><td>명칭과 기능란 참조</td><td>P·S</td></tr>
<tr><td>3</td><td>CMX</td><td>전자 기어 분자(지령펄스 배율분자)
전자 기어 분자의 값을 설정합니다.

설정값을 "0"으로 하면, 접속되어 있는 서보모터의 분해능이 자동 설정됩니다.
예를 들어 HC-MFS시리즈의 경우 131072pulse가 설정됩니다.</td><td>1</td><td></td><td>0·
1
~
65535</td><td>P</td></tr>
<tr><td>4</td><td>CDV</td><td>전자 기어 분모(지령펄스 배율분모)
전자 기어 분모의 값을 설정합니다.</td><td>1</td><td></td><td>1
~
65535</td><td>P</td></tr>
</table>

구분	No.	약칭	명칭과 기능	초기값	단위	설정 범위	제어 모드
기본 파라미터	5	INP	인포지션 범위 위치결정 완료신호(INP)를 출력하는 범위를 전자기어를 계산하기 전의 지령펄스 단위로 설정합니다. 예를 들어 볼나사 직결, 리드 10mm, 피드백 펄스는 8192pulse/rev (파라미터 No.6 : 1) 의 상태에서 ±10㎛를 설정하고 싶은 경우, 다음 공식으로 나타내거나 "8"을 설정합니다. $\frac{10\times 10^{-6}}{10\times 10^{-3}} \cdot 8192 = 8.192 \fallingdotseq 8$	100	pulse	0 ~ 10000	P
	6	PG1	위치제어 게인1 위치 루프1의 게인을 설정합니다. 게인을 크게 하면 위치 지령에 대한 추종성이 향상됩니다. 오토튜닝 모드1 · 2설정시는 자동적으로 오토튜닝의 결과가 됩니다.	35	red/s	4 ~ 2000	P
	7	PST	위치 지령 가감속 시정수(위치 스무딩) 위치 지령에 대한 1차 지연 필터의 정수를 설정합니다. 파라미터 No.55로 1차 지연 및 직선 가감속의 제어방식을 선택할 수 있습니다. 직선가감속 선택시의 설정범위는 0~10ms가 됩니다. 10ms 이상의 값을 설정하면 설정값은 10ms로 인식합니다. **포인트** ● 직선가감속 선택시는 제어 변환(파라미터 No.0) 및 전원 순간정지 재시동(파라미터 No.20)을 선택하지 마십시오. 위치제어 변환시 및 재시동시에 서보모터가 급정지합니다. (예) 동기용 검출기 등에서 지령할 경우, 라인 운전중에 시동해도 원만하게 동기 운전에 들어갈 수 있습니다. 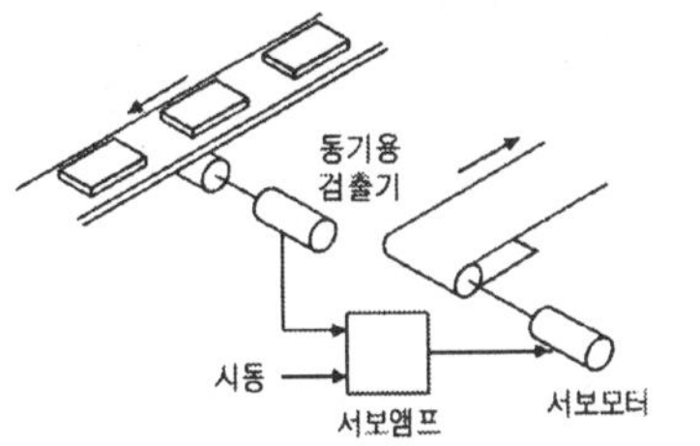 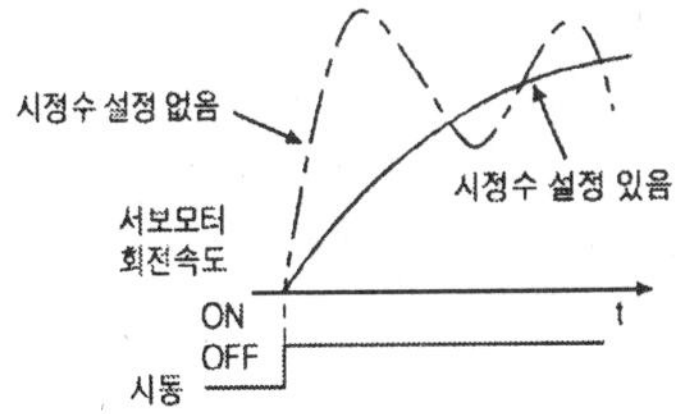	3	ms	0 ~ 20000	P

구분	No.	약칭	명칭과 기능	초기값	단위	설정 범위	제어 모드
기본 파라미터	8	SC1	내부속도 지령1 내부속도 지령의 제1속도를 설정합니다.	100	r/min	0 ~ 순간허용 회전속도	S
			내부속도 제한1 내부속도 제한의 제1속도를 설정합니다.				T
	9	SC2	내부속도 지령2 내부속도 지령의 제2속도를 설정합니다.	500	r/min	0 ~ 순간허용 회전속도	S
			내부속도 제한2 내부속도 제한의 제2속도를 설정합니다.				T
	10	SC3	내부속도 지령3 내부속도 지령의 제3속도를 설정합니다.	1000	r/min	0 ~ 순간허용 회전속도	S
			내부속도 제한3 내부속도 제한의 제3속도를 설정합니다.				T
	11	STA	속도 가속 시정수 아날로그 속도지령과 내부속도 지령 1~7에 대해, 0r/min에서 정격회전속도에 도달하기까지의 가속시간을 설정합니다. 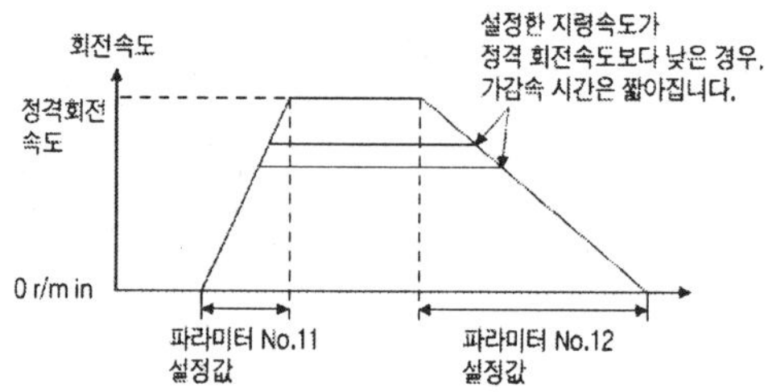 예를 들어 정격회전속도가 3000r/min의 서보모터의 경우, 0r/min에서 1000r/min까지 1s로 가속하려면 3000(3s)를 설정합니다.		ms	0 ~ 20000	S · T
	12	STB	속도 감속 시정수 아날로그 속도지령과 내부속도 지령 1~7에 대해 정격회전속도에서 0r/min에 도달하기까지의 감속시간을 설정합니다.				

구분	No.	약칭	명칭과 기능	초기값	단위	설정 범위	제어 모드
기본 파라미터	13	STC	S자 가감속 시정수 서보모터의 시동 · 정지를 매끄럽게 합니다. S자 가감속시의 원호부분의 시간을 설정합니다. 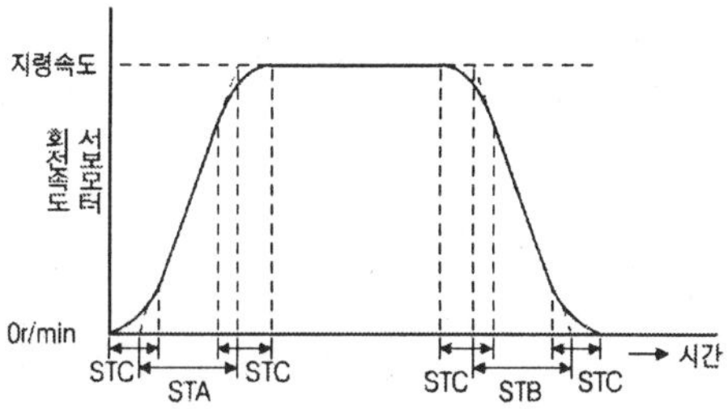 STA : 속도가속 시정수 (파라미터 No.11) STB : 속도감속 시정수 (파라미터 No.12) STC : S자 가감속 시정수 (파라미터 No.13) STA(속도가속 시정수) 또는 STB(속도감속 시정수)를 길게 설정하면 S자 가감속 시정수의 설정에 대해 원호부분의 시간에 오차가 발생할 수 있습니다. 실제의 원호부분의 시간 상한값은, 가속시에는 $\frac{2000000}{STA}$, 감속시에는 $\frac{2000000}{STB}$로 제한됩니다. (예) STA = 20000, STB = 5000, STC = 200으로 설정하면 실제 원호부분의 시간은 다음과 같아집니다. 가속시 : 100[ms] $\frac{2000000}{20000} = 100[ms] < 200[ms]$이므로 100[ms]로 제한됩니다. 감속시 : 200[ms] $\frac{2000000}{5000} = 400[ms] > 200[ms]$이므로 설정대로 200[ms]가 됩니다.	0	ms	0 ~ 1000	S·T
	14	TQC	토오크 지령 시정수 토오크 지령에 대한 1차 지연 필터의 정수를 설정합니다. 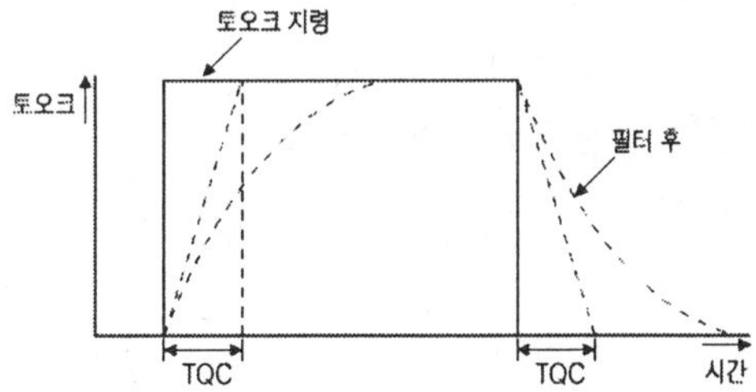 TQC : 토오크 지령 시정수	0	ms	0 ~ 2000	T
	15	*SNO	국번 설정 시리즈 통신의 국번을 지정합니다. 반드시 1축의 서보앰프에 대해 1국을 설정하십시오. 중복해서 국을 설정하면 정상 통신이 불가능합니다.	0	국	0 ~ 31	P·S·T

<table>
<tr><th>구분</th><th>No.</th><th>약칭</th><th>명칭과 기능</th><th>초기값</th><th>단위</th><th>설정 범위</th><th>제어 모드</th></tr>
<tr><td rowspan="2">기본 파라미터</td><td>16</td><td>*BPS</td><td>시리얼 통신 기능 선택 · 알람 이력 클리어
시리얼 통신 보레이트 선택과 통신의 각종 조건 선택 및 알람이력의 소거를 합니다.

□□□□

시리얼 통신 보레이트 선택
0 : 9600[bps]
1 : 19200[bps]
2 : 38400[bps]
3 : 57600[bps]

알람 이력 클리어
0 : 무효
1 : 유효
알람 이력 클리어 유효를 선택하면,
다음 전원 투입시에 알람이력을 소거합니다.
알람 이력 소거후 자동적으로 무효 "0"가 됩니다.

시리얼 통신 선택
0 : RS-232C를 사용한다.
1 : RS-422를 사용한다.

시리얼 통신 응답 딜레이 시간
0 : 무효
1 : 유효 800μs 이상의 딜레이 시간후 반신한다.</td><td>0000</td><td></td><td>명칭과 기능란 참조</td><td>P·S·T</td></tr>
<tr><td>17</td><td>MOD</td><td>아날로그 모니터 출력
아날로그 모니터에 출력하는 신호를 선택합니다.

0□0□

<table>
<tr><th rowspan="2">설정값</th><th colspan="2">아날로그 모니터 출력선택</th></tr>
<tr><th>ch2</th><th>ch1</th></tr>
<tr><td>0</td><td colspan="2">모터 회전속도(±8V/최대 회전속도)</td></tr>
<tr><td>1</td><td colspan="2">토오크(±8V/최대 토오크)</td></tr>
<tr><td>2</td><td colspan="2">모터 회전속도(±8V/최대 회전속도)</td></tr>
<tr><td>3</td><td colspan="2">토오크(±8V/최대 토오크)</td></tr>
<tr><td>4</td><td colspan="2">전류 지령(±8V/최대 전류 지령)</td></tr>
<tr><td>5</td><td colspan="2">지령펄스 주파수(±10V/500kpps)</td></tr>
<tr><td>6</td><td colspan="2">잔류 펄스(±10V/128pulse)</td></tr>
<tr><td>7</td><td colspan="2">잔류 펄스(±10V/2048pulse)</td></tr>
<tr><td>8</td><td colspan="2">잔류 펄스(±10V/8192pulse)</td></tr>
<tr><td>9</td><td colspan="2">잔류 펄스(±10V/32768pulse)</td></tr>
<tr><td>A</td><td colspan="2">잔류 펄스(±10V/131072pulse)</td></tr>
<tr><td>B</td><td colspan="2">모선 전압(±8V/400V)</td></tr>
</table></td><td>0100</td><td></td><td>명칭과 기능란 참조</td><td>P·S·T</td></tr>
</table>

<table>
<tr><th>구분</th><th>No.</th><th>약칭</th><th>명칭과 기능</th><th>초기값</th><th>단위</th><th>설정
범위</th><th>제어
모드</th></tr>
<tr><td>기본 파라미터</td><td>18</td><td>*DMD</td><td>상태표시 선택
전원 투입시에 표시하는 상태표시를 선택합니다.

| 0 | 0 | □ | □ |

전원 투입시에 서보앰프 표시부의 상태 표시
0 : 귀환펄스누적
1 : 서보모터 회전 속도
2 : 잔류펄스
3 : 지령펄스누적
4 : 지령펄스주파수
5 : 아날로그 속도지령 전압(주1)
6 : 아날로그 토오크지령 전압(주2)
7 : 회생 부하율
8 : 실효 부하율
9 : 피크 부하율
A : 순간 토오크
B : 1회전내 회전 Low
C : 1회전내 회전 High
D : ABS 카운터
E : 부하관성 모멘트비
F : 모선전압
주1. 속도제어 모드의 경우입니다. 토오크제어 모드에서는 아날로그 속도제한 전압이 됩니다.
주2. 토오크제어 모드의 경우입니다. 속도제어 모드, 위치제어 모드에서는 아날로그 토오크제한 전압이 됩니다.

각 제어모드에 있어서 전원 투입시의 상태 표시
0 : 각 제어모드에 의합니다.
<table>
<tr><th>제어모드</th><th>전원투입시의 상태표시</th></tr>
<tr><td>위치</td><td>귀환펄스 누적</td></tr>
<tr><td>위치/속도</td><td>귀환펄스 누적/서보모터 회전속도</td></tr>
<tr><td>속도</td><td>서보모터 회전속도</td></tr>
<tr><td>속도/토오크</td><td>서보모터 회전속도/아날로그 토오크지령 전압</td></tr>
<tr><td>토오크</td><td>아날로그 토오크지령 전압</td></tr>
<tr><td>토오크/위치</td><td>아날로그 토오크지령 전압/귀환펄스 누적</td></tr>
</table>
1 : 이 파라미터 첫째자리의 설정에 의합니다.</td><td>0000</td><td></td><td>명칭과 기능란 참조</td><td>P·S·T</td></tr>
</table>

<table>
<tr><th>구분</th><th>No.</th><th>약칭</th><th>명칭과 기능</th><th>초기값</th><th>단위</th><th>설정 범위</th><th>제어 모드</th></tr>
<tr><td>기본 파라미터</td><td>19</td><td>*BLK</td><td>파라미터 기입 금지
파라미터의 참조 범위, 기입 범위를 선택합니다.
○표시 부분 파라미터의 조작을 할 수 있습니다.
<table>
<tr><th>설정값</th><th>설정값의 조작</th><th>기본 파라미터 No.0 ~ 19</th><th>확장 파라미터1 No20 ~ 49</th><th>확장 파라미터2 No50 ~ 84</th></tr>
<tr><td rowspan="2">000 (초기값)</td><td>참조</td><td>○</td><td></td><td></td></tr>
<tr><td>입력</td><td>○</td><td></td><td></td></tr>
<tr><td rowspan="2">000A</td><td>참조</td><td>No.19만</td><td></td><td></td></tr>
<tr><td>입력</td><td>No.19만</td><td></td><td></td></tr>
<tr><td rowspan="2">000B</td><td>참조</td><td>○</td><td>○</td><td></td></tr>
<tr><td>입력</td><td>○</td><td></td><td></td></tr>
<tr><td rowspan="2">000C</td><td>참조</td><td>○</td><td>○</td><td></td></tr>
<tr><td>입력</td><td>○</td><td>○</td><td></td></tr>
<tr><td rowspan="2">000E</td><td>참조</td><td>○</td><td>○</td><td>○</td></tr>
<tr><td>입력</td><td>○</td><td>○</td><td>○</td></tr>
<tr><td rowspan="2">100B</td><td>참조</td><td>○</td><td></td><td></td></tr>
<tr><td>입력</td><td>No.19만</td><td></td><td></td></tr>
<tr><td rowspan="2">100C</td><td>참조</td><td>○</td><td>○</td><td></td></tr>
<tr><td>입력</td><td>No.19만</td><td></td><td></td></tr>
<tr><td rowspan="2">100E</td><td>참조</td><td>○</td><td>○</td><td>○</td></tr>
<tr><td>입력</td><td>No.19만</td><td></td><td></td></tr>
</table>
</td><td>0000</td><td></td><td>명칭과 기능란 참조</td><td>P·S·T</td></tr>
<tr><td>확장 파라미터</td><td>20</td><td>*OP2</td><td>기능선택2
전원 순간정지 재시동, 속도 제어모드 정지시의 서보록, 미진동 억제제어의 실행을 선택합니다.

0 □ □ □

전원 순간정지 재시동 선택
속도 제어모드에 있어서 입력전원 전압이 저하하고 부족전압 알람(AL10)이 발생하여 서보모터가 정지했을 때. 전원 전압이 정상으로 되돌아가려면 알람리셋을 하지 않아도 시동신호를 주는것만으로 재시동할 수 있습니다.
0 : 무효
1 : 유효

정지시 서보록 선택
속도 제어모드에 있어서 정지시에 축이 움직이지 않도록 서보록 할 수 있습니다.
0 : 유효
1 : 무효

미진동 억제제어
파라미터 No2로 오토튜닝 선택을 "0400"으로 설정하면 유효가 됩니다.
정지시에는 진동을 억제할 경우에 사용합니다.
0 : 무효
1 : 유효</td><td>0000</td><td></td><td>명칭과 기능란 참조</td><td>S
P</td></tr>
</table>

<table>
<tr><th>구분</th><th>No.</th><th>약칭</th><th>명칭과 기능</th><th>초기값</th><th>단위</th><th>설정
범위</th><th>제어
모드</th></tr>
<tr><td rowspan="6">확
장

파
라
미
터</td><td>21</td><td>*OP3</td><td>기능선택3(지령펄스 선택)
펄스열 입력신호의 입력형태를 선택합니다.

| 0 | 0 | | |

지령 펄스열 입력형태
0 : 정전 · 역전 펄스열
1 : 부호부착펄스열
2 : A/B상 펄스열

펄스열 논리선택
0 : 정논리
1 : 부논리</td><td>0000</td><td></td><td>명칭과
기능란
참조</td><td></td></tr>
<tr><td rowspan="2">22</td><td rowspan="2">*OP4</td><td rowspan="2">기능선택4
LSP · LSN신호의 OFF시 정지처리, VC · VLA 전압평균을 선택합니다.

| 0 | | 0 | |

LSP · LSN신호유효시의 정지방법
0 : 급정지
1 : 완만한 정지

VC · VLA 전압평균
아날로그 속도지령(VC)전압 또는 아날로그 속도제한(VLA)을 읽어들일 때 필터 시간을 설정합니다.
설정값이 0의 경우, 전압의 변화에 대해 리얼타임으로 속도 변화하고, 설정값을 크게하면 전압의 변화에 대해 완만하게 속도변화합니다.

| 설정값 | 필터 시간[ms] |
0	0
1	0.444
2	0.888
3	1.777
4	3.555 |</td><td rowspan="2">0000</td><td rowspan="2"></td><td rowspan="2">명칭과 기능란 참조</td><td>P·S</td></tr>
<tr><td>P·S·T</td></tr>
<tr><td>23</td><td>FFC</td><td>피드 포워드 게인
피드 포워드 게인을 설정합니다.
100%로 설정한 경우, 일정 속도로 운전하고 있을때 잡합 펄스는 대략 제로가 됩니다. 단, 급가감속을 행하면 오버 슈트가 커지게 됩니다.
기준으로 피드포워드 게인을 100%로 설정한 경우, 정격 속도까지의 가감속 시정수를 1s 이상으로 하십시오.</td><td>0</td><td>%</td><td>0
~
100</td><td>P</td></tr>
<tr><td>24</td><td>ZSP</td><td>영속도
영속도신호(ZSP)의 출력범위를 설정합니다.</td><td>50</td><td>r/min</td><td>0~
10000</td><td>P·S·T</td></tr>
<tr><td>25</td><td>VCM</td><td>아날로그 속도지령 최대 회전속도
아날로그 속도지령(VC)의 입력 최대전압(10V)일 때 회전속도를 설정합니다.
"0"으로 설정하면 접속하고 있는 서보모터의 정격 회전속도가 됩니다.

아날로그 속도제한 최대 회전속도
아날로그 속도제한(VLA)의 입력 최대전압(10V)일 때 회전속도를 설정합니다.
"0"으로 설정하면 접속하고 있는 서보모터의 정격 회전속도가 됩니다.</td><td>0

0</td><td>r/min

r/min</td><td>0
1~50000

0
1~50000</td><td>S

T</td></tr>
</table>

<table>
<tr><th>구분</th><th>No.</th><th>약칭</th><th>명칭과 기능</th><th>초기값</th><th>단위</th><th>설정
범위</th><th>제어
모드</th></tr>
<tr><td rowspan="3">확
장
파
라
미
터</td><td>26</td><td>TLC</td><td>아날로그토오크 지령최대출력
아날로그토오크 지령전압(TC=±8V)이 +8V일 때의 출력토오크를
최대토오크 = 100[%]로 설정합니다.
예를 들어 설정값을 50으로 하면 TC = +8V일 때
최대토오크 $\times \frac{50}{100}$ 을 출력합니다.</td><td>100</td><td>%</td><td>0
~
1000</td><td>T</td></tr>
<tr><td>27</td><td>*ENR</td><td>검출기 출력 펄스
서보앰프가 출력하는 검출기 펄스(A상, B상)를 설정합니다.
A상 · B상 펄스를 4체곱한 값을 설정하십시오.
파라미터 No.54로 출력 펄스 설정 또는 출력 분주비 설정을 선택합니다.
실제로 출력된 A상 · B상 펄스의 펄스수는 설정한 펄스 수의 1/4배가 됩니다.
또한, 출력 최대주파수는 1.3Mbps(4체배 후)가 됩니다.
초과하지 않는 범위에서 사용하십시오.
· 출력 펄스 지정의 경우
파라미터 No.54를 "0□□□"(초기값)으로 설정합니다.
서보모터 1회전당 펄스 수를 지정합니다.
출력 펄스 = 설정값 [pulse/rev]
예를 들어 5600을 설정한 경우, 실제로 출력되는 A상 · B상 펄스는
다음과 같이 됩니다.
A상 · B상 출력 펄스 $=\frac{5600}{4}=1400$[pulse]

· 출력분주비 설정의 경우
파라미터 No.54를 "1□□□"으로 설정합니다.
서보모터 1회전당 펄스수에 대해 설정한 값으로 분주합니다.
출력 펄스 $=\frac{\text{서보모터 1회전당 분해능}}{\text{설정값}}$ [pulse/rev]
예를 들어 8을 설정한 경우, 실제로 출력되는 A상 · B상 펄스는 다음과
같이 됩니다.
A상 · B상 출력 펄스 $=\frac{131072}{8}\cdot\frac{1}{4}=4906$[pulse]</td><td>4000</td><td>pulse
/rev</td><td>1
~
65535</td><td>P·S·T</td></tr>
<tr><td>28</td><td>TL1</td><td>내부토오크 제한1
최대토오크=100%로 설정합니다.
서보모터의 발생토오크를 제한할 경우에 설정합니다.
"0"으로 설정하면 토오크를 발생하지 않습니다.
<table><tr><th>(주)TL</th><th>토오크의 제한</th></tr><tr><td>0</td><td>내부토오크 제한1(파라미터 No.28)</td></tr><tr><td>1</td><td>아날로그토오크 제한 <내부토오크 제한1 : 아날로그토오크 제한
아날로그토오크 제한 >내부토오크 제한1 : 내부토오크 제한1</td></tr></table>(주) 0 : SG간을 OFF(개방)
1 : SG간을 ON(단락)

아날로그모니터 출력으로 토오크를 출력할 경우,
이 설정값이 최대출력 전압(+8V)이 됩니다.</td><td>100</td><td>%</td><td>0~100</td><td>P·S·T</td></tr>
</table>

구분	No.	약칭	명칭과 기능	초기값	단위	설정 범위	제어 모드
확장 파라미터	29	VC0	아날로그 속도지령 옵셋 아날로그 속도지령(VC) 옵셋 전압을 설정합니다. 예를 들어 VC에 0V를 인가한 상태로, 정전시동(ST1)을 ON하면 CCW 방향으로 회전해버리는 경우에는 마이너스 값을 설정하십시오. VC 자동 옵셋을 사용한 경우, 자동 옵셋한 값이 됩니다. 초기값은 공장 출하시에 VC-LG간을 0V로 하고 VC 자동 옵셋을 행한 값입니다.	서보 앰프에 따라 다르다.	mV	-999 ~ 999	S
			아날로그 속도제한 옵셋 아날로그 속도제한(VLA) 옵셋 전압을 설정합니다. 예를 들어 VC에 0V를 인가한 상태로, 정전선택(RS1)을 ON하면 CCW 방향으로 회전해버리는 경우에는 마이너스 값을 설정하십시오. VC 자동 옵셋을 사용한 경우, 자동 옵셋한 값이 됩니다. 초기값은 공장 출하시에 VLA-LG간을 0V로 하고 VC 자동 옵셋을 행한 값입니다.				T
	30	TL0	아날로그 토오크지령 옵셋 아날로그 토오크지령(TC)의 옵셋 전압을 설정합니다.	0	mV	-999 ~ 999	T
			아날로그 토오크제한 옵셋 아날로그 토오크제한(TLA)의 옵셋 전압을 설정합니다.				S
	31	MO1	아날로그 모니터1 옵셋 아날로그 모니터 ch1 출력(MO1)의 옵셋 전압을 설정합니다.	0	mV	-999 ~ 999	P·S·T
	32	MO2	아날로그 모니터2 옵셋 아날로그 모니터 ch2 출력(MO2)의 옵셋 전압을 설정합니다.	0	mV	-999 ~ 999	P·S·T
	33	MBR	전자브레이크 시퀀스 출력 전자브레이크 인터록 신호(MBR)이 OFF로 된 다음 베이스 차단하기까지의 지연시간(Tb)을 설정합니다.	100	ms	0 ~ 1000	P·S·T

구분	No.	약칭	명칭과 기능	초기값	단위	설정 범위	제어 모드
확장 파라미터	34	GD2	서보모터에 대한 부하 관성 모멘트비 서보모터 축의 관성 모멘트에 대한 부하 관성 모멘트비를 설정합니다. 오토튜닝 모드1 및 보간 모드 선택시는 자동적으로 오토튜닝의 결과가 됩니다. 이 경우 0~1000으로 변경합니다.	70	0.1배	0 ~ 3000	P·S
	35	PG2	위치 제어 게인2 위치 루프의 게인을 설정합니다. 부하 외란에 대한 위치 응답성을 올릴때 설정합니다. 설정값을 크게 하면 응답성이 향상되지만, 진동이나 소음이 발생할 수가 있습니다. 오토튜닝 모드1, 2, 매뉴얼 모드1 및 보간 모드 설정시는 자동적으로 오토튜닝의 결과가 됩니다.	35	rad/s	0 ~ 1000	P
	36	VG1	속도 제어 게인1 통상 이 파라미터는 변경할 필요가 없습니다. 설정값을 크게 하면 응답성이 향상되지만, 진동이나 소음이 발생할 수가 있습니다. 오토튜닝 모드1, 2, 매뉴얼 모드1 및 보간 모드 설정시는 자동적으로 오토튜닝의 결과가 됩니다.	177	rad/s	20 ~ 8000	P·S
	37	VG2	속도 제어 게인2 강도가 낮은 기계, 백러쉬가 큰 기계등에서 진동이 발생할 경우에 설정합니다. 설정값을 크게 하면 응답성이 향상되지만, 진동이나 소음이 발생할 수가 있습니다. 오토튜닝 모드1, 2, 매뉴얼 모드1 및 보간 모드 설정시는 자동적으로 오토튜닝의 결과가 됩니다.	817	rad/s	20 ~ 20000	P·S
	38	VIC	속도 적분 보상 속도루프의 적분 시정수를 설정합니다. 설정값을 작게 하면 응답성이 향상되지만, 진동이나 소음이 발생할 수가 있습니다. 오토튜닝 모드1, 2, 매뉴얼 모드1 및 보간 모드 설정시는 자동적으로 오토튜닝의 결과가 됩니다.	48	ms	0 ~ 1000	P·S
	39	VDC	속도 미분 보상 미분 보상을 설정합니다. 비례 제어신호를 ON시키면 유효하게 됩니다.	980		0 ~ 1000	P·S
	40		메이커 설정용 절대로 변경하지 마십시오.	0			

<table>
<tr><th>구분</th><th>No.</th><th>약칭</th><th>명칭과 기능</th><th>초기값</th><th>단위</th><th>설정
범위</th><th>제어
모드</th></tr>
<tr><td rowspan="2">확장 파라미터</td><td>41</td><td>*DIA</td><td>입력신호 자동ON 선택
SON · LSP · LSN의 자동ON을 설정합니다.

[0][ ][ ][ ]

서보ON 신호(SON) 입력선택
0 : 외부입력에 의한 ON/OFF
1 : 서보앰프내에서 자동ON
(외부에서의 배선은 불필요)

정전스트로크앤드 신호(LSP) 입력선택
0 : 외부입력에 의한 ON/OFF
1 : 서보앰프내에서 자동ON
(외부에서의 배선은 불필요)

역전스트로크앤드 신호(LSN)입력선택
0 : 외부입력에 의한 ON/OFF
1 : 서보앰프내에서 자동ON
(외부에서의 배선은 불필요)</td><td>0000</td><td></td><td>명칭과 기능란 참조</td><td>P·S·T
P·S</td></tr>
<tr><td>42</td><td>*DI1</td><td>입력신호 선택1
제어모드의 변환신호 입력 핀의 할당과 클리어 신호의 설정을 행합니다.

[0][0][ ][ ]

제어변환 신호(LOP)의 입력핀 할당
제어 방법의 변환신호 입력 컨넥터 핀을 설정합니다.
단, 파라미터No.0으로 위치/속도, 속도/토오크,
토오크/위치의 변환을 선택했을때에 유효해집니다.
<table><tr><th>설정값</th><th>컨넥터 핀 No.</th></tr><tr><td>0</td><td>CN1B-5</td></tr><tr><td>1</td><td>CN1B-14</td></tr><tr><td>2</td><td>CN1A-8</td></tr><tr><td>3</td><td>CN1B-7</td></tr><tr><td>4</td><td>CN1B-8</td></tr><tr><td>5</td><td>CN1B-9</td></tr></table>
클리어 신호(CR)선택
0 : ON의 시동으로 진류 펄스를 소거
1 : ON하고있는 동안은 늘 진류 펄스를 소거</td><td>0003</td><td></td><td>명칭과 기능란 참조</td><td>
P/S
S/T
T/P
P</td></tr>
</table>

<table>
<tr><th>구분</th><th>No.</th><th>약칭</th><th>명칭과 기능</th><th>초기값</th><th>단위</th><th>설정 범위</th><th>제어 모드</th></tr>
<tr><td rowspan="2">확장 파라미터</td><td>43</td><td>*DI2</td><td>입력신호 선택2(CN1B-5)
파라미터 No.42로 제어 변환신호(LOP)를 CN1B-5핀에 할당하면, 이 파라미터는 사용할 수 없습니다.
CN1B-5핀에 임의의 입력신호를 할당할 수 있습니다.
제어모드에 의해 설정값의 자릿수와 할당할 수 있는 신호가 다르므로 주의하십시오.
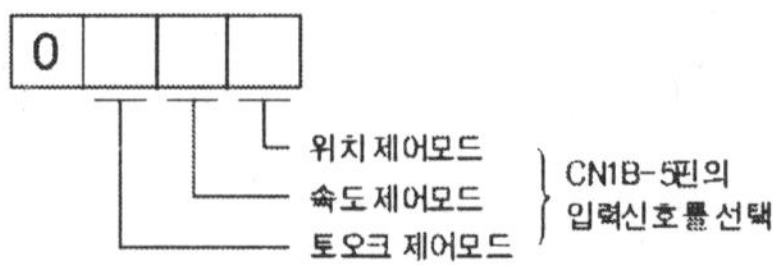

각 제어모드에서 할당할 수 있는 신호는 아래 표의 약칭부호가 있는 신호입니다. 그외의 신호를 설정해도 무효입니다.
<table>
<tr><th rowspan="2">설정값</th><th colspan="3">(주)제어모드</th></tr>
<tr><th>P</th><th>S</th><th>T</th></tr>
<tr><td>0</td><td></td><td></td><td></td></tr>
<tr><td>1</td><td>SON</td><td>SON</td><td>SON</td></tr>
<tr><td>2</td><td>RES</td><td>RES</td><td>RES</td></tr>
<tr><td>3</td><td>PC</td><td>PC</td><td></td></tr>
<tr><td>4</td><td>TL</td><td>TL</td><td></td></tr>
<tr><td>5</td><td>CR</td><td>CR</td><td>CR</td></tr>
<tr><td>6</td><td></td><td>SP1</td><td>SP1</td></tr>
<tr><td>7</td><td></td><td>SP2</td><td>SP2</td></tr>
<tr><td>8</td><td></td><td>ST1</td><td>RS2</td></tr>
<tr><td>9</td><td></td><td>ST2</td><td>RS1</td></tr>
<tr><td>A</td><td></td><td>SP3</td><td>SP3</td></tr>
<tr><td>B</td><td>CM1</td><td></td><td></td></tr>
<tr><td>C</td><td>CM2</td><td></td><td></td></tr>
<tr><td>D</td><td>TL1</td><td>TL1</td><td>TL1</td></tr>
<tr><td>E</td><td>CDP</td><td>CDP</td><td>CDP</td></tr>
</table>
(주) P : 위치제어모드
S : 속도제어모드
T : 토오크 제어모드</td><td>0111</td><td></td><td>명칭과 기능란 참조</td><td>P·S·T</td></tr>
<tr><td>44</td><td>*DI3</td><td>입력신호 선택3(CN1B-14)
CN1B-14핀에 임의의 입력신호를 할당할 수 있습니다.
할당할 수 있는 신호와 설정방법은 입력 신호선택2(파라미터 No.43)와 동일합니다.
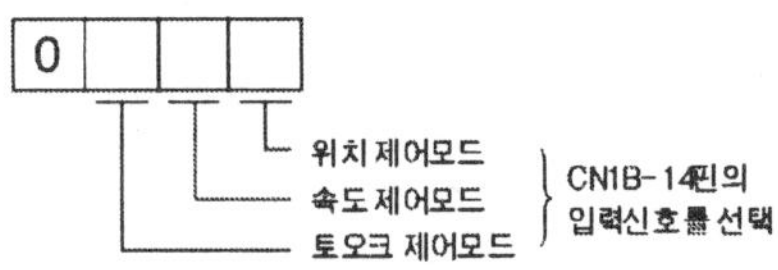

파라미터 No.42로 제어 변환신호(LOP)를 CN1B-14핀에 할당하면, 이 파라미터는 사용할 수 없습니다.</td><td>0222</td><td></td><td>명칭과 기능란 참조</td><td>P·S·T</td></tr>
</table>

구분	No.	약칭	명칭과 기능	초기값	단위	설정범위	제어모드
확장 파라미터	45	*DI4	입력신호 선택4(CN1A-8) CN1A-8핀에 임의의 입력신호를 할당할 수 있습니다. 할당할 수 있는 신호와 설정방법은 입력 신호선택2(파라미터 No.43)와 동일합니다. 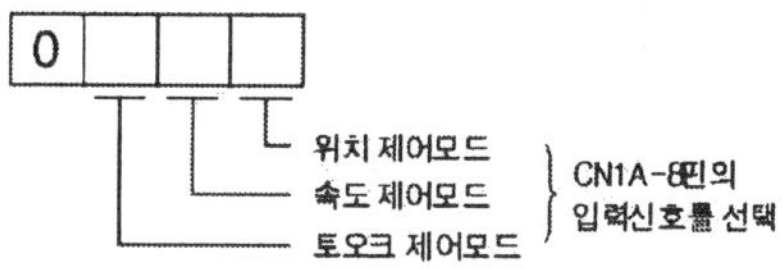 파라미터 No.42로 제어 변환신호(LOP)를 CN1A-8핀에 할당하면, 이 파라미터는 사용할 수 없습니다.	0665		명칭과 기능란 참조	P·S·T
	46	*DI5	입력신호 선택5(CN1B-7) CN1B-7핀에 임의의 입력신호를 할당할 수 있습니다. 할당할 수 있는 신호와 설정방법은 입력 신호선택2(파라미터 No.43)와 동일합니다. 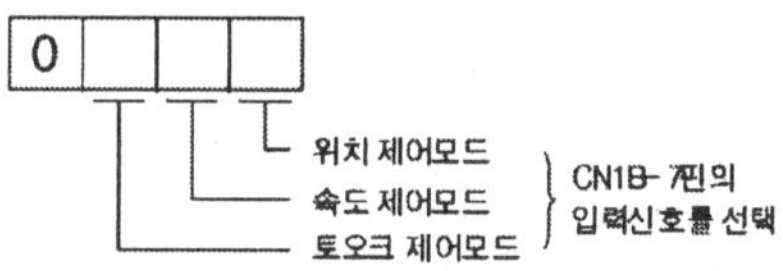 파라미터 No.42로 제어 변환신호(LOP)를 CN1B-7핀에 할당하면, 이 파라미터는 사용할 수 없습니다.	0770		명칭과 기능란 참조	P·S·T
	47	*DI6	입력신호 선택6(CN1B-8) CN1B-8핀에 임의의 입력신호를 할당할 수 있습니다. 할당할 수 있는 신호와 설정방법은 입력 신호선택2(파라미터 No.43)와 동일합니다. 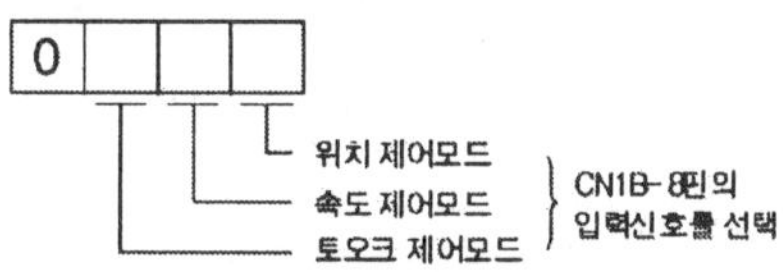 파라미터 No.42로 제어 변환신호(LOP)를 CN1B-8핀에 할당하면, 이 파라미터는 사용할 수 없습니다. 파라미터 No.1로 "절대위치검출 시스템으로 사용한다"를 선택할 경우, CN1B-8핀은 ABS전송모드(ABSM)가 됩니다.	0883		명칭과 기능란 참조	P·S·T
	48	*DI7	입력신호 선택7(CN1B-9) CN1B-9핀에 임의의 입력신호를 할당할 수 있습니다. 할당할 수 있는 신호와 설정방법은 입력 신호선택2(파라미터 No.43)와 동일합니다. 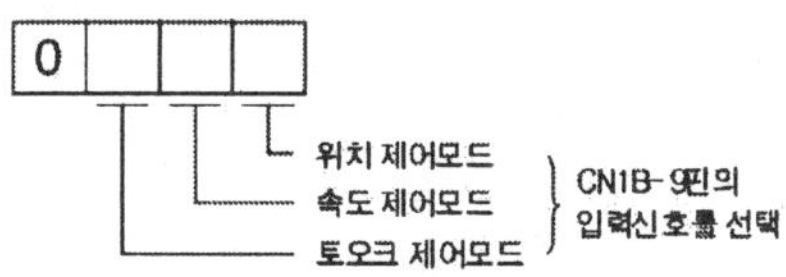 파라미터 No.42로 제어 변환신호(LOP)를 CN1B-9핀에 할당하면, 이 파라미터는 사용할 수 없습니다. 파라미터 No.1로 "절대위치검출 시스템으로 사용한다"를 선택할 경우, CN1B-9핀은 ABS전송모드(ABSR)가 됩니다.	0994		명칭과 기능란 참조	P·S·T

구분	No.	약칭	명칭과 기능	초기값	단위	설정범위	제어모드
확장 파라미터	40	*DO1	출력신호 선택1 (아래 참조)	0000		명칭과 기능란 참조	P·S·T

출력신호 선택1
알람 코드 · 경고(WNG) 및 배터리 경고(BWNG)를 출력하는 컨넥터 핀을 선택합니다.

0□□□

알람코드 출력 설정

설정값	컨넥터 핀의 내용		
	CN1B-19	CN1A-18	CN1A-19
0	ZSP	INP 또는 SA	RD
1	알람 발생시에 알람 코드를 출력		

(주)알람 코드			알람 표시	명칭
CN1B-19핀	CN1A-18핀	CN1A-19핀		
0	0	0	88888	워치 도그
			AL.12	메모리 이상1
			AL.13	클록 이상
			AL.15	메모리 이상2
			AL.17	기판 이상
			AL.19	메모리 이상3
			AL.37	파라미터 이상
			AL.8A	시리얼통신 타임 아웃 이상
			AL.8E	시리얼통신 이상
0	0	1	AL.30	회생 이상
			AL.33	과전압
0	1	0	AL.10	부족 전압
0	1	1	AL.45	주회로 소자 과열
			AL.46	서보모터 과열
			AL.50	과부하1
			AL.51	과부하2
1	0	0	AL.24	주회로 이상
			AL.32	과전류
1	0	1	AL.31	과속도
			AL.35	지령 펄스 주파수 이상
			AL.52	오차 과대
1	1	0	AL.16	검출기 이상1
			AL.1A	모터 조합 이상
			AL.20	검출기 이상2
			AL.25	절대 위치 소실
			AL.26	원점 리셋 미스 이상

(주) 0 : SG간 CFF(개방)
1 : SG간 ON(단락)

경고(WNG) 출력신호의 설정
경고를 출력하는 컨넥터 핀을 선택합니다.
선택전의 신호는 사용할 수 없게 됩니다.

설정값	컨넥터 핀 No.
0	출력하지 않는다.
1	CN1A-19
2	CN1A-18
3	CN1A-18
4	CN1A-19
5	CN1B-6

배터리 경고(BWNG) 출력신호의 설정
배터리 경고를 출력하는 컨넥터 핀을 선택합니다.
선택전의 신호는 사용할 수 없게 됩니다.
설정내용은 이 파라미터의 2자릿수째와 동일합니다.

<table>
<tr><th>구분</th><th>No.</th><th>약칭</th><th>명칭과 기능</th><th>초기값</th><th>단위</th><th>설정 범위</th><th>제어 모드</th></tr>
<tr><td rowspan="5">확장 파라미터</td><td>50</td><td></td><td>메이커 설정용
절대로 변경하지 마십시오.</td><td>0000</td><td></td><td></td><td></td></tr>
<tr><td>51</td><td>*OP6</td><td>선택 기능6
알람 리셋 신호 단락시의 동작방법을 선택합니다.
[0][ ][0][0]
알람 리셋 신호 단락시의 신호
0 : 베이스 OFF함.
1 : 베이스 OFF안함.</td><td>0000</td><td></td><td>명칭과 기능란 참조</td><td>P·S·T</td></tr>
<tr><td>52</td><td></td><td>메이커 설정용
절대로 변경하지 마십시오.</td><td>0000</td><td></td><td></td><td></td></tr>
<tr><td>53</td><td>*OP8</td><td>선택 기능8
시리얼 통신 프로토콜을 선택합니다.
[0][ ][ ][0]
프로토콜의 체크섬 선택
0 : 있음(체크섬을 부가함)
1 : 없음(체크섬을 부가안함)
프로토콜의 국번 선택
0 : 국번 있음
1 : 국번 없음</td><td>0000</td><td></td><td>명칭과 기능란 참조</td><td>P·S·T</td></tr>
<tr><td>54</td><td>*OP9</td><td>선택 기능9
지령 펄스 회전방향,검출기 출력 펄스 방향,검출기 펄스 출력 설정을 선택합니다.
[ ][ ][0][ ]
서보모터 회전방향의 변경
입력할 펄스열에 대한 서보모터의 회전방향을 변경합니다.
<table>
<tr><th rowspan="2">설정값</th><th colspan="2">서보모터 회전방향</th></tr>
<tr><th>정전 펄스 입력시(주)</th><th>역전 펄스 입력시(주)</th></tr>
<tr><td>0</td><td>CCW</td><td>CW</td></tr>
<tr><td>1</td><td>CW</td><td>CCW</td></tr>
</table>
검출기 펄스 출력의 위상변경
검출기 펄스 출력 A상 · B상의 위상을 변경합니다.
<table>
<tr><th rowspan="2">설정값</th><th colspan="2">서보모터 회전방향</th></tr>
<tr><th>CCW</th><th>CW</th></tr>
<tr><td>0</td><td>A상
B상</td><td>A상
B상</td></tr>
<tr><td>1</td><td>A상
B상</td><td>A상
B상</td></tr>
</table>
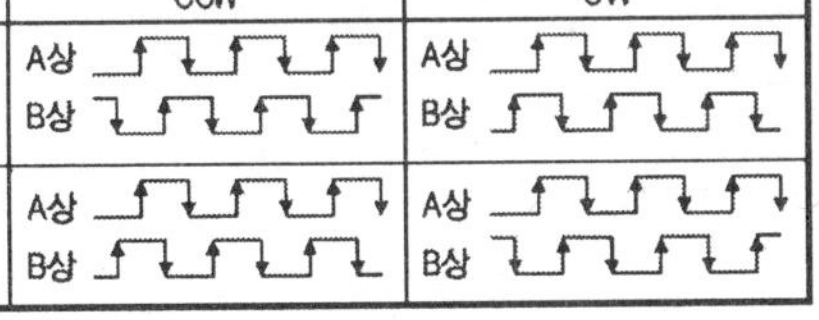
검출기 출력 펄스 선택(파라미터 No.27 참조)
0 : 출력 펄스 설정
1 : 분주비 설정</td><td>0000</td><td></td><td>명칭과 기능란 참조</td><td>P·S·T</td></tr>
</table>

<table>
<tr><th>구분</th><th>No.</th><th>약칭</th><th>명칭과 기능</th><th>초기값</th><th>단위</th><th>설정 범위</th><th>제어 모드</th></tr>
<tr><td rowspan="5">확장 파라미터</td><td>55</td><td>*OPA</td><td>기능선택A
위치지령 가감속 시정수(파라미터 No.7) 의 제어방식을 선택합니다.

[0][ ][0][0]
위치지령 가감속 시정수의 제어
0 : 1차 지연
1 : 직선 가감속</td><td>0000</td><td></td><td>명칭과 기능란 참조</td><td>P</td></tr>
<tr><td>56</td><td>SIC</td><td>시리얼통신 타임아웃 선택
통신 프로토콜의 타임아웃 시간을 [s]단위로 설정합니다.
"0"을 설정하면 타임아웃 체크를 실행하지 않습니다.</td><td>0</td><td>
s</td><td>0
1~60</td><td>P·S·T</td></tr>
<tr><td>57</td><td></td><td>메이커 설정용
절대로 변경하지 마십시오.</td><td>10</td><td></td><td></td><td></td></tr>
<tr><td>58</td><td>NH1</td><td>기계 공진 제어 필터1
기계 공진 제어 필터를 선택합니다.(8.1절 참조)

[0][ ][ ][ ]

노치 주파수 선택
어댑티브 제진제어를 "유효" 또는 "보존"
(파라미터 No.60: □1□□ 또는 □2□□)으로 설정한 경우,
"00"을 설정 하십시오.
<table>
<tr><th>설정값</th><th>주파수</th><th>설정값</th><th>주파수</th><th>설정값</th><th>주파수</th><th>설정값</th><th>주파수</th></tr>
<tr><td>00</td><td>무효</td><td>08</td><td>562.5</td><td>10</td><td>281.3</td><td>18</td><td>187.5</td></tr>
<tr><td>01</td><td>4500</td><td>09</td><td>500</td><td>11</td><td>264.7</td><td>19</td><td>180</td></tr>
<tr><td>02</td><td>2250</td><td>0A</td><td>450</td><td>12</td><td>250</td><td>1A</td><td>173.1</td></tr>
<tr><td>03</td><td>1500</td><td>0B</td><td>409.1</td><td>13</td><td>236.8</td><td>1B</td><td>166.7</td></tr>
<tr><td>04</td><td>1125</td><td>0C</td><td>375</td><td>14</td><td>225</td><td>1C</td><td>160.1</td></tr>
<tr><td>05</td><td>900</td><td>0D</td><td>346.2</td><td>15</td><td>214.3</td><td>1D</td><td>155.2</td></tr>
<tr><td>06</td><td>750</td><td>0E</td><td>321.4</td><td>16</td><td>204.5</td><td>1E</td><td>150</td></tr>
<tr><td>07</td><td>642.9</td><td>0F</td><td>300</td><td>17</td><td>195.7</td><td>1F</td><td>145.2</td></tr>
</table>

노치 깊이선택
<table>
<tr><th>설정값</th><th>깊이</th><th>게인</th></tr>
<tr><td>0</td><td rowspan="4">깊다
~
얕다</td><td>−40dB</td></tr>
<tr><td>1</td><td>−14dB</td></tr>
<tr><td>2</td><td>−8dB</td></tr>
<tr><td>3</td><td>−4dB</td></tr>
</table>
</td><td>0000</td><td></td><td>명칭과 기능란 참조</td><td>P·S·T</td></tr>
<tr><td>59</td><td>NH2</td><td>기계 공진 제어 필터2
기계 공진 제어 필터를 설정합니다.

[0][ ][ ][ ]

노치 주파수
파라미터 No.58과 동일 설정
단, 어댑티브 제진 제어를 "유효" 또는 "보존"으로 설정해도
"00"을 설정할 필요는 없습니다.

노치 깊이선택
파라미터 No.58과 동일 설정</td><td>0000</td><td></td><td>명칭과 기능란 참조</td><td>P·S·T</td></tr>
</table>

<table>
<tr><th>구분</th><th>No.</th><th>약칭</th><th>명칭과 기능</th><th>초기값</th><th>단위</th><th>설정
범위</th><th>제어
모드</th></tr>
<tr><td rowspan="5">확장 파라미터</td><td>55</td><td>*OPA</td><td>기능선택A
위치지령 가감속 시정수(파라미터 No.7) 의 제어방식을 선택합니다.

[0][ ][0][0]

위치지령 가감속 시정수의 제어
0 : 1차 지연
1 : 직선 가감속</td><td>0000</td><td></td><td>명칭과
기능란
참조</td><td>P</td></tr>
<tr><td>56</td><td>SIC</td><td>시리얼통신 타임아웃 선택
통신 프로토콜의 타임아웃 시간을 [s]단위로 설정합니다.
"0"을 설정하면 타임아웃 체크를 실행하지 않습니다.</td><td>0</td><td>
s</td><td>0
1~60</td><td>P·S·T</td></tr>
<tr><td>57</td><td></td><td>메이커 설정용
절대로 변경하지 마십시오.</td><td>10</td><td></td><td></td><td></td></tr>
<tr><td>58</td><td>NH1</td><td>기계 공진 제어 필터1
기계 공진 제어 필터를 선택합니다.

[0][ ][ ][ ]

노치 주파수 선택
어댑티브 제진제어를 "유효" 또는 "보존"
(파라미터 No.60: □1□□ 또는 □2□□)으로 설정한 경우,
"00"을 설정 하십시오.
<table>
<tr><th>설정값</th><th>주파수</th><th>설정값</th><th>주파수</th><th>설정값</th><th>주파수</th><th>설정값</th><th>주파수</th></tr>
<tr><td>00</td><td>무효</td><td>08</td><td>5625</td><td>10</td><td>281.3</td><td>18</td><td>187.5</td></tr>
<tr><td>01</td><td>4500</td><td>09</td><td>500</td><td>11</td><td>264.7</td><td>19</td><td>180</td></tr>
<tr><td>02</td><td>2250</td><td>0A</td><td>450</td><td>12</td><td>250</td><td>1A</td><td>173.1</td></tr>
<tr><td>03</td><td>1500</td><td>0B</td><td>409.1</td><td>13</td><td>236.8</td><td>1B</td><td>166.7</td></tr>
<tr><td>04</td><td>1125</td><td>0C</td><td>375</td><td>14</td><td>225</td><td>1C</td><td>160.1</td></tr>
<tr><td>05</td><td>900</td><td>0D</td><td>346.2</td><td>15</td><td>214.3</td><td>1D</td><td>155.2</td></tr>
<tr><td>06</td><td>750</td><td>0E</td><td>321.4</td><td>16</td><td>204.5</td><td>1E</td><td>150</td></tr>
<tr><td>07</td><td>642.9</td><td>0F</td><td>300</td><td>17</td><td>195.7</td><td>1F</td><td>145.2</td></tr>
</table>
노치 깊이 선택
<table>
<tr><th>설정값</th><th>깊이</th><th>게인</th></tr>
<tr><td>0</td><td rowspan="4">깊다
~
얕다</td><td>-40dB</td></tr>
<tr><td>1</td><td>-14dB</td></tr>
<tr><td>2</td><td>-8dB</td></tr>
<tr><td>3</td><td>-4dB</td></tr>
</table>
</td><td>0000</td><td></td><td>명칭과
기능란
참조</td><td>P·S·T</td></tr>
<tr><td>59</td><td>NH2</td><td>기계 공진 제어 필터2
기계 공진 제어 필터를 설정합니다.

[0][ ][ ][ ]

노치 주파수
파라미터 No.58과 동일 설정
단, 어댑티브 제진 제어를 "유효" 또는 "보존"으로 설정해도
"00"을 설정할 필요는 없습니다.

노치 깊이 선택
파라미터 No.58과 동일 설정</td><td>0000</td><td></td><td>명칭과
기능란
참조</td><td>P·S·T</td></tr>
</table>

구분	No.	약칭	명칭과 기능	초기값	단위	설정 범위	제어 모드
확장 파라미터	65	*CDP	게인 변환 선택 게인 변환 조건을 선택합니다.. [0][0][0][ ] 게인 변환 선택 다음 조건으로 파라미터 No.61~64의 설정값에 근거하여 게인이 변환됩니다. 0 : 무효 1 : 게인 변환(CDP)가 ON 2 : 지령 주파수가 파라미터 No.66설정값 이상 3 : 진류 펄스가 파라미터 No.66설정값 이상 4 : 서보모터 회전 속도가 파라미터 No.66설정값 이상	0000		명칭과 기능란 참조	P·S
	66	CDS	게인 변환 조건 파라미터 No.68에서 선택한 게인 변환 조건(지령 주파수 · 잔류 펄스 · 서보모터 회전속도)의 값을 설정합니다. 설정값의 단위는 변환 조건 항목에 따라 다릅니다. (8.3절 참조)	10	kpps pulse r/min	10 ~ 9999	P·S
	67	CDT	게인 변환 시정수 파라미터 No.65, 66에서 설정된 조건에 대해서, 게인 변환 시정수를 설정합니다.(8.3절 참조)	1	ms	0 ~ 100	P
	68		메이커 설정용 절대로 변경하지 마십시오.	0			
	69	CMX2	지령펄스 배율 분자2 지령펄스에 대한 곱셈을 설정합니다. 설정값을 "0"으로 하면 접속 모터 분해능이 자동 설정됩니다.	1		0 · 1 ~ 65535	P
	70	CMX3	지령펄스 배율 분자3 지령펄스에 대한 곱셈을 설정합니다. 설정값을 "0"으로 하면 접속 모터 분해능이 자동 설정됩니다.	1		0 · 1 ~ 65535	P
	71	CMX4	지령펄스 배율 분자4 지령펄스에 대한 곱셈을 설정합니다. 설정값을 "0"으로 하면 접속 모터 분해능이 자동 설정됩니다.	1		0 · 1 ~ 65535	P
	72	SC4	내부 속도지령4 내부 속도지령의 제4속도를 설정합니다. 내부 속도제한4 내부 속도제한의 제4속도를 설정합니다.	200	r/min	0 ~ 순간허용 회전속도	S T
	73	SC5	내부 속도지령5 내부 속도지령의 제5속도를 설정합니다. 내부 속도제한5 내부 속도제한의 제5속도를 설정합니다.	300	r/min	0 ~ 순간허용 회전속도	S T

구분	No.	약칭	명칭과 기능	초기값	단위	설정 범위	제어 모드
확장 파라미터	74	SC6	내부 속도지령6 내부 속도지령의 제6속도를 설정합니다.	500		0 ~ 순간허용 회전속도	S
			내부 속도제한6 내부 속도제한의 제6속도를 설정합니다.				T
	75	SC7	내부 속도지령7 내부 속도지령의 제7속도를 설정합니다.	800		0 ~ 순간허용 회전속도	S
			내부 속도제한7 내부 속도제한의 제7속도를 설정합니다.				T
	76	TL2	내부 토오크 제한2 최대 토오크=100%로 설정합니다. 서보모터의 토오크를 제한할 경우에 설정합니다. "0"으로 설정하면 토오크를 발생하지 않습니다. 아날로그 모니터 출력으로 출력할 경우, 이 설정값이 최대 출력전압(+8V)이 됩니다.	100	%	0 ~ 100	P·S·T
	77		메이커 설정용 절대로 변경하지 마십시오.	100			
	78			10000			
	79			10			
	80			10			
	81			100			
	82			100			
	83			100			
	84			0			

서보 위치 결정 데이터 일람

위치결정데이터 \ 주요한 위치결정제어	위치제어			1~4축 속도제어	속도·위치 전환제어	위치·속도 전환제어	그 외의 제어				
	1축 직선제어 2,3,4축 직선보간제어	1축 치수이송제어 2,3,4축 치수이송제어	2축 원호보간제어				NOP 명령	현재값 변경	JUMP 명령	LOOP	LEND
Da. 1 운전유형 단독위치결정제어	◎	◎	◎	◎	◎	◎	–	◎	–	–	–
Da. 1 운전유형 연속위치결정제어	◎	◎	◎	×	◎	×	–	◎	–	–	–
Da. 1 운전유형 연속궤적제어	◎	×	◎	×	×	×	–	×	–	–	–
Da. 2 제어방식	직선1 직선2 직선3 직선4 *	치수이송1 치수이송2 치수이송3 치수이송4	원호보 원호우 원호좌 *	정회전속도1 역회전속도1 정회전속도2 역회전속도2 정회전속도3 역회전속도3 정회전속도4 역회전속도4	정회전속·위 역회전속·위	정회전위·속 역회전위·속	NOP 명령	현재값 변경	JUMP 명령	LOOP	LEND
Da. 3 가속시간No.	○	○	○	○	○	○	–	–	–	–	–
Da. 4 감속시간No.	○	○	○	○	○	○	–	–	–	–	–
Da. 5 보간대상축 ◎ : 2축 – : 1, 3, 축	–	–	–	–	–	–	–	–	–	–	–
Da. 6 위치결정어드레스/이동량	◎	◎	◎	–	◎	◎	–	변경처 어드레스	–	–	–
Da. 7 원호어드레스	–	–	◎	–	–	–	–	–	–	–	–
Da. 8 지령속도	◎	◎	◎	◎	◎	◎	–	–	–	–	–
Da. 9 드웰타임 (JUMP위치결정데이터No.)	○	○	○	○	○	○	–	–	JUMP 처 위치결정 데이터No.	–	–
Da. 10 M코드 (JUMP 시 조건데이터No.)	○	○	○	○	○	○	–	○	JUMP 시 조건데이터No.	LOOP~LEND 반복횟수	–

블럭기동데이터 \ 고도의 위치결정제어	블럭기동 (통상기동)	조건기동	웨이트기동	동시기동	반복기동 (FOR루프)	반복기동 (FOR조건)
Da. 11 형태 (종료, 계속)	○	○	○	○	○	○
Da. 12 기동데이터No.	○	○	○	○	○	○
Da. 13 특수기동명령	–	○	○	○	○	○
Da. 14 파라미터	–	○	○	○	○	○

조건 데이터 \ 제어		주요한위치결정제어		고도의위치결정제어					
		JUMP명령이외	JUMP명령	블럭기동(통상기동)	조건기동	웨이트기동	동시기동	반복기동(FOR루프)	반복기동(FOR조건)
Da. 15	조건대상	−	○	−	○	○	○	−	○
Da. 16	조건연산자	−	○	−	○	○	○	−	○
Da. 17	어드레스	−	△	−	△	△	−	−	△
Da. 18	파라미터1	−	○	−	○	○	△	−	○
Da. 19	파라미터2	−	△	−	△	△	△	−	△

모니터 데이터 일람

모니터내용			해당항목
테스트모드중인지 모니터한다			Md. 1 테스트모드중 플래그
기동을 실행한 데이터의 이력을 모니터한다	기동정보		Md. 3 기동정보
	기동번호		Md. 4 기동번호
	기동시간	시	Md. 5 기동시
		분 : 초	Md. 6 기동 분 : 초
	기동시의 에러		Md. 7 에러판정
	최신포인터번호		Md. 8 기동이력포인터
에러가 발생한 이력을 전부 모니터한다	에러발생축		Md. 9 에러발생축
	축에러번호		Md. 10 축에러번호
	축에러 발생시간	시	Md. 11 축에러발생시간 시
		분 : 초	Md. 12 축에러발생시간 분 : 초
	최신포인터번호		Md. 13 에러이력포인터
경고가 발생한 이력을 전부 모니터한다	경고발생축		Md. 14 경고발생축
	축경고번호		Md. 15 축경고번호
	축경고 발생시간	시	Md. 16 축경고발생시간 시
		분 : 초	Md. 17 축경고발생시간 분 : 초
	최신포인터번호		Md. 18 경고이력포인터
전원투입후 플래시ROM 입력횟수를 모니터한다	플래시ROM 입력횟수		Md. 19 플래시ROM 입력횟수

모니터내용	해당항목
• 현재의 이송기계값을 모니터한다	Md. 21 이송기계값
• 현재의 이송현재값을 모니터한다	Md. 20 이송현재값
• 현재의 목표값을 모니터한다.	Md. 32 목표값

모니터내용	해당항목
• 축의 동작상태를 모니터한다	Md. 26 축동작상태
• 축에 발생한 최신 에러코드를 모니터한다	Md. 23 축에러번호
• 축에 발생한 최신 경고코드를 모니터한다	Md. 24 축경고번호
• 외부입/출력신호/플래그를 모니터한다	Md. 30 외부입출력신호/ Md. 31 스테이터스
• 유효해진 M코드를 모니터한다	Md. 25 유효M코드
• 속도제한중인지를 모니터한다	Md. 39 속도제한중 플래그
• 속도변경중인지를 모니터한다	Md. 40 속도변경처리중 플래그
• 현재실행중인「기동데이터」의 포인트를 모니터한다	Md. 43 실행중기동데이터포인트
• 현재실행중인「위치결정데이터No.」를 모니터한다	Md. 44 실행중위치결정데이터No.
• 남은 반복횟수를 모니터한다 (특수기동)	Md. 41 특수기동반복카운터
• 남은 반복횟수를 모니터한다 (제어방식)	Md. 42 제어방식반복카운터
• 블럭No.를 모니터한다	Md. 45 실행중블럭No.
• 현재의 토오크제한값을 모니터한다	Md. 35 토오크제한저장값
• 특수기동시, 특수기동데이터의「명령코드」를 모니터한다	Md. 36 특수기동데이터명령코드 설정값
• 특수기동시, 특수기동데이터의「명령파라미터」를 모니터한다	Md. 37 특수기동데이터명령파라미터 설정값
• 특수기동시, 특수기동데이터의「기동데이터No.」를 모니터한다	Md. 38 기동위치결정데이터No.설정값
• 마지막에 실행한「위치결정데이터No.」를 모니터한다	Md. 46 최종실행위치결정데이터No.
• 현재실행중인 위치결정데이터를 모니터한다	Md. 47 실행중위치결정데이터
• 「속도·위치전환제어(INC모드)」에서, 현재의 위치제어전환 후의 이동량을 모니터한다	Md. 29 속도·위치전환제어의 위치결정량
• 운전패턴이「종료」인 위치제어시, 정속 또는 가속에서 감속으로의 전환을 모니터한다	Md. 48 감속개시플래그

제어 데이터 일람

제어내용	해당항목
• 버퍼메모리의 설정데이터를 플래시ROM으로 입력한다.	Cd. 1 플래시ROM입력요구
• 파라미터를 초기화한다	Cd. 2 파라미터의 초기화요구

제어내용	해당항목
• 어느위치결정을 실행할지(기동번호)를 설정한다	Cd. 3 위치결정기동번호
• 축에러 (Md. 23), 축경고 (Md. 24)를 클리어(리셋) 한다	Cd. 5 축에러리셋
• 재기동을 실행할 지시를 나타낸다 (축동작정지중)	Cd. 6 재기동지령
• 현재의 위치결정을 종료(감속정지)하고, 다음의 위치결정을 한다	Cd. 37 스킵지령
• 블럭기동을 실행할 때, 기동포인트번호를 설정한다	Cd. 4 위치결정기동포인트번호
• 연속제어를 중단한다	Cd. 18 연속운전중단요구
• 동시기동대상축의 기동데이터No.를 설정한다	Cd. 30 동시기동대상축기동데이터No. (축1기동데이터 No.)
	Cd. 31 동시기동대상축기동데이터No. (축2기동데이터No.)
	Cd. 32 동시기동대상축기동데이터No. (축3기동데이터No.)
	Cd. 33 동시기동대상축기동데이터No. (축4기동데이터No.)
• 티칭결과의 입력대상을 지정한다	Cd. 38 티칭데이터선택
• 티칭할 데이터를 지정한다	Cd. 39 티칭위치결정데이터No.

제어내용	해당항목
• 하나하나의 동작마다 위치결정운전을 정지한다	Cd. 35 스텝유효플래그
• 스텝을 실행할 단위를 설정한다	Cd. 34 스텝모드
• 정지스텝에서의 운전 또는 재기동하는 지시를 나타낸다	Cd. 36 스텝기동정보

제어내용	해당항목
• 운전중에 속도 변경할때의 변경후의 속도를 설정한다	Cd. 14 속도변경값
• 운전중의 속도를 Cd. 14 의 값으로 변경하는 지시를 나타낸다 (위치결정운전중・JOG운전중에만)	Cd. 15 속도변경요구
• 위치결정운전의 운전속도를 1~300%의 범위에서 변경한다	Cd. 13 위치결정운전속도오버라이드
• 인칭이동량을 설정한다	Cd. 16 인칭이동량
• JOG속도를 설정한다	Cd. 17 JOG 속도
• 속도변경시에 가속시간을 변경할 경우, 변경후의 가속시간을 설정한다	Cd. 10 가속시간변경값
• 속도변경시에 감속시간을 변경할 경우, 변경후의 감속시간을 설정한다	Cd. 11 감속시간변경값
• 속도변경시의 가감속시간의 허가/불허가를 설정한다	Cd. 12 속도변경시의 가감속시간 변경허가/불허가선택

제어내용	해당항목
• M코드 ON신호를 OFF로 한다.	Cd. 7 M코드 OFF요구
• 현재값을 변경할 때에 변경값을 설정한다.	Cd. 9 현재값변경값
• 외부에서의 속도・위치전환신호를 유효하게 한다.	Cd. 24 속도・위치전환허가플래그
• 속도・위치전환제어(INC모드)로 위치제어 이동량을 변경한다.	Cd. 23 속도・위치전환제어 이동량 변경 레지스터
• 외부에서의 위치・속도전환신호를 유효하게 한다.	Cd. 26 위치・속도전환허가플래그
• 위치・속도전환제어로 속도제어의 속도를 변경한다.	Cd. 25 위치・속도전환제어 속도변경 레지스터
• 위치결정운전중의 목표위치변경을 할 경우에 목표위치변경값 설정후에 ON한다.	Cd. 29 목표위치변경요구플래그
• 위치결정운전중의 목표위치변경을 할 경우에 변경후의 위치결정 어드레스를 설정한다.	Cd. 27 목표위치변경값(어드레스)
• 위치결정운전중의 목표위치변경을 할 경우에 변경후의 속도를 설정한다.	Cd. 28 목표위치변경값(속도)
• 단위「degree」시의 ABS 이동방향을 설정한다.	Cd. 40 degree 시 ABS 방향설정
• 수동펄서 운전의 허가/불허가를 설정한다.	Cd. 21 수동펄서 허가플래그
• 수동펄서에서의 입력펄스수의 1펄스당 배율을 설정한다.	Cd. 20 수동펄서 1펄스 입력배율
• 원점복귀 요구플래그를 「ON → OFF」으로 전환한다.	Cd. 19 원점복귀요구플래그 OFF요구
• 외부지령신호를 유효하게 한다.	Cd. 8 외부지령유효
• Md. 35 토오크제한 저장값을 변경한다.	Cd. 22 토오크변경값
• Md. 48 감속개시플래그 유효/무효를 설정한다.	Cd. 41 감속개시플래그유효

자주 사용되는 버퍼 메모리

버퍼 메모리 어드레스				항 목	비고/설정 범위	초기값
축1	축2	축3	축4			
27	177	327	477	M 코드 ON 신호 출력 타이밍	0: WITH 모드 1: AFTER 모드	0
62	212	362	512	외부 지령 기능 선택	0: 외부 위치 결정 기동 1: 외부 속도 변경 요구 2: 속도 · 위치/위치 · 속도 제어 전환 요구 3: 스킵 요구	0
800 801	900 901	1000 1001	1100 1101	이송 현재값	현재 지령하고 있는 어드레스가 저장된다. 현재 위치의 어드레스가 저장된다. 단위 「degree」일 때는 0~359.99999° 의 링 어드레스로 된다. • 갱신의 타이밍: 1.8ms • 원점 복귀 완료시는 원점 어드레스가 저장된다. • 현재값 변경 기능에 따라 현재값이 변경된 경우, 변경된 값이 저장된다.	0
802 803	902 903	1002 1003	1102 1103	이송 기계값	기계 좌표에 따른 현재 위치의 어드레스가 저장된다. 현재값 변경 기능에서 전송 기계값은 변경되지 않는다. 속도 제어시는 파라미터에 관계없이 갱신된다. 치수 이송 실행 시작시에는 0으로 클리어되지 않는다. 단위 "degree"시는 0~359.99999° 의 링 어드레스로는 되지 않는다. • 기계 좌표: 기계적으로 정해진 고유의 좌표 • 갱신의 타이밍 : 56.8ms	0
804 805	904 905	1004 1005	1104 1105	이송 속도	운전 중의 워크 속도가 저장된다. • 보간 운전시에는 다음과 같이 저장된다. 기준축: 합성 속도 또는 기준축 속도(상세 파라미터1의 "보간속도 지정방법"에서 설정) 보간축 : 0 • 갱신 타이밍 : 56.8ms	0
806	906	1006	1106	축 에러 번호	축 에러 검출시, 에러 내용에 해당하는 에러 코드가 저장된다. • 항상 최신의 에러 코드가 저장된다. (새로운 축 에러가 발생했을 때, 에러 코드는 덮어쓴다.) • "축 에러 리세트"(축 제어 데이터)을 ON하면 축 에러 번호는 클리어된다.(0으로 된다.)	0
807	907	1007	1107	축 경고 번호	축 경고 검출시, 경고 내용에 해당하는 경고 코드가 저장된다. • 항상 최신의 경고 코드가 저장된다.(새로운 축 경고가 발생했을 때, 경고 코드는 덮어쓰기로 된다.) • "축 에러 리세트"(축 제어 데이터)을 ON하면 축 에러 번호는 클리어된다.(0으로 된다.)	0
808	908	1008	1108	유효 M 코드	현재 유효한 (현재 운전 중인 위치 결정 데이터에 설정된) M 코드가 저장된다. • 갱신의 타이밍 : M 코드 ON 신호 ON시 PLC Ready 신호(Y0) OFF시에 0이 저장된다.	0
817	917	1017	1817	스테이터스	• 각종 플래그의 ON/OFF 상태를 나타낸다. 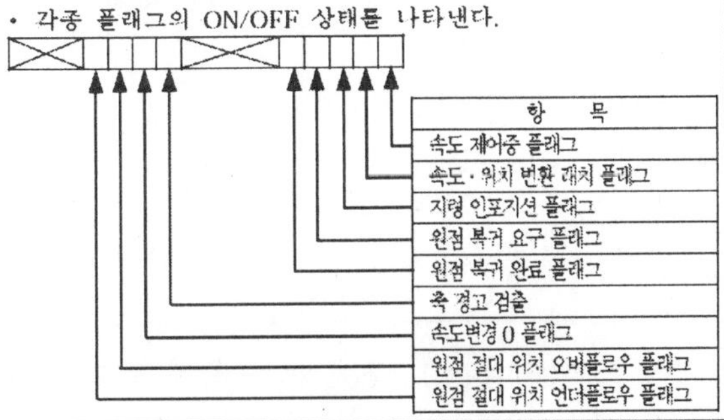 	0

버퍼 메모리 어드레스				항 목	비고/설정 범위	초기값
축1	축2	축3	축4			
1500	1600	1700	1800	위치 결정 기동 번호	• 위치 결정을 실행하는 기동 번호를 설정한다. 1~600 : 위치 결정 데이터 No. 지정 7000~7004 : 블록 기동 지정 9001 : 기계 원점 복귀 9002 : 고속 원점 복귀 9003 : 현재값 변경 9004 : 복수 축 동시 기동	0
1502	1602	1702	1802	축 에러 리세트	• 축 에러 산출, 축 에러 번호, 축 경고 검출, 및 축 경고 번호를 클리어한다. • 축 동작 상태가 에러 발생 중인 경우, 에러를 클리어하여 "대기중"의 상태로 만든다. 0 : 축 에러 리세트 요구 수신 완료(QD75가 세트) 1 : 축 에러 리세트 요구(시퀸스 프로그램에서 세트)	0
1503	1603	1703	1803	재기동 명령	• 축 동작 상태가 정지중일 때에 "1"을 설정하면, 정지 위치에서 정지한 위치 결정 데이터의 종점으로 위치 결정을 실시한다. 0 : 재기동 명령 수신 완료(QD75가 세트) 1 : 재기동 명령(시퀸스 프로그램에서 세트)	0
1504	1604	1704	1804	M 코드 OFF 요구	• M 코드 ON 신호를 OFF한다. 0 : M 코드 OFF 요구 수신 완료(QD75가 세트) 1 : M 코드 OFF 요구(시퀸스 프로그램에서 세트)	0
1505	1605	1705	1805	외부 지령 유효	• 외부 지령을 유효하게 할지를 설정한다. 0 : 외부 지령 무효 1 : 외부 지령 유효	0
1506 1507	1606 1607	1706 1707	1806 1807	현재값 변경값	• 기동 번호 9003을 사용하여 전송 현재값을 변경할 경우에 변경 후의 전송 현재값을 설정한다. -2147483648~+2147483647 X10^{-1}μm ⁞ -2147483648~+2147483647 X10^{-5} inch ⁞ 0~35999999 X10^{-5} degree ⁞ -2147483648~+2147483647 pluse 1~300%	0
1514 1515	1614 1615	1714 1715	1814 1815	속도 변경값	• 속도를 변경할 경우, 변경 후의 속도를 설정한다. 0을 설정한 경우는 정지한다. 0~2000000000 X10^{-2}mm/min ⁞ 0~2000000000 X10^{-3}inch/min ⁞ 0~2000000000 X10^{-3}degree/min ⁞ 0~1000000 pulse/s	0
1516	1616	1716	1816	속도 변경 요구	• 속도 변경을 할 경우, 속도 변경값 설정 후에 1을 설정한다. 0 : 속도 변경 요구 수신 완료(QD75가 세트) 1 : 속도 변경 요구(시퀸스 프로그램에서 세트)	0
1517	1617	1717	1817	인칭 이동량	• 인칭 운전의 이동량을 설정한다. 설정이 0인 경우, JOG 운전으로 된다. 0~65535 X10^{-1}μm ⁞ 0~65535 X10^{-5}inch ⁞ 0~65535 X10^{-5}degree ⁞ 0~65535 pluse	0
1518 1519	1618 1619	1718 1719	1818 1819	JOG 속도	• JOG 운전시의 JOG 속도를 저장한다. • JOG 운전중의 속도를 변경할 경우, 변경후의 속도를 저장한다. 0~2000000000 X10^{-2}2mm/min ⁞ 0~2000000000 X10^{-3}inch/min ⁞ 0~2000000000 X10^{-3}degree/min ⁞ 0~1000000 pulse/s	0
1528	1628	1728	1828	속도 · 위치 전환 허가 플래그	• 외부 지령 기능 선택을 속도 · 위치/위치 · 속도 전환 요구로 설정한 경우, 외부에서의 제어 전환 신호(외부 지령 신호 CHG)에 의한 전환의 허가/금지를 설정한다. 0 : 금지 1 : 허가	0
1900				플래시 ROM 기록 플러그	• 버퍼 메모리의 내용을 플래시 ROM에 기록한다. 플래시 ROM에 대한 기록은 PLC Ready 신호 [Y0]이 OFF시에 실행한다. 0 : 플래시 ROM 기록 완료(QD75가 세트) 1 : 플래시 ROM 기록 요구(시퀸스 프로그램에서 세트)	0
2004 2005	8004 8005	14004 14004	2004 2005	지령 속도	-1 : 지령 속도의 설정을 생략(카렌트 속도) 0~2000000000 X10^{-2}mm/min ⁞ 0~2000000000 X10^{-3}inch/min ⁞ 0~2000000000 X10^{-3}degree/min ⁞ 0~1000000 pulse/s	0
2006 2007	8006 8007	14006 14007	2007 2006	위치 결정 어드레스/ 이동량	• 위치 결정의 어드레스 또는 이동량을 설정한다. • 제어 방식과 단위에 따라 설정 범위는 달라진다 (4.3절 참조).	0
2008 2009	8008 8009	14008 14009	2008 2009	원호 어드레스	• 제어 방식이 ABS 방식 원호 보간의 경우, 보조점/중심점의 어드레스를 설정한다. • 제어 방식이 INC 방식 원호 보간의 경우, 기점에서 보조점/중심점까지의 거리를 설정한다.	0

위치 결정 데이터 No.1~600은 왼쪽에 나타낸 버퍼 메모리의 어드레스에 축1에서 축4별로 600개의 데이터를 설정(저장)할 수 있다.

참 고 문 헌

· QD75P/QD75D형 위치 결정 모듈 사용자 매뉴얼, 한국 미쓰비시 전기오토메이션, 2004.12

· FATEC AC 서보 실천 코스, 한국 미쓰비시 전기오토메이션, 2007.2

· 미쓰비시 범용 PLC 교육 교재 위치 결정 모듈 GX Configulator-QP용, 한국 미쓰비시 전기오토메이션, 2004.9

· MITSUBISHI TRANSISTORIZED INVERTER FR-E500 INSTRUCTION MANUAL

서보 모터 응용 위치 결정 제어

2015. 2. 5 인쇄
2015. 2. 10 발행

저 자 : 조규만 · 이효섭 공저
발행자 : 이진권
발행처 : 도서출판 **태영문화사**

주 소 : 서울특별시 강서구 초원로 38
전 화 : 2661-8751
F A X : 2661-8798
등 록 : 1998년 11월 12일 제 2-2682호

정가 23,000원